航空发动机使用寿命控制技术

杨兴宇　郑小梅　孙燕涛
朱锐锋　周　敏　赵福星　著

科学出版社

北　京

内 容 简 介

　　本书围绕发动机零部件和整机寿命与翻修间隔寿命的确定、监控及管理等问题进行阐述。书中介绍了影响零部件和整机寿命的因素；阐述了作者课题组发展的几种技术和理论方法，即拉伸应变能寿命预测模型、结构件疲劳模拟试验件设计方法、基于残余应力确定最大应变循环、基于残存比率法确定关键件疲劳寿命、使用载荷和载荷谱随机分布特性等；介绍了先进典型航空发动机寿命监控技术，整理出多型寿命监控系统及数学模型；将发动机寿命监测方法和手段划分为人工监测、综合换算率、历程记录仪以及预测与健康管理四个阶段；同时介绍了 12 个国家多种型号发动机寿命控制方法。本书内容多为作者课题组开展的研究项目和经验积累，并在工程实践中大量应用，取得了一定的经济效益和军事效益。

　　本书可作为燃气涡轮发动机相关领域科研人员和高校师生的参考书，也可供航空发动机相关单位的决策管理人员、疲劳寿命领域的相关技术人员参考。

图书在版编目（CIP）数据

航空发动机使用寿命控制技术 / 杨兴宇等著. —北京：科学出版社，2018.3

ISBN 978-7-03-056696-6

Ⅰ. ①航… Ⅱ. ①杨… Ⅲ. ①航空发动机-运行寿命 Ⅳ. ①V263.6

中国版本图书馆 CIP 数据核字（2018）第 043635 号

责任编辑：裴　育　陈　婕　纪四稳 / 责任校对：桂伟利
责任印制：赵　博 / 封面设计：蓝　正

科 学 出 版 社 出版

北京东黄城根北街 16 号
邮政编码：100717
http://www.sciencep.com

北京华宇信诺印刷有限公司印刷
科学出版社发行　各地新华书店经销

*

2018 年 3 月第 一 版　　开本：720×1000　1/16
2025 年 1 月第四次印刷　　印张：21 3/4　插页：4
字数：440 000

定价：198.00 元

（如有印装质量问题，我社负责调换）

序

  航空发动机是典型的技术、知识双密集型高科技产品，也是目前世界上最为复杂、技术难度最大的热力旋转机械系统。如果把航空发动机比喻为现代工业"皇冠上的明珠"，那么航空发动机寿命和可靠性是影响其亮度的最关键因素之一。航空发动机技术发达国家高度重视发动机结构完整性计划，其关于结构完整性要求的核心内容是根据使用任务可靠地解决发动机的寿命和耐久性问题。

  《航空发动机使用寿命控制技术》是一本非常有特色的发动机寿命控制方面的著作。该书针对航空发动机寿命的高可靠性和安全性要求，结合发动机在高温、高压、高速旋转等非常复杂、多变的严酷工作环境和影响使用寿命的多种因素，深入介绍了航空发动机零部件和整机寿命研究、寿命消耗监控的方法和实施技术。目前，国内关于航空发动机寿命研究的书籍也较为有限。

  该书作者长期致力于航空发动机强度、寿命和可靠性的研究与实践，在该领域积累了较为丰富的经验；同时，长期跟踪国外航空发动机寿命和可靠性及维修的学术和技术发展。该书是作者结合多年的科研工作实践撰写而成的。

  相信该书的出版一定会为国内航空发动机强度、寿命和可靠性领域更快、更好地发展注入新的活力。

甘晓华

中国工程院院士

2018 年 2 月

前　　言

为确保航空发动机在整个使用寿命周期内的安全，高的使用可靠性是设计者追求的重要目标。同时，航空发动机研制和制造成本昂贵，要求其具有较高的经济性，即较长的使用寿命。因此，必须实现航空发动机结构完整性要求。结构完整性的实现贯穿于发动机设计、制造和使用的全过程。国外航空发动机大国的经验是，只有全面、认真贯彻结构完整性，才能设计出性能、可靠性、耐久性、使用性、可维护性较高的航空发动机。结构完整性要求的核心内容是根据使用任务可靠地解决发动机的寿命和耐久性问题，既包括具体的技术问题，又包含组织、管理方面的问题。

本书共9章，主要介绍航空发动机零部件和整机寿命研究、监控管理方法和实施技术。第1章阐述航空发动机寿命可靠性管理思想的发展，以及寿命研究和监控的主要技术途径；第2章介绍影响发动机结构件损伤的主要因素和寿命消耗监控技术；第3章给出基于可靠性和安全性的零部件分类与划分；第4章给出航空发动机使用参数的主要处理方法和模型；第5章介绍零部件寿命研究中几种独特的定寿方法和低循环疲劳寿命预测模型，包括拉伸应变能寿命预测模型、发动机结构件疲劳模拟试验件设计方法及寿命考核、基于残余应力确定最大应变循环研究、基于残存比率法确定结构件疲劳寿命等；第6章在阐明国外广泛采用历程记录仪和预测与健康管理的单机寿命监控技术的同时，结合作者课题组的工作，介绍基于飞行参数记录系统的综合换算率寿命控制技术，整理出先进航空发动机大国典型的寿命监控系统以及数学模型；第7章给出使用载荷和载荷谱随机分布特性；第8章介绍12个国家多种型号发动机在使用和翻修中采用的寿命控制方法及技术手段；第9章阐述影响发动机整机翻修寿命和总寿命的主要因素、整机台架试车的发展过程和分类，并结合实际工作介绍某型涡轮轴发动机任务化持久试车大纲的编制。

本书第1、2、6、7、9章由杨兴宇、孙燕涛、李冬炜完成，第3、4章由郑小梅、吕玉泽完成，第5章由朱锐锋、赵福星完成，第8章由周敏、邱炳辉完成，全书由杨兴宇、郑小梅、孙燕涛统稿。

与本书内容相关的研究工作得到了空军装备部原航空技术装备可靠性办公室、飞机处、发动机处，原总参谋部陆航装发办，中国航发集团湖南动力机械研究所、沈阳发动机研究所、贵州航空发动机设计研究所、南方工业有限公司、西安红旗公司、沈阳黎明航空发动机有限责任公司、哈尔滨东安发动机有限公司，中国人民解放军第 5713 工厂、5719 工厂等单位的资助和支持，在此深表谢意！

我国航空发动机领域知名专家甘晓华院士欣然为本书作序，并向读者推荐本书，在此表示诚挚的感谢！

感谢北京航空工程技术研究中心发动机研究室项目组的同事。感谢王全星研究员、刘本武研究员、王通北研究员、闫晓军教授、李锡平研究员、肖新红研究员、廖学军研究员、蔚夺魁研究员、王相平研究员、高瑾高工、郭晓强高工、董红联高工的帮助和建议。

限于作者水平，书中内容难免存在不妥之处，敬请广大读者批评指正。

作 者

2018 年春

目　　录

第1章 绪 论

1.1 发动机寿命监控的意义与技术途径

1.1.1 发动机使用寿命

发动机寿命是指发动机正常运转的持续时间，实质是指其主要结构件在工作中的磨损、蠕变变形过大、应力断裂或高低循环疲劳裂纹造成结构件失效之前，整机能够安全可靠地工作的时间或工作循环的次数。航空发动机在服役中要求具有较高的使用安全性，特别是用于载人飞行平台，要求事故发生率极低。随着航空技术的发展，航空发动机制造成本日益昂贵，对其经济性也提出了较高的要求，具体是要有较长的使用寿命。因此，使用寿命是航空发动机的重要战术技术指标。发动机使用寿命是指结构件的使用寿命，主要包括工作小时、飞行小时、大状态工作时间、低循环疲劳（low cycle fatigue，LCF）数、起动次数和使用年限等。

发动机工作小时表征各部件工作运转的时间，一般情况下，以主燃烧室喷油点火为标志。飞行小时是伴随着飞行器飞行才有的寿命参数，与其对应的是发动机地面工作时间，不同的国家对发动机地面工作时间的规定是不同的。美国军用标准 MIL-STD-1783《发动机结构完整性大纲》（Engine Structural Integrity Program，ENSIP）中规定[1]，飞行小时包括发动机在工作状态下从起飞动作开始到着陆触地结束的全部时间，目的是与飞机的飞行小时一致。发动机总工作时间包括从发动机起动到滑行、飞机飞行和着陆后滑行到发动机停车的所有时间。一次飞行的地面工作时间，加到每项任务的飞行小时中，得到每个任务的总工作时间，地面工作时间还包含外场排故和定期维护检查的试车时间。英国军用航空涡轮发动机通用规范[2,3]中没有这方面的规定，但其实际做法与美国相同，即起飞前和着陆后的滑跑时间，以及起飞前的发动机检查（发动机转速可达到最大转速）时间，都按1:1 计入总工作时间。我国则完全借鉴苏联的发动机寿命管理体系，即采用翻修寿命和总寿命控制发动机的使用，地面工作时间不仅包括从发动机起动到滑行和着陆后滑行到发动机停车的时间，还包括发动机在外场排故和定期维护检查的试车时间。地面工作时间可能达到发动机总工作时间的 20%或更多。习惯上地面工作时间按 5:1 计入总工作时间，计算寿命消耗。但情况不完全相同，也有按 4:1，甚至 2:1 计入总工作时间计算寿命消耗的。

大状态工作时间作为热端部件（燃烧室、涡轮导向器、涡轮叶片和涡轮机匣等）的蠕变寿命表征，主要有起飞（最大）状态工作时间和最大连续工作时间的要求。

低循环疲劳数、起动次数作为旋转部件或静子件的低循环疲劳寿命表征。使用年限表示在环境的作用下，金属材料结构腐蚀、非金属材料老化等对结构造成的腐蚀及老化损伤，对应结构件的日历寿命。

与结构静强度不同，航空发动机结构的使用寿命取决于服役后的具体使用方法。结构静强度是结构件所受的外力为非交变载荷的强度，由航空发动机工作中可能承受的最大载荷（或最大瞬时载荷）和结构件几何尺寸决定，考虑结构制造质量的分散性，将规定的最大使用载荷放大适当的安全系数构成设计极限载荷，作为结构静强度设计与考核的依据。在早期的航空发动机设计中，主要考核结构件的静强度。一般情况下，最大使用载荷造成的损伤没有累加性，未引起材料循环硬化或软化，即不影响零部件耐久性，可以认为与使用寿命不相关。而航空发动机的使用寿命对应着使用方法。使用方法包括使用的任务类型、各个任务类型的任务剖面、每种任务飞行使用次数的比例，以及所服役的具体环境，即任务混频和环境混频。与其配装飞机的飞行训练大纲是使用方法的一种常见表示形式。不同的任务类型或任务剖面对应着不同的飞行动作及运转时间，对航空发动机结构件产生不同的载荷-时间历程，所造成的结构损伤会有明显的差异。因此，各种任务类型或任务剖面的使用次数比例不同，将对应着不同的损伤，即寿命消耗的差异，这一特征与飞机结构件的寿命消耗相同，即不同的使用方法对应不同的寿命消耗。因此，伴随着飞行训练大纲的变化，飞机和航空发动机结构件的寿命消耗是有区别的。

必须保证航空发动机结构在使用寿命期内的安全使用，因此使用寿命必须具备足够高的可靠性。当然，具体的可靠性要求与零部件的分类密切相关，即与失效后产生的后果严重性关联，一般零部件不要求特别高的可靠性。每台航空发动机结构件制造质量（包括材料、加工和装配工艺）的分散性使得发动机结构的耐久性品质存在着分散性，也就是说，即使在相同的使用条件下，每台发动机结构的实际寿命消耗也是不同的。另外，即使在相同的规定使用方法下，每台发动机的实际使用载荷情况也有差异。制造质量分散性与使用载荷历程的分散性使得配装同一机型的航空发动机在规定使用方法下的寿命消耗是一个随机变量。要保证使用寿命期内发动机结构件发生破坏的概率达到可以承受的最低值，使用寿命必须具有很高的可靠度，通常可以用一定的存活率和置信度表示。

1.1.2 发动机寿命可靠性管理

1. 航空发动机结构完整性大纲和寿命可靠性管理的含义

按照飞行安全性的要求，航空发动机在使用寿命期内必须保证结构的完整性。

按照美国军用标准 MIL-STD-1783《发动机结构完整性大纲》[1]、JSGS-87231A《航空涡轮发动机使用指导规范》[4]以及我国标准 GJB/Z 101—97《航空发动机结构完整性指南》[5]和 HB/Z 286.5—96《航空燃气涡轮发动机监视系统设计与实施指南寿命监视》[6]的定义，结构完整性是关系发动机安全使用、使用费用和功能的发动机结构强度、动力特性、损伤容限及耐久性等发动机所要求的结构性能的总称，也就是结构件在期望水平下安全性、功能、耐久性和保障性完好的状态。《发动机结构完整性大纲》的目标是提高发动机结构的安全性、耐久性、战备完好性，降低全寿命周期费用。要实现发动机的结构完整性要求，首先，必须按照有关规范合理开展结构设计，采用先进的加工制造技术，保证发动机结构具备优良的完整性品质；其次，要在使用过程中确保发动机结构完整性，必须采取先进、科学、细致的管理机制和维修方法。可以看出，发动机结构完整性的要求必须贯穿于设计、制造、使用和严密、科学管理的全过程，科学监控是其中不可或缺的重要组成部分。

20 世纪 60 年代末，美国参照飞机的结构完整性计划首先提出发动机结构完整性计划，其具有严酷和教训深刻的历史背景。由于军事上的需要，随着军用航空发动机推重比和涡轮前温度的不断提高，发动机的工作条件越来越恶劣，结构越来越复杂，材料性能要求越来越高，因而暴露出来的结构故障更加严重，当时美国研制的军用航空发动机 J85、TF41、TF30、F100 和民用航空发动机 JT9D、CF6 以及英国研制的 RB211 等多型发动机连续出现多次重大故障：风扇叶片出现裂纹、压气机叶片疲劳断裂、风扇和压气机轮盘破裂、高低压涡轮承力隔圈低循环疲劳破坏、涡轮叶片断裂等，几乎所有结构件均出现严重故障。根据统计[7]，美国空军 1963～1978 年发生的 3824 起飞行事故中由于发动机结构故障导致的有 1664 起，约占一半。1968 年，发动机结构完整性计划被提出后，发动机结构得到了迅速发展；1969 年，美国空军制定了发动机结构完整性计划，并应用到正在研制的 F100、TF34-100 和 F101 发动机上；1973 年，美国军方根据发动机结构完整性计划将 MIL-E-5007C《航空涡轮喷气和涡轮风扇发动机通用规范》修改为 MIL-E-5007D；1973～1975 年，美国空军起草了"涡轮发动机结构设计准则的应用"最终报告；1984 年形成正式的美国军用标准《发动机结构完整性大纲》。

经过多年、多个型号的发展，严格执行《发动机结构完整性大纲》，可以保证研制出高可靠性、高耐久性、高性能的航空发动机。发动机结构完整性计划主要由以下四个方面组成：

（1）结构设计准则，按照任务规定明确的工作循环（载荷谱）进行结构设计。

（2）结构试验要求，规定尽可能对零部件和整机按规定设计使用载荷进行寿命耐久性验证试验。

（3）结构数据要求，规定技术文件要以强度和寿命分析为重点作为申报批准的依据。

（4）寿命监控要求，规定对服役使用情况进行寿命监控，确保使用安全。

四个方面的核心问题是要根据使用任务可靠地确定与解决耐久性和定寿问题。可以看出，这一计划既包括技术又包括组织，是有系统、有重点的严密计划，强调的四个方面密切相关、缺一不可。

耐久性是发动机结构完整性的重要组成部分[8-11]，是指在规定的时间周期内，发动机抗裂纹（包括振动、腐蚀和氢脆等引起的裂纹）生成、腐蚀、恶化、退化、剥离、磨损以及外物和内物损伤的能力。发动机耐久性要求是结构足以抵抗上述各种损伤，使发动机结构不降低其使用和维护能力，并对使用寿命、使用方法不造成有害的影响。损伤容限要求则是充分利用了结构件的裂纹扩展寿命，在零部件的批准寿命内，为使材料、制造和使用引起的缺陷造成的潜在失效减至最少，应该完成损伤容限评定。航空发动机的使用经验已经证明，材料、制造和使用引起的缺陷确实存在，它们可能潜在地威胁发动机关键件的结构完整性。历史上长期使用的安全寿命法建立在正常材料变化和制造条件的假设上。因此，该方法没有明确说明这些缺陷的存在，虽然在某种程度上容许缺陷存在，但是其使用安全性由设计裕度、安全系数和外场检查等技术手段来保证。损伤容限评定则要求明确说明异常条件，并补充进疲劳寿命预定系统。

2. 航空发动机寿命研究发展概况

航空发动机寿命研究工作按发展历史大致可分为三个阶段：台架试车定寿阶段、安全寿命设计阶段和损伤容限设计阶段。

（1）台架试车定寿阶段。20 世纪 60 年代以前，发动机的寿命指标都是依靠发动机的台架长期试车和领先使用来确定的。试车大纲采用 1:1 的长期试车，寿命参数也非常简单，只有工作小时。美国军用标准 MIL-E-5007C 规定了军用合格鉴定试车程序，该程序共有 25 个阶段，每个阶段 6h。研制的发动机无论具体机型、配装何种飞机，只要通过 150h 的军用合格鉴定试车程序，即可投入使用，寿命是在使用中逐步增加的。同时期，苏联的航空发动机也是按照此方法定寿和监控。此阶段还依赖静强度设计理论，以静强度理论进行零部件强度估算，采用材料的强度极限为基准，控制零部件的安全系数，如压气机叶片设计时，认为安全系数 4～6 是安全可靠的，涡轮叶片则控制在 1.2～2.5。实践证明，此阶段有以下重大的技术缺陷：一是主要考虑高温时间和发动机工作时间[12]，即高温蠕变和应力断裂，没有考虑高周、低循环疲劳对寿命、可靠性的重大影响；二是严重脱离外场实际使用载荷情况，不能反映或暴露出外场可能出现的故障和隐患，只能检查、鉴定生产和修理质量的稳定性。根据统计，配装 F-15 飞机的 F100 发动机，在相同的寿命期内，反映发动机疲劳载荷最主要的参数如油门杆主循环，实际使用情况是设计情况的 3.3 倍，而两者的加力循环次数比值更是高达 4.4 倍之多。

（2）安全寿命设计阶段。20 世纪 60 年代末，发动机进入安全寿命设计阶段，其理论和实践基础是疲劳损伤理论和疲劳试验。借用疲劳损伤理论，西方航空大国英、美国家采用材料或零部件的 S-N 曲线评估零部件的安全寿命，也称为无限寿命设计准则，最为出名并有实际意义的是英国罗·罗公司的 EGD-3 应力分析准则，美国的军用标准也修改为 MIL-E-5007D。后续随着高温、大载荷或大应变零部件的出现，采用 S-N 曲线评估零部件安全寿命出现偏差，又进一步发展出应变疲劳理论，即采用 ε-N 曲线评估寿命，该理论适用于解决超屈服极限的低循环疲劳和疲劳/蠕变交互作用等疲劳问题。安全寿命设计阶段主要利用零部件的裂纹萌生寿命，并规定在一定可靠度和置信度条件下，零部件疲劳裂纹长度不大于 0.79mm（1/32in）的疲劳寿命为安全寿命指标。无论采用安全寿命设计还是有限寿命设计，除依靠数据统计分析方法外，都必须进行大量的试验研究工作，包括材料试验、零部件的高周疲劳试验、低循环疲劳试验、整机台架试车试验和飞行试验等，在开展大量试验的同时，还要开展大量的理论计算工作，尤其是采用应变疲劳定寿，开发出多种寿命预估模型[13-15]。

（3）损伤容限设计阶段。20 世纪 70 年代末，发动机设计进入损伤容限设计阶段。虽然安全寿命设计很大程度上解决了发动机零部件安全性问题，但是经济性问题又成为追逐目标，同时，基于安全寿命设计的疲劳理论存在下述缺陷：假设结构件的材料是没有先天缺陷的连续介质，当出现缺陷或裂纹即认为破坏，这一假设明显与实际情况不符，因为任何机械加工材料和零部件均有微裂纹、夹杂、空洞、加工刀痕等问题。因此，损伤容限设计的理论基础学科随之出现，即断裂力学，其是固体力学近代发展起来的新的分支学科，由于考虑了工程实际，很快成为解决断裂问题的有力工具。应用损伤容限设计方法处理发动机零部件寿命，不但发展了有裂纹结构件的使用寿命研究，同时解决了大批由于出现初始裂纹甚至无裂纹而停止服役的零部件继续使用的问题，提出了剩余寿命和临界裂纹的概念，由于在安全使用范围内充分利用了零部件的裂纹扩展寿命，零部件的寿命成几倍或几十倍的增加，因此，经济效益十分可观。某些型号的发动机，如涡喷-6 发动机[16]，由于设计和选材问题，涡轮盘服役很短时间内，其榫槽底部出现大量疲劳裂纹，按照安全寿命设计理论，该型号发动机只能停止使用，但这不现实。20 世纪 80 年代初，由于迫切的实际需要，国内相关单位组织力量，依据基于断裂力学的损伤容限理论，经过大量研究，采用合理的检查周期和临界裂纹长度，科学地控制了涡喷-6 发动机的使用寿命，延长了该发动机的服役时间，可见使用损伤容限法定寿的军事效益也十分显著。

3. 航空发动机寿命可靠性管理思想的发展

本书第 6 章根据采用的监测方法和手段将航空发动机寿命消耗监测技术划分为四个阶段：人工监控阶段、综合换算率监控阶段、机载历程记录仪监控阶段以及预测与健康管理（prognostics and health management，PHM）阶段。从可靠性寿命管理角度，可以认为前两个阶段即人工监控阶段和综合换算率监控阶段是机群管理模式，后两个阶段即机载历程记录仪监控阶段和 PHM 阶段是单机管理模式，即经历了由机群寿命管理向单机寿命管理的发展过程，显然，后者比前者具有历史性进步。当前航空技术发达国家对航空发动机的寿命管理均采用了基于载荷分散性的单机寿命管理思想，随着航空发动机结构健康监控技术的快速发展，产生了基于实际用法的结构健康状态监控的单机寿命管理理念和技术。

机群管理模式是非常粗糙的"一刀切"模式。人工监控发动机寿命只能监控工作小时、飞行小时、大状态工作时间和使用年限寿命类参数，对于发动机最为重要的循环寿命则无能为力。综合换算率监控是以一种型号发动机机群（包含全部发动机）为整体，按照统一的准则和方法实施管理，制定统一的基准载荷谱，开展整机考核试验、全尺寸结构疲劳（包含持久/蠕变）试验和关键件或重要件耐久性/损伤容限分析评定，给出机群使用寿命（首翻期、翻修间隔和总寿命）与修理技术条件，决定每台发动机的首翻期、翻修间隔和总寿命。为保证使用寿命期内的安全可靠性，在根据整机考核试验和全尺寸结构疲劳（包含持久/蠕变）试验结果给出使用寿命时，采用了考虑结构制造质量分散性的一个较大分散系数，而使用载荷的分散性没有考虑在内。当然，由制造质量造成的寿命分散系数与试验的子样密切相关。航空发动机关键件的安全寿命对可靠性要求极高[17,18]，一般按照失效概率为 0.13%、置信度为 95%的寿命，或者失效概率为 0.1%、置信度为 90%的寿命（$B_{0.1}$ 寿命）控制。显而易见，发动机寿命采用机群管理模式存在两个方面的严重缺陷：

（1）不能最大限度地保证每台发动机的安全使用。由于寿命分散系数没有考虑使用中载荷历程和环境的差异，特别是载荷历程损伤偏重的发动机，有明显的安全威胁，例如，列装英国皇家空军红箭飞行表演队鹰式（Hawk）战斗机的 Adour 发动机[19]，其循环换算率相差高达 40 倍，大大超过其他配装鹰式战斗机的发动机换算率，因此按照统一的换算率很难保证其飞行安全。

（2）不能充分发挥每台发动机的寿命潜力。显然，为了保证飞行安全，一般情况下，发动机的换算率定得较高。多年的修理实践表明，航空发动机关键件在达到总使用寿命前因萌生疲劳裂纹造成的报废率极低，即大部分结构件还具有很大的寿命潜力，造成了巨大的经济损失[20]。通常，由于零部件原材料加工工艺、热处理、机械加工工艺、使用载荷条件和工作环境等因素的差异，零部件使用寿命有多达几十倍的分散度。由寿命最短的零部件的寿命限制同型多达几千个零部件的寿命将造成很大的浪费，而按寿命最短的零部件寿命限制整台发动机的寿命将造成更大的浪费，用寿命最短的零部件寿命作为整个机群的总寿命必将造成巨大的浪费。在目前的修理范围内，没有一个零部件在翻修时是不可更换的，因此零部件的寿命不应该成为整机甚至整个机群总使用寿命的限制。

因此，无论从安全性角度还是经济性角度，机群管理模式都是非常落后的。

目前，航空技术发达国家广泛采用技术成熟的单机寿命管理，其基本思想是基于使用载荷分散性的单机寿命管理思想。由于给定发动机零部件寿命时没有考虑使用载荷分散性，所以基于监控使用载荷的单机寿命管理非常重要。对于实施单机寿命监控的发动机[21-25]，在每台发动机使用过程中对关键件或重要件对应的载荷进行连续测量和跟踪，获得实时的寿命消耗数据，根据剩余寿命情况合理安排后续修理和使用。最初的机载历程记录仪只能监控较为有限的几个零部件，随着监控技术的快速发展，目前的发动机历程记录仪和预测与健康管理系统同时监控的零部件数量大大增加，监控的参数也不仅限于寿命类参数，还包括超温、超转等状态参数。

综上所述，机群管理模式已经不适应现代航空发动机寿命管理的需求，单机管理模式是目前航空发动机寿命可靠性管理的主导思想，是历史发展和技术进步的重要标志。

1.1.3　实施单机寿命监控的意义

航空发动机单机寿命监控是实现用单机寿命管理思想对发动机寿命进行管理的基础，也是实现航空发动机视情维护的基础。

1. 保证飞行器的飞行安全

航空发动机的基准使用寿命是针对规定的使用载荷谱给定的，如果每台发动机按照规定的方法使用，则能保证发动机的安全，并充分使用发动机的寿命。但实际使用中，飞机执行的任务差异、飞行员操纵差异、使用环境差异等因素必然导致发动机的使用载荷分散性较大，按照预定的寿命进行控制，将导致部分发动机处于寿命限制边缘，而部分发动机还有相当多的剩余寿命。

不同的飞行员在执行相同的飞行科目时，其对发动机的操纵情况存在差异，导致发动机的载荷历程不同。即使相同的飞行员在执行相同的飞行任务时，其产生的载荷历程也不完全相同。因此，即使按照规定的使用方法，发动机各部件的载荷历程也不完全相同。发动机使用单位不可能严格按照设计任务类型比例进行使用。因此，使用载荷严重的任务类型可能比预计的比例大。在这种情况下，仍按发动机机群的基准使用寿命控制，将导致某些发动机提前破坏。采用单机寿命监控可以记录每台发动机的实际使用情况，控制单机寿命，保证安全。

2. 充分使用限寿件的寿命，降低经济成本

实施发动机单机寿命监控是以每台发动机为评估对象，给出其自身所受载荷历程作用的使用寿命，因此在单机寿命监控中所用的基准寿命是基准载荷试验谱下全尺寸结构疲劳试验寿命，只考虑制造质量分散性，从而能够充分使用零部件的寿命，降低经济成本。

英国皇家空军 ADV 狂风战斗机的 RB199 发动机安装了发动机历程记录仪，该技术为其带来了丰厚的经济收益[26]。计算收益的算法与历程记录仪的采样频率密切相关，采样频率为 8Hz。考虑寿命监控系统的设计制造成本，大概在安装历程记录仪 8 年之后开始实现盈利。在安装历程记录仪后 13 年，经济效益可达 2000 万美元。德国汉莎航空公司机群在 PHM 方面每年投资 26 万美元，但每年可节约 200 万美元的维修维护成本。

3. 保证部队机群的作战能力

维持一定的飞机完好率是保证一型飞机完成作战使命的前提。为实现用尽可能少的飞机架数保证机群的作战能力，需要均衡地使用每架飞机，避免部分飞机提前退役，因此发动机的使用情况尤为重要。实施发动机寿命监控，贯彻单机寿命管理理念，可以及时判断发动机寿命消耗情况，适当调整发动机使用，从而保证机群发动机的寿命均衡，保证机群规模，保持作战能力。

此外，采用发动机寿命监控系统能够充分发挥部件的性能潜力，将轻、小发动机部件的性能发挥到较重、较大部件的水平，从而为发动机减重、降体积提供可能。寿命监控系统采集的数据，还可以为下一代发动机的研制提供信息支撑。

1.2　国外航空发动机寿命监控技术发展与寿命管理情况综述

1.2.1　寿命监控技术的发展

20 世纪 50 年代，随着军用和民用飞机的疲劳失效事故日益增加，美国空军在 1959 年飞机结构疲劳研讨会上提出结构疲劳认证方法，并花费大量精力来确定改善飞机使用寿命的步骤和监控方法，于 1969 年发布标准《飞机结构完整性大纲》（Aircraft Structural Integrity Program）。最早的航空燃气涡轮发动机是为战斗机设计的。在引进军用发动机耐久性标准之前，发动机的使用寿命由台架试车来确定。发动机结构完整性计划的提出相对晚些，提出的技术背景与飞机结构相似：

出现了大量的疲劳失效故障。1969 年以前，早期结构件的寿命评估是基于发动机台架测试的，1946 年的测试时间为 25h，1952 年增加到 150h；试车循环非常简单，但不幸的是，它并没有揭示出与服役相关的诸多故障问题；各种发动机规范存在以下不足：寿命需求、任务循环、结构和应力等分析、非基于任务的测试剖面以及疲劳寿命监控与管理。对于发动机寿命监控由于没有疲劳寿命的概念和要求，仅仅对发动机的工作时间类参数进行监控，发动机寿命很短，飞行时间由涡轮叶片的失效来确定。美国空军制定发动机结构完整性计划后，各种型号规范和大纲均对发动机寿命监控提出了明确的技术要求，特别是强调了疲劳寿命监控与管理的问题。随着结构疲劳理论和技术的发展，同时借鉴飞机的经验，在发动机关键件寿命研究中应用了各种疲劳载荷计数方法，如变程对计数法、按序总变程计数法、路程计数法、峰值计数法、简单变程计数法、穿级计数法和雨流计数法等。根据发动机载荷的特点，发现雨流计数法能较好地反映零部件在变载荷作用下，结构件的局部出现塑性变形和疲劳损伤情况。通过上述计数方法可以将疲劳载荷历程的损伤（疲劳寿命）定量反映出来。

严格意义上讲，1969 年之前，英国就对发动机的疲劳寿命开展了监控，这一时期发动机的寿命控制参数也仅为发动机起动次数和飞行小时等，但仍需要频繁地检查发动机的技术状态。

最早对航空发动机疲劳寿命进行记录和监控的是英国[17,18]。英国皇家空军的海盗式轰炸机和猎手式海上巡逻机飞行员腿部绑上一块记录板，飞行员手工记录发动机转速连续变化的峰、谷值，当飞行员返回地面后，将转速峰、谷值输入计算机，计算此次飞行关键件的使用寿命消耗。飞马（Pegasus）发动机于 1969 年配装在英国的 Harrier（鹞式）GR1 飞机上，1972 年配装在美国 AV8A（MK402）飞机上。该发动机从 20 世纪 50 年代后期开始设计，其原型机和后续升级版的发动机都是基于安全寿命法进行设计的。其关键件的使用寿命是指在 95%置信度条件下，1/750 概率的试件和部件在试验中出现半径为 0.38mm 裂纹的寿命；其服役寿命采用循环换算率（单位工作时间内消耗的循环寿命）和飞行小时进行控制。部分安装飞马发动机使用监控系统（the engine usage monitoring system，EUMS）的机型，其循环换算率是根据小样本测量获得的，其他发动机的循环换算率是基于假定的任务剖面进行计算而得到的。EUMS 记录了飞行中的发动机基本参数，这些记录被下载到地面站用于分析消耗的低循环疲劳数[27]。采用飞行中记录发动机参数、地面回放处理的技术途径监控发动机低循环疲劳寿命在 20 世纪 70～80 年代被广泛应用，如法国的 04-C5 版 LARZAC[19]和更高推力及温度的 04-C20 版 LARZAC 发动机，法国空军的部分发动机配备了磁带记录器来监控飞行参数，这些参数被下载到地面站，来计算每次飞行的寿命消耗。由于磁带记录器和飞行员无法完成机载的低循环疲劳寿命消耗的实时处理和计算，只能将记录的数据在地面进行人工处理，这需要大量和严谨的地面保障资源，而且获得的飞行剖面数量非常有限，因此必须采用换算率对发动机机群进行寿命消耗监控，此阶段称为综合换算率监控阶段。后期发展的利用飞机飞行参数记录系统数据进行发动机的寿命监控，也可以划入该阶段。

发动机综合换算率监控依然属于机群式管理模式，显然，其也难以满足飞行安全性和经济性的要求。

在上述背景下，开发了专门用于监控发动机寿命的历程记录仪[24,28-30]。航空发动机历程记录仪是使用寿命监控系统的重要组成部分，可以科学、准确地记录发动机关键件的循环寿命和整机工作小时、大状态工作时间等寿命参数，广泛用于航空发动机零部件和整机的寿命监控与管理。最早的航空发动机历程记录仪也是英国人研制的[19]。Adour 发动机于 1980 年配装于红箭表演队的 Hawk 飞机。红箭表演队的飞行使得发动机的使用换算率变化极大（最大可以相差 40 倍），为了对低循环疲劳寿命进行控制，在 Hawk 飞机上安装了简单的低循环疲劳计数器（历程记录仪的一种），之后低循环疲劳计数器也被应用到其他机型。其更新版本已应用到整个英国皇家空军 Hawk 机群。由于发动机历程记录仪满足安全性和经济性的要求，同时配装的经济成本很低，方便外场使用维护，被西方航空大国广泛应用，如法国的发动机寿命监视系统（engine life monitoring system，ELMS）、ARRIEL1 系列发动机历程记录仪、MAKILA 涡轮轴发动机历程记录仪等；美国的 F100 发动机历程记录仪（engine history recorder，EHR）、TF-30 发动机监视器、T700 发动机历程记录仪等。随着航空发动机状态监控技术的迫切需要以及电子科学技术的发展，发动机历程记录仪也由最初的监控低循环疲劳寿命（也是称为低循环疲劳计数器的原因）单一功能逐步向多功能的状态监控发展，如 F100 发动机历程记录仪可以监控超温、超转、低压涡轮进口温度（FTIT）传感器失效等。进入 21 世纪以来，以航空发动机历程记录仪的理念和技术手段作为基础，发展出了航空发动机预测与健康管理（PHM）系统。

PHM[25,31,32]作为新一代发动机的关键技术，对提高发动机的安全性、可靠性、保障性和经济性具有重要作用。从安全性方面考虑，对航空发动机进行准确的寿命预测，就可以在发动机到寿之前对其进行适当和有效的维修，从而避免灾难性事故的发生；准确的寿命预测能提前对发动机故障进行预防，避免由于不能及时维修所造成的更为严重的故障，提高发动机可靠性；健康状态评估和预测能为采用不同维修方式提供依据，缩短发动机的维修周期，简化维修步骤，降低维修成本，使发动机保障性大大提高；由于对每台发动机的寿命进行单独的监控和管理，从而将每台发动机的寿命使用到最大限度，因此相比于"一刀切"的安全寿命管理方式大大提高了经济性。

21 世纪以来，随着第二代全权限数字电子控制（full authority digital engine

control, FADEC）系统的应用，PHM 技术被大量地应用到先进的发动机中。F/A-18E/F 超级大黄蜂 F414-GE-400 发动机配装的先进机载发动机状态监视系统（in-flight engine condition monitoring system, IECMS）经过了大于 15000h 严格的飞行试验，并在超过 40 架战斗机上进行了机群装机评估，在美国海军应用评估阶段取得了 100%的发动机异常检测率和零虚警率。F-35 联合攻击战斗机 F135 发动机的两个双通道 FADEC 和独立综合发动机诊断单元（comprehensive engine diagnosis unit，CEDU）的模式，突出了故障预测的技术特征，是四代发动机的重要发展标志。F135 发动机提出了分层区域预测与健康管理系统的概念，采用先进传感器的集成、先进算法和智能模型来实时监控、诊断、预测和管理发动机的健康状态，显著提高了发动机的使用安全性。

此外，英国 Stewart Hughes 公司在 20 世纪 90 年代初期开发出直升机健康使用和监视系统（health usage and monitoring system, HUMS），着重针对直升机驱动部件和旋转部件进行了大范围的振动监视，具有较强的识别危险故障和灾难性故障模式的能力，大大降低了直升机发生严重故障的概率。美军在 CH-53 重型运输直升机和 SH-60R/S 直升机上配装了 Goodrich 公司开发的 IMD-HUMS 系统，在C/MH-60 黑鹰直升机、C/M/HH-47 支奴干直升机、AH-64 阿帕奇武装直升机上配装了智能自动化公司（Intelligent Automatic Company, IAC）生产的 IAC-HUMS 系统。阵风战斗机、B-2 轰炸机、全球鹰无人机、无人作战飞机（unmanned combat aerial vehicles，UCAV）、C-130 大力神运输机、美国陆军的 RQ-7A/B 影子 200 战术无人机、美国海军的 P-8A 海神巡逻机都配备了类似 PHM 的健康管理系统，大大提高了飞机和导弹的飞行安全，显著减少了事故发生率。

1.2.2 英国皇家空军航空发动机的寿命管理与监控

英国军用航空发动机通用规范不像美国军用标准更替频繁[33-35]。自 20 世纪50 年代起，英国军用标准 D Eng RD 2100《航空燃气涡轮发动机试验要求通用规范》和 D Eng RD 2300《航空燃气涡轮发动机和喷管设计与制造通用规范》提供了燃气涡轮发动机发展方面的需求和指导，之后又发展出 DEF STAN 05-2100。

从 1967 年到 2006 年，只发布了两部规范，一个是 1987 年 5 月 29 日发布的DEF STAN 00-971《航空燃气涡轮发动机通用规范》，用以代替之前的 D Eng RD2100 和 D Eng RD 2300。DEF STAN 00-971 适用于航空涡轮喷气、涡轮风扇、涡轮轴和涡轮螺旋桨发动机。斯贝 MK202 发动机应力标准 EGD-3 及其他设计和试验资料，都体现了 DEF STAN 00-971 的要求，为正确理解 DEF STAN 00-971 提供了极好的例证。另一个规范是 2006 年 1 月 27 日发布的 DEF STAN 00-970-11《飞机用设计和适航性要求 11 部——发动机》，这是最新的英国军用航空涡轮发动机通用规范，用来代替 DEF STAN 00-971。DEF STAN 00-970-11 与 DEF STAN 00-971

相比有很大的发展。

下面具体介绍几型航空发动机的寿命监控系统。

鹞式 GR MK5 发动机也引进了升级的 EUMS，整个机群均配装了该系统，实时处理计算关键件的寿命消耗。每次飞行后将该信息传输到鹞式飞机信息管理系统（Harrier information monitoring system，HIMS）中，为机群的寿命管理提供有效工具。

英国皇家空军于 20 世纪 70 年代研制的 EUMS，起初只在部分飞机上加装，并获得了机群的循环换算率。先后发展出两个型号，即 EUMS I 和 EUMS II，记录的典型参数有发动机转速、进口温度、排气温度等。信号主要来源于飞机上的传感器。该监测系统包含两大部分：机载发动机监测装置和地面数据检索装置。前者由一个数据采集装置（data acquisition unit，DAU）和一个快速存储记录器（quick access recorder，QAR）组成。QAR 在小型磁带机上以数字格式连续存储数据。磁带可在地面数据处理站重放，计算低循环疲劳损伤和确定换算率。

EUMS I 已经安装在皇家空军的各种战斗机、运输机和 AV-8A 飞机上，并为多个型号发动机零部件的延寿提供必要的数据。

EUMS II 使用不太广泛，但在某些特定场合使用是非常有效的，它有两个特点：一是可以利用发动机生产单位规定的算法进行机载数据处理；二是采样频率比 EUMS I 的高。

EUMS 提供的数据可用来研究发动机的真实使用情况，并评估给定的发动机低循环疲劳换算率。根据设计阶段给定的换算率，某型发动机高压旋转部件的寿命为 400h，采用 EUMS 提供的数据对其换算率重新计算，该发动机给定其寿命调整为 800h。仅此一项，可节约开支达 300 万美元。

Adour 发动机于 1974 年服役，配装在美洲豹飞机上，其关键件的寿命控制技术途径和方法与飞马发动机一致。1976 年该型发动机配装于鹰式战斗机，从 1980 年起，该型飞机列装英国皇家空军红箭飞行表演队，并且每架飞机上加装了历程记录仪，之后所有皇家空军的鹰式战斗机上均加装了这种升级版本的历程记录仪。

英国罗·罗公司和法国透博梅卡（Turbomeca）公司联合研制的 RTM322 发动机，于 20 世纪 80 年代初开始设计，配装于 NH90（JAR-E）和 APACHE 直升机；其控制系统是双通道的全权限数字电子控制系统，采用安全寿命控制，通过直升机控制系统应用雨流计数法计算旋转零部件的低循环疲劳寿命。

罗·罗公司研制的配装于山猫直升机的 Gem（宝石）发动机于 1976 年服役，为液压机械控制系统，采用安全寿命控制，其寿命控制的技术途径和方法与飞马发动机相同。

1984 年，配装于 Lynx WG 30 和 Augusta A129 直升机的升级版本 Gem（宝

石）发动机，采用数字式电子控制系统和安全寿命控制。Augusta A129 直升机有一个机载计算机系统，承担着多项航空电子监视/控制功能，接收和处理各种电子信号，监控发动机寿命消耗情况。

1.2.3 美国军用航空发动机的寿命管理与监控

美国发布军用航空发动机通用规范最多，1973 年 10 月 15 日发布美国军用标准 MIL-E-5007D《航空涡轮喷气和涡轮风扇发动机通用规范》，1983 年 9 月 1 日发布 MIL-E-5007E 代替 MIL-E-5007D，1988 年 1 月 1 日发布 MIL-E-5007F 代替 MIL-E-5007E，上述三个规范都是美国海军的标准。1985 年 9 月 30 日美国空军发布 MIL-E-87231《涡喷、涡扇发动机军用规范》，其结构完整性部分用的是 1984 年 11 月 30 日发布的 MIL-STD-1783《发动机结构完整性大纲》。1995 年 1 月 11 日发布 JSGS-87231A《航空涡轮发动机使用指导规范》，代替 MIL-E-87231，该规范适用于航空涡轮喷气、涡轮风扇、涡轮轴和涡轮螺旋桨发动机。1998 年 10 月 30 日发布 JSSG-2007《航空涡喷涡扇涡轴涡桨发动机联合使用规范指南》，它是 JSGS-87231A 使用指导规范的修订版，但该指南不是规范。2002 年 2 月 15 日发布 MIL-HDBK-1783B《发动机结构完整性大纲》代替 1999 年 3 月 22 日发布的 MIL-HDBK-1783A，它们都是 MIL-STD-1783 的修订版。2007 年 12 月 6 日发布的 JSSG-2007B 以替代之前发布的同名使用指南。

1. 美国海军航空发动机的寿命管理[36-40]

美国海军对发动机旋转关键件和高压机匣采用安全寿命法控制寿命。在购入发动机之后，采用荧光渗透剂（fluorescent penetrant inspection，FPI）检查部件的制造缺陷。当部件由于其他维修目的完全暴露在外时，对限寿件进行使用过程检查。这种检查称为采用 FPI 方法的机会主义检查。某些部件可能在其使用寿命期内多次被检查，而相同的其他部件可能从未被检查过。当出现一条疲劳裂纹后，部件立即退役，并转交给厂家作进一步调查。美国海军开展了对寿命方法、分析过程和经验数据的评价，以检验当前寿命极限的准确性。

对于所有的涡桨、涡轴、涡喷和涡扇发动机的低循环疲劳限寿零部件，都实施定时维修和退役策略。早期发动机 LCF 限寿件的寿命都采用小时数来控制寿命。新设计的发动机安装了高精度的发动机监控系统，以跟踪转速循环数和其他限寿事件。

1993 年以来，海军寿命管理组织与发动机制造商多次开展合作，研究发动机模型，并更新现有的寿命极限。主要内容涉及：

（1）根据飞行任务中记录的飞行剖面开展寿命分析。

（2）使用先进的分析工具，改进热应力分析模型。

（3）引入全特征的材料曲线。

（4）采用发动机试验测量的数据作为寿命分析模型的输入。

2. 美国空军航空发动机的寿命管理

自 1979 年起，美国空军在 F100-PW-100/200 发动机上一直采用《发动机结构完整性大纲》来保证发动机的使用安全。这是一种经典的损伤容限寿命管理方法。关键旋转部件、静子结构、高压机匣将在预定的最小 LCF 寿命退役。F100-PW-100/200 发动机上的一些部件采用"因故退役方法"，更加完全彻底地展现了损伤容限法的作用。从制造商采购发动机之后，对所有的关键件进行涡流、超声波或荧光渗透检验，然后按照损伤容限法预定的时间间隔进行再次检查。

在《发动机结构完整性大纲》制定之前服役的所有旧发动机的管理方法类似于海军，之后则采用《发动机结构完整性大纲》的方法进行管理。当这些发动机发生类似疲劳断裂等问题时，通过损伤容限评估来提出一个基于风险的寿命管理方法。在保持一个可接受的风险水平下，可保证零部件的工作能力和机群的战备需求。

美国空军还采购了美国联邦航空管理局（Federal Aviation Administration，FAA）认证的运输机和教练机。旧军用发动机的寿命管理与民用发动机一致。然而，新发动机应用了损伤容限分析和损伤容限寿命管理方法，在 FAA 认证的寿命时限之前安排部件的检查。

3. 典型发动机寿命监控及零部件寿命管理方法

F402 涡轮风扇发动机有 36 个关键件，分别采用不同的换算率对其低循环疲劳寿命进行控制。部件的低循环疲劳寿命取决于原制造商设计和能够表征鹞式飞机使用情况的复合任务剖面。飞机上装有机载低循环疲劳计数器，记录 8 个参数，但各关键件的退役时间仍然由飞行小时限制。由 24 架飞行-408 科目的飞机配备的飞行记录器来定义当前的任务剖面文件。当定义了新的任务剖面时，基于热瞬态分析得到的部件换算率将产生新的寿命极限值。并以此对机场管理计划进行修订，以保持鹞式飞机的准备完好率。此外，将机群的风险管理应用于允许使用裂纹扩展寿命的损伤容限部件。当部件使用率增加和寿命储备不足时，使用部件的裂纹扩展寿命可以降低零件寿命减少的影响。F402 发动机按照热端部件检查间隔管理。

F404 发动机有 25 个 LCF 限寿关键件，采用低循环疲劳寿命进行控制。由机载发动机状态监控系统（IECMS）记录整个任务以及温度、速度、压力等参数。各旋转部件的等效低循环疲劳（equivalent low cycle fatigue，ELCF）由发动机参数进行计算。1997 年制订了一个全面的寿命管理计划来更新 F404-400 和 F404-402 发动机寿命管理。分别在 1992 年和 1997 年对任务剖面进行了更新，并于 1993

年和 1997 年完成了部件寿命的重新分析。F404 是一个单元体发动机，按照可靠性为中心（reliability centered maintenance，RCM）的理念进行维护。

F405 发动机有 10 个关键件，按照低循环疲劳进行寿命控制，部件的低循环疲劳寿命是基于原厂设计和代表 T45 使用的复合任务剖面制定的。当开展新的旋转试验或材料测试后，寿命限制可以视情增加或减少。在 7 个飞行中队的飞机上安装了自动数据记录系统，由此可更新任务剖面。当定义了新的任务后，基于热瞬态分析的部件换算率将产生新的寿命极限。针对该发动机，开展了全面的寿命管理计划（life management master plan，LMMP）。装配 F405 发动机的所有飞机都配备了数据记录系统，以记录 8 个参数，用于跟踪寿命消耗情况。发动机按照可靠性为中心的理念进行维修。

F414 涡扇发动机有 20 个低循环疲劳和耐久性关键件。设计任务包括 14 个飞行剖面、2 个环境温度条件和 2 个级别的发动机性能恶化指标。对于每种组合条件，开展寿命分析，并采用加权平均方法进行综合，最终获得整体的寿命预测。工程与制造研发阶段完成时进行 4000h 等效循环飞行，并在此时完成电涡流检查。采用固定的周期进行电涡流检查，直到达到 LCF 寿命极限。F414 是一个单元体发动机，按照可靠性为中心的理念进行维修。

F110 加力涡扇发动机具有 22 个飞行关键件，使用美国空军的总累计循环（TAC）进行寿命控制和跟踪。20 世纪 90 年代初，通过配备的飞行记录器对任务剖面进行更新。1993～1997 年，基于增强有限元模拟及传热分析，对所有部件的寿命极限重新分析。2000 年又进行了任务分析以评估新增加任务的角色和要求对寿命的影响。F110 是一个单元体发动机，按照可靠性为中心的理念进行维修。

TF34 涡扇发动机具有 32 个关键件，按照 -3σ 标准差的小时寿命极限进行寿命控制。所有关键件都会采用更新的任务剖面和增强的分析模型进行寿命再分析。1994 年开始更新寿命极限。1995 年，采用飞行数据记录器对任务剖面进行了审查，2000 年进行了再次审查。按照可靠性为中心的理念进行维修，按期检查热端部件。

美国海军有两个版本的 J85 涡喷发动机，目前已停产。J85-21 型有 9 级压气机，J85-4 型有 8 级压气机。前者配装在 F-5 飞机上，后者用于 T-2 初级喷气教练机。所有的关键件按照循环数定寿，由飞行小时进行寿命控制。寿命管理计划自 1995 年起就没有补充完善，在 1990～2000 年间没有开展任务分析。在此期间，随着机群寿命的减少，机队面临后勤保障方面的问题。因此，2000 年前后，美国海军评估了延长飞机使用寿命的可行性，并开展了寿命管理计划。

美国海军有两个版本的 T58 涡轴发动机。T58-402 型用于 H-3 和 H-46 直升机，T58-16 型用于 H-46E 直升机。2000 年，海军更新了部件寿命。部件寿命按照飞行小时控制。部件维修基于热件检查和大修。使用飞行数据记录器来更新任务剖面。对低循环疲劳寿命严重下降的部件制订现场管理计划。应用裂纹扩展寿命抵消这些减少的寿命，这样做的基础是密切关注控制机群风险和飞行安全。

T700 涡轮轴发动机有 17 个关键件，循环寿命的确定基于原厂设计和 H-60 具体的任务剖面。所有发动机出厂时都配备发动机历程记录仪，跟踪四个参数（LCF1、LCF2、时间-温度指数和发动机工作时间），但发动机寿命仍按飞行小时进行控制。1993 开始了寿命更新，并在 3～5 年完成。使用飞行数据记录器来更新飞行任务剖面。T700 是一个单元体发动机，按照可靠性为中心的理念开展维修。

T64 涡轴发动机有五型，即 T64-413、T64-415、T64-416、T64-416A 和 T64-419，配装在各种版本的 H-53 直升机上。T64-416 型发动机关键件的寿命更新已经完成。除一个关键件外，不同版本的发动机具有相同的关键件。按飞行小时控制部件寿命。发动机的维修基于热端部件检查和大修。在未来的几年里，海军将更新材料测试、任务记录和发动机测试。

基于商用发动机的维修经验，T406 涡轴发动机按照 "power-by- the-hour" 概念进行管理。该发动机有 21 个旋转关键件，分别按照 LCF 定寿，并按照 V-22 Osprey 的任务剖面转换为飞行小时。除了 21 个飞行关键件外，还有 8 型静叶和动叶为限寿件，限寿因素为应力破裂或热腐蚀。此外，还跟踪了其他 15 个部件的工作时间。V-22 飞机配备机载记录和监测系统，用以采集发动机的使用和任务剖面。发动机投入使用之后，收集并验证其使用和任务剖面。剖面文件的分析结果有助于建立更新的寿命极限。

T56 涡轮螺旋桨发动机有 7 个关键旋转限寿件。该型发动机的两个版本配装在四种不同的海军飞机上，即 P-3、C-130、E-2C/C+和 C-2A，目前均已停产。规定了这些部件的低循环疲劳和裂纹扩展寿命，并基于制造商提供的循环数，采用飞行小时进行寿命控制。所有四种机型的任务分析从 1990 年就没有更新了。E-2C+飞机上记录的数据可用来更新任务循环数与飞行小时的换算率。自 1990 年以来，没有制订任何寿命管理计划。2000 年前后进行了一项新的寿命管理计划，根据新的材料数据和寿命限制，对涡轮隔圈的寿命进行了审查。

1.2.4　法国航空发动机的寿命管理方法

ATAR 系列发动机是单转子涡轮喷气发动机，1945 年开始设计，20 世纪 50 年代投入使用，先后共出现 20 多个改进型，是法国早期的主力军用航空发动机，主要配装在幻影IV超音速轰炸机、幻影IIIE、幻影IIIR、幻影IIIEZ、幻影 5、幻影 50、幻影 F1、幻影 G4、幻影 G5 等单发或双发飞机上。早期型号的发动机采用液压机械控制系统，后续型号如配装幻影 F1 飞机的 9K50 型发动机，于 1969 年服役，采用液压机械和模拟电路的混合控制系统。发动机的寿命只控制其飞行工作时间，9K50 型发动机开展了低循环疲劳的应力分析和光弹试验分析等工作。

Larzac04-C5（拉扎克 04）发动机于 1979 年服役，配装在 Alpha（阿尔法）

飞机上。其推力增大型拉扎克 04-C20 的控制系统是模拟计算机驱动的液压机械系统。1985 年,法国空军的部分拉扎克 04-C20 发动机配装了飞行参数监视记录系统,是磁带式记录装置,采集的数据在地面工作站回放,处理计算发动机消耗的包括循环寿命在内的各寿命,并可以得到各个飞行剖面的循环,从而得到发动机循环寿命和工作时间之间的循环换算率,根据各个飞行剖面的飞行换算率对飞行科目进行分类。依据发动机轮盘地坑式旋转疲劳寿命试验结果和剩余寿命决定发动机是否延寿,该型发动机采用安全寿命控制。

M53-5 发动机于 1978 年服役,为单元体结构设计,配装在幻影 2000 飞机上。其控制系统为带冗余度的全权限模拟电路管理器。在安全模式下,液压机械控制系统可覆盖全部飞行包线。采用安全寿命设计,监控低循环疲劳寿命和蠕变寿命。

M53-P2 发动机于 1985 年服役,其控制系统是全权限数字发动机控制系统(engine control system,ECS)。1987 年,部分法国空军的发动机配装发动机寿命监视系统(ELMS),用以计算低循环疲劳和蠕变损伤,可以得到 20 个关键件的剩余寿命。该系统可以在翼预置被监控关键件的序号和剩余寿命,根据发动机控制系统采集的相关参数实时计算寿命消耗,这些数据定期下载到地面零部件寿命管理数据库中,由于做到了精细化管理,大大减少了地面修理工作量和维修成本。后续 ELMS 又经过了几次大的技术改进,形成了不同的版本。根据实时计算的损伤结果,确定了监控零部件低循环疲劳寿命、蠕变寿命和检查管理规划。20 世纪 90 年代,ELMS 已经成为发动机的标准部件,供全世界许多国家的用户使用。

TURBOMECA ARRIEL1 系列发动机于 1971 年开始设计,20 世纪 80 年代初服役,配装在海豚直升机、松鼠直升机上,应用液压机械控制系统;采用安全寿命控制,配装历程记录仪。循环寿命计算模型采用概算法和推荐法,其中推荐法可以得到全循环和部分循环,具体参见本书 6.4 节。发动机历程记录仪是专门计算循环寿命的电子设备,计算模型是发动机的生产厂家法国透搏梅卡公司推荐的,根据燃气发生器转速剖面用雨流计数法得到峰值、谷值,进而确定燃气发生器转速循环,计算 6 个关键件的低循环疲劳寿命消耗。

MAKILA 涡轮轴发动机配装在超级美洲豹直升机上,燃气发生器采用液压机械控制系统、自由涡轮采用电子控制系统,低循环疲劳寿命控制方法与 ARRIEL1 系列发动机相同。

ARRIEL1 系列发动机的后续发展型 ARRIEL2 发动机,采用单通道的 FADEC,循环寿命计算模型也采用了法国透搏梅卡公司提供的推荐法,并将其预置入发动机电子控制系统,根据燃气发生器转速剖面用雨流计数法得到峰值、谷值,进而确定燃气发生器转速循环。

ARRIUS2 发动机设计和寿命控制方法与 ARRIEL2 发动机相同。

1.2.5　加拿大航空发动机的寿命管理方法

PT6T 发动机所有部件的寿命都是基于制造商的安全寿命规范（LCF 限制值）。当前采用使用时间来控制寿命，在新型 Bell 416（Ch146）直升机上安装了主要记录 LCF 数的历程记录仪，其具有健康和使用监控能力。

T58 发动机部件寿命都是基于制造商的安全寿命规范。加拿大军用的 T58 发动机目前正在更新为 T58-100 版本，其寿命也将更新。

J58-CAN40 发动机部件的寿命基于制造商的安全寿命极限以及与制造商协议确定的循环寿命任务严酷度因子。最近，教练机上安装了发动机转速监视器，这是为了更准确地跟踪循环数，并建立更真实的换算率和严酷度因子。加拿大军方也参与了制造商发起的部件改进计划（component improvement program，CIP），对寿命进行了更新。对一些部件进行了损伤容限分析，并确定了安全检查间隔。

旧的 NENE X 发动机采用组合寿命方法进行控制。根据检验准则，来决定压气机叶轮、涡轮盘和涡轮轴是否退役。此外，压气机叶轮安全寿命限制基于低循环疲劳的换算使用时间。最近一次将低循环数换算为使用时间是在 20 世纪 70 年代早期完成的。2000 年前后开始安装历程记录仪来跟踪所有部件的实际使用情况并更新换算率。考虑使用循环数，而不是工作时间来进行寿命限制。对关键件开展断裂失效分析，以便更好地描述部件情况。对某些部件的损伤容限能力进行了分析，并确定了安全检查间隔。

F404 发动机是加拿大较新的军用发动机，该机基于单元体结构进行维修，具有一个综合监控系统。该记录系统基于制造商的低循环疲劳和热循环安全寿命限制来监控和跟踪单个部件的循环寿命。计算管理系统对所有 26 个关键件以及其他 135 个部件进行监视。加拿大军方也参与了 F404 发动机的部件改进计划，与制造商和其他用户一起不断改进寿命监控方法和限制值。

1.2.6　德国航空发动机的寿命管理方法

J79-17A（Phantom）发动机部件的寿命基于 LCF 数[41-43]，寿命消耗基于发动机飞行小时进行监控。循环换算率是由发动机制造商提供的。定义了固定飞行时间的发动机大修期限。大修过程中，检查零部件的裂纹、磨损、腐蚀、侵蚀、外物损伤情况以及涂层破坏情况。损坏的部件可以修理或退役。有足够剩余寿命的零部件将继续使用。

RB199（Tornado）部件的寿命基于 LCF 数，该循环数是基于通过分析和试验获得的材料最低性能。通过采样抽检的方法逐步发布其寿命。对于具有高的损伤容限能力的关键部位，寿命延伸到安全裂纹扩展阶段。不断地进行技术寿命评估以检查寿命方法和假设的有效性。寿命消耗通过一个单独机载使用监控系统

（OLMOS，一种历程记录仪）进行监控，其使用复杂的热-机械发动机模型来计算疲劳和蠕变寿命消耗。对限寿件进行检查，只有具有足够剩余寿命的零件才继续使用。

250-C20B（BO-105）直升机发动机部件的寿命限制基于发动机的使用时间或发动机的起动次数，以先达者为准。发动机大修是在固定的间隔内进行的。大修过程中，检查部件的裂纹、磨损、腐蚀、侵蚀、外物损伤和涂层损坏情况。有足够剩余寿命的零件将继续使用。

T64-7（CH53）直升机发动机部件的寿命基于低循环疲劳，寿命消耗以发动机飞行小时进行控制。循环换算率由发动机制造商提供。根据记录的任务剖面更新循环换算率。按照固定的时间间隔开展发动机大修。大修过程中，检查部件的裂纹、磨损、腐蚀、侵蚀、外物损伤和涂层损坏情况。损坏的零件或修理或退役，有足够剩余寿命的部件将继续使用。当检测到的裂纹出现在比较特殊的位置时，用户报告给制造商，以开展新的评估并修订发布的寿命。

T-62T-27（CH53 飞机的 APU）部件的寿命由起动次数限制。部件的寿命最初是由制造商指定的，但随后在服役中寿命急剧减少，导致出现大量的超寿部件。在一个国家级的研究计划中根据辅助动力装置的实际使用情况更新辅助动力装置的寿命极限。

Tyne MK22（C160 Transall）发动机部件的寿命由 LCF 循环限制。制造商根据发动机寿命发展计划的结果增加了部件的初始寿命。每次着陆计为 1 个循环，接地复飞计为 1/2 个循环，地面使用不计入发动机寿命消耗。基于这种计数方法和德国的飞行任务剖面，已建立平均循环换算率。在固定的时间间隔进行发动机大修。在大修中，对零部件进行检查，并根据检查结果决定继续使用或报废。通常情况下，发动机重新组装后应具有足够的剩余寿命直至下次大修。在少数情况下，允许减少大修的时间间隔。

Tyne MK21 发动机的寿命控制方法与 Tyne MK22 相同，但循环换算率和检测时间不同。

1.2.7 其他国家军用航空发动机的寿命管理与监控

希腊空军在部分 T56（C-130）发动机、T-53 直升机发动机、J85-4/13 发动机上安装了历程记录仪。

过去几年中，意大利空军（IAF）在领先使用的飞机或者整个机群上安装了能够实现数据记录、监视和跟踪的维修记录仪，用以记录部件循环数，并计算剩余寿命。

荷兰皇家空军 F-16A/C 飞机上配装的是 P&WA F100-200/220 发动机，其部件按损伤容限（因故退役）方法进行定寿。维护和更换计划基于发动机循环数。在发动机上应用了一个单独的载荷和使用监控程序。该程序对高压转子速度 n_2、油门杆角度（PLA）以及相关飞机和飞行参数进行监控。监控的数据被传送给制造商，制造商可以使用这些数据来更新维护计划。荷兰皇家海军（RNLN）WHL Lynx直升机配装的是 Gem42 发动机。自 1991 年以来，荷兰皇家海军在样本监测的基础上开展了循环寿命控制，在一个有 22 架直升机的飞行中队中安装了 4 台历程记录仪，用于监控发动机的使用。随后，荷兰皇家海军决定开展单台发动机的循环寿命控制。为此，荷兰皇家海军开发、制造了一个新的全自动数据采集系统。该系统可以综合监控发动机使用与结构载荷等功能。

葡萄牙空军（PoAF）按照发动机制造商的建议来监控发动机的老化情况。对一些发动机，葡萄牙空军与技术实验室合作开发了一个"健康监测系统"。"维修理念"是基于制造商建议而制定的，并有足够的技术支持。

土耳其空军按照发动机设计和制造商的建议来控制发动机的寿命。旋转部件主要采用安全寿命法控制寿命。土耳其空军通过武器系统的管理方法监控发动机。在这种管理方法中，不指定详细的定寿方法，而是向武器系统（发动机）的管理者提供广泛的指导方针，管理者最终负责审批构件的寿命。

除上述西方国家外，苏联体系的俄罗斯和乌克兰也将单机零部件的疲劳损伤引入航空发动机的寿命管理中。近几年，俄罗斯为米-17 直升机的 BK-2500 发动机加装了 CHK-78-1 型历程记录仪[44,45]；乌克兰为 AИ-25TЛK 发动机下发了关于"加入以飞行循环数统计发动机工作时间的内容"强制执行的技术通报；AЛ-31ФH（三批）发动机数字调节器软件内嵌入了高压涡轮盘、封严篦齿盘等 18个关键件的低循环疲劳损伤模型及监控指标，并可以实时监测上述零部件寿命消耗；苏-35 飞机配装的 AЛ-41Ф-1C（117C）发动机共有高压涡轮盘、封严篦齿盘等 17 个零部件必须监控低循环疲劳寿命。

参 考 文 献

[1] United States Air Force. MIL-STD-1783. Engine Structural Integrity Program. Reston: Aerospace Industries Association of America Inc., 1984.

[2] Ministry of Defence. Defence Standard 00-971. General Specification for Aircraft Gas Turbine Engines. London: Ministry of Defence, 1987.

[3] Ministry of Defence. Defence Standard 00-970. Design and Airworthiness Requirements for Service Aircraft Part 11—Engines. London: Ministry of Defence, 2006.

[4] United States Department of Defence. JSGS-87231A. Joint Services Guide Specification Engines, Aircraft, Turbine. Washington: United States Department of Defence, 1995.

[5] 国防科学技术工业委员会. GJB/Z 101—97. 航空发动机结构完整性指南. 北京: 国防科学

技术工业委员会, 1997.

［6］ 中国航空工业总公司. HB/Z 286. 5—96. 航空燃气涡轮发动机监视系统设计与实施指南 寿命监视. 北京: 中国航空工业总公司, 1996.

［7］ 宋兆泓. 发动机寿命研究. 北京: 航空工业出版社, 1985.

［8］ Corran R S J, Williams S J. Lifing methods and safety criteria in aero gas turbines. Engineering Failure Analysis, 2007, 14(3): 518-528.

［9］ Pickard A C. Component lifing. Materials Science and Technology, 1987, 3(9): 743-748.

［10］ Boyd-Lee A D, Harrison G F, Henderson M B. Evaluation of standard life assessment procedures and life extension methodologies for fracture-critical components. International Journal of Fatigue, 2001, 23: 11-19.

［11］ Harrison G, Henderson M B. Lifing strategies for high temperature fracture critical components. Book- Institute of Materials, 2000, 731: 11-34.

［12］ Cowles B A. Life prediction in high temperature environments: Overview of a current gas turbine engine approach. Materials Science and Engineering: A, 1988, 103(1): 63-69.

［13］ Harrison G, Shepherd D P. Lifing philosophies for aero engine critical parts. Aero Engine Reliability Integrity and Safety, Corfu, 1991: 1-5.

［14］ Cyrus J D. Engine component life prediction methodology for conceptual design investigations. ASME International Gas Turbine Conference and Exhibit, New York, 1986: 1-8.

［15］ Koehl M. Algorithmic Aero Engine Life Usage Monitoring Based on Reference Analysis of Design Mission. Atlanta: Georgia Institute of Technology, 2001.

［16］ 航空工业部发动机管理局. 涡喷六发动机寿命. 北京: 航空工业部发动机管理局研究报告, 1988.

［17］ 沈阳发动机设计研究所. 航空涡轮发动机关键件定寿和延寿资料之一（内部资料）. 沈阳: 沈阳发动机设计研究所, 2011.

［18］ 沈阳发动机设计研究所. 航空涡轮发动机关键件定寿和延寿资料之二（内部资料）. 沈阳: 沈阳发动机设计研究所, 2011.

［19］ Holmes R. Civil and military practices. Recommended Practices for Monitoring Gas Turbine Engine Life Consumption. RTO Technical Report, 2000.

［20］ Sapsard M. Introduction to engine usage monitoring. Recommended Practices for Monitoring Gas Turbine Engine Life Consumption. RTO Technical Report, 2000.

［21］ Koehl M. On-board engine life usage monitoring by real time computation. Proceedings of the 21st Symposium of the International Committee on Aeronautical Fatigue, Toulouse, 2001: 1-12.

［22］ Paquet M, Gatlin P, Cote S M. Usage monitoring—A milestone in engine life management.

The 21st AIAA/SAE/ASME/ASEE Joint Propulsion Conference, Monterey, 1985: 1-7.

[23] Plotts K A, Davis F M, Peronto C L. Engine component life monitoring system and method for determining remaining useful component life: US Patent 7243042. 2007.

[24] Pfoertner H, Ross C. Preparing life usage monitoring for the next decade. The 18th Symposium Aircraft Integrated Monitoring Systems, Stuttgart, 1995: 415-417, 419-433.

[25] Green A. The development of engine health monitoring for gas turbine engine health and life management. The 34th AIAA/ASME/SAE/ASEE Joint Propulsion Conference, Cleveland, 1998: 1-6.

[26] Broede J. Engine life consumption monitoring program for RB199 integrated in the on-board life monitoring system. AGARD Conference Proceedings, Quebec, 1988, (448): 1-11

[27] 航空航天工业部第六〇六研究所. 航空燃气涡轮发动机寿命消耗监测和零件管理指南. 航空发动机信息, 1994, 9: 1-35.

[28] SAE. SAE Aerospace Recommended Practice 1587. Aircraft Gas Turbine Engine Monitoring System Guide. Washington: SAE, 2007.

[29] SAE. SAE Air Information Report 4061. Guidelines for Integration of Engine Monitoring Functions with On-Board Aircraft Systems. Washington: SAE, 2008.

[30] SAE. SAE Air Information Report 4175. A Guide to the Development of a Ground Station for Engine Condition Monitoring. Washington: SAE, 1994.

[31] Tumer I Y, Bajwa A. A survey of aircraft engine health monitoring systems. The 35th Joint Propulsion Conference and Exhibit, Los Angeles, 1999:1-8.

[32] Suarez E L, Duffy M J, Gamache R N, et al. Jet engine life prediction systems integrated with prognostics health management. IEEE Aerospace Conference, Big Sky, 2004: 3596-3602.

[33] Hurry M F, Holmes M. Military engine usage monitoring developments in the United Kingdom. ASME International Gas Turbine Conference and Products Show, New York, 1978: V01AT01A065.

[34] Aldhouse G L P. United Kingdom military engine monitoring experience. The 20th AIAA/SAE/ASME Joint Propulsion Conference, Cincinnati, 1984: 1-6.

[35] Sapsard M. Usage data from operational monitoring systems. Recommended Practices for Monitoring Gas Turbine Engine Life Consumption. RTO Technical Report, 2000.

[36] Vittal S, Hajela P, Joshi A. Review of approaches to gas turbine life management. The 10th AIAA/ISSMO Multidisciplinary Analysis and Optimization Conference, New York, 2004: 876-886.

[37] Davenport O. Maintenance policies and procedures. Recommended Practices for Monitoring Gas Turbine Engine Life Consumption. RTO Technical Report, 2000.

[38] Broede J. Usage survey and mission analysis. Recommended Practices for Monitoring Gas

Turbine Engine Life Consumption. RTO Technical Report, 2000.

[39] Maletta P. US military engine tracking and operational usage methods. Recommended Practices for Monitoring Gas Turbine Engine Life Consumption. RTO Technical Report, 2000.

[40] Harrison G. Translation of service usage into component life consumption. Recommended Practices for Monitoring Gas Turbine Engine Life Consumption. RTO Technical Report, 2000.

[41] Broede J, Pfoertner H. OLMOS in GAF MRCA Tornado—10 years of experience with on-board usage monitoring. The 33rd AIAA/ASME/SAE/ASEE Joint Propulsion Conference and Exhibit, Seattle, 1997: 1-12.

[42] Pfoertner H. Extension of the Usable Engine Life by Modeling and Monitoring. Sofia: Motoren-und Tuebinen-union GmbH Muenchen (Germany) Department of TPKF Strutural Mechanics, 2001.

[43] Broede J. Design and service experience of engine life usage monitoring systems. The 5th European Propulsion Forum, Pisa, 1995: 1-9.

[44] 李冬炜, 吕玉泽, 杨兴宇, 等. 国内军用航空发动机寿命研究现状及存在的主要问题. 中国航空学会第七届航空发动机可靠性学术交流会, 南昌, 2013: 1-6.

[45] 杨兴宇, 朱锐锋, 郑小梅, 等. 航空燃气涡轮发动机寿命消耗监测技术及应用. 中国航空学会航空装备维修技术及应用研讨会, 烟台, 2015: 475-478.

第 2 章　航空燃气涡轮发动机寿命消耗监测技术

　　航空发动机寿命消耗监测是寿命研究的重要组成部分，西方航空大国的各种规范和指南均特别强调该技术，尤其是《发动机结构完整性大纲》将其列为四个方面内容之一，可见其重要性。本章概括地介绍航空发动机预测与健康管理主要内容，安全寿命法、因故退役法和损伤容限法等三种关键件的寿命控制方法以及影响寿命的主要因素，并阐述这些因素对零部件产生损伤的作用机理。这些损伤因素中，低循环疲劳、蠕变、热疲劳等可以定量测量，本章介绍其基本计算过程和原理。纵观各种关键件的寿命控制方法，最为完善和最具有工程应用价值的是基于断裂力学原理的损伤容限法，该方法大量应用于美、英、法等国家发动机上。我国 20 世纪 80 年代初结合涡喷-6 发动机涡轮盘定寿开展该技术研究，涡喷-6是国内第一型应用损伤容限法定寿的发动机，也是迄今为止唯一的一型。为与读者共享，本章专门开辟一节介绍涡喷-6 发动机涡轮盘损伤容限定寿的主要关键技术，值得说明的是，上述工作是断裂力学和损伤容限法引进我国之前、依靠我国科技工作者独立完成的，具有重要的科研价值。

2.1　航空发动机预测与健康管理技术简介

　　预测与健康管理[1]的概念最早由美军联合攻击战斗机（Joint Strike Fighter，JSF）项目办公室 Andrew Hess 系统提出[2]，20 世纪 50 年代开始在军用航空发动机上应用，随着传感器和电子技术的快速发展，逐渐形成了一门新兴的、多学科领域的综合性技术，在美军第五代 F-35 战斗机上广泛应用，并日臻完善。目前，预测与健康管理已经从战斗机发动机扩展到飞机、直升机、大型舰船、地面装甲车辆以及民用大型重要的设备中[3]。概括地讲，预测与健康管理主要包含以下三方面内容：

　　（1）增强诊断。以较高的故障诊断能力和较低的虚警率确保零部件完成其预定功能的过程。

　　（2）预测。通过性能、故障模型、寿命模型等预测并确定零部件或整机的性能变化趋势和剩余寿命情况。

　　（3）健康管理。根据诊断/预测信息、可用资源和使用要求对维修保障与后勤保障做出智能化、科学合理决策的能力。

　　航空燃气涡轮发动机寿命消耗监测作为发动机寿命研究的重要组成部分，随着现代航空技术对安全性和经济性的要求越来越高，无论是民航还是军方，都把航空燃气涡轮发动机寿命消耗监测技术放在非常重要的地位，特别是军用航空燃气涡轮发动机，由于飞行任务和载荷状态千变万化，这种技术要求更为迫切。航空燃气涡轮发动机寿命消耗监测在航空发动机预测与健康管理系统中处于核心地位，技术成熟度较高，并取得了可观的经济效益和军事效益。

航空发动机是目前世界上最为复杂的热力旋转机械系统，在高温、高压、高速旋转和非常复杂、多变的环境下工作，并且长时间内反复使用，一个成熟的发动机型号从研制、推广使用到退役历时多达几十年，具有使用载荷和环境苛刻、故障模式多样、整机零部件数量庞大、可靠性和安全性要求极高、服役时间长等显著特点。基于以上因素，对其安全使用和维护保障等工作要求较高，航空发动机预测与健康管理系统的主要关键技术体现在以下四个方面。

1）性能趋势监测

航空发动机在使用过程中由于工作环境和零部件表面性能的变化导致偏离设计状态，经过一定的服役期后，其推力、输出功率、排气温度和耗油率等性能指标恶化，影响其正常使用甚至飞行安全，因此需要监测性能变化趋势，特别是使用寿命比较长的涡轮轴、涡轮螺旋桨发动机，也包括民航的涡轮风扇发动机。

（1）砂石、灰尘和火山灰对发动机性能的影响。

根据有关资料介绍，美国陆军军用直升机由于经常在沙漠和低空条件下飞行，吸入的砂石和灰尘对发动机气流流道内零部件打伤、机械磨蚀等，导致发动机性能以每年约 7%速度衰减，其中零部件机械磨蚀带来的性能降低约 2%。国内某运输直升机经过十多年的使用，其运输能力由最初进口时运输 2t 的能力下降了70%。更为细小的灰尘和火山灰会堵塞涡轮转子或静子叶片的冷却孔，造成发动机过热，甚至烧蚀零部件。

（2）零部件表面完整性对发动机性能的影响。

腐蚀、掉块、附着物等造成流道件（包含转子和静子）表面完整性的变化，气流附面层增大，造成气流场异常，影响发动机性能，严重的情况可造成发动机进入非稳定状态，出现气流的旋转失速，甚至喘振停车。

（3）转子、静子密封间隙的变化对发动机性能的影响。

磨损和刷蚀造成气流流道转子、静子密封间隙的变化，影响发动机的推力和输出功率。

在有些规范中将性能下降或衰减定义为故障，如美国军用标准 MIL-E-5007D 将下面两种情况列为发动机故障：

（1）因零部件故障导致不能获得或保持任一推力，飞行中推力损失为可用最小推力的 10%或更大。

（2）使发动机不得不停车或影响节流，以致推力下降到正常需要值 10%的状态，或引起发动机熄火。

发动机性能监控测量的参数主要有压力、温度、压力比、空气或燃气流量、流道特性截面面积、推力或功率、可调叶片角度和转速等，可能还涉及滑油压力、温度，燃油压力、流量，燃油滤压降和滑油滤压降等参数。

2）寿命监测

寿命监测主要是监测有寿命限制的零部件，如压气机轮盘、涡轮盘、叶片和主轴等的寿命消耗[4-6]。寿命监测是航空发动机预测与健康管理的最主要功能，一般情况下包括机载和地面两大部分。机载监控部分负责跟踪零部件的使用和寿命消耗情况；地面监控部分负责预测零部件的剩余寿命和技术状态，并对后续修理保障和使用做出管理决策。寿命监测与发动机维修保障密切结合，根据零部件寿命消耗、剩余寿命、具体技术状态做出维修保障决策。

根据目前的技术发展现状，预测与健康管理系统主要监测关键件、重要件的低循环疲劳寿命、蠕变寿命、工作时间等参数。测量的参数主要有高压转速、低压转速、排气温度、扭矩、气动压力、工作时间、空速、气压高度、油门杆位置和起落架信号等。

3）故障监测

故障监测是指各型号发动机针对本身设计不足造成的各种多发性、危险性故障开展的故障诊断和预测[7,8]，一般情况下有结构性故障、稳定性故障、振动故障、磨损故障、轴承故障、熄火故障、控制系统故障、滑油系统故障、燃油系统故障等。配装我军三代战斗机的某型发动机，由于先天设计缺陷，其3、5号支点主轴轴承引发多种危险性、多发性故障，据不完全统计，1992年以来由于发动机5号轴承突发性失效引起的低压涡轮轴抱轴或断轴故障达40多起，甚至导致等级事故，严重危及飞行安全，而由于3、5号轴承失效导致的"减小转速"告警更是成为多发、频发故障。针对3、5号轴承突发性失效问题，我国投入了大量的人力、物力，经过长期、大量的研究、探索，开展并实施了该机型的综合监控技术，重点在滑油光谱、轴承和机载振动参数等方面进行监控，还引进铁谱分析、自动磨粒监控等大磨粒监控手段，目前使用单位执行的《某型发动机综合监控实施办法》中的10项监控指标有8项涉及5号轴承故障的监控。

4）突发性故障监测

航空发动机在空中或地面使用中会出现偶发性的危险性故障，如发动机失火、安装节断裂等。出现这些故障，发动机油门杆操作者必须在很短的时间内采取有效措施将故障影响降到最低。可采取的技术措施除了配装必要的传感器如火警传感器外，还需要有及时提示飞行员的告警系统。配装某发动机的三代战斗机"减小转速"告警系统就属于此类情况。

2.2 关键件的寿命控制方法

本节主要针对的是有循环寿命要求的关键件的寿命控制方法。

按照低循环疲劳寿命控制点的差别[9-11]，航空发动机关键件的寿命控制方法分为三种：安全寿命法，以初始寿命的 -3σ 概率点（可靠度 99.87%），按照最差零部件的最低寿命作为结构件种群寿命控制值的方法；因故退役法，以每个关键件的初始寿命作为其寿命控制值的方法；损伤容限法，以每个零部件的损伤容限寿命作为其寿命控制值的方法。

2.2.1 安全寿命法

安全寿命的理论基础是疲劳理论，其前提条件是零部件的材料为均匀、连续的介质，并没有任何缺陷。但是，由于实际工程中，材料中天然存在夹杂、空洞、气隙等缺陷，并在材料加工成零部件过程中必然存在热处理、机械加工等缺陷，造成服役零部件的疲劳寿命分散度往往较大，为了保证在使用寿命中的安全可靠性，在疲劳设计中，必须由其最差的材料和最差的零部件确定疲劳寿命。

安全寿命一般为裂纹萌生寿命，萌生裂纹的疲劳破坏标准为产生一条工程裂纹。工程裂纹定义为一条 0.76mm 长的表面线裂纹或半径为 0.38mm 的裂纹，工程裂纹常作为损伤容限分析的初始裂纹尺寸，长度为 0.2～1.8mm，深度为 0.2～0.9mm。裂纹萌生寿命也常用 2/3 功能失效寿命代替，即用破裂或产生一条长裂纹寿命的 2/3 作为裂纹萌生寿命。对于现有轮盘材料（包括粉末冶金材料）该标准偏于安全，并使所有零部件有相同的安全裕度。

航空发动机关键件的安全寿命对可靠性要求极高，一般按照失效概率为 0.13%、置信度为 95% 的寿命，或者失效概率为 0.1%、置信度为 90% 的寿命（$B_{0.1}$ 寿命）控制。其工程意义如下：对于采用相同批次的毛坯、相同批次热处理工艺、相同加工工艺加工的 1000 个某零部件中，当发现一个零部件出现了一条符合上述条件的工程裂纹时，即认为这批 1000 个零部件均达到疲劳破坏（即使还有 999 个零部件未出现任何损坏），并以出现裂纹的低循环疲劳寿命确定为该批次零部件的安全寿命。显而易见，按照疲劳理论确定安全寿命的使用可靠性非常高。

2.2.2 因故退役法

因故退役法是专门用于发动机关键件的一种寿命控制方法，是指发动机关键件每一件都使用到自己的安全寿命（萌生工程裂纹）时退役，而不是一律使用到批准的安全寿命时退役。

国内外大量的实践和理论表明，许多有裂纹的零部件仍然能够安全地工作一段时间。

零部件寿命从投入使用到破裂报废包含两个部分：裂纹从零萌生到工程裂纹长度，称为萌生寿命 N_i；再从工程裂纹长度继续扩展直至破裂报废，称为扩展寿命 N_p，零部件的疲劳寿命 N_f 为两部分之和，即

$$N_f = N_i + N_p \tag{2.1}$$

显然，因故退役法用到了每个零部件的萌生寿命 N_i，相对安全寿命法具有高可靠度的使用寿命，零部件总体样本的寿命得到了充分使用。因此，因故退役法俗称"见到裂纹就报废"的寿命控制方法。因故退役法运用的成功与否严重依赖以下相关技术水平。

1）无损检测能力和可达性

无损检测技术的灵敏度和准确度影响裂纹的检出率，直接影响使用安全。目前，在工程上广泛应用的有磁力、超声波、涡流、射线和渗透（包含着色和荧光）等五种无损探伤手段[12]，其应用效果各有千秋。同时，需要监测的发动机零部件可达性也是需要考虑的技术问题。

2）裂纹扩展速率和检测周期的预测能力

因故退役法和 2.2.3 节中介绍的损伤容限法的核心内容是确定零部件的容许工程裂纹长度和检测周期。因故退役法假设零部件存在裂纹，但是由于客观条件限制，使用无损检测手段没有检出，因此需要根据零部件工作条件和材料性能，确定裂纹扩展速率，并预测裂纹扩展到容许工程裂纹的寿命，从而确定合适的检测周期，使零部件满足到下一检测时间的使用。可以看出，零部件容许工程裂纹长度的确定与检测周期的大小密切相关，而检测周期的确定与零部件的结构形式以及发动机的维护和修理制度有关，要看其是否便于和允许在外场检查。

3）临界裂纹尺寸预测的准确性

临界裂纹尺寸可以理解为容许工程裂纹长度，其确定的原则是避免出现二次损伤和破坏。例如，涡轮盘榫槽底部裂纹临界裂纹尺寸的确定是以防止涡轮叶片飞出即脱榫飞出为目标的。

使用因故退役法管理发动机关键件的寿命，需要周期性地对每个关键件进行检验，要求有很高的设备条件，使用和管理技术要求也较高。20 世纪 80 年代，美国空军在军用 F100 发动机上研究对关键件采用因故退役法控制其使用寿命取得成功。在 F100 发动机中，风扇、压气机和涡轮的各级轮盘及其空气密封环都采用了因故退役法，延长了使用寿命，节约寿命周期费用高达 966.2 亿美元[13,14]。

2.2.3　损伤容限法

损伤容限法控制寿命的思想与因故退役法很接近，两者的理论基础均为断裂力学。断裂力学是固体力学近代发展起来的新分支，由于考虑了材料的缺陷，所以更接近实际情况。航空工程上引进了损伤容限设计原则（或称"破损-安全"设计）。损伤容限法也是针对每个关键件，不仅利用了其裂纹萌生寿命，而且充分考虑了裂纹扩展寿命。某零部件的某一部位已经产生了一定尺寸的裂纹，该零部件仍然能够在原定载荷状态下正常工作到下一次大修或检修，在这个工作时间内，裂纹不会扩展到临界裂纹，没有丧失其功能。图 2.1 为损伤容限法示意图，图中纵坐标为裂纹长度 a，代表损伤量，横坐标为寿命参数，a_0 为无损检测可以检测出来的最小裂纹长度，a_c 为临界裂纹长度。运用断裂力学方法，确定裂纹由 a_0 扩展到 a_c 的扩展寿命 N_p，再根据检查周期，即可确定容许的工程裂纹长度 a_0^*。

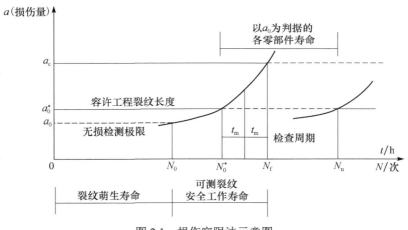

图 2.1　损伤容限法示意图

判别准则为：$a < a_0^*$，正常使用；$a \geqslant a_0^*$，报废。

显然，损伤容限法具有以下优点。

1）安全可靠性高

由于容许的工程裂纹长度大于无损检测的可检测裂纹，所以损伤容限法能够将不容许的裂纹（或缺陷）有把握地全部检测出来，并将含有这种缺陷的零部件予以淘汰，在零部件中存在的未被检测出来的裂纹，均在容许范围之内；同时，由 a_0^* 扩展到 a_c 具有两个或两个以上的检查周期，在检测时如果存在漏检问题，则允许在下一次检测时检出并予以淘汰，保证了零部件的安全可靠性。

2）较好的经济性

相对因故退役法，损伤容限法具有较好的经济性，在理想情况下，其充分利用了每个零部件的初始寿命和扩展寿命。采用损伤容限法控制零部件寿命，可以充分发挥每个零部件的初始寿命和扩展寿命潜力。利用零部件的扩展寿命确定安全检测周期是关键技术环节。损伤容限法采用周期特检方式，及时发现零部件可能出现的裂纹，并允许周期特检时零部件存在裂纹。考虑到裂纹检测时可能漏检，在确定检测周期时，要假定零部件已存在可检裂纹，在随后的使用周期内该裂纹要保证不发展到临界值而导致失效。由此可见，因故退役法和损伤容限法只要检测周期合理、无损检测可靠，是可以保障安全的。

美国空军 1984 年发布的《发动机结构完整性大纲》中明确规定，对断裂关键件（包括安全关键件和任务关键件）必须要进行损伤容限分析[15]。一些运输机的发动机是根据民用规范设计的，没有采用损伤容限分析，但是在《发动机结构完整性大纲》发布之后，仍需要进行额外的试验、分析和检查，某些零部件甚至需要进行重新设计以满足新的安全性要求。战斗机的发动机不一定按照民用规范设计，但是会同时遵守安全定寿法和损伤容限法。

因故退役法和损伤容限法的理论基础是断裂力学，这两种方法运用的成功与否根本上取决于对疲劳裂纹扩展寿命的预测能力。随着断裂力学的发展，损伤容限法已经大量应用到发动机寿命研究中。据统计，目前已有部分发动机的轮盘应用了损伤容限法，在较新的发动机中有 F100-PW-220、F100-GE-100、F109-GA-10、PW-5000；在较老的发动机中有美国普·惠公司的 F100、通用电气公司的 TF34 和加拿大通用电气公司的 J85-CAN40/15 等。国内的涡喷-6 发动机一级涡轮盘榫槽底部也采用了损伤容限法，详见 2.5 节。

2.3　影响航空发动机零部件使用寿命的因素

影响航空发动机零部件使用寿命的因素有很多，从可否预测或定量分析角度，可以分为两种。

第一种是可能按照预定的原因破坏，即失效模式与发动机的使用寿命消耗有内在的联系，这种因素通常是可以预测并能定量分析的，其影响的最终结果——使用寿命也可以给出量化指标，该类因素有：

（1）低循环疲劳。

（2）高周疲劳。

（3）热机械疲劳。

（4）持久/蠕变。

第二种是不可预测的，带有很大的随机性和偶发性，并与外界使用环境因素密切相关。实践表明，影响航空发动机零部件使用安全性和可靠性往往与下列因素有关：

（1）外来物损伤。

（2）腐蚀。

（3）机械磨蚀。

（4）微动磨损、微动疲劳、微动损伤。

（5）碰摩、磨损、摩擦。

（6）维修人员人为损伤。

（7）违规维修。

（8）工作环境。

（9）零部件加工或使用过程中形成的残余应力。

一般情况下，影响某个零部件使用寿命或失效通常是一项或几项因素的综合作用。表 2.1 为航空发动机各零部件的失效模式以及限制寿命的主要因素[16]。

表 2.1　发动机各零部件的失效模式及限制寿命的主要因素

发动机单元体	零部件	损伤模式
压气机	叶片	机械磨蚀-腐蚀，高周疲劳
	风扇叶片	机械磨蚀-腐蚀，高周疲劳
	轮盘	低循环疲劳，蠕变，高周疲劳
	隔圈	低循环疲劳，蠕变，高周疲劳
涡轮	转子叶片	热机械疲劳，蠕变，热腐蚀，低循环疲劳，高周疲劳
	静子叶片	热机械疲劳，热腐蚀，蠕变，高周疲劳
	轮盘	低循环疲劳，蠕变，高周疲劳
	扭矩连接器	低循环疲劳
燃烧室机匣		低循环疲劳，蠕变，热腐蚀
轴		低循环疲劳，磨损
压气机分流机匣（扩散机匣）		机械磨蚀，低循环疲劳，腐蚀
转子密封		低循环疲劳，蠕变，高周疲劳

注：20 世纪 50～70 年代的压气机采用的材料多为结构钢，因此经常发生机械磨蚀，从而降低低循环疲劳寿命。

2.3.1　疲劳机理

由于零部件承受交替变化具有周期性的应力作用，其交变应力的强度远低于静应力的强度极限，由此造成的破坏称为疲劳破坏。零部件产生疲劳破坏之前所能承受的寿命或循环取决于设计、材料类型、零部件加工过程、施加载荷情况等多种因素。一般情况下，材料的疲劳特性采用 S-N 曲线表示，如图 2.2 所示，图中给出了在不同应力幅值下零部件破坏寿命的分布，可以看出在较高的应力水平下，其疲劳寿命低，而寿命分散性也小，随着应力水平的降低，其疲劳寿命提高，相应的寿命分散性也变大[17]。

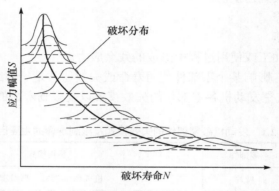

图 2.2　S-N 曲线

零部件的疲劳寿命不仅依赖于材料的选择，还与平均应力和交变应力的水平有关。材料的加工和处理过程也能对工作中的零部件性能产生重大影响，如晶粒尺寸、合金成分、非金属夹杂等微观组织的改变和加工刀痕缺陷等对疲劳寿命有较大的影响。同时疲劳行为也对下述因素敏感：

（1）随机应力变化。

（2）应力集中。

（3）残余应力。

（4）腐蚀环境。

对于确定的工作环境，由于零部件设计不完美和选材不合理，上述敏感因素会严重影响零部件的疲劳寿命。一般情况下，燃气涡轮发动机零部件的设计载荷要求材料主要在 S-N 曲线的弹性范围内。有些情况下，材料的循环软化能够引起高度的局部塑性变形，这种情况在较高的应力集中引起屈服时容易出现。通常的疲劳方法是按照 S-N 曲线设计，主要考虑在经过足够多数量的工作循环后出现断裂故障。在高应力、低循环寿命区域，随着塑性变形的增加，疲劳寿命越来越低。在低循环疲劳区域，有时出现高应变疲劳，此时材料性能测试的数据要采用常应变循环而不是常应力循环。

通常情况下，判定由低循环疲劳进入高周疲劳的临界点是在组成总应变的弹性应变和塑性应变比例相等的位置。但是，为了简便，通常认为疲劳寿命低于 10^5 次循环的是低循环疲劳，而疲劳寿命高于 10^7 次循环的是高周疲劳，中间区域根据设计需求进行两个疲劳性质的划分。对于航空发动机关键件，根据施加载荷的情况来区分是低循环疲劳还是高周疲劳，典型的低循环疲劳与飞行员操纵油门杆和较大幅值的载荷有关，而高周疲劳则与振动和较小幅值的载荷有关。

2.3.2　低循环疲劳

低循环疲劳又称低周疲劳或应变疲劳，是指循环应力水平相对较高、塑性应变占主导作用、循环次数较低的疲劳。低循环疲劳与零部件的应力历程密切相关，通常在材料的极限强度内，不同应力水平之间的重复周期性变化导致材料应变硬化或软化，从而出现破坏。由于低循环疲劳载荷大、寿命短，所以受低循环疲劳载荷作用的零部件，在整个疲劳寿命中，其裂纹萌生初始阶段的寿命比例较小，而在第二个裂纹扩展阶段中的寿命占主要部分。正因为如此，微观组织结构中的随机缺陷决定裂纹的萌生，因此低循环疲劳寿命的分散性要小于高周疲劳寿命的分散性，这在图 2.2 中可以明确看出。在较高载荷作用下，应力集中区域周围发生的塑性变形导致应力重新分布，最大应力降低，在载荷消失的静止状态下出现残余压缩应力。

燃气涡轮发动机轮盘、轴、燃烧室机匣等多数关键件承受较高的载荷，因此低循环疲劳成为寿命的限制因素。上述零部件的载荷有：

（1）轮盘上的离心载荷和热负荷。

（2）轴上的扭矩和弯矩。

（3）机匣上的压力差。

（4）零部件的热梯度。

发动机功率输出的变化引起载荷的循环变化。发动机由静止加速到最大转速状态又回到静止状态，形成一个完整循环或者一个主循环，在此期间油门杆的移动则形成各种幅值的次循环。发动机转速的变化、零部件温度场的变化，或者发动机内压力场的变化多是由油门杆的运动造成的，这些均可以作为载荷的低循环疲劳特征。

一般情况下，认为低循环疲劳寿命小于 10^5 次循环，一个循环定义为最小—最大—最小应力循环。对于航空发动机，经常使用以下几种循环。

1）标准循环

标准循环是用作寿命计算基准的应力循环，按关键部位确定，是各关键部位的零—最大应力—零的循环，例如，从零到最大转速或最大扭矩，再回到零的循环。通常标准循环包含发动机正常工作中经常遇到的最严重的应力-温度组合，各关键部位有自己的标准应力循环和应力剖面。标准循环既是军用发动机关键件的寿命计量单位，也是军用和民用发动机关键件定寿试验给出的安全循环寿命的共用单位。

2）飞行循环

飞行循环是用于民用航空发动机关键件的寿命计量单位，是指从发动机由起动到停车，一次飞行引起的应力和温度的完整循环，包括移动油门杆和使用反推力等引起的应力变化。民航发动机关键件的预定安全循环寿命（predicted safe cyclic life，PSCL）和使用循环寿命，都是指发动机飞行循环数。民用发动机公司向用户宣布每个关键件的使用循环寿命（或称寿命极限），其单位就是"发动机飞行循环"，或称"起落"，同时提供"飞行循环"的计算方法。用户也按"飞行循环"计算零件的使用寿命消耗，控制关键件的使用，某些型号的发动机将飞行循环称为热循环。

3）主循环

主循环是相对次循环定义的，是指一个飞行剖面中最大的应力循环。主循环与标准循环有一定的差异：主循环的峰值应力水平不一定要达到标准循环中的峰值应力水平。查看多个型号飞机大量的飞行剖面，每个飞行剖面发动机转速最大值可以低于其标称的最大转速区间，这种现象在配装直升机的涡轮轴发动机中非常明显，飞行员可以根据不同的任务、飞行环境、载重等差异选择使用发动机不同输出功率。显而易见，转速峰值的差异（离心载荷产生的离心应力与转速的平方成正比），导致关键件关键部位的应力峰值是有区别的。

低循环疲劳是轮盘、叶片、主轴、机匣等航空发动机零部件失效的主要形式之一。其应力水平由离心载荷、扭矩、气体压力差和热载荷等决定，上述零部件承受的主要载荷见后面有关章节。应力水平的增加与减少取决于发动机的具体工作条件。航空发动机属于高速旋转的机械，对其大部分零部件起主导作用的载荷是离心力，而有离心载荷参与的惯性机动载荷又是影响长度较大的部件，如主轴、机匣寿命的主要载荷因素。因此，在发动机载荷和载荷谱研究中，离心载荷、转速循环一直处于核心地位。

2.3.3　高周疲劳

相对低循环疲劳，高周疲劳又称高循环疲劳或应力疲劳，一般情况下，其破坏应力幅值较小，材料不会产生塑性变形。实际工程中，零部件破坏是属于低循环疲劳还是高周疲劳，在应力水平和循环寿命量上很难界定，主要从产生机理上区别。当由应力和裂纹尺寸确定的断裂韧性超过了材料的断裂韧性以及高应力区域出现了临界裂纹时，零部件就会出现断裂故障，这个过程既包括裂纹的萌生，也包含亚临界裂纹的扩展。当零部件的载荷以低循环疲劳载荷占主要成分时，其裂纹扩展寿命占据全寿命的比例较高，也就是萌生寿命较短；而对于高周载荷，其萌生寿命则较长。这种低幅值、高频率的高周载荷能够加剧低循环疲劳载荷，从而使零部件产生裂纹并发生疲劳断裂。在发动机设计时，必须要考虑高周疲劳问题。零部件出现高周疲劳断裂，正是因为其承受了高周载荷，并经历了很多应力循环，一般会超过 10^7 次，典型的如压气机叶片承受的气动弹性造成的自激振动颤振。很多因素可以造成零部件出现高频载荷，本书列举一些因素并进行分析。

1.　发动机结构设计特点产生的高周载荷

航空发动机自身的结构设计特点产生了许多高周载荷。发动机气流通道中空气流的上游或下游的静子会产生扰动，每次扰动都会使压气机叶片偏离正常的工作位置。作用在叶片上的激励频率取决于上游或下游静子的数量和转子的转速。例如，转子转速 19400r/min、34 个风扇导向叶片的空气流下游，每小时会产生 3.9576×10^7 次载荷循环。坎贝尔图也称为共振图，是一种比较常用的判定零部件是否出现共振和共振转速的工程图。叶片的共振频率可以通过计算或测试获得，由于温度导致的共振频率下降以及离心载荷导致的刚度影响可以通过修正得到。高速旋转下的叶片共振频率会随着转速的增加而增大，一般情况下，转动条件下叶片共振频率称为动频，静止条件下的叶片共振频率称为静频。

图 2.3 为涡喷-6 某改型发动机 4 级压气机叶片的共振特性图[18]，从坐标原点出发的有两条射线，对应的结构系数 k 分别为 22、26，为 4 级压气机前后两级整流叶片的数量，f_1、f_2、f_3、f_4、f_5、f_6 分别为叶片第 1~6 阶振型的动频曲线。制造

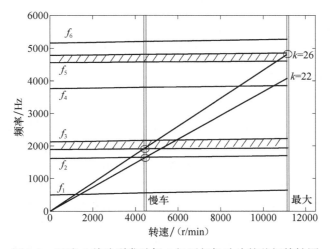

图 2.3　涡喷-6 某改型发动机 4 级压气机叶片的共振特性图

工艺的差异，造成叶片各阶振型的频率具有一定的分散性，根据一定样本量的实际测量结果，图中画出了叶片的第 3、5 阶振型的分散带，可以看出个别叶片的第 3、5 阶振型在发动机慢车和最大等常用工作状态出现了共振现象。

依据坎贝尔图，可以根据上述结论制定工程上排除由于共振导致的叶片断裂的措施，也可以在发动机设计阶段，避免零部件在发动机工作转速范围内出现有害共振。

2. **发动机流道的进口畸变产生的高周载荷**

发动机在试车台或压气机装在压气机试验台上试验时，台架和试验台的进气装置保证了压气机进口流场的均匀性，这时只要保证叶片的进气攻角合理，就能保证发动机和压气机气流场的稳定。但是配装在飞机上的发动机，特别是飞行中的发动机由于进气道和气流攻角的影响，很难保证在各种状态下压气机和风扇进口流场的均匀性。例如，当飞机爬升时，进气道前缘处于大攻角之下，就会引起气流分离而导致进气道出口流场不均匀，因而，压气机进口流场也非常不均匀。同样，飞机在大的偏航角飞行或大的机动动作时，均会造成压气机进口流场恶化现象。上述因素导致压气机进口处的总压、总温、速度和流向均出现紊乱，从而引起压气机性能恶化，这种现象称为压气机进口流场的畸变或进气道畸变。如果上述进口流场不均匀的现象随时间的变化比较缓慢，就称为稳态畸变，稳态畸变又可以分为径向畸变、周向畸变和组合畸变(即径向畸变和周向畸变同时存在)。与之对应的是，若压气机畸变随时间变化相当迅速，则称为动态畸变。无论是稳态畸变还是动态畸变，对压气机的工作均会造成严重的影响，对于压气机性能是稳定裕度下降和增压比及效率的降低，对于压气机强度则是出现高频激励产生的高频振动，甚至会引发叶片属于自激振动的颤振，其危险性是短时间内出现大量的叶片断裂，且断裂位置往往发生在叶片根部，危害十分严重。

3. **转子不平衡产生的高周载荷**

完全消除发动机转子零部件的不平衡是不可能的，高速旋转的有一定质量的机械零部件会不可避免地出现振动现象。转子不平衡会激励转子轴产生振动并在正常工作条件下激励其他零部件产生更大频率范围内的振动。因此，设计零部件共振频率时必须避免由于不平衡产生振动的频率。造成转子不平衡的因素主要有结构型面的不对称、质量分布不均匀、加工和装配质量差等。不平衡会产生不平衡的力和力矩，不平衡的力和力矩与转速的平方成比例，并通过转子的支撑系统外传，形成激发振动的激振力。为减少不平衡激振力，在转子设计时必须采取有效措施，使不平衡减小到最低，并在转子装配时严格执行静平衡和动平衡工艺措施。

对于轴流式压气机,产生高周疲劳的典型原因是振动、喘振和颤振。流道内的气流引起的激励或其他因素引起的激励与零部件固有频率发生的共振经常导致疲劳断裂和疲劳损伤,根据统计,发动机叶片断裂绝大部分是由振动造成的。因此,在设计时应尽量避免较大的有害振动,但是振动现象又不可避免。一般情况下,由振动引发的故障件断口呈现明显的高周疲劳特征:有明显的疲劳源、疲劳条带细密、裂纹扩展充分。从气动角度,喘振与振动均属于他激振动。喘振是由压气机进入非稳定工作状态,造成气流严重分离产生的,这种非稳定工作状态经常伴随旋转失速(几个失速团)现象出现,进一步发展至喘振。颤振属于气动弹性现象,引发零部件振动是自激振动,特别是流道内的转子叶片颤振时,激振力是由叶片自身的振动形成的。喘振和颤振造成的危害比共振大得多:短时间内叶片大量折断,叶片根部断裂,断裂应力较大。而共振仅有有限的一个或几个叶片发生断裂,断裂位置与发生共振的振型有关,不一定全部在根部。

由于机动飞行,在发动机上产生的陀螺力矩引起的弯矩也能引发高周疲劳;燃烧室燃烧的燃气流脉动引起的涡轮叶片"抖振"也属于高周疲劳问题。

高周疲劳应力经常附加在低循环疲劳应力之上,前者称为交变应力,后者称为稳态应力。显而易见,零部件的应力在稳态应力的基础上叠加高周疲劳的交变应力,其疲劳寿命会进一步降低。为尽量避免高周疲劳,在发动机设计阶段,要保证其工作包线内不出现有害阶次的共振和振型,例如,避免叶片出现前几阶共振,因为前几阶共振产生的疲劳断裂位置较为靠近叶片根部,其破坏能量较大;设计轮盘时应避免出现破坏力巨大的驻波振动。因此,零部件的振动模态研究非常重要。在实际工程中,高周疲劳应力很难实时监测,具有很大的随机性和突发性,且随着工作环境的变化而变化。有关资料显示[19],国外正在开发用于高周疲劳监测的机载监测技术,如电涡流、微波叶尖监视技术,该技术已有传感器研制成功,并在航空发动机上得到成功验证。

2.3.4　热机械疲劳

热机械疲劳应力是由温度场不均匀和限制变形产生的,一般叠加在较大的应力上造成零部件疲劳断裂破坏[20]。最大热应力通常出现在发动机起动、快速推力(功率)变换和停车等过渡态,特别是加减速过程。此时,零部件温度场分布情况最为恶劣,温差最大,相对于发动机处于稳定工作状态的温度场,过渡态的温度场称为瞬态温度场。对于热惯性或热容量较大的涡轮盘、涡轮叶片等零部件,由于瞬态温度场的存在,在涡轮盘的中心孔,轮缘,涡轮叶片的前缘、后缘及缘板处产生较大的拉应力甚至压应力,根据有关测试数据,有的热应力可以高达应力水平的 20%～30%,严重影响疲劳寿命。对于涡轮盘,在起飞过程中,由于离心力的作用,轮盘中心孔的离心应力最大,轮缘的离心应力较小;接触燃气流很近的轮缘迅速加热，此时轮盘中心孔还处于冷的状态，在此瞬态温度场的作用下，轮盘中心孔的热应力为拉伸应力，轮缘的热应力为压缩应力，中心孔叠加了热应力后，总应力更大，轮缘的应力水平会下降。发动机进入稳定工作状态后，中心孔的温度升高较多，温度场较为均匀，各部位热应力的绝对值相对减小，离心应力基本不变；在停车时，发动机转速趋近于零，由于冷机和自然空气的作用，轮缘很快冷却下来，而中心孔的温度下降较慢，此时的瞬态过程热应力又达到较高水平，且中心孔和轮缘处的热应力方向与起飞过程相反：中心孔为压应力，轮缘为拉应力。图 2.4 为某发动机高压压气机轮盘经计算得到的轮缘和中心孔的温度变化曲线；图 2.5 为某发动机涡轮盘经计算得到的轮缘和中心孔的温度变化曲线；图2.6为在起飞和停车过程中，发动机轮盘应力沿径向分布示意图。

　　在起飞后发动机加减速过程中的情况与上述较为接近，只不过瞬态温度场没有起飞、停车过渡态的恶劣。正因如此，从降低零部件应力和提高使用寿命的角

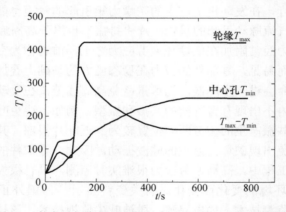

图 2.4　某发动机高压压气机轮盘瞬态温度-时间历程曲线

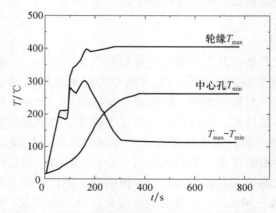

图 2.5　某发动机涡轮盘瞬态温度-时间历程曲线

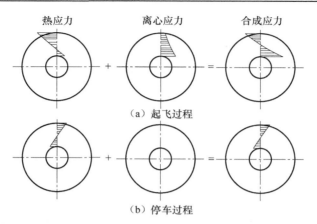

图 2.6　起飞和停车过程中发动机轮盘应力沿径向分布示意图

度，许多型号的发动机在外场使用和维护中严格规定了冷、暖机程序，避免出现较大的热应力。有的发动机在寿命研究中，也注意区分了冷起动和热起动问题，显然，冷起动由于整台发动机均处于较低的温度状态，瞬态温度场是最恶劣的，热应力也最大。发动机从工作状态退出停车，到完全冷却的时间与下列因素有关：涵道比、发动机冷却方式、冷机程序和自然条件。某涡喷发动机一般的冷却时间约为 40min。正因为发动机加减速过程中受操作者推拉油门杆快慢、自然环境、冷热起动等因素影响瞬态温度场，进而影响热应力和使用寿命，即造成使用载荷分散性的客观存在。

2.3.5　蠕变

蠕变失效是指固体材料在持续应力和温度作用下发生缓慢永久性变形的失效形式。高应力、长时间作用下的结构在任何温度下均可以产生蠕变损伤，但只有温度较高、达到材料熔点的 30%～50% 时，蠕变才会比较明显，且随着温度的升高而加剧。当航空发动机飞行任务剖面有较长时间处于巡航或大功率状态时，燃气涡轮转子叶片、静子叶片、燃烧室等热端零部件表现出蠕变损伤。图 2.7 为典型材料在一定的温度和应力作用下，变形或应变随时间变化的曲线，可以分为减速蠕变（Ⅰ）、恒速蠕变（Ⅱ）和加速蠕变（Ⅲ）三个阶段：

（1）第Ⅰ阶段，随着材料的塑性变形，加工硬化随之产生，材料开始强化，应变速率随时间是下降的。

（2）第Ⅱ阶段，变形产生的加工硬化与回复、再结晶等同时进行，材料未进一步硬化，应变速率基本保持恒定。

（3）第Ⅲ阶段，越来越大的塑性变形在金属晶界形成微孔和裂纹，致使材料发生颈缩，真实应力增大，应变速率加大，最终导致断裂。

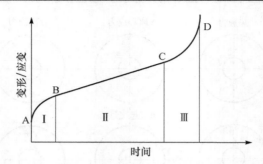

图 2.7　典型材料在一定温度和应力作用下变形或应变随时间变化的曲线

一般情况下，当出现塑性变形后，发动机零部件的工作寿命由塑性变形和温度决定。其中，最高工作温度和持续工作时间是最主要的影响因素，提高最高工作温度和持续时间均会显著降低零部件的剩余寿命。与高周疲劳相同，在发动机正常工作期间，蠕变损伤不应该影响零部件的使用寿命。目前，航空界对于蠕变机理已经有了深入认识，且对其损伤有比较完善的数学模型，能较好地预测寿命，在发动机设计阶段予以了有效保证，如发动机控制系统中的限温装置，限制最大工作状态连续工作时间，限制寿命期内加力、军用等大状态工作时间。

与蠕变损伤伴随的是持久问题，持久强度是材料在高温及载荷长时间作用下至断裂的性能，在试验过程中一般不考虑变形，而蠕变断裂是在试验过程中连续测量试样变形，直至断裂。一般情况下，持久强度性能可用持久强度曲线描述，该曲线是持久断裂应力、温度和断裂时间三个参数的函数关系。

当然，一般情况下，零部件失效是综合因素的结果，如疲劳/蠕变交互，高、低周复合疲劳等。

2.3.6　腐蚀

发动机零部件在腐蚀环境下会产生不可逆转的损伤，腐蚀元素可以通过燃油系统的燃油和气流进入发动机内部，如燃油中的硫元素、空气流中污染的空气以及海洋环境的氯化钠等。在发动机服役期内，可以通过精心选材、涂覆耐腐蚀材料以及表面处理等防腐措施，保证零部件的安全使用。如有必要，对腐蚀环境下工作的发动机进行定期或不定期清洗，也能达到防腐的目的。腐蚀通过下述三种方式降低航空发动机结构件寿命：

（1）减少载荷作用面积。腐蚀能造成材料的缺失，削弱材料的强度，即使在正常载荷下也会发生断裂失效。通过例行的检查可以很容易地确定腐蚀程度，在高应力作用下小腐蚀坑很难被发现，而这些恰恰是引发低循环疲劳或高周疲劳早期失效的原因。燃气涡轮热端密封件的任何损伤均可以导致热的燃气进入轮盘腔内，从而造成轮盘材料腐蚀。

（2）降低空气动力学效率。零部件空气动力学表面受到腐蚀之后将会变粗糙，从而使气流受到影响，并降低这些零部件的效率。受影响最显著的是转子叶片和静子叶片，其次是发动机壁面和扩散机匣。在一定的温度循环下，效率的降低将导致推力的下降，而为了保持推力不变就会升高温度。推力的下降或严重的超温都会使发动机提前退役，从而降低发动机寿命。

（3）引发流道堵塞。研究数据表明，对于铝合金材料，腐蚀造成的产物的体积是其被腐蚀前的 6 倍。因此，极端情况下，腐蚀会严重堵塞冷却通道并引发薄壁件的破裂失效。堵塞引起的冷却孔效率降低会导致热端部件高温区域扩大，引发早期蠕变失效。

虽然腐蚀致使零部件材料缺失的直接结果是影响效率，但是危害性更大的是影响高应力零部件的结构完整性，在出现可见的腐蚀造成的危害之前，高应力零部件产生断裂。

当应力和腐蚀交互作用时，不同合金的反应大不相同，但是在失效的零件上通常找不到显著的腐蚀迹象。当腐蚀环境和交变应力同时存在时，会出现一种危险的情况，即腐蚀疲劳，与单独的腐蚀或应力疲劳相比，腐蚀疲劳的危害要严重得多，其会显著减少零件的疲劳寿命。一般情况下，应力和腐蚀交互作用损伤分为两种：定常应力的应力腐蚀和交变应力的腐蚀疲劳。在 2.5 节提到的涡喷-6 发动机涡轮盘槽底裂纹是定常残余拉应力和腐蚀（大气环境）同时作用的结果；而该型发动机的 1 级压气机叶片的腐蚀疲劳则是工作时的交变疲劳和发动机停车时的大气腐蚀"交替"作用的结果。

腐蚀疲劳的第一个阶段通常是在材料表面形成小坑，以这些小坑为基础会形成微裂纹，第二个阶段是在这些微裂纹上继续化学腐蚀。这样，随着表面材料被移除，微裂纹被腐蚀的产物填充，疲劳破坏的裂纹起始阶段和裂纹扩展阶段就都被腐蚀过程加速。裂纹尖端发生的电解会产生氢原子，这些氢原子可以穿透金属的晶格，从而导致氢脆，这将进一步加速裂纹生长。

2.3.7　机械磨蚀

发动机燃气通道内气流中掺杂的细小硬质颗粒会造成零部件表面的机械磨蚀，属于累积性损伤。在发动机零部件特殊区域经历长期多次机械磨蚀后，会严重影响其性能和强度。机械磨蚀大多会在压气机零部件上产生，特别是经常在灰尘/沙尘环境下工作的发动机。由于直升机的涡轮轴发动机的下洗气流产生大量的灰尘云，所以直升机的涡轮轴发动机受其影响最为严重，在燃气涡轮发动机中，机械磨蚀产生的典型损伤有：

（1）造成转子尖部材料缺失，从而增大间隙，降低性能。

（2）造成转子叶片进气边材料缺失。

（3）减小叶片弦向宽度，降低空气动力学性能。

（4）由于直升机发动机容易受机械磨蚀的影响，大多数涡轮轴发动机配装粒子分离器，粒子分离器将未进入压气机空气流中的具有机械磨蚀潜在危害的粒子分离出来，当然，这个过程需要消耗发动机的部分功率。在海面上以较低高度飞行的直升机发动机和固定翼涡轮风扇发动机，其压气机和风扇叶片前缘由于盐雾颗粒造成的机械磨蚀也比较严重。

机械磨蚀速率与以下因素有关：

（1）工作环境。

（2）零部件材料。

（3）设计。

（4）防护涂层。

当粒子颗粒流经压气机时，会被分级，更为细小的颗粒会进入冷却系统。这不仅会影响内部的气流通道零部件，更为严重的是，有些砂石颗粒还会进入燃气涡轮，在零部件的冷却层上面形成玻璃化层，玻璃化层会阻碍冷却气流的流动，导致零部件过热产生失效。

关键件一般不受空气流道中颗粒物的影响，但是进入冷却通道中的硬颗粒会导致材料缺失，特别是金属表面处理材料的缺失，会使金属基体暴露在腐蚀环境下。

2.3.8 微动磨损、磨损和擦伤

在接触表面有两种损伤：微动磨损和磨损。微动磨损是由微小的反复运动产生的，相对于磨损的运动幅值，这种微小运动的幅值要小得多。这种现象经常出现在连接件中：压气机叶片与榫槽的燕尾形连接、螺接、拴接、紧装配、热装配或铆接。微动磨损也会影响花键连接、耦合连接、离合器、芯轴和密封件。在经常出现磨损的区域由于碎屑的产生会加剧微动磨损，即使微动磨损不会导致零部件失效，也会产生表面微裂纹，表面微裂纹会扩展成疲劳断裂。在两个或两个以上有相对运动的零部件之间存在磨损损伤，相对于微动磨损，磨损不可避免地出现在相对运动幅值较大的两个零部件之间，在下述机构中有典型的磨损：活塞连杆的执行机构、轴承、空气或油密封、叶片尖部的密封等。

磨损率与以下因素有关：

（1）接触材料的相对硬度。相对较软的材料的磨损率较大。

（2）接触力。接触力越大，磨损率越大。

（3）润滑。润滑是经常被用于控制相对运动物体磨损的有效措施，但是对于出现微动磨损的区域，润滑效果不佳。

（4）温度。由于温度升高导致材料变软，润滑效果差，间隙变小，摩擦力增大，因此随着温度升高，磨损率增大。

通过使用抗微动磨损混合物、减小相对运动（往往很难）、表面硬化、降低接触应力等可以大大降低微动磨损，但是对于存在相对运动的零部件之间的磨损是很难避免的，必须通过最初的设计和后续维修来减轻磨损。

不应混淆微动磨损、磨损和擦伤的区别，擦伤属于疲劳机理的损伤。擦伤是由零部件或表面存在反复的载荷所引发的，典型的是轴承系统中有大量的擦伤。微动磨损和擦伤是有明显差异的，两者对于疲劳寿命的影响有区别，微动磨损倾向于减少高周疲劳寿命，而擦伤倾向于减少低循环疲劳寿命。

国内在航空发动机上因微动磨损造成结构件断裂故障的事例较多。2.3.3节第一部分中提到的涡喷-6某改型发动机压气机 4 级叶片与压气机轮盘采用燕尾形榫槽连接，其在 20 世纪 90 年代末连续出现十多起断裂故障。裂纹起源于叶背榫头与榫槽连接的工作面上，从叶背向叶盆方向发展，并平行于榫头；叶片从榫头工作面处断裂，断裂形式与以前的叶身断裂形式不同。经大量失效分析得知，造成叶片疲劳破坏的故障机理是个别叶片一扭振型在发动机慢车转速范围内发生共振和榫头微动磨损。国产某涡喷发动机和同型号的外贸机的高压压气机 1 级叶片榫头和榫槽处产生微动磨损，引发多起叶片榫头处疲劳断裂故障，断口呈现高周疲劳特征。图 2.8（a）是断裂叶片和压气机部分轮缘，图 2.8（b）是压气机断裂叶片残留的榫头。

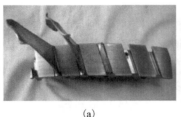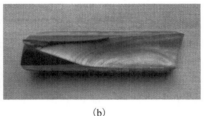

(a)　　　　　　　　　　　　　(b)

图 2.8　某涡喷发动机高压压气机 1 级叶片榫头断裂故障件

2.3.9　其他

1. 制造和材料缺陷

所有金属材料均有有限的疲劳寿命，设计和计算的疲劳寿命建立在零部件严格按照设计图纸加工和材料性能严格执行型号规格的假设基础上。但是在一些特殊情况下，如零部件没有严格按照设计图纸加工、材料的金相组织有偏差、热处理或者是表面处理条件与设计不一致等，均会导致最终的疲劳寿命大大降低。

1）零部件没有严格按照设计图纸加工

零部件不按照设计图纸加工会产生许多问题，如果零部件的某些部位加工厚度不够，在给定的载荷条件下，应力水平会提高；如果零部件的某些部位厚度太大，其刚度会增加，质量也会增加，施加给其他零部件的载荷会增加。如果一个倒圆过小，其附近区域的应力水平就会增加，或者是表面的粗糙度太大，会导致零部件早期裂纹的萌生，降低疲劳寿命。

2）零部件加工过程控制

零部件的特性如几何构造、热处理、热或冷加工等均是决定零部件疲劳寿命的重要因素。一些几何形状、金属组织、热处理或者加工过程的细小变化都会严重影响寿命。金属合金的化学或金属成分的变化均会引起强度、断裂韧性和抗蠕变性能的改变。热处理中温度或保温时间的误差会导致金属金相组织的异常或者残余应力释放异常，最终加工过程失效，引发零部件金属组织冶金特性的变化。

3）零部件表面处理

零部件表面处理包括所有的诸如冷加工和喷丸等工艺过程，实施这些工艺过程的目的是改变材料的表面特性。在燃气涡轮零部件中，最常用的表面处理是使最容易出现裂纹的区域形成表面残余压应力，残余压应力可以抑制裂纹的萌生，因而可以延长使用寿命。如果表面处理工艺实施得不好，往往得不到预期的效果，例如，残余压应力过大，将使材料表面过硬而易碎，或者是在亚表面形成拉应力，更容易产生裂纹的萌生。

4）局部应力集中

在机械结构中，不可避免地出现孔、槽、倒角等几何非连续位置，这些是形成应力集中的根源。应力集中现象非常普遍，大部分结构破坏是由应力集中引起的。在应力集中区域，局部应力很大，是产生疲劳裂纹的源区。几何非连续位置是产生应力集中的主要原因，除此之外，以下情况也可以出现应力集中：

（1）集中力，如轴承的接触点、齿轮轮齿之间的接触点等。

（2）材料本身的不连续性，如金属材料中存在的夹杂、空洞、气孔等缺陷，是天然的应力集中区域。

（3）结构件由于装配、焊接、冷加工、磨削等产生的裂纹。

（4）结构件在加工和运输过程中的意外碰伤和刮痕。

2. 生产和维修错误

在发动机生产和维修过程中，存在许多错误，直接或间接地影响发动机零部件性能和使用寿命：

（1）不合理的公差。

（2）不合理的间隙。

（3）不合理的扭矩载荷。

（4）清洁度不达标，堵塞或污染轴承润滑系统。

（5）润滑剂失效。

（6）不合理的装配。

（7）不合理的调节。

以上生产和维修错误均可以避免，但是依然存在。

3. 外来物损伤

在发动机工作期间，外来物损伤是不可避免的。伴随着大流量的空气进入发动机，许多物体也会进入发动机内部。发动机在某些条件下可以将地面上的物体吸入，但更多的情况是将运动中的物体吸入，最常见的有以下情况：

（1）另一飞机发动机的排出物。

（2）飞机机轮的脱落物。

（3）大风。

（4）反推力装置的使用。

（5）直升机的下洗气流。

（6）进气涡流。

以下也是外来物的来源：

（1）维修期间遗留在进气道的物体。

（2）来自飞机或编队邻近飞机的紧固件，典型的空中加油时出现的紧固件。

（3）吞鸟。

（4）吞冰。

外来物引起的损伤可以按照轻重分类如下：

（1）可接受的，不需要维修。

（2）可接受的，但仅限于引起零部件损伤可以打磨或去除掉局部应力集中。

（3）不可接受的，要么打伤的叶片原位可更换，要么拆下发动机返厂修理。

（4）灾难性的，飞行中失去发动机动力，这种情况具有偶发性，压气机转子叶片颤振断裂或者是叶片高周疲劳断裂导致发动机停车。

无论出现哪种形式的外来物损伤，都会降低发动机寿命，即使是可以接受的外来物损伤，也会导致发动机性能衰减或者累积损伤，降低发动机使用可靠性。

4. 超限

典型的超限事件有：

（1）绝对温度。超温导致寿命消耗速率要远大于正常情况下的寿命消耗速率，这种损伤往往发生在涡轮和/或燃烧室零部件。

（2）大状态工作时间。大多数发动机都对大状态下的工作时间进行了限制，包括起飞、爬升、战斗和应急状态。在计算涡轮叶片的应力断裂寿命时假设发动机在这些状态下的工作时间都没有超过限制。发动机在这些高温、高转速的状态下工作的时间越长，蠕变寿命消耗越大。值得注意的是，在现代的全权限数字电子控制系统中并没有防止大状态工作时间超过限制的设置。

（3）转子转速。虽然在发动机设计时要保证转速超过 122% 时不会破裂，但是超转引起的寿命消耗还是必须关注的。超转会引发离心载荷增加，导致疲劳和蠕变寿命的消耗率大大增加。

（4）压力。超压会引发机匣等疲劳载荷加大，从而导致消耗的疲劳寿命增加。

最先进的发动机数字式控制系统几乎杜绝了超限故障的可能，但是，对于燃油系统采用液压机械控制系统的老型发动机，超限故障是非常普遍的。因此，超限故障的记录以及后续采取的针对性维修措施是非常重要的。

2.4　发动机寿命预测和寿命消耗测量

因为某些发动机零部件的失效会带来危害性的影响，甚至危及飞机及乘员安全，所以对可能发生的失效采取有效的预防措施是绝对必要的。传统的方法是将发动机的使用寿命与发动机的正常工作时间相关联，从而推算出翻修前的时间。翻修时，一些发动机零部件由于有故障而被换掉，而另一些根据统计概率可能在下次翻修前出现故障也被更换。统计概率出于安全考虑而加权，这样有些零部件还具有剩余寿命就被提前更换。因此，出于保证安全性和改善经济性考虑，发展带精确分析方法的使用寿命监视系统是十分有必要的[21-24]。

零部件的寿命预估和使用寿命的监测是问题的两个重要方面，本节重点介绍该方面的内容。图 2.9 是英国罗·罗公司关于关键件低循环疲劳寿命控制工作内容和分工，主要包含零部件寿命确定和监控两部分，并明确了两部分的责任主体，即发动机设计或制造方及用户，两者既有分工又有合作。当然，具体的技术细节应当根据所具备的技术环境而决定，图中所列的技术途径限于 20 世纪 70～80 年代的途径。

2.4.1　寿命设计

寿命设计在我国标准《航空燃气涡轮发动机监视系统设计与实施指南　寿命监视》（HB/Z 286.5—96）[25]中称为"设计寿命"。在发动机设计中，应尽量避免正常工作时有害的高周疲劳和蠕变问题，且不应限制零部件的使用寿命。但是，在发动机异常工作情况下，如某些原因引发的颤振（喘振）都会引起高周疲劳损伤、超温或超转引起蠕变损伤，从而影响零部件的使用寿命。因此，在发动机健

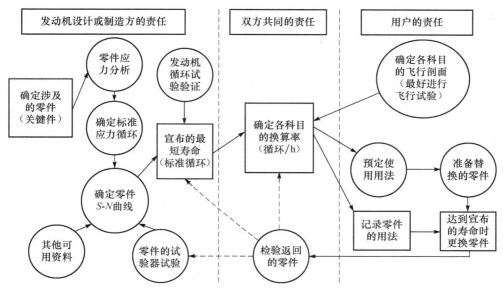

图 2.9　关键件低循环疲劳寿命控制责任分工

康管理系统设计时，都需要对上述异常情况进行检测，并告知维修人员。无论发动机正常工作还是异常工作，低循环疲劳都存在，因此无法通过设计避免低循环疲劳，必须考虑其对零部件使用寿命的影响。

发动机零件寿命设计包括蠕变寿命设计和疲劳寿命设计两方面[26-29]。

1）蠕变寿命

蠕变包含蠕变变形和应力断裂，蠕变寿命一般不进行专门的试验验证，而是主要依靠使用结果进行验证。设计是经验性的，使用寿命根据使用结果确定。

2）疲劳寿命

疲劳寿命包括高周疲劳寿命和低循环疲劳寿命。

（1）针对高周疲劳采取防振动疲劳设计，设计阶段通过频率分析尽量避开可能发生的低阶共振。叶片制造完成后，通过模态试验和振动疲劳试验，了解叶片的振动频率和疲劳极限。发动机装配完成后，要进行台架试车测量振动值。根据测量的振动应力和频率，用坎贝尔图和古德曼图判断使用中发生振动疲劳破坏的可能性。由于使用中的激振条件不能完全预测，有些高阶振动在台架试车振动测量中还可能测不到，因此即使做了上述这些工作，也不能完全避免使用中发生振动疲劳破坏。

（2）低循环疲劳寿命设计是发动机零部件寿命设计特别是关键件寿命设计的主要内容。因为发动机关键件的寿命主要取决于低循环疲劳寿命，所以低循环疲劳寿命设计在发动机零件寿命设计中占有十分重要的地位。适航性法规用很大的篇幅规定了发动机关键件低循环疲劳寿命的设计要求、定寿和延寿方法。世界各航空发动机公司经过半个多世纪的积累，都形成了自己的、被适航当局认可的低循环疲劳寿命设计方法。这些设计方法的共同特点是以大量轮盘的低循环疲劳试验结果和使用经验为基础，建立适用于各种材料轮盘的寿命设计曲线（S-N 曲线）。这种 S-N 曲线不同于材料的 S-N 曲线，它包含材料、应力集中、表面状态、残余应力、工作温度等各种实际工作条件的影响，甚至包含振动影响。有了零部件的 S-N 曲线，寿命设计变得十分简单。根据计算的关键部位的名义应力，从适用的 S-N 曲线上查出对应的寿命即可。这种低循环疲劳寿命设计方法是传统的安全寿命法的组成部分。传统的安全寿命法是目前世界普遍采用的关键件定寿方法。

在验证新发动机设计中对于有寿命要求的零部件寿命设计时，通常使用的技术途径和方法主要包括：

（1）准确确定材料的特性和分布。

（2）采用计算机建模对设计的零部件的应力和传热特性进行分析，预计其压力、温度环境以及它们所引起的应力，结合有关试验数据预定一个初始寿命。

（3）通过试车台、试验装置和旋转破坏试验器试验，验证应力分析数据估计的寿命。但是，由于很难模拟发动机的实际工作条件和缺乏统计数据，寿命预估主要依靠计算和经验分析方法。

（4）通过发动机试车台和飞行试验，验证零部件的工作环境条件和应力水平。

在完成安全寿命法给定零部件的安全寿命后，还要依据断裂力学原理，进行关键件的损伤容限评估工作。各种合金材料中天然地存在杂质、瑕疵和缺陷，假设其能够发展成为裂纹，且裂纹可以表征为裂纹类型和重复应力次数的函数。在发动机零部件中，裂纹在达到临界长度之前是稳定的，而在超过临界长度后会很快发展至断裂失效。一般来说，临界裂纹长度由材料特性决定，且与应力的平方成反比。因此，应力增加，临界长度必须减小。用应力强度因子来表征总面积或整个应力场与裂纹的物理几何尺寸的关系。由材料特性和应力强度因子可以给出施加一个循环的裂纹增长量。将这些增长量加在一起，可以在发动机零件寿命期内的任一时刻计算出裂纹尺寸。当应力强度因子达到断型韧性值或振动阈值时，即出现裂纹的临界条件。在发动机装配前及检验时，采用无损探伤方法，可查出裂纹。为了查明缺陷尺寸和分布，必须对表层下的缺陷进行定量分析，而这类分析往往是破坏性的。断裂力学理论在发动机零件设计中的应用使带缺陷零件的寿命计算成为可能，并可进一步估算出达到裂纹临界值前的剩余循环值。根据计算和试验验证，可以对零件重复检验和（或）更换安排计划。

2.4.2　使用寿命消耗的确定

广泛采用的确定限寿件使用寿命的方法，是根据飞行任务的类型和任务混频，从理论上推算发动机的寿命消耗率。大多数零件装到发动机上后，不可能对零件的裂纹进行检测或测量，因此在预估低循环疲劳寿命时，通常不包括裂纹的扩展阶段。为了避免关键件过早退役造成浪费以及在发动机使用过程中发生破坏，必须可靠地确定它们的疲劳寿命。这是通过对到寿零部件的评定和精细的分析技术来实现的。可通过从台架试验的发动机、加速使用试车的发动机和批生产的发动机上选取到寿的零部件进行试验，有时需将零部件试验到破坏。根据这些试验结果，对预估的寿命进行调整。

寿命消耗监测的内容，应根据具体发动机零部件在使用历程和飞行剖面方面需要累积的数据来确定。利用这些数据可以评定发动机的寿命预估以及和实际发动机使用的关系。此方法通常包括对现役发动机使用数据的记录和分析，从而可对使用寿命和检查间隔进行调整。随着分析技术的发展，加上微型机载计算机的问世，为更精确、更独立地进行发动机使用寿命预估创造了条件。

2.4.3　飞行任务剖面分析

飞行任务通常由发动机起动、滑行、起飞、爬升、巡航、机动、作战、着陆以及停车等组成。通过飞行任务分析，必须对每个飞行组成部分确定发动机的寿命消耗。每个飞行组成部分的寿命消耗取决于飞机的类型和任务的类型。飞行剖面分析包括：

（1）在使用中记录有关的飞机和发动机参数，以便改进初始的理论飞行剖面。

（2）通过分析重新组成飞行剖面，直至它能以很高的统计概率符合大多数的实际飞行剖面。

收集不同类型的飞行数据，还有利于建立新型发动机的设计目标。

2.4.4　最佳使用寿命的确定

发动机设计、制造部门可延长限寿件的使用寿命，这通常需要对应力数据进行重新分析，对使用到规定时间的零部件进行检查，在可能的情况下从领先飞行机队的发动机零件中抽样进行零部件试验。

对某一具体的发动机零部件，经过详细分析、试验器试验和（或）抽样调查，验证了预定安全寿命后，便可宣布其初始寿命。如果寿命增加，设计、制造部门即可通过修改翻修手册来反映其变化。

除了发动机设计、制造部门的这种通常的延寿计划外，在某些情况下，如果发动机实际的工作状况不如设置初始寿命极限时所依据的状况严重，则订购方将进一步获益。经设计、制造部门认可，对于特定的发动机功率水平，采用恰当的寿命因子，可使限寿件延长使用。反之，承受高应力水平的发动机，如飞行训练或在最大额定功率状态以上工作时，该类零部件的寿命消耗必须按照发动机设计、制造部门和相应的管理部门的规定予以增加。对于民用飞机上使用的发动机，其寿命调整建议作如下考虑：

（1）当起飞功率限制在起飞额定功率的90%～95%时，以循环计算和小时计算的旋转件的寿命因子均可取为0.9～1.0，如0.93。

（2）当所使用的实际起飞功率比正常起飞的额定功率大时，可将该种飞行记录为已在正常起飞额定功率状态下飞行了若干循环，如6个循环。

（3）当转速或温度超限时，应视情况拆卸发动机以便进行尺寸或金相检查。受影响零部件的进一步使用取决于超限的程度、事件的持续时间和检查结果。零部件可降低额定寿命或根据设计、制造部门的建议勉强再次使用。

为了从采用降低起飞功率中获益，必须详细记录每一次飞行所使用的功率。对于任何记录系统，这无疑是一项烦琐的工作。但使用发动机监视系统，能很方便地进行分析。采用这种做法需要得到发动机设计、制造部门的同意。

2.4.5 寿命消耗测量

在目前技术条件下，以足够可靠和准确的发动机监测系统计量发动机的寿命消耗是可行的。本节讨论飞行中实时计算发动机的寿命消耗，或飞行后在地面用记录的飞行数据计算发动机的寿命消耗。

1. 低循环疲劳

低循环疲劳通常包括离心载荷、扭转载荷、气动力及温度梯度和不均匀膨胀等引起的应力循环。如果在发动机零部件中造成其破坏的应力主要由转子转速引起的离心力产生，则认为是机械因素导致的低循环疲劳。图2.10给出了确定机械因素导致低循环疲劳的发动机零部件使用寿命的过程简图。该方法需要采用一个合适的数学函数来表征转速循环与疲劳寿命间的关系，并需要一种能选择最大循环和最小循环的循环计数技术，计算等效的标准循环数。

标准循环通常定义为零—最大转速—零，如图2.11所示。图中的基准线定义了标准循环中等效使用计数与给定的零—最大转速—零变化中峰值转速间的关系。其他曲线则定义了最小转速非零时在等效标准循环中的使用计数。因此，任一循环的使用计数均可计算。

发动机实际转速（应力）剖面通常由一个主循环和若干个子循环组成。图2.12为将转速（应力）剖面（图2.12（a））分解成彼此单独作用的循环，其中零—最大峰值—零的循环为主循环，其余的为子循环（图2.12（b）），并换算成标准循环（图2.12（c））。

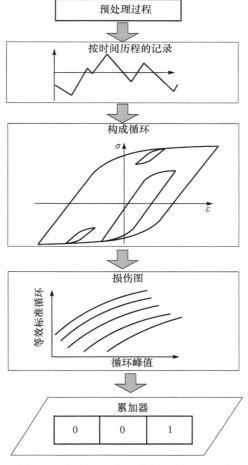

图 2.10　机械因素引起的低循环疲劳算法

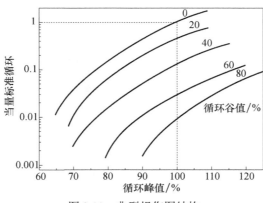

图 2.11　典型损伤图结构

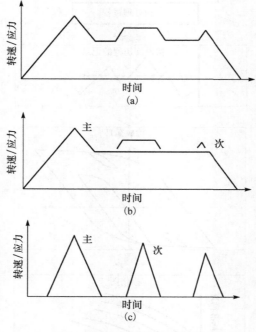

图 2.12　主、次循环分解图

根据应力飞行剖面提取循环数的方法有多种，但最为成功并广泛采用的是雨流计数法。其特点在于它有计算所有循环、识别每一循环的最大和最小应力及应变的能力。平均应力的变化以及应力与应变范围的变化也需要识别，用雨流计数法，则可很方便地反映上述变化，其中每一循环的平均值只是该循环中最大峰值和最小峰值的平均。雨流计数法原理图如图 2.13 所示。

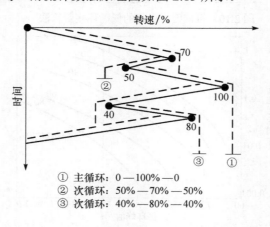

① 主循环：0 —100% —0
② 次循环：50% —70% —50%
③ 次循环：40% —80% —40%

图 2.13　雨流计数法原理图

对于机械因素导致的低循环疲劳，所要考虑的主要因素就是转速。需要说明的是，由受热引起的低循环疲劳有可能产生压应力，这时，雨流计数法不再适用，而有必要发展比雨流计数法更完善的循环计数法。

2. 热疲劳

热疲劳是材料中由温度梯度和不均匀膨胀的循环变化造成的循环热应力和应变所致，以由机械负荷和热负荷作用在零部件相对薄的截面上引起的应力与应变迅速变化为特征。当发动机为稳态和过渡态时，由于非均匀的储热能力（壁厚）及非均匀的表面热流的存在，将可能出现大的温度梯度。

要对零部件寿命进行精确的预测，就必须准确知道稳态和过渡状态下金属的温度。这些数据可以通过发动机试验时大量的温度测量和传热预估模型计算得到。此外，还需要在实验室进行大量材料试件的低循环疲劳试验，而且这些试验应在发动机工作期间出现在部件中由瞬变过程引起的温度及应变范围内进行。针对几类重复出现并具有破坏性质的循环，分别对每种情况进行寿命预估及使用情况测定，按线性累积原理（Miner 准则）统计，并由试件试验建立每一种循环的损伤因子。这样，受热疲劳限制的零部件的使用情况测定过程与受常规低循环疲劳限制的零部件的使用情况测定过程就完全相似。

3. 蠕变

蠕变是材料在一定温度下经受一持续载荷所产生的变形，它与温度和加载持续的时间有关。对于有很长巡航段飞行剖面的发动机，蠕变将比低循环疲劳成为更严格的寿命限制准则。一般认为，如果发生塑性变形，则零部件的工作寿命取决于塑性变形的程度及这些变形所经历的高温。最高工作温度和在该温度下持续的时间是两个最重要的参量。在给定的较高温度范围内（通常是指金属熔点温度的 50% 以上）增加最高温度会显著地减少零件的剩余寿命直到使零件失效。

当寿命监视系统用于涡轮部件时，建立蠕变寿命极限即可提供 100% 的寿命极限基准。寿命消耗的百分数则是应力、温度以及在各应力水平下使用时间的函数。分析和研制试验的经验可以提供根据温度和转速确定应力和应变所需的相关关系。综合每次飞行中不同工作阶段所消耗的寿命百分数，将依据综合各增量的基本方法不同而有所变化。

采用的方法取决于所考虑的发动机的工作类型，且用发动机转速和工作温度下的时间所造成的应力水平来表示。军用发动机所采用的方法，主要是集中考虑蠕变，把它作为与转速有关的循环疲劳应力指数的函数；民用发动机所采用的方法则主要集中在与一定温度下累积的应变上。

图 2.14 为涡轮部件使用寿命百分比的典型函数图。这类图可以用于任何涡轮

部件（低压涡轮、高压涡轮等）的关键零件。蠕变寿命随涡轮温度的降低而增加也示于图 2.14 中。

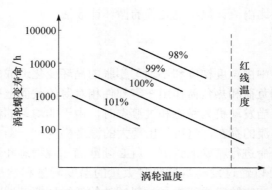

图 2.14 涡轮部件使用寿命百分比的典型函数图

4. 超限/事件记录

超限和事件的监视及记录是发动机使用寿命监视中非常关键、不可缺少的内容。超限和事件的性质、程度及次数等均对限寿件的寿命消耗和剩余寿命有重要影响，且对发动机某些关键部位产生更大的破坏。超限和事件记录一般是通过发动机监测系统中配置的软件来完成的，以识别特定的条件并触发发生在超限前后的数据记录从而用于事后诊断。典型的超限/事件记录包括：

（1）转子超转。

（2）涡轮超温。

（3）喘振/失速。

（4）热起动（由于各种因素引起的起动时超温）。

（5）振动。

目前关于热起动的定义有两种：一种是美国规范的定义，是指发动机起动点火时的超温现象；另一种是英国规范的定义，是指发动机在前一次运行结束关闭发动机后一定时间内进行的起动，这时发动机内部还处于热的状态，和冷起动相对应。如无特殊说明，本书指的是后一种。

2.4.6 测量参数

用于寿命监测的测量参数一般由发动机设计者或制造商在定义消耗寿命算法时确定。影响使用寿命的直接参数是应力历程，但是由于发动机结构可达性和测量设备等客观条件限制，在参数测量时无法直接获取应力参数，只能由相关的测量参数推导得到。在发动机使用寿命消耗监测中，可以直接测量的参数主要有：

（1）所有转子的转速。

（2）排气温度。

（3）扭矩。

（4）气压高度。

（5）指示空速。

（6）时间。

（7）功率/油门杆角度（确定发动机工作状态和加力等大状态使用情况）。

（8）起落架信号（确定地面和空中工作时间）。

若使用寿命监视采用机载记录、地面分析的模式，则机载参数采样频率必须足够高，以确保参数峰谷值的变化得到高精度的识别，具体参见本书 7.3.2 节。

2.5　涡喷-6 发动机一级涡轮盘损伤容限法确定寿命举例

2.5.1　概述

20 世纪 80 年代，国内对涡喷-6 发动机的一级涡轮盘进行了损伤容限寿命研究，并给出了轮盘的裂纹扩展寿命，从而使涡轮盘的报废率大大降低，节约了大量经费[30]。该发动机的一级涡轮盘在使用中容易产生槽底裂纹，造成翻修中大量报废和更换。经过大量研究，科学地定出了容许的槽底裂纹长度，较好地解决了这个问题。利用国内研究成果，确定了临界裂纹长度、裂纹扩展速率及剩余寿命，并依据试飞、试车、破裂试验和理论分析结果，将槽底裂纹报废规定由原来的 1.5mm 放宽到 2.5mm，使报废率由 25%以上降低到 4%左右。

1. 槽底裂纹产生的情况

经过大量调查统计和分析，一级涡轮盘槽底裂纹的情况如下。

1）裂纹外表形态

据调查统计，槽底裂纹的外表形态有以下几种：

（1）前端面角隅裂纹。这种裂纹最常见，都是起自槽底，沿径向扩展。

（2）后端面角隅裂纹。与前一种比较，出现得较少。

（3）槽底表面裂纹。这种裂纹也很普遍，往往有几条平行分布于槽底表面、长度不等、着色显示未穿透（但是打开断口观察，大多数是穿透前后端面的穿透性裂纹）。

2）报废率

根据修理厂的大量实际经验，确定出一级涡轮盘槽底裂纹的修理技术条件："前端面裂纹长度不大于 1.5mm（打磨后可用），后端面不大于 2.5mm，超过上述规定则报废"。按照该技术条件标准,涡喷-6 发动机一级涡轮盘因槽底裂纹超过标准而报废的情况如表 2.2～表 2.4 所示。

表 2.2　一级涡轮盘因槽底裂纹的报废率

序号	统计单位	统计时间	统计台数	报废率/%	备注
1	某修理厂	1974 年 9 月	2904	26.9	—
2	某研究所	1976 年 11 月	2041	27.4	为 1976 年修理的发动机
3	某研究所	1977 年 6 月	1067	21.5	此批寿命为 50h 左右
4	某修理厂	1978 年 4 月	2170	18	为几年修理的发动机

表 2.3　报废率与翻修次数的关系

序号	统计单位	统计时间	统计台数	各次翻修的报废率/%			
				I	II	III	IV
1	某修理厂	1974 年 9 月	2904	21.4	30	32.2	35.4
2	某研究所	1976 年 11 月	2041	27.4	28.1	38.9	38.5

表 2.4　报废率与使用地区大气温度的关系

湿度区	轮盘总数	报废数	报废率/%
A	381	39	10.2
B	194	45	23.2
C	299	120	40.1

注: 翻修间隔为 100h。湿度区的划分如下: 年平均湿度在 70%以下的为 A 区, 70%～80%的为 B 区, 80%以上的为 C 区。

以上统计结果表明: 一级涡轮盘槽底裂纹问题是严重的, 其报废率随使用寿命的增加而增大, 但是不十分显著, 大量故障出现在使用寿命的早期(个别的仅仅用了几小时); 另外, 报废率与使用地区的年平均湿度有密切关系, 湿度小的地区报废率低, 湿度大的地区报废率高。

2. 断口分析

为了明确一级涡轮盘槽底裂纹产生的原因和性质, 对其断口进行了大量的分析和研究。

1) 断口形状

通过 60 多个槽底裂纹断口的检测结果, 主裂纹一般是前后穿透性的, 而未穿透的槽底表面裂纹多位于槽底中间。槽底裂纹的宏观断口形状如图 2.15 所示。其中, 图 2.15(a)为前后穿透性裂纹, 前后的深度(裂纹长度 a)大致相等; 图

2.15（b）为非穿透性裂纹，其深度 a 一般在穿透性裂纹之内；图 2.15（c）为前后穿透性裂纹，但裂纹前缘不太整齐。

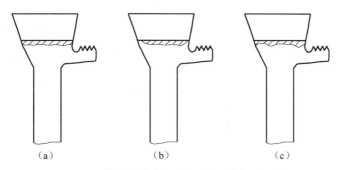

（a）　　　　　　　　（b）　　　　　　　　（c）

图 2.15　槽底裂纹宏观断口的三种典型形状

几个盘的实际检测情况列在表 2.5 槽底裂纹断口的实测情况中。可以看出，一旦发现一级涡轮盘的槽底有裂纹，则该盘的大多数槽底都存在裂纹，虽然着色检查时有的槽底未发现裂纹，但在断口检查时证实其有裂纹；着色检查时测得的裂纹长度 a 值（前端面）一般均大于断口检查测得的数值。

表 2.5　槽底裂纹断口的实测情况

序号	盘炉号	盘工作时间	历次修理情况	着色检查			断口检查		
				$a_{最大}$	$a_{最小}$	$a_{平均}$	$a_{最大}$	$a_{最小}$	$a_{平均}$
1	641008-113	273h 33min	1977 年换盘后未修理	槽底无裂纹			发现 $a=0.15$mm 的槽底裂纹		
2	1625493	423h 21min	第 3 次修理时锉修槽底	>1.5mm		1.21mm	1.1～1.5mm	0.86mm	1.3mm
3	670924-15-703	538h 48min	第 3、4 次修理时均锉修槽底	>4mm		2.74mm	2.0mm	1.22mm	1.66mm
4	1272617-34	348h 6min	修理时锉修槽底	2.6～3mm		2.04mm	2.0mm	1.0mm	1.45mm

2）断口特征

裂纹从槽底表面开始，向径向扩展，一般是沿晶断裂。在主裂纹上有整个晶粒脱落现象；同时在主裂纹上有许多分支的二次裂纹。将断口覆膜用电镜观察发现有成排的迭波花样。断口上还有腐蚀产物，经分析为 S、Na、Cl、Cr、Ni 等元素，断口基本属于应力腐蚀的特征。

但是，有些涡轮盘槽底裂纹的断口，起始区以沿晶断裂特征为主，而在内部存在一些穿晶与沿晶的混合断裂，在穿晶部分可以观察到明显的疲劳特征。疲劳条带的间距一般大于 1μm。所以，这种断口也具有疲劳特征。

3. GH36 材料的特点

制造一级涡轮盘的 GH36 材料是一种奥氏体型的沉淀硬化耐热钢，有一定的抗高温腐蚀和常温腐蚀的能力。其主要弱点是由于时效后 Cr23C6 沿晶界析出，造成晶粒边缘贫铬，在常温下很容易产生晶界腐蚀。这是一种电化学过程，电解质的存在是其赖以进行的必要条件，所以，在大气潮湿的地区，一级涡轮盘产生槽底裂纹的报废率就高得多。为了验证环境条件对 GH36 材料性能的影响，下面进行模拟对比性能试验。

1）试验方法

为了对比，试验时用 GH36 和 GH132 两种合金，试样沿一级涡轮盘弦向切取。试样加工好后，先经过介质的腐蚀。分三种情况：

（1）在 3% NaCl 的水溶液中浸蚀（简称盐腐蚀）。

（2）在 600～650℃的燃气中喷烧（简称热腐蚀）。

（3）盐腐蚀+热腐蚀，即把两种腐蚀串联起来进行腐蚀处理。

经过介质的腐蚀处理后，试件的表面晶界就有一定深度的腐蚀。然后进行高温低循环疲劳试验。试验过程是：腐蚀-低循环疲劳试验，称为一个周期，共进行三个周期；第一个周期的疲劳试验为 50 次；第二个周期的疲劳试验为 30 次；第三个周期则一直试验到试样断裂。

2）试验结果

高温低循环疲劳试验的温度为 600℃，控制总应变为 1.0%，加载频率为 5次/min，三角形波，试验结果如图 2.16 所示。介质腐蚀对 GH36 和 GH132 两种合金的低循环疲劳性能均有影响，使疲劳断裂的次数都有不同程度的下降；但是GH36 的下降幅度非常显著。就 GH36 材料而言，盐腐蚀比热腐蚀的影响大，而盐腐蚀+热腐蚀的影响是最严重的，这种串联起来的腐蚀方式与发动机上一级涡轮盘的实际情况比较相似，同时其断口形态也基本与槽底裂纹的断口一致，因此说明：

（1）槽底裂纹大多数是沿晶断裂，断口有腐蚀痕迹而无疲劳条带；也有少数断口上可以观察到疲劳条纹。这两种断口形态可以认为都具有疲劳性质。沿晶界断裂是介质对合金晶界腐蚀的结果，因为晶界受腐蚀后脆化，强度降低，有利于裂纹的形成和扩展。当介质对合金晶界腐蚀的速率大于裂纹扩展速率时，裂纹沿晶界扩展，断口上有腐蚀产物而无疲劳条纹；反之，则在断口上出现穿晶断裂和疲劳条纹。

（2）由于 GH36 材料有严重的晶界腐蚀倾向，所以环境介质腐蚀对 GH36 材料的低循环疲劳性能影响很大，盐腐蚀使疲劳断裂的循环次数降低了 77.8%，热腐蚀使循环次数降低 66.7%，盐腐蚀+热腐蚀则使循环次数降低 83.3%。这是

GH36 材料制造的一级涡轮盘过早的出现槽底裂纹的重要原因之一。而 GH132 材料由于没有晶界腐蚀倾向,介质腐蚀对其低循环疲劳性能影响较小,循环次数仅降低 42%,因此,使用 GH132 材料制造的一级涡轮盘在使用中较少发生槽底裂纹。

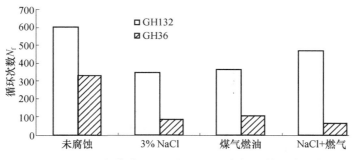

图 2.16　介质对 GH36 和 GH132 合金 N_f 的影响

4. 槽底裂纹扩展现象

由 GH36 材料制造的一级涡轮盘在使用中较短周期内就发生了槽底裂纹,其有裂纹后的危险性是与裂纹扩展的速率密切相关的。因此,对有槽底裂纹的一级涡轮盘进行了大量的各种试验,以便研究其裂纹扩展的速率和特点。

1) 带槽底裂纹涡轮盘长期台架试车

带槽底裂纹的涡轮盘长期台架试车的情况如表 2.6 所示。从试车的结果来看,裂纹长度仅稍有扩展,说明其扩展速率非常缓慢。

表 2.6　带槽底裂纹的涡轮盘长期台架试车结果

序号	发动机号	试车前的裂纹情况	试车时间	试车后的裂纹情况
1	5140332	槽底铣去 1mm 深,尚有 6 个槽端面有 0.5~0.8mm 裂纹,再车端面 0.4~0.5mm	219h 1min	裂纹稍有扩展,但长度都在 1mm 以内
2	Г826065	槽端面有 1mm 长裂纹	171h 4min	裂纹稍有扩展,最大长度为 1mm
3	0255079	各槽均有裂纹,最长的为 3.2mm	218h 24min	1~2mm 长的裂纹扩展 0.4mm,但最长的裂纹长度为 3.2mm

2) 带槽底裂纹涡轮盘在外场飞行使用

把有槽底裂纹的一级涡轮盘装在发动机上,发往外场使用一个寿命周期(发动机工作 100h),返回工厂修理时再检测其裂纹扩展情况。这样试验的发动机约有 100 台,现仅从其中取 10 台的试验结果列于表2.7 中。带槽底裂纹涡轮盘在飞行使用一个寿命周期后,裂纹扩展,扩展量最大的达 1.5mm。

表 2.7　槽底裂纹在外场使用中的扩展

序号	发动机号	使用地点	大修间隔天数	原始裂纹长/mm	使用后裂纹长/mm	扩展量/mm
1	39P6420124	大足	550	1.5（1 条）	1.8（12 条）	0.3
2	2130950	郑州	463	2.0（数条）	3.0（1 条）	1.0
3	2910030	凉平	459	1.5	2.8（1 条）	1.3
4	1520520	简阳	571	1.5（数条）	1.5（7 条）	0
5	1205103	荆门	365	1.0（6 条）	1.2（6 条）	0.2
6	2940546	山坡	553	1.5（1 条）	1.5（4 条）	0
7	39P6420281	银川	418	1.5（3 条）	1.5（5 条）	0
8	2020509	郑州	754	1.5（2 条）	3.0（1 条）	1.5
9	264477	永红	676	1.2（3 条）	1.3（7 条）	0.1
10	35P6420508	商丘	450	1.3（50 条）	1.4（50 条）	0.1

3）带槽底裂纹涡轮盘的放置试验

把因槽底裂纹长度超过规定而报废的涡轮盘进行放置试验，以便研究其裂纹是否扩展，试验结果如表 2.8 所示。

表 2.8　带槽底裂纹涡轮盘的放置试验结果

地点	放置条件	盘数	放置前情况	放置时间	放置后情况
西安	露天	10	裂纹长度大于 1.5mm	8 个月	裂纹看不出扩展
长沙	室内架上	3	将裂纹长度大于 3mm 的做标记，最长的 4mm	2 年多	凡做标记的裂纹均未扩展，但发现 1 条无标记的 4.5mm 长的裂纹
遂溪	室内架上	5	多数槽底有裂纹，最长的裂纹为 4mm	654 天	裂纹扩展明显，最突出的为 $a_0=4$mm，$a_2=6.5$mm，$\Delta a=2.5$mm $a_0=1$mm，$a_2=6.7$mm，$\Delta a=5.7$mm $a_0=0$mm，$a_2=5.5$mm，$\Delta a=5.5$mm 也有不少裂纹不扩展
江湾	室内架上	2	多数槽底有裂纹，最长的裂纹为 4.2mm	662 天	裂纹扩展最突出的为 $a_0=4.2$mm，$a_2=6$mm，$\Delta a=1.8$mm $a_0=1.3$mm，$a_2=4.2$mm，$\Delta a=2.9$mm $a_0=0$mm，$a_2=3.2$mm，$\Delta a=3.2$mm 较多的裂纹不扩展

从放置盘的试验结果可以看出，带槽底裂纹的涡轮盘，在一般的大气条件下，放置状态的裂纹扩展是不明显的；但是在特别潮湿的地区，放置状态的裂纹发生明显的扩展，一般是短裂纹或原来无裂纹的槽底，发生放置裂纹扩展速率最快；而原来较长的裂纹扩展速率要慢些，有的裂纹当 $a=6$mm 后，再放置也不再

继续扩展。

从上面的实际调查统计和试验分析的资料来看，涡喷-6 发动机一级涡轮盘槽底裂纹的情况是相当复杂的，影响因素很多，涉及的问题也很广泛，要进行大量的研究工作，才能弄清裂纹产生的原因和性质，正确地对槽底裂纹进行损伤容限分析。

2.5.2　槽底裂纹产生的原因和性质分析

为了弄清槽底裂纹产生的原因和性质，需要对涡轮盘和榫槽底部的应力场及其随工作状态变化的循环变化情况进行细致的分析研究。

1. 工作应力场分析

涡轮盘槽底的应力场，主要是由离心力和热应力决定的。应力场随发动机工作状态变化，特别是在起动、加速、开加力、停车等非稳定状态，在轮盘上将出现较大的温差和不同的温度分布规律，因此可能引起很大的热应力以及形成较大的应力变化幅值。

1）涡轮盘表面温度测量

为了使这种复杂的应力场计算建立在可靠的基础上，首先对涡喷-6 发动机地面工作时一级涡轮盘的表面进行温度测量。在涡轮盘前后壁共 11 个点进行了温度测量，得到了典型的试车过程中涡轮盘表面各测点的温度变化曲线。发动机起动后 30min，轮盘轴向温差最大，达 84℃；进入慢车 3min，轮盘的径向温差最大，达 292℃；停车后 60min 出现反向径向温差最大，为 −70℃。

2）计算模型和方法

采用有限元法对涡轮盘的瞬态温度场和应力场进行计算。计算分为两个步骤：第一步的计算模型是盘体部分，将轮盘当成轴对称问题进行处理；第二步再将轮缘槽底部分作为平面问题进行计算。

3）各状态计算结果

应力场计算的目的是了解涡轮盘在整个工作过程中轮缘部位的应力值和随工作状态变化的情况，尤其是周向应力分量（σ_θ）的变化范围，因为它直接关系到裂纹产生的原因和扩展情况。而涡轮盘的应力场与发动机工作状态有关，因此要对计算状态的选取进行分析研究。

（1）发动机最大状态。此时，转速为最大值 1.115×10^4r/min；轮缘与轮心温差较大，但温度随时间变化很小，接近稳定状态，因此采用稳态温度计算方法及程序。结果发现轮缘周向应力不大，原因是在轮缘部分由离心力产生的正值周向应力与由温差引起的负值周向应力互相抵消。

（2）发动机慢车—最大状态过渡态。此时，轮盘径向温差大，轮缘的轴向温差大，各测点温度随时间变化率也较大，因此温度场采用瞬态计算方法。结果表明，此时轮缘周向负应力值最大。

（3）开加力、冷机、停车等状态。结果表明，冷机状态轮缘周向应力值较大。当发动机由冷机状态很快加速到最大转速瞬间时，轮盘的温度场由于热惯性尚未变化，这时轮缘的周向正应力达到最大值。

这样，就得到了发动机在一个典型的工作循环过程中，轮缘的轴向应力的变化情况和变化幅值。不同工作状态危险点的应力值见表 2.9。

表 2.9　各种状态的槽底最大应力值

状态	转速/(r/min)	离心应力/MPa	热应力/MPa	总应力/MPa
加速	9100	290	−860	−560
最大	11150	438.4	−415	−6.7
冷机	10000	352.6	−240	112.6
停机	0	0	152	152
最大转速瞬间	11200	442.3	−240	202.3

4）计算结果分析

（1）最大应力部位。由各种工作状态的应力计算结果可以看出，最大正应力部位为轮盘中心。这是由于在轮盘中心离心力较大；而热应力在轮缘为负值，在轮盘中心为正值。由此可见，在轮盘中心部分如果存在缺陷或裂纹，其扩展速率可能较快，当裂纹尺寸到达临界值时，会发生灾难性后果，应该防止这种情况的发生。

（2）应力幅值最大的部位。在发动机一个工作循环过程中，槽底的应力变化很大，$\Delta\sigma=770.3$MPa，是轮盘中应力幅值最大的部位。同时该区域温度又较高，所以易发生槽底疲劳裂纹。在槽底的应力变化循环中，主要是压缩应力，而拉伸应力较小，因此在槽底产生裂纹后，由应力循环造成的裂纹扩展速率是较低的。

（3）影响槽底应力幅值的主要因素。槽底离心应力的变化为 0～438.4MPa，热应力的变化为 152～−860MPa。可见，造成槽底巨大应力幅值的主要因素是热应力。因此，为了提高涡轮盘的低循环疲劳寿命，在结构设计上就应该尽量减少其温差以降低热应力。

2. 残余应力分析

将使用后的一级涡轮盘从槽底沿径向切开，切口超过轮盘中心，其切口发生张开；沿切口各点加力使其闭合，可以测得各点的柔度及其系数；然后根据力的平衡关系推算出残余应力及其沿半径的分布。在一级涡轮盘槽底的局部区域存在较大的残余拉伸应力。用同样的方法对未使用过的一级涡轮盘进行试验测量，其切口不发生张开，基本上不存在残余应力。由此可以说明一级涡轮盘工作后的残余应力是在工作中造成的。

残余应力的分析结果证明了工作应力的计算分析是合理的，并且说明了一级涡轮盘在放置状态下发生应力腐蚀开裂和裂纹扩展的原因。

3. 槽底裂纹产生的原因

经过各种试验和计算分析，总结槽底裂纹产生的原因和性质如下：

（1）制造该盘的材料 GH36 对晶界腐蚀敏感，抗应力腐蚀性能差，在腐蚀条件下的低循环疲劳性能降低很多，而且在常温腐蚀介质环境中易产生应力腐蚀。

（2）一级涡轮盘的槽底是轮盘应力幅值变化最大的部位，$\Delta\sigma=770.3$MPa。这样大的应力幅值造成槽底很大的疲劳损伤，较快地出现疲劳裂纹；同时又因为应力循环幅值中的负应力值很大，达到 -560MPa，已超过当时温度下材料的屈服应力，所以材料发生塑性变形，当停车后，在槽底产生拉伸残余应力。因此，在特别潮湿的地区，一级涡轮盘在放置状态易发生常温应力腐蚀。

所以，一级涡轮盘槽底裂纹产生的主要原因是应力腐蚀和腐蚀影响下的低循环疲劳的综合作用。

由于疲劳裂纹的形成，除与材料的抗疲劳性能有关外，主要取决于应力幅值大小，其中负值部分使裂纹闭合，对裂纹扩展的作用较小。因此，涡喷-6 发动机一级涡轮盘槽底裂纹产生较快，而在继续使用中扩展较慢，含有槽底裂纹的涡轮盘，仍然有较长的剩余安全使用寿命。所以，在该槽底区域采用损伤容限设计概念和方法来研究是合理的且可能的，这需要使用断裂力学的理论和方法进行研究。

2.5.3 裂纹尖端参量的计算

为了进行损伤容限设计和分析，必须准确地确定其临界裂纹长度 a_c，确定裂纹随使用时间扩展的规律以及在检查间隔期的裂纹扩展量Δa；同时，还要有精度较高的无损检测技术。这就要求精确地求出裂纹尖端参量，因此裂纹尖端参量的计算是损伤容限设计分析的基础。

1. 计算方法和模型

在线弹性范围内，裂纹尖端参量一般采用应力强度因子 K 表示，$K=Y\sigma\sqrt{\pi a}$，其中 Y 为形状系数，a 为裂纹长度；还可以采用 J 积分表示：

$$J=\int_{\Gamma}\left(w\mathrm{d}y-\boldsymbol{T}\frac{\partial\boldsymbol{u}}{\partial x}\mathrm{d}s\right) \tag{2.2}$$

式中，w 为应变能密度；T 为表面张力矢量；u 为位移矢量；Γ 为自裂纹下表面沿逆时针方向至裂纹上表面的任意回线。

在线弹性条件下 J 与 K 是等价的，但是 J 积分可以用于非线性条件。

由于涡轮盘榫槽底部的几何形状和承受载荷情况都十分复杂，不可能用解析法求得精确的裂纹尖端参量，所以采用有限元和 J 积分相结合的计算方法——二次计算法：第一次按线弹性断裂力学问题计算，运用叠加原理来解决复杂载荷下的 J 积分计算问题；第二次再将线弹性断裂力学的结果进行塑性修正。

2. 计算结果和特点

根据计算分析可知，沿涡轮盘轮缘的槽底裂纹数越少，裂纹尖端参量 J 的值越大，对称双裂纹时最为危险。从安全观点出发，计算模型采用对称双裂纹情况；同时，取其为穿透性 I 型裂纹。

由前面的计算分析结果，断裂计算状态选取为转速 $n=1.115\times10^4\mathrm{r/min}$ 的离心应力和冷机状态时的热应力。这时当发动机由冷机状态很快加速到最大转速时的瞬间，是正常使用中最容易使槽底裂纹扩展的危险状态。

计算结果见图 2.17，J_{Ie} 为线弹性条件下的数值，J_{Ip} 为进行塑性修正后的数值。短裂纹（小 a 值）的 J_{Ie} 与 J_{Ip} 相差很小，长裂纹（大 a 值）时二者相差较大。从 J_{Ie}-a 曲线可以看出，开始阶段 J_{Ie} 随 a 增长较快，到 $a=2.5\mathrm{mm}$ 左右则很缓慢，然后随 a 增长 J_{Ip} 下降，到 $a=4.5\mathrm{mm}$ 左右，J_{Ip} 降到最小值，以后又随 a 迅速增大。产生这个变化的原因是槽底应力集中、盘缘厚度变化以及残余应力分布等。曲线的这种特殊变化规律，对槽底裂纹的控制是非常有利的；同时，对在试验中出现的槽底裂纹的长裂纹扩展慢或不扩展而短裂纹扩展快的现象，可以给予理论上的说明。

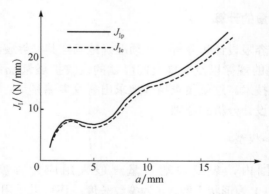

图 2.17　槽底裂纹的 J_{I}-a 曲线

2.5.4　临界裂纹长度的确定

对涡轮盘槽底进行损伤容限分析，要求准确地确定其临界裂纹长度 a_{Ic}。为了使其建立在可靠的基础上，应先进行含裂纹的轮盘破裂试验。

1. 含裂纹的轮盘破裂试验

根据试验设备情况，破裂试验是在室温下进行的。试件是实际使用过的涡喷-6 发动机一级涡轮盘，预制裂纹是选取在轮缘仅有一对对称裂纹的最危险分布情况，预制裂纹长度选取要使试验轮盘的破裂转速在 $(1.2 \sim 1.5) \times 10^4 \mathrm{r/min}$ 的范围内。如果轮盘的破裂转速高于此范围，则试验时可能出现其他部位先破坏，达不到试验目的；如果破裂转速低于此范围，则又没有试验价值。因此，要事先进行细致的断裂计算和分析。

试验轮盘的各参数和试验结果见表 2.10。

表 2.10　轮盘破裂试验数值

试盘	盘号	预制裂纹槽号	预制裂纹 a_0/mm	甩去叶片			轮缘破裂		
				Δa/mm	a_{Ic}^{*}/mm	$n_{甩}$/(r/min)	Δa/mm	a_{Ic}^{**}/mm	$n_{破}$/(r/min)
1	A11269-6-1	70	30.05	1	31.05	12280	14.558	44.608	13520
		32	29.48	2	31.48	12280	6.24	（未破）	
2	IE370-4-306	42	23.70	4.36	28.06	13350			
		4	22.48	6.47	28.95	13350			
3	5429110-IV	27	32.25				12.4	44.65	12810
		65	33.74				12.184	45.93	12810

试验结果和现象说明：该轮盘材料 GH36 具有较高的断裂韧性，所以在断裂计算分析时，必须考虑裂纹尖端塑性区的影响，采用 J 积分作为裂纹尖端参量是合理的；轮缘沿预制裂纹破裂之前，先发生叶片甩出；在叶片甩出时裂纹已经发生扩展。

2. 确定临界裂纹长度的准则和方法

对试验轮盘用前面介绍的二次计算法进行计算分析。由轮盘破裂的试验数据 a_{Ic}^{**} 和 $n_{破}$（取其中最小的），可以得到轮盘破裂的临界值 J_{Ic}^{*}=233N/mm；由叶片甩出的试验数据 a_{Ic}^{*} 和 $n_{甩}$（取其中最小的），可以得到叶片甩出时第五对榫齿齿尖位移临界值 u_{5c}=0.225mm；J_{Ic}=70N/mm（室温下）为轮盘裂纹起裂（即材料的断裂韧性）扩展的临界条件。

分别用 J_{Ic}^{*}、u_{5c}、J_{Ic} 作为临界条件，可以得到在 a-n 坐标系中的临界等值曲线，如图 2.18 所示。u_{5c} 等值曲线与 J_{Ic} 及 J_{Ic}^* 等值曲线分别相交于点 A 和点 B，于是在图上可以分为三个区域：Ⅰ区为低转速区域，只有当轮盘上的裂纹长度 a 很大时才可能进入临界状态，这时，裂纹尚未起裂扩展，叶片即先甩出；Ⅱ区是一般工作转速范围区域，当裂纹长度 a 达到一定值时，就可能进入临界状态，发生的顺序是起裂扩展—叶片甩出—破裂；Ⅲ区是超速区域，由于这时载荷很大，较小的裂纹就可以进入临界状态，发生的顺序是起裂扩展—破裂。

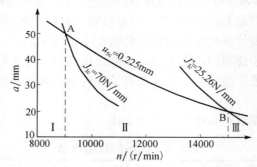

图 2.18　以 J_{Ic}^*、u_{5c}、J_{Ic} 为临界条件的等值曲线

在确定涡轮盘临界裂纹长度 a_{Ic} 时，其工作状态（主要是转速）是根据发动机的工作特点和使用要求而定的。对于涡喷-6 发动机是在Ⅱ区内，这时进入临界状态的顺序是起裂扩展—叶片甩出—破裂。因此，用涡轮盘破裂作为临界状态的判据是不合理的，可以用破坏涡轮盘正常工作状态（如叶片甩出）作为临界状态的判别条件；但是，考虑到叶片甩出前裂纹已起裂扩展，所以，决定用裂纹起裂扩展作为确定涡轮盘临界裂纹长度的准则，是合理而且安全的。

3. 临界裂纹长度的确定步骤

用起裂扩展 J_{Ic} 作为临界裂纹长度的准则来确定实际涡轮盘槽底裂纹的临界长度 a_{Ic}，还应做如下工作。

1）测定涡轮盘材料 GH36 在工作温度 500℃时的 J_{Ic}

试样取自工作后的一级涡轮盘上，如图 2.19 所示。在 500℃下的试验结果见表 2.11。

由试验结果进行回归曲线计算，得线性回归方程为

$$J_R = 5.5 + 12.6\Delta a \pm 1.37 \tag{2.3}$$

考虑到实际使用中各个涡轮盘材料性能数据的分散性，对试验结果应用数理统计的方法，用可靠度 99.87% 和置信度 95% 进行处理，得出最好试件和最差试件的数值，其方程分别为

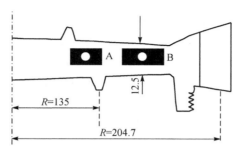

图 2.19　取样部位示意图（单位：mm）

表 2.11　在 500℃下的 J_R 测试结果

轮盘号	试样	工作时间/h	序号	J_R/(N/mm)	Δa/mm
W9-148370354	取样部位：B 试件类型：CT 试件尺寸：B=10mm W=50mm	397	1	69	0.16
			2	101	0.59
			3	76	0.15
			4	81	0.19
			5	78	0.18
			6	116	0.53
W9-7621305073	取样部位：A 试件类型：CT 试件尺寸：B=13mm W=26mm	198	7	115	0.48
			8	122	0.52
			9	70	0.20
			10	157	0.64
W9-9041305324	取样部位：A 试件类型：CT 试件尺寸：B=13mm W=26mm	591	11	128	0.54
			12	111	0.29

$$\begin{cases} \text{最好的试件：} J_R = 96 + 126\Delta a \\ \text{最差的试件：} J_R = 14 + 126\Delta a \end{cases}$$

选用条件起裂韧度 $J_{0.2}$ 作为断裂判据，即材料的 J_{Ic}，其数值为

$$\begin{cases} \text{平均值：} J_{0.2} = 85\text{N/mm} \\ \text{最好的试件：} J_{0.2} = 121.2\text{N/mm} \\ \text{最差的试件：} J_{0.2} = 39.2\text{N/mm} \end{cases}$$

2）确定临界载荷

在求定临界裂纹长度 a_{Ic} 时选取何种工作状态，就是如何确定其工作载荷的

问题。选取的原则是：在整个工作寿命期间，将涡轮盘可能偶然遇到的最大载荷状态作为确定临界裂纹长度的状态。涡轮盘的主要载荷为热应力和离心应力，因为热应力为负值，应选取热应力最小的工作状态，所以选用冷机状态的温度场来计算其热应力；选取最大转速并考虑可能出现的超转状态来确定槽底部的离心应力。涡喷-6 发动机是单转子发动机，转速由调节器自动控制，在各种使用状态中转速均不可能超过 15%，因此，以超转 15% 作为其极限。实际发动机在超转时往往同时出现超温，但是由于涡轮盘有较大的热惯性，在短暂的时间内，温度还来不及变化。所以，选定冷机状态的热应力架上超转 15% 时的离心应力这样一种瞬态，作为发动机在整个寿命期间内可能遇到的最大载荷。

　　3）确定槽底临界裂纹长度 a_{Ic}

　　由所选的临界载荷计算出 J_{Ip}-a 曲线，计算中的残余应力仍用前面的试验测量推算的结果。采用 $J_{Ip}=J_{Ic}$ 的准则，根据测定的 GH36 材料在 500℃下的 J_{Ic} 值和 J_{Ip}-a 曲线，即可确定槽底临界裂纹长度 a_{Ic}。用材料最差的 J_{Ic} 值确定出槽底临界裂纹长度 a_{Ic}=14.2mm。这是最小临界裂纹长度，绝大多数的实际涡轮盘均大于此数值，以确保使用中的安全性。

2.5.5　槽底裂纹的扩展和剩余寿命的计算

　　有了槽底裂纹临界裂纹长度 a_{Ic} 后，要求确定一次使用寿命期间的裂纹扩展量 Δa，就可以根据使用的条件和检测技术，定出容许的工程裂纹长度。

1.　裂纹扩展的主要因素

　　在使用中槽底裂纹如何扩展，这是一个十分复杂的问题，为了掌握其规律，进行扩展量 Δa 和剩余寿命的估算，首先应对引起裂纹的主要原因进行分析。

　　1）疲劳扩展

　　对 GH36 材料进行了不同温度下的 da/dN 试验。该材料的 da/dN 在高温条件下比室温条件时要大；根据试验分析，高温下的门槛值 ΔK_{th}=294.1N/mm$^{3/2}$，由对槽底裂纹的应力强度因子计算结果，$\Delta K > \Delta K_{th}$。所以，发动机工作状态循环变化时要引起裂纹的疲劳扩展。

　　2）应力腐蚀

　　由于使用后的一级涡轮盘在槽底部位存在着较大的残余拉伸应力，停放期间，在有腐蚀介质的条件下，可能产生应力腐蚀扩展。根据放置盘试验的裂纹扩展统计结果，当 a<6mm 时，发生应力腐蚀扩展；当 a>6mm 时，则可忽视应力腐蚀扩展。

　　综上分析，裂纹扩展的主要因素是：当 a<6mm 时，裂纹扩展应包括应力腐蚀和疲劳扩展两部分；当 a>6mm 时，则以疲劳裂纹扩展为主。

2. 裂纹尖端参量的循环变化值

发动机工作状态变化时，离心应力和热应力都随之变化，而残余应力是不变的。假定压缩应力对 I 型裂纹扩展无贡献，则在工作循环中的正应力变化部分为 0—S_{max}—0 所构成的脉动应力循环，S_{max} 为最大转速（$n=1.115\times10^4$r/min）时的离心应力、冷机状态的热应力和残余应力三者代数相加得到的最大拉伸应力。

由最大拉伸应力状态计算出涡轮盘槽底裂纹（沿轮缘仅有一对对称裂纹）尖端参量应力强度因子 K_I 和 J_I 积分值随裂纹长度 a 的变化曲线如图 2.20 和图 2.21 所示。这就是裂纹尖端参量在工作循环中的变化幅值。

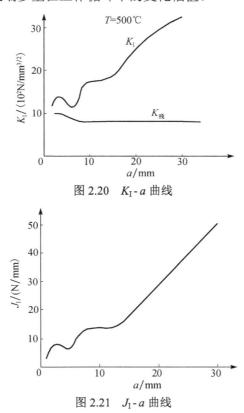

图 2.20　K_I-a 曲线

图 2.21　J_I-a 曲线

3. 计算方法和模型

使用一个寿命周期间的裂纹扩展量Δa_s，当 $a<6$mm 时，有

$$\Delta a_s = \int_0^{t_1} \frac{\mathrm{d}a}{\mathrm{d}t}\mathrm{d}t + \int_0^{N_1} \frac{\mathrm{d}a}{\mathrm{d}N}\mathrm{d}N \tag{2.4}$$

式中，t_1 为单个使用寿命周期的纯停放时间；N_1 为单个使用寿命周期内裂纹尖端

参量的循环次数。当 $a>6\text{mm}$ 时，有

$$\Delta a_\text{s} = \int_0^N \frac{\text{d}a}{\text{d}N}\text{d}N \qquad (2.5)$$

对含有裂纹长度 a_0 的涡轮盘的剩余寿命估算，可由式（2.6）进行：

$$N_\text{c} = \int_{a_0}^{6-\Sigma\Delta a_\text{c}} \frac{\text{d}a}{\Delta J} + \int_6^{a_\text{Ic}} \frac{\text{d}a}{C(\Delta J)^r} \qquad (2.6)$$

式中，Δa_c 为一个使用寿命期内的应力腐蚀扩展量；a_Ic 为临界裂纹长度。

为了计算简便，把发动机工作状态变化循环引起的应力变化当成等幅载荷，则 ΔK 或 ΔJ 即图 2.20 和图 2.21 中的 K_I 及 J_I。根据飞行试验，在一个使用寿命周期的循环次数为 $N_1=568$ 次。

实际涡轮盘的 $\text{d}a/\text{d}t$ 及 $\text{d}a/\text{d}N$ 很难用试验模拟办法得到，而是根据一定数量的含有槽底裂纹 $a_0=1.5\sim2.0\text{mm}$ 的一级涡轮盘，在外场使用一个寿命周期后的裂纹扩展量 Δa_s 的统计数据，以及在潮湿地区的裂纹扩展量大于干燥地区扩展量（Δa_c）的统计数值，来对一些试验结果进行修正得到。

对统计数据运用 1/1000 的失效率和 95%的置信度进行整理后，得到一个寿命期的最大裂纹扩展量 $\Delta a_\text{s}=2.36\text{mm}$ 和应力腐蚀扩展量为 $\Delta a_\text{c}=1.3\text{mm}$。

于是，在一个寿命期的疲劳扩展量为

$$\Delta a_\text{f}=\Delta a_\text{s}-\Delta a_\text{c}=1.06\text{mm}$$

而

$$\Delta a_\text{f} = \int_0^{N_1} \frac{\text{d}a}{\text{d}N}\text{d}N = \int_0^{N_1} C(\Delta J)^r\text{d}N = C\int_0^{N_1}(\Delta J)^r\text{d}N$$

则有

$$N_1 = \frac{1}{C}\int_{a_0}^{a_0+\Delta a_\text{f}} \frac{\text{d}a}{(\Delta J)^r}$$

对 GH36 材料在 500℃下进行 $\text{d}a/\text{d}N$ 试验，测得系数为 $C=0.8487\times10^{-3}$，$r=1.6475$。由于未包含工作中腐蚀介质对疲劳扩展的影响，所以应该用实际的 Δa_f 对其进行修正。这时，取 $a_0=1.5\text{mm}$，$N_1=568$ 次，$\Delta a_\text{f}=1.06\text{mm}$，$r=1.6475$，由上述公式可以求得修正的系数为 $C^*=3.2901\times10^{-3}$，即腐蚀条件下的 C^* 为原来（在空气条件下）试验测得的系数 C 的 3.9 倍。

裂纹扩展量 Δa_s 及剩余寿命 N_c 即可由上述公式求出。

4. 计算结果

为了解裂纹扩展的规律和特点及在生产上应用的方便性，选取了一系列 a_0 和 a_Ic 值进行计算，其结果见表 2.12。

表 2.12　裂纹扩展寿命 N_c

a_0/mm	a_{Ic}/mm									
	2.5	4.0	6.0	10.0	14.2	16.0	18.0	20.0	22.0	24.2
1.5	554	1185	1581	2389	2992	3161	3300	3407	3492	3568
2.5	0	641	1037	1844	2448	2640	2780	2886	2971	3047
4.0		0	302	1110	1711	1882	2022	2128	2213	2289
6.0			0	807	1411	1580	1719	1826	1911	1986
10.0				0	603	772	811	1080	1103	1179
14.2					0	168	307	414	500	575

2.5.6　工程允许裂纹长度的确定

根据前面的计算分析结果，同时必须考虑到实际的生产管理、检测技术水平、可靠性、经济性以及结构特点等因素，就可以确定容许的工程裂纹长度 $a_0^* =$ 2.5mm。由 a_0^* 扩展到 a_{Ic}，具有剩余寿命 $N_c=2448$ 次，或 $t=430$h。当发动机翻修寿命为 100h 时，由 a_0^* 扩展到 a_{Ic} 有 4 个检查间隔；如果翻修寿命为 200h，则仍有 2 个检查间隔，所以是安全的。另外，当 a_0^* 的值由原来的 1.5mm 放宽到 2.5mm 后，可以使一级涡轮盘的报废率由 25%下降到 4%（图 2.22），具有较大的经济效益。

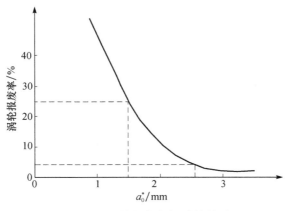

图 2.22　涡轮报废率与 a_0^* 的关系

经过实际生产中的大量使用，情况良好，证明上述研究方法和结果是合理的。

参 考 文 献

［1］ 尉询楷, 杨立, 刘芳, 等. 航空发动机预测与健康管理. 北京: 国防工业出版社, 2014.

［2］ 曾声魁, Pecht M G, 吴际. 故障预测与健康管理(PHM)技术的现状与发展. 航空学报, 2005, 26(5): 626-631.

［3］ 刘文珽, 王智, 隋福成, 等. 单机寿命监控技术指南. 北京: 国防工业出版社, 2010.

［4］ 国防科学技术工业委员会. GJB/Z 101—97. 航空发动机结构完整性指南. 北京: 国防科学技术工业委员会, 1997.

［5］ SAE. SAE Air Information Report 1872B. Guide to Life Usage Monitoring and Parts Management for Aircraft Gas Turbine Engines. Washington: SAE, 2011.

［6］ 航空航天工业部第六〇六研究所. 航空燃气涡轮发动机寿命消耗监测和零件管理指南. 航空发动机信息, 1994, 9: 1-35.

［7］ 宋兆泓. 发动机寿命研究. 北京: 航空工业出版社, 1985.

［8］ 闫晓军, 聂景旭. 涡轮叶片疲劳. 北京: 科学出版社, 2013.

［9］ 赵福星. 以耐久性和损伤容限为中心的现役发动机寿命控制方法. 航空动力学报, 2001, 16(4): 305-308.

［10］ 沈阳发动机设计研究所. 航空涡轮发动机关键件定寿和延寿资料之一(内部资料). 沈阳: 沈阳发动机设计研究所. 2011.

［11］ 沈阳发动机设计研究所. 航空涡轮发动机关键件定寿和延寿资料之二(内部资料). 沈阳: 沈阳发动机设计研究所, 2011.

［12］ 李家伟, 陈积懋. 无损检测手册. 北京: 机械工业出版社, 2002.

［13］ 吕文林. 航空涡喷、涡扇发动机结构设计准则(第二册): 轮盘. 北京: 中国航空工业总公司系统工程局, 1997.

［14］ 李冬炜, 吕玉泽, 杨兴宇, 等. 国内军用航空发动机寿命研究现状及存在的主要问题. 中国航空学会第七届航空发动机可靠性学术交流会, 南昌, 2013: 1-6.

［15］ United States Air Force. MIL-STD-1783. Engine Structural Integrity Program(ENSIP). Reston: Aerospace Industries Association of America Inc., 1984.

［16］ Eady C. Modes of gas turbine component life consumption. Recommended Practices for Monitoring Gas Turbine Engine Life Consumption. RTO Technical Report, 2000.

［17］ 宋兆泓, 熊昌炳, 郑光华. 航空燃气涡轮发动机强度设计. 北京: 北京航空航天大学出版社, 1987.

［18］ 杨兴宇, 蔡向晖, 史海秋, 等. 某发动机 4 级压气机叶片振动特性与微动摩擦损伤研究. 北京: 北京航空工程技术研究中心课题研究报告, 2001.

［19］ 苏清友. 航空涡喷、涡扇发动机主要零部件定寿指南. 北京: 航空工业出版社, 2004.

［20］ 饶寿期. 航空涡喷、涡扇发动机结构设计准则(第三册): 叶片. 北京: 中国航空工业总公司系统工程局, 1997.

［21］ 王永华, 李本威. 发动机历程数据自动处理与部件循环寿命监控研究. 海军航空工程学院学报, 2004, 19(2): 287-290.

［22］ 洪杰, 史亚杰, 李其汉. 航空发动机关键件使用寿命监视系统设计. 燃气涡轮试验与研究, 1999, 12(4): 40-44.

［23］ 葛治美, 张恩和, 蔚夺魁. 航空发动机寿命分析与监测方法. 航空发动机, 2006, 32(1): 25-28.

［24］ 陶焘, 战立光. 某型航空发动机历程记录仪的系统设计. 测控技术, 2000, 19(7): 60-63.

［25］ 中国航空工业总公司. HB/Z 286.5—1996. 航空燃气涡轮发动机监视系统设计与实施指南　寿命监视. 北京: 中国航空工业总公司, 1996.

［26］ 王永华, 李本威, 王东艺, 等. 航空发动机使用寿命监视研究. 海军航空工程学院学报, 2002, 17(3): 327-330.

［27］ 李其汉. 航空发动机结构完整性研究进展. 航空发动机, 2014, 40(5): 1-6.

［28］ 何景兰, 洪杰, 李其汉. 某航空发动机热端件寿命消耗计算模型及寿命监视. 航空动力学报, 1996, 11(4): 341-344.

［29］ 徐可君. 基于单元体的军用航空发动机寿命控制和管理. 海军航空工程学院学报, 2007, 22(5): 541-547.

［30］ 航空工业部发动机管理局. 涡喷六发动机寿命研究报告. 北京: 航空工业部, 1988.

第3章　基于可靠性和安全性的零部件分类与划分

3.1　航空发动机的可靠性和安全性

产品的可靠性是指产品在规定条件下、规定时间内完成规定功能的能力。对航空发动机而言，其可靠性是指在规定的飞行包线、环境和使用条件下，在规定的寿命期内，无故障工作的能力。故障包括不能工作或性能恶化到一定程度。可靠性不是发动机的一个孤立特性，它与发动机的安全性、维修性、寿命、经济性和可用性是联系在一起的，并互相影响。

产品的安全性是指产品在规定条件下，避免可能对人身安全、健康、环境及产品本身带来危害的能力。对航空发动机而言，其安全性是指保证人和飞机安全的能力。安全性分析的最终目的是确保由所有发动机失效产生的对飞机的风险是可以接受的低水平，即确定发动机产生的任何失效不会造成危害性后果。

可靠性不好的发动机，由于经常发生故障，就可能会出现安全问题。因此，应尽一切努力消除潜在的有安全性问题的破坏模式，即使不能完全消除，也要通过严格控制设计、加工和试验过程，使不安全问题发生的概率达到可以接受的程度。为了以最少的飞机进行最有效的工作，可靠性是至关重要的。所以，发动机的可靠性、安全性是必须综合考虑的。

要求发动机的可靠性好，并不是无限制的，因为可靠性是要以经济性为代价的。另外，从技术上讲，由于发动机的特别复杂性（发动机零部件工作在高温、高压、高转速、强振动以及飞机机动飞行载荷的复杂环境下，又要有高推重比、尽量低的结构重量），设计者对零部件工作载荷，特别是振动和温度估计不准的情况不可避免，所以要求发动机在使用中不发生故障，目前是不现实的。那么，究竟允许发生多大的故障和发生多少故障呢？*British Civil Airworthiness Requirements-Chapter C*[1]（BCAR-C,《英国民航适航性要求-C篇》）和 DEF STAN 00-971 [2]中都给出了可以接受的风险，或称允许的失效率。不同的故障允许的失效率是不同的。

按失效对飞机和乘员造成影响的严重程度，失效影响可分成三等：危险性影响、重大影响和轻微影响。相应地也定义了三种失效率：一般可能的、很少可能的和极少可能的。"一般可能的"是指一种型号的飞机中，每架飞机的总使用寿命期内，可能发生一次或几次。"很少可能的"是指对每架飞机在它的总使用寿命期内，不太可能发生，但在装这种发动机的某些飞机的总使用寿命期内，可能发生几次。"极少可能的"是指装这种发动机的某些飞机的总使用寿命期内，也不太可能发生，但从概率上讲，仍应认为是有可能发生的。

可以接受的风险是：有危险性影响的失效不应超过"极少可能的"失效率；有重大影响的失效不应超过"很少可能的"失效率；有轻微影响的失效不应超过"一般可能的"失效率。当用数值概率表示时，应使用表 3.1 中列出的失效率或称每飞行小时的风险。

表 3.1　用数值概率表示的失效率

失效率	载客运输机	其他飞机
一般可能的	$10^{-3} \sim 10^{-5}$ 次/h	$10^{-3} \sim 10^{-4}$ 次/h
很少可能的	$10^{-5} \sim 10^{-7}$ 次/h	$10^{-4} \sim 10^{-5}$ 次/h
极少可能的	$10^{-7} \sim 10^{-9}$ 次/h	$10^{-5} \sim 10^{-7}$ 次/h

欧洲航空安全局颁布的《发动机合格证规范》（CS-E）[3]以及美国联邦航空局颁布的《联邦适航性条例 33 部》（FAR-33）[4]中对以上三种影响进行了定义：

（1）一台发动机失效，其唯一的后果是该发动机部分或全部丧失推力或功率（和相关的发动机供给），这种失效必须认为是轻微发动机影响，如可包容的叶片断裂。

（2）以下影响必须认为是危险性发动机影响：高能碎片不包容；客舱用发动机引气中有毒物质浓度足以使机组人员或乘客失去能力；与驾驶员想要的推力方向相反的相当大的推力；失去控制的着火；发动机安装系统失效，导致非故意的发动机脱开；如果适用，发动机引起的螺旋桨脱开；不能使发动机完全停车。

（3）在轻微和危险性之间的影响，必须认为是重大发动机影响。重大发动机影响的失效包括：可控的着火（停车、被熄灭）；机匣烧穿但不产生危害扩展；低能转子碎片；仅仅振动过大；可控、可探测的有毒物质聚积；实际推力大于最大额定值；发动机传力路径失去完整性，但整机未分离；严重不可控的推力波动。

为对失效影响正确分类，BCAR-C[1]和 DEF STAN 00-971[2]都规定，以下失效的影响应认为是危险性影响：高能碎片明显的不包容；空勤组和乘客舱的供气中有毒物质超标；推力与要求方向相反或不能关闭发动机。

CS-E 和 FAR-33 中都没有关于单发飞机发动机的安全性分析。在所有标准或规范中，只有 DEF STAN 00-971[2]中有关于单发飞机发动机的安全性分析："对仅装一台发动机的飞机和旋翼机，如果发动机故障对飞机的唯一后果是丧失维持水平飞行的推力或功率，则该故障应该认为是重大影响。如果没有功率，飞机不能着陆，这种发动机故障应属于危险性的"。

对于多发飞机，一台发动机失去推力或功率，应认为是轻微影响。对于单发飞机，发动机失去维持水平飞行的推力或功率，应认为是重大影响；如果没有推力或功率，飞机不能着陆，则应认为是危险性影响。显然，用于单发飞机的发动机，其可靠度应该更高。英国罗·罗公司表示，不论是民用还是军用，也不论是用于单发飞机还是多发飞机，他们的发动机设计和制造方法是完全相同的。从安全的观点来看，唯一的不同点在于，对于多发飞机，目标是继续安全地飞行和着陆；而对于单发飞机，目标是一个稳定的撤出平台，使乘员能安全地离开飞机。

不同的零部件破坏后可能导致的发动机影响也不一样，因此在发动机设计过程中要明确发动机零部件的分类。

3.2　航空发动机零部件分类

为使航空发动机达到一定的可靠性和安全性，必须对其使用和寿命进行监控。由于不同的发动机零部件的破坏引起的发动机影响不一样，需要监控的程度和管理方式也不一样，所以，为确保发动机安全使用和便于管理，需要对发动机零部件进行分类。

3.2.1　关键部位和关键件

在英国军用航空涡轮发动机通用规范 DEF STAN 00-971 的附录 A "重要旋转零部件的定寿方法"中对关键部位进行了定义："它是零部件上低循环疲劳破坏可能性很大的经过验证的高应力区，这种零部件的破坏可能引起非包容的高能碎片，危及飞机或乘员的安全。"轮盘一般有三个关键部位：中心孔或盘心、偏心孔和轮缘。主轴上的应力集中区都是关键部位，如孔、套齿、轴肩、槽等。

关键件的定义在美国军用标准 MIL-E-5007E[5]、MIL-E-5007F[6] 的 3.3.8.1.3 部分，英国军用航空涡轮发动机通用规范 DEF STAN 00-971 的 5.1.6.3 部分和 BCAR-C 的 C1-2 章 1.10 部分中都能找到。关键件是指根据失效模式和影响分析，其失效对飞机或乘员可能有危险性影响，因而需要专门控制，以获得特别高的完整性和可以接受的低失效率的零部件。显然，这里对关键部位和关键件的"关键"的定义是相同的。

DEF STAN 00-970-11[7] 的附录 A 中对关键件进行了定义：关键件是发动机的旋转件或非旋转件，是指经失效分析表明，若要该零部件不以超过极少可能的概率发生危险性影响的失效，必须达到并保持特别高的完整性的零部件。根据 CS-E 的定义，关键件是指其一次性破坏可能造成危险性发动机影响，必须满足专门的规范（CS-E515）要求，控制其失效率为极少可能的零部件。

FAR-33 中没有使用关键件一词，使用的是"限制寿命的发动机零部件"，并在 FAR-33.70 中说明，"限制寿命的发动机零部件是其一次性破坏可能导致危险性发动机影响的转子和重要静子结构的零部件。典型的限制寿命的发动机零部件包括（但不限于）盘、隔圈、鼓筒、轴、受高压力的机匣和没有冗余度的安装节零部件"。以前欧洲和美国都曾称关键件为 A 组零部件。

各种规范和标准中对关键件的表达和定义虽然不完全一致，但实际内容是一样的。因此，限制寿命的发动机零部件、A 组零部件或 A 类件，指的都是关键件。

3.2.2　英国罗·罗公司对发动机零部件的分类

英国罗·罗公司按零部件失效后造成的影响的严重性将零部件分为 A 类、B 类和 C 类零部件。A 类零部件包括发动机的主要旋转零部件，如果不控制这些零部件的寿命将产生故障，会影响飞机的适航性。A 类零部件具有具体的循环寿命指标，此类零部件循环寿命到寿必须更换。斯贝 MK202 发动机的 A 类零部件是全部的轮盘和主轴，以及 1 个涡轮盘上的套筒，共 27 个零部件。B 类零部件是对发动机性能很敏感的零部件，如果这些零部件发生故障，可能引起广泛的二次故障，且生产成本高。该类结构件没有最大寿命限制，一般情况下，按照不能接受的故障率对应的寿命作为控制指标。从 MK202 发动机寿命规定看，B 类零部件的寿命是决定发动机翻修时限的主要因素，如配装 F4 飞机的 MK202 发动机的高压二级涡轮叶片，该叶片使用寿命超过 700h 后故障率大大增加。因此，罗·罗公司结合高压压气机 1 级轮盘的循环寿命和该叶片的寿命情况，将 700h 定为第一次返厂大修时限。C 类零部件是指 A 类零部件和 B 类零部件以外的所有零部件。

3.2.3　美国对发动机零部件的分类

1. 1975 年发布的 MIL-E-8593A

MIL-E-8593A 是关于涡轴和涡桨发动机的通用规范[8]，于 1975 年发布，要求零部件必须根据其破裂时能否被包容进行分类。破裂时不能被包容的零部件需要合适的寿命限制并进行跟踪，这些零部件包括轮盘；其破坏有可能引起重要的二次损坏的零部件也需要进行寿命限制和跟踪，这些零部件包括轴、密封件和风扇叶片。

2. 1983 年发布的美军标 MIL-E-5007E

MIL-E-5007E 于 1983 年发布，是最早对燃气涡轮发动机的旋转零部件提出严格循环寿命要求的军用标准，被美国海军广泛使用，要求对关键件使用安全寿命准则。MIL-E-5007E 将发动机零部件分为热端零部件和冷端零部件，并要求列出发动机的关键件。关键件是指那些当其失效会危及飞行安全，或者由于其失效和失效后引起更多零部件故障并引起灾难性的发动机失效的零部件。对于单发飞机，关键件应包括那些由于失效将引起功率损失，从而不能维持飞行的零部件。关键件至少包括发动机承力机匣、全部盘和轴。

3. 1984 年发布的 MIL-STD-1783

MIL-STD-1783《发动机结构完整性大纲》，由美国空军 1984 年发布[9]。《发动机结构完整性大纲》强调损伤容限法则，主要被美国空军使用。根据发动机零部件对飞机及其性能和经济性的影响将其分为五类，分别为安全关键件、任务关键件、耐久性关键件、耐久性非关键件及其他，定义如下。

安全关键件：零部件的直接破坏或者引起其他零部件破坏可能使飞机损坏或对人身有损伤。任务关键件：零部件的破坏使其任务能力降低到间接影响武器系统安全，对发动机运行有相当大的影响。耐久性关键件：零部件破坏对系统带来相当大的经济影响，但是不一定影响飞行安全或任务能力。耐久性非关键件：零部件破坏给系统带来较小的经济影响，但是并不影响飞行安全或任务能力。

要求必须对安全关键件和任务关键件进行损伤容限分析。

4. 1995 年发布的美军规范 JSGS-87231A

美军规范 JSGS-87231A 的 3.4.1.4 和 4.4.1.4 部分要求对所有的发动机零部件、附件、控制件、外部件及消耗件进行分类[10]，即断裂关键件、耐久性关键件和耐久性非关键件。其中断裂关键件又分成安全关键件和任务关键件，其定义和 1984 年发布的 MIL-STD-1783 中的是一样的。

其中安全关键件的定义相当于前面提到的其他规范或标准中的关键件。通常盘类零部件的破坏不可能被机匣包容，破坏后可能危及飞机安全，均被定义为关键件。某些燃烧室外机匣，其破坏模式不是裂纹后漏气，而是爆炸性破坏，危及飞机安全，这种燃烧室机匣应定义为关键件。有些风扇大叶片，断裂飞出后不可能被机匣包容，在没有其他安全措施的情况下，也应定义为关键件。

5. 美国 SAE 对发动机零部件的分类

1988 年国际汽车工程师学会（SAE）提出了"航空燃气涡轮发动机寿命消耗监测和零部件管理指南"（AIR 1872），并提请认定为美国国家标准，于 1998 年进行了修订。2011 年 9 月发布航空标准 AIR 1872B[11]。该标准中将有寿命限制的发动机零部件分为限制寿命的关键零部件和限制寿命的非关键零部件。如果一个限制寿命零部件的破坏有可能影响飞行安全，那么该零部件为限制寿命的关键零部件；如果一个限制寿命零部件的破坏不影响飞行安全，但可能严重影响发动机性能、可靠性和（或）使用成本，那么该零部件为限制寿命的非关键零部件。

3.2.4　国内对发动机零部件的分类

国军标 GJB 241A—2010 中没有定义关键件，它将低循环疲劳寿命要求同等地用于所有零部件，造成人力、物力和时间的巨大浪费。

在 GJB/Z 9000A—2001《质量管理体系基础和术语》中定义了关键件和重要件，其中，关键件是指如果不满足要求，将危及人身安全、导致产品不能完成主要任务的单元体；重要件是指如果不满足要求，将导致产品不能完成主要任务的单元体。可见，这里的关键件和前面提到的其他规范或标准中的定义是一致的[12]。

根据国内外主要的规范或标准，目前国内航空发动机领域研究人员将航空发动机零部件分为关键件、重要件和一般件三种[13]。

关键件是指根据失效模式和影响分析，其失效对飞机或乘员可能有危险性影响，因而需要专门控制，以获得特别高的完整性和可以接受的较低失效率的零部件。

重要件是指其失效不影响飞行安全，但可能严重影响发动机性能、可靠性和（或）使用成本，因而需要限制其寿命，以获得较高的完整性和较低失效率的零部件。

一般件是指除了关键件和重要件之外的所有零部件。

虽然以上提到的各种标准、指南和规范中对发动机零部件分类名称和定义上有些许差别，但总的来说是一致的。基本上可以按照国内比较流行的说法分为三类，即关键件、重要件和一般件，具体见表 3.2。

表 3.2　各种标准、指南和规范中对发动机零部件的分类

分类	分类来源			
	罗·罗公司	MIL-E-8593A	MIL-STD-1783 /JSGS-87231A	AIR 1872
关键件	A 类零部件	破裂时不能被包容的零部件	安全关键件	限制寿命的关键零部件
重要件	B 类零部件	其破坏有可能引起重要的二次损坏的零部件	任务关键件、耐久性关键件	限制寿命的非关键零部件
一般件	C 类零部件	其他	耐久性非关键件、其他	其他

参 考 文 献

［1］ Civil Aviation Authority(CAA). British Civil Airworthiness Requirements(BCAR)—Chapter C. London: CAA, 1944.

［2］ Ministry of Defence. Defence Standard 00-971. General Specification for Aircraft Gas Turbine Engines. London: Ministry of Defence, 1987.

［3］ European Aviation Safety Agency(EASA). Certification Specification for Engine(CS-E). Cologne: EASA, 2007.

［4］ Federal Aviation Administration(FAA). Federal Aviation Regulations Part 33—Airworthiness Standards: Aircraft Engines. Washington: FAA, 2015.

［5］ United States Navy. MIL-E-5007E. General Specification for Aircraft Turbojet and Turbofan. 1983.

［6］ United States Navy. MIL-E-5007F. General Specification for Aircraft Turbojet and Turbofan. 1988.

［7］ Ministry of Defence. Defence Standard 00-970. Design and Airworthiness Requirements for Service Aircraft Part 11—Engines. London: Ministry of Defence, 2006.

［8］ United States Navy. MIL-E-8593A. General Specification for Aircraft Turboshaft and Turboprop. 1975.

［9］ United States Air Force. MIL-STD-1783. Engine Structural Integrity Program(ENSIP). Reston: Aerospace Industries Association of America Inc., 1984.

［10］ United States Department of Defence. JSGS-87231A. The Joint Services Guide Specification of Engines Aircraft Turbine. Washington: United States Department of Defence, 1995.

［11］ SAE. SAE Air Information Report 1872B. Guide to Life Usage Monitoring and Parts Management for Aircraft Gas Turbine Engines. Washington: SAE, 2011.

［12］ 国防科学技术工业委员会. GJB/Z 9000A—2001. 质量管理体系基础和术语. 北京: 国防科学技术工业委员会, 2001.

［13］ 高瑾, 吴卫华. 某型发动机寿命控制研究. 中国航空学会第三届航空发动机可靠性学术交流会, 宜昌, 2005: 155-160.

第4章 航空发动机飞行载荷参数处理模型

在飞机上对发动机寿命消耗进行监控的过程中，需要实时对发动机参数进行处理。统计的参数类型包括两种。一种是工作时间的统计，如发动机总工作时间、大状态工作时间、地面工作时间、空中工作时间等。其中，大状态工作时间反映热端部件（如高压涡轮叶片）的蠕变/持久寿命消耗情况。在不同温度下，热端部件寿命消耗的速度不同，采用热端系数可以直接在历程记录仪中对热端部件的寿命消耗进行计数。另一种是循环数的统计，通常是发动机转速、扭矩、温度等载荷循环，反映旋转部件的低循环疲劳损伤。循环数的统计分为两步：首先对数据进行压缩处理，找到有效的峰谷值数据；然后进行雨流计数，并确定峰谷值对。

本章介绍采用热端系数对发动机热端部件的寿命消耗进行记录的方法和计算循环寿命的实时数据处理方法。其中，关于循环寿命实时数据处理方法参考了文献[1]，但是有很大的改进，能够适应更为复杂的情况，且容错能力较强。

4.1 伪读数去除

受电源切换、噪声、电子干扰等诸多因素的影响，在飞行参数记录和其他监测系统记录数据的过程中，经常会产生一些数据丢失、数据失真和记录的数据非正常开始或结尾的情况，这些严重偏离实际的数据称为伪读数。为了保证采集数据和收集处理的真实可靠，必须将这些伪读数剔除掉。在对飞参数据系统工作原理深入分析的基础上，以 TECTEP-У3 系统（具体参见 6.3.3 节）为例，通过判读大量的 TECTEP-У3 系统飞参数据，总结出飞参和各监测系统容易出现伪读数的一些典型特征。

（1）超限伪读数，即参数采集的值超过其最高或最低极限。图 4.1 给出了发动机低压转子转速信号在正常情况下的相对转速，最大信号值为100%左右，但是在发动机停车的最后几分钟内，由于电源由机载交流电变为地面电源，信号异常突变（变大或变小）——其他参数有的信号正常，有的不正常，转速信号有的归零，有的不归零；超限伪读数在其他工作状态也较容易出现，分析认为这是由电磁干扰造成的。在发动机控制系统或转子系统未出现超转故障现象时，这类信号均为伪读数。

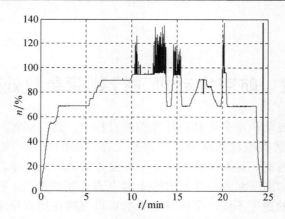

图 4.1　转速信号出现超限伪读数情况

（2）变化梯度大的伪读数。其基本特征是时钟信号正常，气压高度信号等参数不正常；仅数量有限的转速信号不正常。其参数的变化梯度远大于发动机加减速性能，具体见图 4.2。

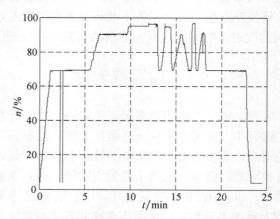

图 4.2　转速信号出现变化梯度大的伪读数情况

（3）系统时钟出现问题的伪读数。其基本特征是持续几秒，左、右发动机的转速均为正常转速的 1.34%，时钟显示 255，不连续，其他参数均不正常。

（4）电磁干扰使时间出现不正常跳跃的伪读数。电磁干扰主要出现在断电和通电的过渡态，发动机起动通电瞬间，信号突变，之后趋近正常，通常表现为在短时间内出现波动，在发动机停车的最后几分钟内，电源断开，导致信号突变（变大或变小），有的信号正常，有的不正常；转速信号有的归零，有的不归零。

由于飞行参数记录和监控系统设计、信号采集、处理、引电方式等的区别，导致信号伪读数也会有一定的差异。因此，伪读数去除的模型应该具体问题具体分析，一般的处理过程是先人工判读大量数据，再形成具有针对性的伪读数去除模型，最后编制自适应处理程序。

4.2　发动机热端系数模型

热端系数是对发动机热端零部件蠕变/持久寿命消耗的度量。根据文献[2]，热端系数是指，对一定的涡轮排气温度，按每秒的计数次数记录发动机在该温度下的使用时间，每秒计数速率随涡轮排气温度呈指数关系增加。当发动机工作经过一个涡轮排气温度范围时，每秒计数的发动机工作时间被积分，从而产生出累计的总热端系数计数。本节介绍一种每秒计数与涡轮排气温度的关系模型，即发动机热端系数模型，并以某型发动机的实心二级涡轮叶片为建模对象建模。所建立的模型除可直接作为二级涡轮叶片的持久寿命消耗的度量外，经适当变换也可以作为其他热端零部件持久寿命消耗的度量。

4.2.1　用发动机参数表示的热端系数

按照 Miner 线性叠加原理，叶片的蠕变/持久寿命（单位为 h）为

$$L = 1 \Big/ \sum (C_i / l_i), \quad i = 1, \cdots, m$$

式中，C_i 为 i 状态下的工作时间比例，$i=1$ 对应发动机的低状态，$i=m$ 对应发动机的高状态；l_i 为 i 状态下的持久寿命（单位为 h）。

上式可变为 $\sum (LC_i / l_i) = 1$。令 $LC_i = \tau_i$，则式子又变为

$$\sum (\tau_i / l_i) = 1, \quad i = 1, \cdots, m \tag{4.1}$$

式中，τ_i 为 i 状态下的工作时间。

式（4.1）左端 $\sum (\tau_i / l_i)$ 是持久寿命累积消耗值，当其值达到 1 时，零部件到寿。记热端系数

$$shf = \sum (\tau_i \cdot k / l_i), \quad i = 1, \cdots, m \tag{4.2}$$

则式（4.1）变为

$$shf = k \tag{4.3}$$

当热端系数 shf 值达到 k 时，零部件到寿。

式（4.2）中的 k/l_i 称为热端系数速率，是 i 状态下热端系数 shf 单位时间累计数值。

i 状态下的持久寿命方程采用 Ge-Dorn 形式：

$$\lg l_i = c + (b_1 + b_2 x_i + b_3 x_i^2 + b_4 x_i^3)/f\,(T_i), \quad i=1,\cdots,m \tag{4.4}$$

式中，c、b_1、b_2、b_3 为常数；$x_i{=}\lg\sigma_i$ 为 i 状态下建模零部件考核点的应力对数；$f(T_i)$ 为 i 状态下建模零部件考核点温度的函数。

对于实心的二级涡轮叶片，在不考虑叶尖和榫头散热的情况下，T_i、σ_i 是发动机状态参数 n_i（发动机转速）、T_{4i}（涡轮后排气温度）的函数。通过实测分析，可以建立这种函数关系：

$$T_i{=}f_1(n_i, T_{4i}), \quad i=1,\cdots,m \tag{4.5}$$

$$\sigma_i{=}f_2(n_i, T_{4i}), \quad i=1,\cdots,m \tag{4.6}$$

通过式（4.2）、式（4.4）～式（4.6）就建立了叶片的热端系数 shf 和发动机状态参数 n_i、T_{4i} 的关系。

4.2.2　某型发动机热端系数模型

某型发动机二级涡轮叶片的材料为 DZ4 定向合金，其 Ge-Dorn 形式的对数持久寿命为

$$\lg l_i{=}52.319{+}(0.693{\times}10^5{-}0.893{\times}10^2 x_i{+}0.356{\times}10^2 x_i^2{-}5.234 x_i^3)/f(T_i), \quad i=1,\cdots,m \tag{4.7}$$

式中，$x_i{=}\lg\sigma_i$；$f(T_i){=}4.5T_i{+}460$；T_i 为考核点温度，℃。

通过发动机二级涡轮叶片稳态表面温度实测和应力分析，可以建立 T_i、σ_i 与发动机状态参数 n_{1i}（发动机低压转速）、T_{4i} 的关系，进而通过式（4.7）可建立发动机状态参数 n_1、T_4 与寿命消耗 $1/l$ 的相对关系，见表 4.1。

表 4.1　n_1、T_4 与寿命消耗 $1/l$ 的相对关系（单位：1/h）

n_1/%	T_4/℃									
	[740,770)	[770,785)	[785,790)	[790,795)	[795,800)	[800,805)	[805,810)	[810,815)	[815,820)	[820,850)
[85,95)	0.0918	0.3601	0.5922	0.8215	1.0200	1.4071	1.7405	2.3880	3.1004	7.4107
[95,97)	0.1008	0.4148	0.6932	0.9713	1.2136	1.6895	2.1021	2.9083	3.8013	9.2752
[97,98)	0.1438	0.5863	0.9763	1.3647	1.7025	2.3646	2.9373	4.0544	5.2889	12.8203
[98,99)	0.1953	0.7880	1.3069	1.8221	2.2692	3.1437	3.8987	5.3680	6.9881	16.8245
[99,100)	0.2804	1.1150	1.8397	2.5563	3.1764	4.3860	5.4276	7.4489	9.6716	23.0825
[100,101)	0.4249	1.6591	2.7199	3.7636	4.6638	6.4139	7.9159	10.8216	14.0052	33.0729
[101,102)	0.6777	2.5906	4.2151	5.8041	7.1693	9.8129	12.0734	16.4294	21.1832	49.4093
[102,104)	1.4916	5.4938	8.8223	12.0449	14.7950	20.0842	24.5776	33.1799	42.5023	97.0371
[104,106)	4.9266	17.1394	26.9753	36.3511	44.2700	59.3426	72.0204	96.0484	121.8128	269.1498
[106,110)	37.1295	117.6104	179.0566	236.1363	283.5368	372.2174	445.5934	582.3675	726.4528	1520.1960

为了记录方便，热端系数表达式（4.3）的 k 值选择要兼顾发动机的低状态和高状态，使低状态的每秒记录 k/l_1 不要太小，高状态每秒记录 k/l_m 不要太大。一般取 $k=3600l_1$，这样，由表 4.1 可以得到表 4.2。

表 4.2　热端系数速率 k/l_i 与 n_1、T_4 的关系（单位：1/s）

$n_1/\%$	$T_4/℃$									
	[740,770)	[770,785)	[785,790)	[790,795)	[795,800)	[800,805)	[805,810)	[810,815)	[815,820)	[820,850)
[85,95)	1	3	5	7	9	12	15	20	26	62
[95,97)	1	3	6	8	10	14	18	24	32	77
[97,98)	1	5	8	11	14	20	24	34	44	107
[98,99)	2	7	11	15	19	26	32	45	58	140
[99,100)	2	9	15	21	26	37	45	62	81	192
[100,101)	4	14	23	31	39	53	66	90	117	276
[101,102)	6	22	35	48	60	82	101	137	177	412
[102,104)	12	46	74	100	123	167	205	276	354	809
[104,106)	41	143	225	303	369	495	600	800	1015	2243
[106,110)	309	980	1492	1968	2363	3102	3713	4853	6054	12668

4.3　航空发动机飞行载荷实时压缩处理模型

4.3.1　峰谷值检测

峰谷值检测的目的是找到数据的峰值和谷值，并去掉幅值小于 $D_{\min}$（循环门槛值）的峰谷值，将有效峰谷值数据存放在数组 PV(I) 中。实时峰谷值检测采用相邻数据点比较法进行，这种方法处理速度较快，能满足实时处理要求，程序框图如图 4.3 所示。图中，AX 表示载荷变量采样输入存储单元 2，BX 表示载荷变量采样输入存储单元 1，CX 为 AX、BX 交换处理单元。

4.3.2　无效幅值去除

航空发动机零部件在实际工作中，除了受到一些主要载荷循环外，还受到一些次小循环的作用。其中一些次小循环的幅值较小，对零部件疲劳损伤不大，往往把这些次小循环的峰谷值去掉，使有效峰谷值的数量大大减少。

目前，国内外去除无效幅值物理模型很多，可根据所处理的载荷参数性质和循环波形特点来选用。对于航空发动机转速、扭矩、功率等高均值偏态波形，通常选用变程门槛值公式来定义次小循环，即

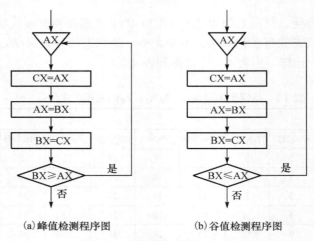

(a)峰值检测程序图　　　　　　　　(b)谷值检测程序图

图 4.3　　峰谷值检测程序框图

$$D_{\min}=(PV_{\max}-PV_{\min})\varDelta\%$$

式中，$D_{\min}$ 为次小循环门槛值；$PV_{\max}$ 为载荷参数的最大值，可根据具体情况由经验给定；$PV_{\min}$ 为载荷参数的最小值，可根据具体情况由经验给定；$\varDelta\%$为任意给定的百分数，可根据不同参数性质和处理精度要求给定，一般控制在 4%～15%。

无效幅值去除的程序设计采用最短航道法。

如图 4.4 所示，以门槛值 $D_{\min}$ 为纵向间距，在每个峰谷点正下方（或正上方）画出一个边界点，这些边界点的连线为平行于原载荷历程的连线，它与原载荷历程的折线构成一条曲折的航道，在此航道内寻求一条通向该航道的最短折线，这条折线可能出现两类拐点。

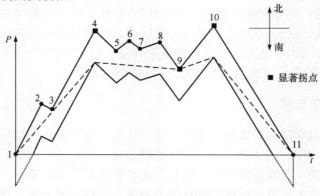

图 4.4　　最短航道法示意图

（1）显著拐点：折线在越过峰谷点前后，发生南北方向变化，如图 4.4 中的 4、9、10 峰谷点。

（2）非显著拐点：折线在越过峰谷点前后，不发生南北方向变化，如图 4.4 中的 2、3、5、6、7、8 峰谷点。

除首尾峰谷点外，对于发生非显著拐点处所对应的峰谷点为无效峰谷点，可以去掉；而发生在显著拐点处所对应的峰谷点为有效峰谷点，予以保留。

采样、峰谷值检测及无效幅值的去除是同步进行的，见图 4.5。检测到的峰谷值之间的距离大于门槛值 $D_{\min}$ 才计入有效峰谷值序列。根据最小航道法的原理，无效幅值的判读规则如下。

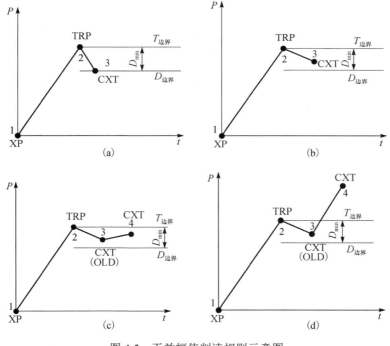

图 4.5　无效幅值判读规则示意图

（1）如图 4.5（a）所示，若 $|\mathrm{CXT}-\mathrm{TRP}|>D_{\min}$，即 CXT 为 D 边界外峰谷点，则当前有效峰谷值候选点 TRP 为有效峰谷点，存储于有效峰谷值序列 PV(I)，同时当前候选点 TRP 变为有效点 XP，当前峰谷点 CXT 变为有效峰谷值候选点 TRP。

（2）如图 4.5（b）所示，若 $|\mathrm{CXT}-\mathrm{TRP}|\leqslant D_{\min}$，即 CXT 为 T、D 边界内峰谷点，则当前 CXT 为无效峰谷点，需要寻找下一个峰谷值点作为新的 CXT。

① 如图 4.5（c）所示，如果 $|\mathrm{XP}-\mathrm{CXT}|\leqslant|\mathrm{XP}-\mathrm{TRP}|$，即 CXT 为 T、D 边界内峰谷点，则 CXT 为无效峰谷点，同时当前有效峰谷值点 XP 和当前有效峰谷值候选点 TRP 不变。

② 如图 4.5（d）所示，如果|XP－CXT|＞|XP－TRP|，即 CXT 为 T 边界外峰谷点，则当前候选点 TRP 为无效峰谷点，同时原 XP 不变，当前峰谷点 CXT 变为有效峰谷值候选点 TRP。

4.3.3　程序框图

完整的实时峰谷值检测和无效幅值去除的程序框图如图 4.6 所示。其中 AX 为机载采样输入框，其他框图格式与常规框图格式相同。

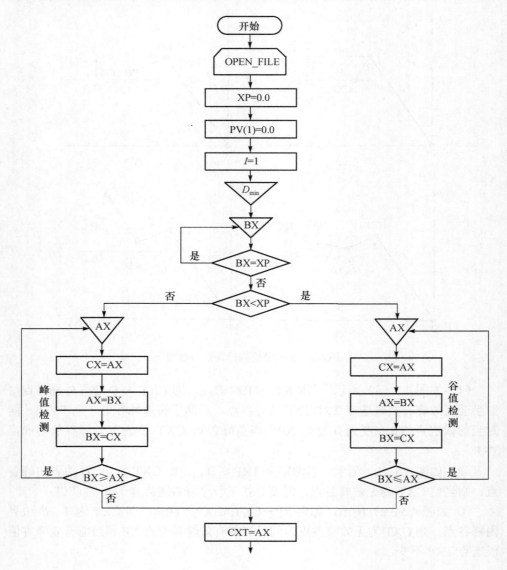

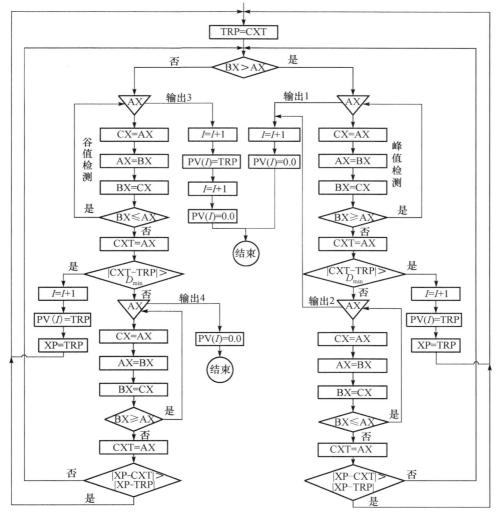

图 4.6 实时峰谷值检测和无效幅值去除的程序框图

4.4 航空发动机飞行载荷实时雨流计数模型

4.4.1 雨流计数法简介

雨流计数法又称塔顶法,是由英国铁道部 Matsuiski 和 Endo 两位工程师在 20 世纪 50 年代首先提出来的[1]。雨流计数法的主要功能是将经过伪读数去除、峰谷值检测、无效幅值去除后的实时载荷历程简化为若干个载荷循环,以供疲劳寿命估算和编制疲劳试验载荷谱使用。各种结构材料在变载荷作用下都会产生疲劳损伤。大量的疲劳试验数据表明,构件材料在变载荷作用下,局部出现塑性变形是构件疲劳损伤的必要条件,而材料塑性表现为应力-应变迟滞回线。雨流计数法就是根据材料的应力-应变迟滞回线进行循环计数的。这种计数法的力学概念比较清晰、直观,而且国外一些疲劳试验数据表明:使用雨流计数法编制的载荷谱给出的疲劳试验寿命与由载荷随机历程求出的疲劳寿命比较接近,因此,雨流计数法在国内外工程界得到了广泛应用。

1. 雨流计数法的物理模型及规则

如图 4.7 所示,若干个峰谷值点连成的折线,就好像一座多层宝塔的屋顶,想象雨流从塔顶按一定规则流下,即可实现雨流循环计数。其基本规则如下。

(1)雨流依次起始于每个峰值、谷值。

(2)起始于峰值(谷值)的雨流将在下一个谷值(峰值)处落下,落下的雨流遇到下述两种情况则停止:

① 起始于峰值的雨流遇到等于或高于它的峰值便停止;

② 起始于谷值的雨流遇到等于或低于它的谷值便停止。

(3)起始于峰值(谷值)的雨流,遇到自上而下的雨流便停止,此时,根据该雨流的起点和终点记为一个循环。如图 4.7 中的 3、4 点和 6、7 点分别构成循环。

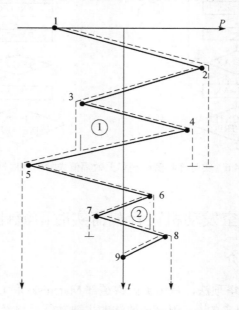

图 4.7　雨流计数法示意图

2.　雨流计数条件

如图 4.8 所示，相邻 4 点的雨流计数条件为：

（1）$E(I)<E(I+1)$，$E(I+1)\leqslant E(I+3)$ 且 $E(I)\leqslant E(I+2)$。

（2）$E(I)>E(I+1)$，$E(I+1)\geqslant E(I+3)$ 且 $E(I)\geqslant E(I+2)$。

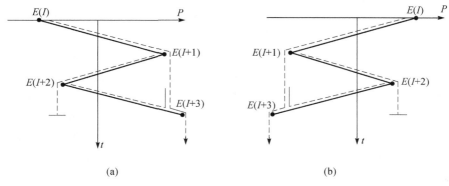

(a)　　　　　　　　　　　　　(b)

图 4.8　相邻 4 点判别计数图

如果条件（1）或（2）成立，则点 $E(I+1)$ 和点 $E(I+2)$ 记为 1 个循环，并去掉这两点，然后从后面依次递补 2 点，组成新的 4 个峰谷值，重新进行上述判断。如果条件（1）或（2）不成立，则越过 $E(I)$ 点，从后面依次递补 1 点，组成新的 4 个峰谷值，进行上述判断，直到读完所有峰谷值数据。经过上述过程之后，会余下一些峰谷值数据，构成发散-收敛波形，需要进行二次计数，具体方法在后面讨论。

近年来，我国广泛开展了机械构件的寿命研究，使雨流计数法的工程应用发展很快。到目前为止，已有十余种雨流计数模型，可粗略地概括为以下四类：

（1）传统的雨流计数模型。

（2）两次雨流计数模型。

（3）环状雨流计数模型。

（4）实时雨流计数模型。

实时雨流计数模型是在环状雨流计数模型的基础上发展起来的。这种雨流计数模型不仅保持了传统雨流计数原则，程序短小简单，使用波形范围较广，而且具有实时处理功能，解决了小型机载处理设备内存不足的关键问题。这体现了实时雨流计数模型的工程应用价值。

4.4.2　实时雨流计数循环判读规则

实时雨流计数模型的突出特点是具有实时处理功能。当输入数据超过 3 个以后，即可实现边采样边计数的功能，并且计数的同时，剔除掉构成循环的峰谷值数据，这样就不需要将所有的采样数据保存在计算机内。

传统的雨流计数法根据判读循环规则，一次雨流计数后余下的发散-收敛波形无法实现循环计数。因此，一般雨流计数模型都是分两个阶段进行循环计数的，即一次雨流计数和二次雨流计数。其中，二次雨流计数对余下的发散-收敛波形进行雨流循环计数。

实时雨流计数模型的计数过程也是分两个阶段进行的。当采样数据输入达到 3 个峰谷点后，开始循环判读，即实行一次循环计数。在一次循环计数中，除比较相邻 3 个峰谷点构成的两个幅值大小外，还要判别在 3 个峰谷点中，是否包含非计数指针变量 S 点。在满足幅值比较条件后，还必须不包含 S 点才能循环计数，否则非计数指针变量 S 后移（加 1），进行新的采样数据输入后，再进行计数条件判断；实时二次雨流计数采用前点后移、幅值比较的办法进行。这里所说的非计数指针变量 S 就是经过一次摘除循环后，某个剩余峰谷点的序号。S 变量软件程序预先赋值为 1，以后随着一次循环计数的进行而后移，直到达到最大峰或谷值点为止。在一次计数中，S 变量为非计数条件；在二次雨流计数中，S 变量为后移点的边界。

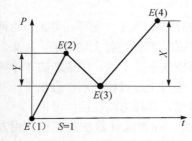

图 4.9　幅值 X、Y 比较判读条件

一次雨流计数循环判读规则如下：

（1）如图 4.9 所示，载荷历程中任意 3 个相邻峰谷点（$E(2)$、$E(3)$、$E(4)$）必然形成两个变载幅值，其大小为 $X=|E(4)-E(3)|$、$Y=|E(2)-E(3)|$。

当 $X \geqslant Y$ 时，$E(2)$、$E(3)$ 才有可能构成循环。是否构成循环，还需要进行第二个计数条件判断。

（2）非计数指针变量 S 条件。S 的值代表某个剩余峰/谷点的序号，构成两个变载幅值的 3 个相邻峰谷点中必须不包含 S 点，3 个相邻峰谷点中的前 2 个峰谷点才能构成循环。如图 4.9 中的 $E(2)$、$E(3)$、$E(4)$，变载幅值 $X > Y$，且不含 S 点，则 $E(2)$、$E(3)$ 构成一个封闭循环。

二次雨流计数是对一次雨流计数后所剩余的发散-收敛波形进行计数。首先，对发散收敛进行封闭波形处理，再采用前点后移的方法，只通过对变载幅值的比较即可进行循环摘除，直到后移完 S 点为止。

4.4.3　封闭波形处理

封闭波形处理是最终完成循环计数的必要手段。其主要是对波形的首尾点进行取舍的简化处理。这种人为的简化处理会对实际波形造成一定的误差，但是对于具有大量载荷循环数据的处理，这种误差是微不足道的。

实时雨流模型中的波形封闭处理是在二次雨流计数之前的发散收敛波形上完

成的。具体处理办法是通过对发散收敛波形的首尾 4 个峰谷点值进行比较，如图
4.10 所示，按 6 种波形情况进行封闭处理。

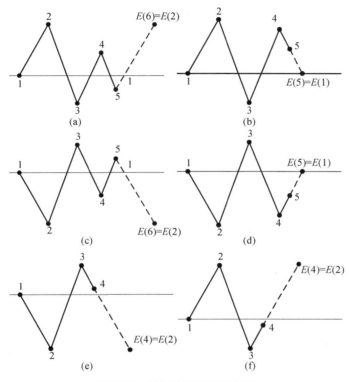

图 4.10　封闭波形处理示意图

（1）图 4.10（a），$E(2)>E(1)$，$E(N-1)>E(N)$ 且 $E(1)>E(N)$，此时去掉首点，从
第 2 点开始后移。

（2）图 4.10（b），$E(2)>E(1)$，$E(N-1)>E(N)$ 且 $E(1)<E(N)$，此时去掉尾点，
从第 1 点开始后移。

（3）图 4.10（c），$E(2)<E(1)$，$E(N-1)<E(N)$ 且 $E(1)<E(N)$，此时去掉首点，从
第 2 点开始后移。

（4）图 4.10（d），$E(2)<E(1)$，$E(N-1)<E(N)$ 且 $E(1)>E(N)$，此时去掉尾点，
从第 1 点开始后移。

（5）图 4.10（e），$E(2)<E(1)$，$E(N-1)>E(N)$，这时发散收敛波峰谷点数必然
是偶数，可去除首尾两点，从第 2 点开始后移。

（6）图 4.10（f），$E(2)>E(1)$，$E(N-1)<E(N)$，这时发散收敛波峰谷点数也必
然是偶数，可去除首尾两点，从第 2 点开始后移计数。

4.4.4　程序框图

程序框图见图 4.11。

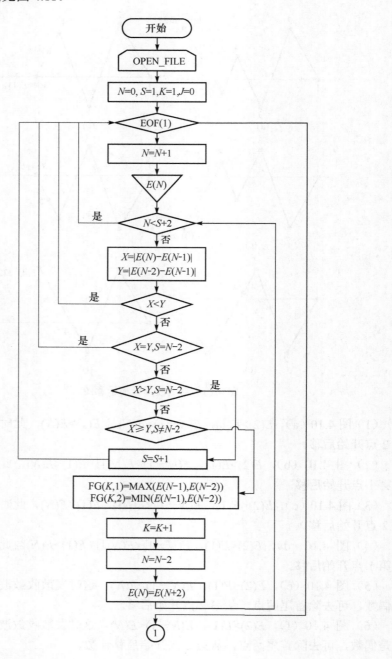

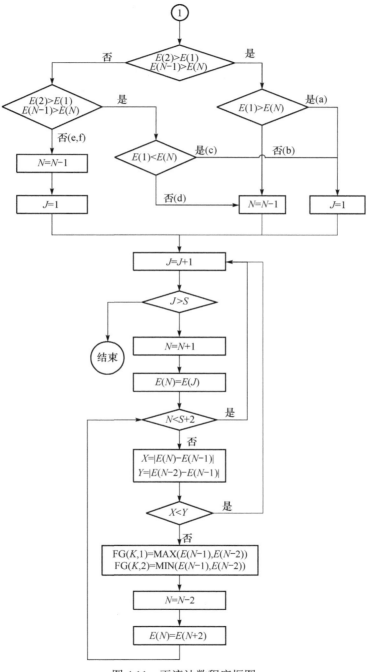

图 4.11　雨流计数程序框图

参 考 文 献

［1］ 航空航天工业部第六〇六研究所. 航空发动机载荷剖面数据处理与载荷谱编制系统设计方法, 1992.

［2］ 航空航天工业部第六〇六研究所. 航空燃气涡轮发动机寿命消耗监测和零件管理指南. 航空发动机信息, 1994, 9: 1-35.

第 5 章　结构件寿命研究关键技术

5.1　常用的关键件定寿方法和关键技术简介

军用航空发动机通用规范或结构完整性大纲是发动机寿命研究的最顶层设计文件。美国发布军用航空发动机通用规范最多，从 1973 年 10 月 15 日发布美国军用标准 MIL-E-5007D《航空涡轮喷气和涡轮风扇发动机通用规范》到 2007 年 12 月 6 日发布 JSSG-2007B《航空涡喷涡扇涡轴涡桨发动机联合使用规范指南》的 30 多年间，美国发布的军标和指南（包含修订版）多达 10 个。具体发展历程见图 5.1。

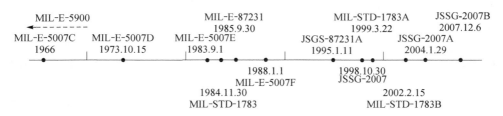

图 5.1　美国军用规范和指南发展历程示意图

严格意义上，从 1967 年到 2006 年，英国只发布了两部关于军用航空发动机的通用规范：DEF STAN 00-971《航空燃气涡轮发动机通用规范》和 DEF STAN 00-970-11《飞机用设计和适航性要求　11 部——发动机》。后者是最新的英国军用航空涡轮发动机通用规范。英国罗·罗公司引进的《斯贝 MK202 发动机应力标准（EGD-3）》及其他设计和试验资料，都体现了上述两个规范的要求。苏联是军用飞机大国，但没有见到其军用航空发动机方面的完整规范，只有某些方面的零星资料。

上述规范或大纲均列出了有关航空发动机设计寿命和使用寿命的条款、重要旋转和非旋转重要零件的定寿方法、寿命管理和寿命监控（历程记录仪或计数器）等详细内容，尤其是英国的两个规范，以附录 A 的形式提供了具体定寿方法，包括试验标准循环、疲劳散度系数选取、疲劳破坏标准、试验循环数、预定安全循环寿命、使用循环寿命和工作小时寿命，对有争议的问题都给出了明确的回答，具有极强的可操作性。

经过多年、多个发动机型号的实践，人们总结出四种常用的重要旋转零件或关键件定寿方法。

（1）传统的安全寿命法。该方法对有代表性的零件进行循环试验后确定预定安全循环寿命。试件是随机抽取的，具有代表性。

① 材料与批生产标准零件的相同或相当；

② 零件结构和关键部位的局部几何形状与发动机零件的相同或相当，应力、应力梯度和温度的组合至少像发动机条件一样苛刻；

③ 被试零件的表面状况与批量生产标准零件的相同或相当。

（2）数据库法。将关键部位的飞行循环应力与温度输入材料数据库，直接计算安全寿命，而不是对关键部位进行专门的循环试验。根据实验室试样的数据、以前给定材料的各种零件关键部位的循环试验结果和用统计方法确定的最低强度零件的安全寿命之间的关系，预先编好数据库。显然，该方法使用的前提是有功能强大且准确度很高的数据库。

（3）损伤容限法。该方法适用于对表面损伤潜在敏感的关键件，不能替代前两种方法，只能作为一种补充。损伤容限法的目的是通过适当的选材、设计，采用可靠的检验方法，控制装配、翻修和修理，以及使用合适的安全系数，保证在零件的循环寿命期内，损伤不会扩展为失效，失效率不会超过极少可能的概率。应通过控制带有安全裕度的损伤，来达到以下要求的安全使用：零件在按它的预定安全循环寿命或预定安全循环损伤容限寿命（predicted safe cyclic damage tolerance life，PSCDTL）使用时，超过 2/3 功能失效寿命的概率小于或等于 1/750，置信度为 95%。

为了达到损伤容限要求，应假定零件关键部位存在初始缺陷，并通过分析或试验，验证从初始缺陷到裂纹失稳扩展的裂纹扩展时间。要求预定安全循环寿命不超过零部件的预定安全循环损伤容限寿命。评定表面损伤容限时，应分别研究零件的每个关键部位。

（4）因故退役法。这种方法力图使用已经达到预定安全循环寿命的零件中可能剩余的一些寿命，否则这些零件就带着一些剩余寿命从使用中退役。只有通过严格检验的零件才会被返回使用一个预定安全检验周期（predicted safe inspect interval，PSII），而其他剩余的零件退役。任何已知带有裂纹并可能在使用寿命期内导致危险性失效的零件，都不应返回使用。因故退役法并不是一种例行方法。

从《发动机结构完整性大纲》以及各航空发动机大国的成熟经验来说，以下四个方面工作对于研究发动机寿命尤为重要：载荷谱研究、材料试验、零部件试验及寿命监控。

（1）载荷谱研究。发动机载荷谱与飞机载荷谱的概念是相同的，仅仅是对象不同，早在 20 世纪 20～30 年代，业界就提出了飞机载荷谱的概念，并开始了对飞机强度规范的研究。飞机强度规范实际上是飞机的载荷、载荷谱编制的规范。对发动机载荷谱的研究要晚得多，与飞行任务和实际使用训练相联系的发动机载荷谱研究，直到 20 世纪 60 年代末、70 年代初才出现，随着航空发动机结构完整性计划的提出才迅速发展起来。结构完整性计划最基本的依据是使用任务工作循环谱，即载荷谱，开展零部件和整机寿命研究。根据发动机工作原理、飞机上使用情况和环境条件，载荷谱可以分为整机载荷谱和零部件载荷谱，前者可分为工作循环谱、惯性过载谱、整机振动谱和环境谱等，后者可分为零部件的温度谱、应力或载荷谱、振动谱等。

（2）材料试验。航空发动机结构件的材料是开展强度、寿命设计的基石，材料力学性能（材料强度）数据和寿命预测方法是结构分析、部件设计与寿命估算的基础，是结构完整性的重要环节。发动机热端部件材料由最初的合金材料向高性能、高强度的耐高温合金材料发展，即从 Fe-Ni 基转向 Ni 基高温合金系列。到 20 世纪 70 年代，定向凝固技术的快速发展使普通铸造高温合金叶片被定向结构叶片取代，经过短短几年后，由于定向结构叶片存在加工缺陷等问题，又被性能优越的单晶叶片取代。为了适应涡轮工作条件的苛刻要求，出现了性能更好的粉末冶金轮盘。相对于变形高温合金，粉末冶金轮盘具有强度高、耐高温、抗蠕变能力强、抗裂纹扩展能力强等优势。目前，粉末冶金加工工艺和轮盘制造快速发展，美国已经发展出第 4 代损伤容限型的粉末合金轮盘。粉末合金轮盘最先在 F100 发动机上使用，包括 9～13 级压气机轮盘、一至四级涡轮盘等 9 件，目前在先进的军用、民用发动机中都得到了广泛应用，如 F119、F414、T700、PW4000 和 AЛ-31Ф 发动机等。目前，出现了以陶瓷为材料的小型燃气涡轮发动机。陶瓷材料具有以下特点：在 1400℃ 以下不需要冷却，直接制造成型，重量轻，不需要 Ni、Cr 等战略物资。发动机冷端部件材料从最初的铝合金、镁合金、结构钢和不锈钢，发展到强度更大、密度更小的钛合金、高温合金，并探索使用金属基复合材料。

（3）零部件试验。零部件的各种寿命考核试验非常重要。关键件的寿命考核试验围绕以下核心技术开展：确定关键件和关键部位、稳态温度场或瞬态温度场、结构应力分析、标准或飞行循环、疲劳试验方案和疲劳试验、疲劳试验载荷、试验温度、疲劳破坏标准、综合换算率、疲劳散度系数、试验批准的安全寿命和预定安全循环寿命、试验件及其数量、损伤容限、裂纹扩展速率和检查周期、临界裂纹和尺寸等。

（4）寿命监控。寿命监控作为发动机结构完整性计划的四项重要内容之一，历来备受重视。寿命监控的目的是确保使用安全，已经发展出各种先进的机载历程记录仪或寿命监视系统及简单的寿命消耗模型，具体参见本书 6.4 节。

作者结合课题组多年的工程研究经验，在本章中介绍几种结构件寿命确定的相关技术；5.2 节主要是基于应力应变分布的拉伸应变能寿命预测模型；5.3 节以拉伸应变能寿命预测模型为理论依据，结合发动机结构件关键部位的具体结构形式和受力特点，开展低循环疲劳寿命模拟件设计及验证探索，根据目前已有的工作以及取得的成果，可以看到其较大的工程应用价值；5.4 节根据结构件材料特性，由残余应力确定其最大的应力应变循环，预测结构件的疲劳寿命；5.5 节根据残存比率法确定活塞六甲发动机主连杆疲劳寿命，为确定发动机关键件的寿命提供一个较为新颖的技术途径。

5.2　拉伸应变能寿命预测模型

5.2.1　常用的疲劳寿命分析方法

疲劳寿命分析的方法主要有名义应力法、局部应力应变法、应力应变场强度法等。其中，名义应力法是最早形成的抗疲劳设计方法，在许多领域得到了广泛应用，但其存在基本假设与疲劳机理不符、需要大量疲劳性能数据等局限性。局部应力应变法仅适用于大面积屈服的情况，对于航空发动机广泛存在的局部屈服的情况则不适用。本节介绍一种考虑拉伸应变能梯度的低循环疲劳寿命预测方法，该方法尤其适用于结构件危险部位局部进入屈服且存在较大应力应变梯度的情况。

1. 名义应力法

名义应力法是最早形成的抗疲劳设计方法，它以材料或零部件的 S-N 曲线为基础，对照试件或结构疲劳危险部位的应力集中系数和名义应力，结合疲劳损伤累积理论，核对疲劳强度或计算疲劳寿命[1]。

用名义应力法估算零部件的疲劳寿命通常有三种方法。

1）由零部件的名义应力和相应的 S-N 曲线直接计算

直接按照零部件的名义应力 S 和相应的 S-N 曲线估算该零部件的疲劳寿命。这种方法比较可靠，但是由于零部件的几何形状和边界条件千变万化，在绝大多数条件下，这样做是不现实的。

2）用插值法得到零部件应力集中系数 K_t 下的 S-N 曲线

假设对于相同材料制成的任意零部件，只要应力集中系数 K_t 相同，载荷谱相同，则它们的疲劳寿命相同。用这种方法估算结构疲劳寿命的步骤：

（1）确定结构中的疲劳危险部位。

（2）求出危险部位的名义应力 S 和应力集中系数 K_t。

（3）根据载荷谱确定危险部位的名义应力谱。

（4）应用插值法求出当前应力集中系数和应力水平下的 *S-N* 曲线，并由该曲线得到对应应力的寿命值。

（5）应用疲劳损伤累积理论，求出危险部位的疲劳寿命。

3）对材料光滑试件的 *S-N* 曲线进行修改

对材料光滑试件的 *S-N* 曲线进行修改，得到零部件的 *S-N* 曲线，然后估算其疲劳寿命。将材料的 *S-N* 曲线修改为零部件的 *S-N* 曲线需要考虑的因素比较多，通常包括疲劳缺口系数 K_f、尺寸系数 ε、表面质量系数 β、加载方式 C_L 等。

$$S_a = \frac{\sigma_a}{K_f} \varepsilon\beta C_L$$

式中，σ_a 为材料 *S-N* 曲线的应力，S_a 为结构件 *S-N* 曲线的应力。如果外载荷的平均应力 $S_m \neq 0$，还需要做平均应力修正；然后应用疲劳损伤累积理论，估算该零部件的疲劳寿命。

这种方法的难点在于得到零部件的疲劳缺口系数 K_f。K_f 不仅与集中系数 K_t 有关，还与材料特性、载荷特性、使用环境，以及试件尺寸等因素有关。

名义应力法的原理十分简单直观，由于其历史悠久，已积累了大量的数据和经验，目前在许多场合仍被广泛应用，但它同时存在许多不足，主要有：

（1）其基本假设与疲劳机理不符，金属材料的疲劳机理研究结果表明，材料的疲劳是疲劳损伤源附近材料反复塑性变形的结果。名义应力法没有考虑缺口根部的局部塑性的影响，更没有考虑加载顺序的影响。

（2）结构件与标准试件之间疲劳特性的当量关系的确定比较困难，有很大的经验性和一定的随意性，导致疲劳寿命结果估算不稳定。

（3）需要大量的材料疲劳性能数据（*S-N* 曲线），这些数据的获得需要花费大量的时间和经费。

（4）疲劳分析的经验在名义应力法中起着十分重要的作用，很多参数的选取是依赖经验的，而且它们对于疲劳寿命的计算又都比较敏感。

因此，名义应力法预测的疲劳裂纹形成寿命的结果不稳定，而且精度较低。由于名义应力法的预测精度依赖于使用经验，对于某些经常使用的结构形式和材料，其预测精度比较理想。所以，名义应力法常用在结构危险部位的筛选中。

2. 局部应力应变法

局部应力应变法根据危险部位的局部应力-应变历程来估算零件寿命，其基本假设是：若同种材料制成结构件的危险部位的最大应力应变历程与一个光滑试件的应力应变历程相同，则它们的疲劳寿命相同。此方法中的控制参数为局部应力应变。

用局部应力应变法估算结构疲劳寿命的步骤如下：

（1）确定结构件中的疲劳危险部位。

（2）求出危险部位的名义应力谱。

（3）采用弹塑性有限元法或其他方法计算局部应力-应变谱。

（4）查当前应变水平下的 ε-N 曲线。

（5）应用疲劳损伤累积理论，求出危险部位的疲劳寿命。

常用的模型有 Neuber 模型和 Manson-Coffin 模型。

1）Neuber 模型

$$\Delta\sigma \cdot \Delta\varepsilon = \frac{K_{\mathrm{f}}^2 \Delta S^2}{E}$$

式中，K_{f} 为疲劳缺口系数，

$$K_{\mathrm{f}} = 1 + \frac{K_{\mathrm{t}} - 1}{1 + \sqrt{A/R}}$$

式中，A 为材料常数，R 为缺口根部半径。

Neuber 模型建立了具有疲劳缺口系数 K_{f} 的结构件名义应力范围 ΔS 与缺口局部应力应变范围的乘积 $\Delta\sigma \cdot \Delta\varepsilon$ 的关系。Neuber 模型认为具有相同材料、相同疲劳缺口系数 K_{f} 的不同结构件，在相同名义应力范围 ΔS 下，具有相同的疲劳寿命。

2）Manson-Coffin 模型

$$\Delta\varepsilon_{\mathrm{t}} = c_{\mathrm{e}}\left(2N_{\mathrm{f}}\right)^b + c_{\mathrm{p}}\left(2N_{\mathrm{f}}\right)^c$$

式中，c_{e}、c_{p}、b、c 均为材料常数。

Manson-Coffin 模型建立了光滑试件总应变范围 $\Delta\varepsilon_{\mathrm{t}}$ 与寿命 N_{f} 的关系，认为结构件应力集中部位的 $\Delta\varepsilon_{\mathrm{t}}$ 决定结构件的寿命 N_{f}，即具有相同材料的不同结构件，在相同局部总应变范围 $\Delta\varepsilon_{\mathrm{t}}$ 作用下，具有相同的疲劳寿命。

尽管局部应力应变法是一种比较成熟的估算疲劳裂纹形成寿命的方法，相对于名义应力法精度较高，但它还存在一些缺陷：

（1）没有考虑应力集中处的应力梯度和多轴应力的影响。

（2）基本关系式是经验公式，计算时需要的材料性能参数较多，有的参数不易确定（如 K_{f}），因此计算结果的精度稳定性差。

（3）损伤计算中多个公式的物理意义不明确，在使用中易造成混乱。

实践表明，局部应力应变法仅适用于应变梯度接近于零的情况（对应大范围屈服），即以塑性应变范围为主的应变疲劳。对工程中大量出现的带有应变梯度的应力疲劳和介于应变疲劳和应力疲劳之间的过渡疲劳，局部应力应变法则

无能为力。

3. 应力场强法

应力场强法基于材料的循环应力-应变曲线，首先通过弹塑性有限元分析计算缺口试件的应力场强历程，然后根据材料的 S-N 曲线或 ε-N 曲线，结合疲劳损伤累积理论，估算缺口试件的疲劳寿命。

应力场强法的基本假设为：若缺口根部的应力场强度与光滑试件的应力场强度相同，则两者具有相同的寿命。

应力场强度的定义为

$$\sigma_{\mathrm{FI}} = \frac{1}{V}\int_{\Omega} f(\sigma_{ij})\varphi(\boldsymbol{r})\mathrm{d}v \tag{5.1}$$

式中，σ_{FI} 为缺口场强度；Ω 为破坏区域；$f(\sigma_{ij})$ 为破坏应力函数；$\varphi(\boldsymbol{r})$ 为权函数。

目前，主要通过试验确定某一类材料的场强。破坏应力函数通常取为 von Mises 等效应力。

应力场强法考虑了缺口根部一定范围内的应力场和应力梯度的影响。但其存在一个明显的问题，就是没有考虑存在压应力的情况，假设缺口根部的应力峰、谷值分别为 σ_1 和 $-\sigma_1$，则破坏应力函数的峰、谷值则分别为 σ_1 和 σ_2，从而导致和实际情况有一定差距。

4. 应变分布影响系数寿命模型

$$N_0 = k \cdot \Delta N_{\mathrm{f}}$$

式中，$k = Q^{-d \cdot F(0.5)}$，为应变分布影响系数；N_{f} 为由 Manson-Coffin 模型计算的疲劳寿命；$F(0.5) = 0.5^h$；Q、h 为与应变分布有关的常数，沿裂纹方向的应变 $\Delta\varepsilon = \Delta\varepsilon_{\mathrm{T}}Q^{F(0.5)}$；$\Delta\varepsilon_{\mathrm{T}}$ 为裂纹起始部位应变范围；$d = (\Delta\varepsilon_{\mathrm{T}}/2)/[bc_{\mathrm{e}}(2N_{\mathrm{f}})^{-b} + cc_{\mathrm{p}}(2N_{\mathrm{f}})^{-c}]$ 为与 Manson-Coffin 寿命相关的材料常数。

应变分布影响系数寿命模型是一个基于 Manson-Coffin 模型的改进模型。它考虑了应变分布对寿命的影响。在 Manson-Coffin 模型寿命上乘以应变分布影响系数 k，得到最终的初始寿命 N_0。

该模型认为，结构件的寿命不仅与应力集中部位的 $\Delta\varepsilon_{\mathrm{T}}$ 有关，还与应力集中部位的应变分布有关。具有相同材料的不同结构件，在相同局部总应变范围 $\Delta\varepsilon_{\mathrm{T}}$ 和相同应变分布影响系数 k 的作用下，具有相同的疲劳寿命。

Neuber 模型和 Manson-Coffin 模型的应用范围，虽然理论上没有限制，可以用在从应力疲劳到应变疲劳的广泛范围内。但是，在 Neuber 模型中，缺口敏感

系数 $1/(1+\sqrt{A/R})$ 与使用温度、结构件尺寸、名义应力大小、应力集中部位形状等有关，所以由材料个别情况下确定的缺口敏感系数难以转用到其他应力集中场合。因此，在工程应用中，名义应力法多使用相似结构件的带名义应力集中系数的 S-N 曲线计算寿命，而很少用 Neuber 模型。Manson-Coffin 模型没有考虑应变分布影响，难以用到应变梯度较大的情况，因此仅用于应变疲劳的情况。

应变分布影响系数寿命模型，考虑了应变分布影响，改进了 Manson-Coffin 模型，使得其应用范围覆盖由应力疲劳到应变疲劳的全部区域。在应变疲劳的情况下，应变分布影响系数寿命模型变为 Manson-Coffin 模型。

5.2.2　单轴应力循环拉伸变形功

单轴应力试件在循环载荷作用下，不断吸收外力的功，使材料产生弹性和塑性应变循环，造成材料低循环损伤累积。在应变疲劳的能量法研究中，一般认为，低循环损伤是由材料滞后能控制的[2]。而材料的滞后能，在 ε-σ 曲线上对应滞后环的面积。但是，在塑性应变循环很小，用现有工程方法难以测到滞后环的情况下，发生的应力疲劳过程用这种方法难以进行寿命预测。一般来说，在塑性较好的材料中发生的应力疲劳过程有着较高的寿命。但是，对于塑性较差的材料（如某些高温合金），即使在低寿命的大应力疲劳循环中，其塑性应变滞后环也难以被测到。另外，纯滞后能方法对平均应力和平均应变疲劳损伤的影响也难以体现。为了克服这些困难，可以假定：材料的低循环损伤是由试件在循环载荷作用下，吸收的拉伸弹性应变能和拉伸塑性应变能综合控制的。因此，定义循环的拉伸应变能为拉伸弹性应变能和拉伸塑性应变能之和。

在假定中有两个变化：其一，疲劳循环损伤的决定因素由单一的滞后能变成弹性应变能和塑性应变能；其二，决定疲劳循环损伤的载荷过程由完整的载荷循环变成拉伸过程，而与压缩过程无关。

在这种假设下，可以导出各种情况下的拉伸应变能。

1. $-1 \leqslant R_\sigma \leqslant 0$ 的循环拉伸应变能

$R_\sigma = \sigma_{\max}/\sigma_{\min}$ 为应力比，应力-应变关系如图 5.2 所示。在以 ε_1-O_1-σ_1 为坐标轴的坐标系中，曲线 $OABCO$ 代表一滞后环曲线。其中，σ_{m} 为平均应力，σ_{a} 为应力幅，$\varepsilon_{\mathrm{ae}}$ 为弹性应变幅，$\varepsilon_{\mathrm{ap}}$ 为塑性应变幅。

将坐标原点移到 O 点，曲线的方程为滞后环曲线，即
弹性应变

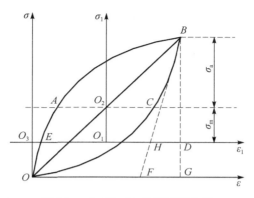

图 5.2　$-1 \leqslant R_\sigma \leqslant 0$ 的滞后环曲线

$$\varepsilon_e = \frac{\sigma}{E}$$

塑性应变

$$\varepsilon_p = 2\left(\frac{\sigma}{2K'}\right)^{1/n'}$$

式中，E 为弹性模量；n' 为循环应变硬化指数；K' 为循环强度系数。

拉伸应变能为图 5.2 中曲线 $EABD$ 所包含的面积，拉伸弹性应变能为图 5.2 中 $\triangle HBD$ 的面积。

$$w_e = \frac{1}{2E}(\sigma_a + \sigma_m)^2 = \frac{\varepsilon_{ae}(\sigma_a + \sigma_m)^2}{2\sigma_a} \tag{5.2}$$

拉伸塑性应变能为图 5.2 中 $EABH$ 的面积，由于从 O 点到 E 点的应力 $\sigma_E = \sigma_a - \sigma_m$，则从 O 点到 E 点的塑性应变为

$$\varepsilon_{Ep} = 2\left(\frac{\sigma_a - \sigma_m}{2K'}\right)^{1/n'}$$

$$w_p = \int_E^B (\sigma - \sigma_E)\mathrm{d}\varepsilon_p = \frac{\sigma_B \varepsilon_{Bp}}{n'+1} - \frac{\sigma_E \varepsilon_{Ep}}{n'+1} - (\sigma_E \varepsilon_{Bp} - \sigma_E \varepsilon_{Ep})$$

式中，第一项为 $OABF$ 的面积，第二项为曲线 OE 下包含的塑性应变能，第三项为 $OEHF$ 的面积。

$$w_p = \frac{4\sigma_a \varepsilon_{ap}}{n'+1} + 2n' \frac{(\sigma_a - \sigma_m)}{n'+1}\left(\frac{\sigma_a - \sigma_m}{2K'}\right)^{1/n'} - 2(\sigma_a - \sigma_m)\varepsilon_{ap} \tag{5.3}$$

（1）$R_\sigma = -1$，即 $\sigma_m = 0$ 对应对称循环的情况，这时有

$$w_e = \frac{1}{2}\sigma_a \varepsilon_{ae} , \qquad w_p = \frac{4\sigma_a \varepsilon_{ap}}{n'+1} + 2n' \frac{\sigma_a}{n'+1}\left(\frac{\sigma_a}{2K'}\right)^{1/n'} - 2\sigma_a \varepsilon_{ap}$$

（2）$R_\sigma = 0$，即 $\sigma_m = \sigma_a$ 对应脉动循环的情况，这时有

$$w_e = 2\sigma_a \varepsilon_{ae}, \qquad w_p = \frac{4\sigma_a \varepsilon_{ap}}{n'+1}$$

2. 对于 $R_\sigma > 0$ 的非对称循环拉伸应变能

$R_\sigma > 0$ 的非对称循环的应力-应变关系如图 5.3 所示。曲线 OAB 下的面积为拉伸应变能，它由拉伸弹性应变能 w_e 和拉伸塑性应变能 w_p 组成。

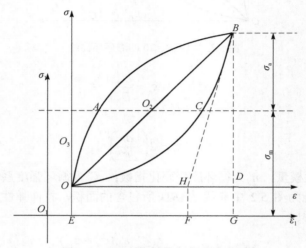

图 5.3　$R_\sigma > 0$ 的循环应力-应变曲线

拉伸弹性应变能 w_e 为图中 $\triangle HBD$ 和矩形 $HDGF$ 的面积之和：

$$w_e = 2(\sigma_m - \sigma_a)\varepsilon_{ae} + 2\varepsilon_{ae}\sigma_a = 2\sigma_m \varepsilon_{ae} \tag{5.4}$$

拉伸塑性应变能 w_p 为图中 $EOABHF$ 所包含的面积：

$$w_p = \int_O^B (\sigma - \sigma_E)\mathrm{d}\varepsilon_p = \frac{4\sigma_a \varepsilon_{ap}}{n'+1} - 2(\sigma_a - \sigma_m)\varepsilon_{ap} \tag{5.5}$$

式中，第一项为 $OABH$ 所包含的面积，第二项为 $OHFE$ 所包含的面积。

5.2.3　拉伸应变能低循环疲劳寿命预测模型

1. 基本假设

（1）在低循环载荷作用下，结构件材料的损伤是由其最大应力点邻域内虚拟工程裂纹单位面积上所吸收的应变功控制的。

（2）最大应力点邻域内虚拟裂纹所吸收的应变功，可由邻域内虚拟裂纹上的拉伸应变能的积分得到。

（3）拉伸应变能由弹性拉伸应变能与塑性拉伸应变能构成。

（4）对于同样的材料，当结构件最大应力点邻域内虚拟裂纹单位面积上拉伸应变能积分，与光滑试件对称循环的最大应力点邻域内虚拟工程裂纹单位面积上有效应变能积分相等时，结构件与光滑试件具有相同的低循环寿命。

（5）结构件最大应力点邻域虚拟裂纹上的拉伸应变能，近似于由第一主应力和第一主应变（σ_1-ε_1）确定的拉伸应变能。

2. 单轴应力循环拉伸应变能

根据 5.2.2 节的推导，总结各种应力循环特征 R_σ 下的单个循环拉伸应变能如下：

$$
\begin{cases}
w = \dfrac{1}{2}\sigma_a\varepsilon_{ae} + \dfrac{4\sigma_a\varepsilon_{ap}}{n'+1} + 2n'\dfrac{\sigma_a}{n'+1}\left(\dfrac{\sigma_a}{2K'}\right)^{1/n'} - 2\sigma_a\varepsilon_{ap}, & R_\sigma = -1 \\[3mm]
w = \dfrac{\varepsilon_{ae}(\sigma_a+\sigma_m)^2}{2\sigma_a} + \dfrac{4\sigma_a\varepsilon_{ap}}{n'+1} + 2n'\dfrac{(\sigma_a-\sigma_m)}{n'+1}\left(\dfrac{\sigma_a-\sigma_m}{2K'}\right)^{1/n'} \\[3mm]
\qquad - 2(\sigma_a-\sigma_m)\varepsilon_{ap}, & -1 < R_\sigma < 0 \\[3mm]
w = 2\sigma_a\varepsilon_{ae} + \dfrac{4\sigma_a\varepsilon_{ap}}{n'+1}, & R_\sigma = 0 \\[3mm]
w = 2\sigma_m\varepsilon_{ae} + \dfrac{4\sigma_a\varepsilon_{ap}}{n'+1} - 2(\sigma_a-\sigma_m)\varepsilon_{ap}, & R_\sigma > 0
\end{cases}
\qquad (5.6)
$$

3. 结构件最大应力点附近的拉伸应变能

根据基本假设（5），结构件最大应力点邻域虚拟裂纹上的有效拉伸应变能 w_{eq} 近似于由 σ_1-ε_1 确定的有效拉伸应变能。因此，结构件最大应力点虚拟裂纹长度开裂到 a_0 时，单位开裂宽度上所吸收的拉伸应变功可以表示为

$$
w_{eq} = \left[\int_0^{a_0}\alpha w_1(a)\mathrm{d}a\right]\Big/(a_0\alpha)
$$

式中，a 为虚拟裂纹长度；a_0 为应力最大点邻域的虚拟裂纹长度；α 为虚拟裂纹宽度。

上式约去 α 变为

$$
w_{eq} = \frac{1}{a_0}\int_0^{a_0} w_1(a)\mathrm{d}a
\qquad (5.7)
$$

w_1 为沿虚拟裂纹长度 a 分布的由 σ_1-ε_1 循环确定的应变能，其表达式为

$$
\begin{cases}
w_1 = \dfrac{1}{2}\sigma_{1a}\varepsilon_{1ae} + \dfrac{4\sigma_{1a}\varepsilon_{1ap}}{n'+1} + 2n'\dfrac{\sigma_{1a}}{n'+1}\left(\dfrac{\sigma_{1a}}{2K'}\right)^{1/n'} - 2\sigma_{1a}\varepsilon_{1ap}, & R_\sigma = -1 \\[4mm]
w_1 = \dfrac{\varepsilon_{1ae}(\sigma_{1a}+\sigma_{1m})^2}{2\sigma_{1a}} + \dfrac{4\sigma_{1a}\varepsilon_{1ap}}{n'+1} + 2n'\dfrac{(\sigma_{1a}-\sigma_{1m})}{n'+1}\left(\dfrac{\sigma_{1a}-\sigma_{1m}}{2K'}\right)^{1/n'} \\[2mm]
\qquad - 2(\sigma_{1a}-\sigma_{1m})\varepsilon_{1ap}, & -1 < R_\sigma < 0 \\[4mm]
w_1 = 2\sigma_{1a}\varepsilon_{1ae} + \dfrac{4\sigma_{1a}\varepsilon_{1ap}}{n'+1}, & R_\sigma = 0 \\[4mm]
w_1 = 2\sigma_{1m}\varepsilon_{1ae} + \dfrac{4\sigma_{1a}\varepsilon_{1ap}}{n'+1} - 2(\sigma_{1a}-\sigma_{1m})\varepsilon_{1ap}, & R_\sigma > 0
\end{cases}
$$

4. 用材料疲劳数据预测结构件循环寿命的计算流程

根据基本假设（4），当结构件最大应力点附近的有效拉伸应变能 w_{eq} 与单轴对称循环的拉伸应变能 w_d 相等时，具有相同的疲劳寿命。

根据应变疲劳试验数据和式（5.7），可以得到 $w_d = f(N_f)$ 曲线，即可得到 w_{eq} 所对应的疲劳寿命。

用材料疲劳数据预测结构件循环寿命的计算流程包括：

（1）光滑试件对称循环应变疲劳数据处理。拟合得到应力-应变曲线有关参数为弹性模量 E、循环强度系数 K'、循环硬化应变指数 n'。

（2）拟合得到寿命-应变能曲线 $w_d = f(N_f)$。

（3）计算结构件应变能 w_{eq}，并由 $w_d = f(N_f)$ 查得寿命 N_f。

5.2.4　拉伸应变能低循环疲劳寿命预测举例

1. 缺口试件一寿命预估

缺口试件一简图如图 5.4 所示，材料为 1Cr11Ni2W2MoV，试验温度为 200℃，应力集中系数 $K_t = 2$。施加名义应力 S_{xmax} 及 $R_\sigma = 0.1$ 的轴向拉-拉循环载荷。

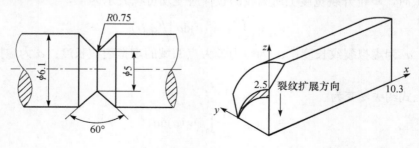

图 5.4　缺口试件一简图（单位：mm）

1）材料数据

数据取自某航空材料研究所《1Cr11Ni2W2MoV，200℃低周疲劳试验报告》，见表 5.1。

表 5.1　盘坯取样光滑试棒试验数据

材料品种	盘坯	试样尺寸		ϕ6mm	
取样部位	轮缘	加载波形		三角波	
取样方向	弦向	应变比		-1	
试验温度	200℃	试验频率		0.167～1Hz	
控制方式	轴向应变	失效判据		断裂	
热处理制度	1000～1020℃，油冷+540～560℃，1.5h，空冷				
ε_{at}	ε_{ae}	ε_{ap}	σ_a/MPa	$2N_f$	E/MPa
0.01209	0.00465	0.00744	917	736	197200
0.01203	0.00555	0.00648	1105	630	199100
0.01186	0.00505	0.00681	997	790	197430
0.01212	0.00662	0.00550	1296	482	195770
0.01211	0.00536	0.00675	1093	478	203920
0.01189	0.00483	0.00705	952	634	197100
0.01186	0.00636	0.00550	1272	614	200000
0.00803	0.00460	0.00343	893	2836	194130
0.00798	0.00543	0.00255	1083	3912	199450
0.00797	0.00399	0.00398	785	2556	196740
0.00798	0.00481	0.00317	988	2940	205410
0.00796	0.00412	0.00384	828	1776	200970
0.00801	0.00556	0.00245	1183	2590	212770
0.00550	0.00398	0.00152	810	7392	203520
0.00551	0.00395	0.00156	829	7486	209870
0.00550	0.00468	0.00082	955	10944	204060
0.00549	0.00420	0.00129	873	8622	207860
0.00550	0.00453	0.00097	919	9402	202870
0.00549	0.00406	0.00143	860	7980	211820

ε_{at}	ε_{ae}	ε_{ap}	σ_a/MPa	$2N_f$	E/MPa
0.00451	0.00422	0.00029	859	28822	203550
0.00450	0.00361	0.00089	737	18398	204160
0.00451	0.00380	0.00071	753	20898	198160
0.00450	0.00427	0.00023	868	34392	203280
0.00452	0.00400	0.00052	817	26124	204250
0.00451	0.00433	0.00018	880	27928	203230
0.00451	0.00392	0.00059	839	23440	214030
0.00350	0.00348	0.00002	704	42568	202300
0.00350	0.00343	0.00007	699	110756	203790
0.00351	0.00342	0.00009	722	106652	211110
0.00350	0.00337	0.00013	702	63436	208310
0.00351	0.00324	0.00027	685	71383	211420
0.00350	0.00345	0.00005	695	106586	201450
0.00350	0.00342	0.00008	688	167374	201170

2）材料数据的处理

（1）常规数据的处理。试验数据按 $\Delta\varepsilon_t / 2$ 大小分为 5 个级别：0.0120、0.0080、0.0055、0.0045、0.0035。按 5 个级别的应力、弹性应变均值拟合，可得到杨氏模量 E。由

$$\frac{\Delta\sigma}{2} = 200810 \times \frac{\Delta\varepsilon_e}{2}$$

得到 E=200810MPa。

按 5 个级别的应力、塑性应变均值拟合，可得到循环强度系数 K' 和循环应变硬化指数 n'。由

$$\frac{\Delta\sigma}{2} = 1755 \times \left(\frac{\Delta\varepsilon_p}{2}\right)^{0.1009}$$

得到 $K' = 1755\text{MPa}$，$n' = 0.1009$。

取全部应力幅、应变幅和寿命数据拟合出 Manson-Coffin 寿命曲线为

$$\frac{\Delta\varepsilon_t}{2} = \frac{\Delta\varepsilon_e}{2} + \frac{\Delta\varepsilon_p}{2} = 9.4646 \times (2N_f)^{-0.08764} + 2.3297 \times (2N_f)^{-0.8695}$$

（2）应变能与寿命关系的处理。由于缺口试件的试验寿命为 5000~100000，所以用后 3 组大寿命数据拟合曲线，曲线拟合的情况见图 5.5。

$$\lg w = 2.249 - 0.42721 \times \lg(2N_f) \tag{5.8}$$

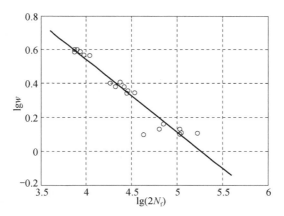

图 5.5　采用光滑试样后 3 组大寿命数据拟合的 $\lg(2N_f)$-$\lg w$ 曲线

3）寿命计算结果

对最大名义应力分别为 1000MPa、800MPa 和 650MPa 的缺口试件进行应力分析，取虚拟裂纹长度 a_0=0.8mm，寿命计算结果见表 5.2。

表 5.2　寿命计算结果

名义应力/MPa	1000	800	650
试验寿命	5200	17000	73100
试验寿命对应的光滑试件应变能 w_d/(MJ/m³)	3.4110	2.0564	1.1028
w_{eq}/(MJ/m³)	3.3321	2.1769	1.4727
w_d/w_{eq}	1.0237	0.9449	0.7488
计算寿命	5872	14824	34687
计算寿命/试验寿命	1.1292	0.8720	0.4745

2. 缺口试件二寿命预估

缺口试件二简图如图5.6所示，材料为1Cr11Ni2W2MoV，试验温度为300℃，应力集中系数 K_t=3。施加名义应力 S_{xmax} 及 $R_\sigma = -1$ 的轴向拉-压循环载荷。

1）材料数据

数据来源于《航空发动机设计用材料数据手册（第一册）》[3]，见表 5.3。

按照材料数据拟合，得到 E=171810MPa，$K' = 1393$MPa，$n' = 0.0874$。

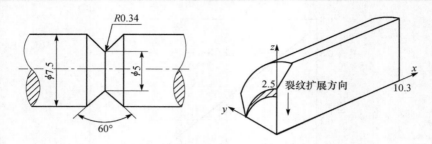

图 5.6　缺口试件二简图（单位：mm）

表 5.3　缺口试件应变疲劳试验数据

材料品种	轴颈		试样尺寸		$\phi 6.35mm$		
材料规格	$\phi 116mm \times 18mm$		加载波形		三角波		
取样方向	径向		应变比		-1		
试验温度	300℃		试验频率		$0.167 \sim 0.333Hz$		
控制方式	轴向应变		失效判据		断裂		
热处理制度	1000～1020℃，油冷+540～600℃，空冷						
ε_{at}	2.634	1.292	0.738	0.536	0.433	0.380	0.338
ε_{ae}	0.577	0.529	0.481	0.441	0.401	0.368	0.334
ε_{ap}	2.057	0.763	0.257	0.095	0.032	0.012	0.004
σ_a/MPa	992	909	827	758	689	632	575
N_f	50	150	500	1500	5000	15000	50000

取全部 7 个数据点拟合寿命和应变能的关系结果如下，对比情况见图 5.7。

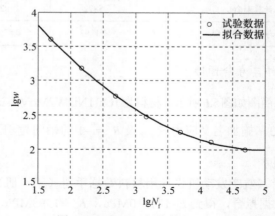

图 5.7　$\lg N_f$-$\lg w$ 拟合情况

$$\lg w = 5.6908 - 1.4788\lg N_f + 0.1481(\lg N_f)^2$$

2）寿命计算结果

寿命计算结果见表 5.4。

表 5.4　缺口试件二寿命计算结果

名义应力/MPa	520	440	265
试验寿命	5000	10000	50000
试验寿命对应的光滑试件应变能 w_d/(MJ/m³)	1.7893	1.4449	1.0030
w_{eq}/(MJ/m³)	1.8257	1.1257	0.3091
计算寿命	4719	28241	$6.55×10^7$
计算寿命/试验寿命	0.9438	2.8241	1310

5.3　发动机结构件疲劳模拟试验件设计方法及寿命考核

5.3.1　模拟件的意义

航空发动机结构件造价较高，疲劳试验费用昂贵，因此试验件数量很少，难以得到可靠性寿命，可采用多子样模拟件可靠性寿命试验与少数结构件寿命试验验证相结合的办法来解决这一问题。模拟件疲劳寿命可靠性试验技术包括寿命模型、模拟件的设计方法、模拟件疲劳试验方法及可靠性寿命评估方法等几部分。已进行的研究表明，模拟件技术可以较好地弥补结构件试验少而造成的不足，具有相当重要的工程应用价值。本节对模拟件设计方法进行探讨，重点讨论低循环疲劳模拟件，并结合实际工作需要，开展某压气机 1 级轮盘燕尾形榫槽低循环疲劳模拟件设计与低循环疲劳考核，某涡轮风扇发动机高压涡轮盘的中心孔、螺栓孔低循环疲劳模拟件设计与低循环疲劳考核，其他形式结构件的低循环疲劳模拟件设计方法还需要验证[4]。

5.3.2　模拟件设计基本准则

在发动机结构件的低循环疲劳可靠性模拟件试验技术中，模拟件的设计是关键。设计时一般要遵守以下几项基本准则：

（1）与结构件材料及其性能一致。模拟件的材料牌号、冷热工艺与结构件一致，从而保证疲劳性能的一致。锻件还要考虑锻造方向，可能情况下可在结构件（或其毛坯）考核部位上取料制作模拟件。

（2）应力集中部位的几何形状与结构件相似或相近。

（3）设计温度与结构件试验（或工作）温度相等，模拟件的应力分析、寿命计算的温度值与结构件考核点试验（或工作）温度相等。

（4）应力分析后确认，最大应力点部位在工程裂纹长度（0.8mm）之内的 σ_1、ε_{1e}、ε_{1p} 的峰值分布与结构件相同，与峰值 σ_1、ε_{1e}、ε_{1p} 同向的谷值分布与结构件相同。这是拉伸应变能寿命模型对模拟件的拉伸应变能分布与结构件相同的基本保证。

目前的拉伸应变能寿命模型，仅考虑了虚拟裂纹主方向（梯度最大的方向）上的应变分布影响，而没有考虑其他方向上的应变分布影响。为了减小这种影响，模拟件应力集中部位的几何形状最好与结构件相似或相近，以保证双向应力分布的相似性。

5.3.3 模拟件典型样式及遵循的准则

1. 中心孔板

中心孔板用于模拟通气孔、销钉孔、盘辐板螺栓孔等直径较小的孔的孔边疲劳过程。要求模拟件与结构件孔径相同、孔长相当（不改变其平面应力或平面应变性质）。

单向拉伸孔板结构如图 5.8 所示。调整板宽 W 可调整孔边附近的应变分布。

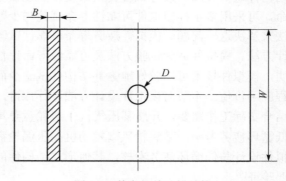

图 5.8　单向拉伸孔板结构

2. 大 R 应力集中板

大 R 应力集中板用于模拟轮盘中心孔的孔边疲劳过程。要求模拟件 R 等于 1/2 结构件孔径，模拟件厚度可以小于轮盘中心孔厚度，但不要改变其平面应力或平面应变的性质。

单向拉伸大 R 应力集中板结构如图 5.9 所示。调整板宽 W 可调整 R 边附近的应变分布。

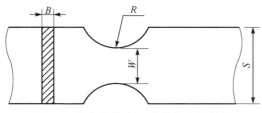

图 5.9　单向拉伸大 R 应力集中板结构

3. 小 R 应力集中板

轮盘螺栓孔等直径不太大的孔可以用小 R 应力集中板来模拟。要求圆角 R_A 等于 1/2 孔径，模拟件厚度可以小于结构件厚度，但不要改变其平面应力或平面应变的性质。

单向拉伸小 R 应力集中板结构如图 5.10 所示。调整板宽比 W/L 可调整 R 边附近的应变分布。

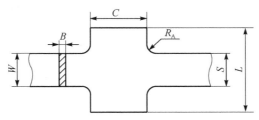

图 5.10　单向拉伸小 R 应力集中板结构

4. 拉-压应力集中槽板

轮盘边缘榫槽底部的模拟可以使用应力集中槽板。槽板的槽的形状要求与榫槽底部一致。板厚度可以小于轮盘边缘，但不要改变其平面应力或平面应变的性质。

拉-压应力集中槽板结构如图 5.11 所示，调整 W/L 可调整槽底附近的应变分布。

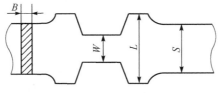

图 5.11　拉-压应力集中槽板结构

5. 枞树形榫头试件

涡轮叶片枞树形榫头试件结构如图 5.12 所示。模拟件榫头与结构件榫头一致，模拟件的中部为矩形截面平直板。

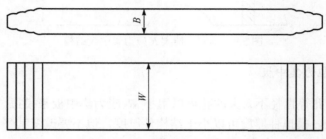

图 5.12　枞树形榫头试件结构

5.3.4　典型工程实例

1. 压气机轮盘燕尾形榫槽低循环疲劳模拟件设计及试验

某型发动机的压气机 1 级轮盘曾经出现过燕尾形榫槽断裂故障[5]，具体见图 5.13，与其结构较为相似的某涡喷发动机的压气机 1 级轮盘在寿命考核试验中也出现了类似故障，且寿命较短。因此，在后续的结构改进研究中，主要采取轮盘模拟件低循环疲劳寿命可靠性试验技术，并与真实结构件的低循环疲劳试验进行对比。

1）压气机轮盘应力分析

压气机 1 级轮盘的考核模拟位置是轮盘榫槽长度方向中央位置叶背槽底圆角 $R1.3mm$ 处。图 5.13 是榫槽断裂故障实物。压气机 1 级轮盘上装有 24 个叶片，盘榫槽 R 处的应力受叶片离心力和轮盘离心力的双重作用，主要是叶片离心力，计算载荷与试验载荷一致，即零—最大—零载荷循环。叶片离心力通过其榫头作用到轮盘榫槽啮合面上，对榫槽承载截面施加拉伸和弯曲作用。计算采用 1/24 的轮盘-叶片循环对称模型。叶片的榫头和榫槽采用接触单元，并考虑了摩擦力的影响，施加的摩擦系数 $\mu=0.01$。由于要考虑考核点局部应力、应变分布的影响，所以采用两种有限元计算模型，即整体结构模型和榫槽部分子模型，子模型中在该处进行了非常精细的分网，以达到应用局部应力、应变分布影响的要求（一个工程裂纹内至少含有 5 个单元）。整体模型中包含叶片和盘。低压压气机 1 级轮盘-叶片的材料均为 1Cr11Ni2W2MoV，低压压气机工作转速 $n_1=11212r/min$，工作温度为 200℃，叶片的榫头与轮盘的榫槽在配合面处紧密接触。

图 5.13　某型发动机的压气机 1 级轮盘榫槽断裂故障实物

首先，进行线弹性计算分析。载荷峰值 n_1=11212r/min，工作温度为 200℃。轮盘-叶片整体模型及榫槽的线弹性计算的径向应力见图 5.14。由图可见，最大径向应力出现在叶背侧槽底 $R1.3mm$ 处，约在榫槽长度一半的位置，这与某型发动机的压气机 1 级轮盘的实际使用中断裂的起裂位置一致。为了验证计算的准确性，与轮盘光弹试验进行了比较，光弹试验的最大应力位置与计算结果相同，均在叶背侧；光弹试验测得的结果与计算的槽底径向应力沿轴向的分布规律见图 5.15，两者的规律基本一致；最大应力值稍有差别，计算的结果比试验的结果大一些。

其次，进行材料非线性的计算分析。载荷峰值 n_1=11212r/min，工作温度为 200℃，载荷谷值转速为零。表 5.5 为轮盘榫槽弹塑性应力、应变峰值和谷值结果。由表 5.5 可见，在峰值应力最大的位置，转速为 0 的时候产生了很大的压应力，达-559.49MPa。现有的以名义应力为参量及以 von Mises 等效应力为参量的寿命模型都无法考虑到这一压应力的影响，因而难以准确预测其寿命。

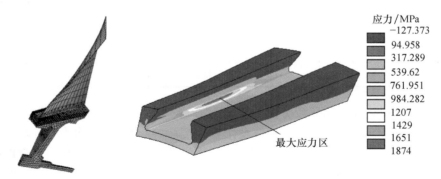

图 5.14　压气机 1 级轮盘-叶片结构模型及榫槽线弹性径向
应力计算结果

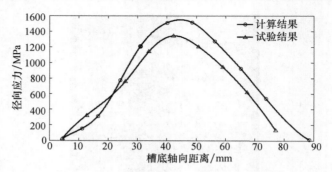

图 5.15　槽底圆角径向应力沿轴向分布特点

表 5.5　轮盘榫槽弹塑性应力、应变峰值和谷值结果

节点间相对距离/mm	$\sigma_{1峰}$/MPa	$\sigma_{1谷}$/MPa	$\varepsilon_{1峰}$	$\varepsilon_{1谷}$
0	1177.6	−559.49	1.0752×10^{-2}	1.8294×10^{-3}
0.0250	1179.0	−521.69	1.0370×10^{-2}	1.7722×10^{-3}
0.0550	1187.9	−465.24	9.8382×10^{-3}	1.6871×10^{-3}
0.0900	1196.2	−402.08	9.2429×10^{-3}	1.5867×10^{-3}
0.1320	1199.0	−322.83	8.5943×10^{-3}	1.4671×10^{-3}
0.1830	1195.9	−237.89	7.9064×10^{-3}	1.3321×10^{-3}
0.2430	1184.8	−147.13	7.1851×10^{-3}	1.1811×10^{-3}
0.3150	1160.2	−72.028	6.4418×10^{-3}	1.0105×10^{-3}
0.4000	1112.1	19.698	5.6934×10^{-3}	8.2736×10^{-4}
0.5020	1049.7	61.862	4.9607×10^{-3}	6.4386×10^{-4}
0.6240	958.69	72.990	4.2783×10^{-3}	4.7491×10^{-4}
0.7690	853.26	66.937	3.6663×10^{-3}	3.3636×10^{-4}
0.9420	754.66	54.901	3.1740×10^{-3}	2.4318×10^{-4}

2）压气机轮盘低循环疲劳模拟件设计

根据 5.3.2 节低循环疲劳模拟件设计基本准则，结合真实结构件的应力、应变分析结果，对压气机 1 级轮盘的模拟件进行优化设计。首先，按试件与轮盘榫槽 R 处线弹性应力分布相似来调整模拟件尺寸，建立有限元优化模型，尺寸参数主要有 R、A、B、C、D、E、F、G 等，见图 5.16；然后，进行弹塑性对比，必要时需要调整模拟件尺寸。模拟件采用开缝孔板样式，缝端圆角 R1.3mm，该尺寸与真实轮盘的槽底圆角相同。对称的缝间距 A=20mm，两端中间带有减弱刚性的孔槽。

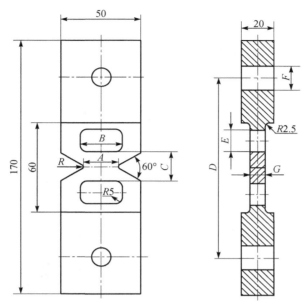

图 5.16　轮盘榫槽模拟件示意图（单位：mm）

经优化计算，最终确定各参数。为保证模拟件设计的准确性，考虑了材料为线弹性和弹塑性的影响因素，即分别计算了材料为线性和非线性条件下的应力、应变分布。

图 5.17 是实际结构件榫槽和模拟件在线弹性条件下的相对应力、应变分布曲线，图 5.18 是实际结构件榫槽和模拟件在弹塑性条件下的相对应力、应变分布曲线，图中横坐标为节点坐标与工程裂纹长度的比值，即 $a/0.8$，纵坐标为节点的第一主应力（第一主应变）与最大主应力（最大主应变）的比值，即 σ_1/σ_{max}（$\varepsilon_1/\varepsilon_{max}$）。

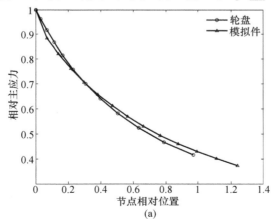

(a)

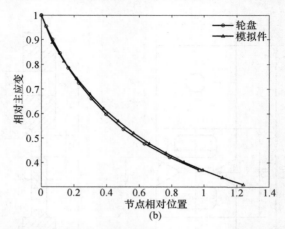

图 5.17　实际轮盘榫槽和模拟件在线弹性条件下的相对应力、应变分布曲线

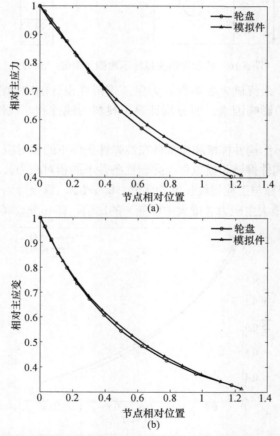

图 5.18　实际轮盘榫槽和模拟件在弹塑性条件下的相对应力、应变分布曲线

从应力分析结果看，真实轮盘榫槽和模拟件在一定尺寸范围内，其两者的应力与应变分布、最大拉应力与最大拉应变，以及应力梯度、应变梯度等参量较为一致，两者最大点的应力、应变、应力梯度和应变梯度的相对误差均小于 0.5%，这说明模拟件的设计是合理的。

3）压气机轮盘模拟件低循环疲劳试验

根据上述设计结果进行模拟件的加工和有关低循环疲劳试验。为考虑实际轮盘加工中存在的分散性和缺陷，同时设计了应力集中系数较大的模拟件，经优化设计，将较大应力集中系数的模拟件关键尺寸 R 设计为 1mm。为表述方便，将 $R1.3$mm 的模拟件命名为 A 试验件，$R1.0$mm 的模拟件命名为 B 试验件。试验温度分为两种，即室温和 200℃，对于 200℃试验，需要测量并即时控制试件温度，采用温控加保温方式。试验载荷谱采用零—最大—零的梯形波。

以下是三种低循环疲劳试验的具体技术条件：

（1）室温，A 试验件，有效数量为 9，峰值载荷为 40062N；

（2）200℃，A 试验件，有效数量为 9，峰值载荷为 40062N；

（3）200℃，B 试验件，有效数量为 6，峰值载荷为 38396N。

在试验前，为确保试验载荷的准确，对试验器进行了标定（模拟件关键部位应变测量），并与有限元计算结果进行了对比。结果表明测试和计算的应变以及分布规律比较吻合，最大相对误差为-2.9%，同时也验证了模拟件设计的合理性，为表述方便，粘贴应变片的位置示意图未列出。表 5.6 列出对比结果，载荷为 30kN，对两个试验件均进行了测试，每个试件测量 5 次。

疲劳试验以出现目视的宏观裂纹为终止条件。

表5.6　计算的应变（με）与测试结果对比

对比项目	测点					
	1	2	3	4	5	6
R1.3mm 试件						
5 次测量平均值	885.8	-545.4	998.0	737.6	-643.6	650.4
有限元计算结果	898.6	-541.2	988.7	752.1	-656.3	655.7
相对误差/%	-1.4	-0.8	0.9	-1.9	1.9	-0.8
R1.0mm 试件						
5 次测量平均值	783.8	-566.6	784.4	715.8	-616.6	631.6
有限元计算结果	791.1	-576.2	790.9	721.1	-619.7	651.0
相对误差/%	-0.9	-1.7	-0.8	-0.7	-0.5	-3.0

4）压气机轮盘模拟件低循环疲劳试验断口反推

对疲劳试验件裂纹断口进行了特征观察和疲劳扩展寿命反推计算。图 5.19 是两种试验条件下典型的疲劳断口形貌。

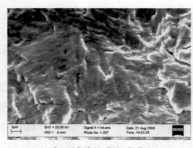 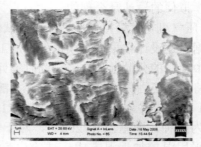

（a）室温试验的典型疲劳断口　　　　　　（b）高温试验的典型疲劳断口

图 5.19　两种试验条件下典型的疲劳断口形貌

断口反推技术是一种比较成熟的工程技术。下面简单介绍本模拟件一个试验件断口反推的过程。设从裂纹起始处到第 n 条疲劳条带的裂纹长度为 a_n，通过对断口疲劳条带的测定，可以得到疲劳条带间距变化率（$\mathrm{d}a_n/\mathrm{d}n$）随裂纹长度（$a_n$）的变化趋势。该试验件在距源区 0.02mm 处即可观察到疲劳条带，疲劳条带间距变化率与裂纹长度之间的变化关系见图 5.20。对图 5.20 中数据取常用对数，即 $\lg(\mathrm{d}a_n/\mathrm{d}n)$ 与 $\lg a_n$ 的分布见图 5.21。由图 5.21 可知，疲劳条带间距变化率与裂纹长度分别取对数后不存在直线关系，因此不宜用 Paris 公式进行寿命计算，而应利用列标梯形法计算，见式（5.9）：

$$N_\mathrm{f} = \sum N_n = \sum (a_n - a_{n-1}) \times \frac{1}{2}\left(\frac{\mathrm{d}N_n}{\mathrm{d}a_n} + \frac{\mathrm{d}N_{n-1}}{\mathrm{d}a_{n-1}} \right) \tag{5.9}$$

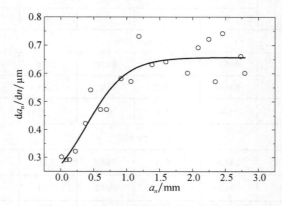

图 5.20　$\mathrm{d}a_n/\mathrm{d}n$ 与裂纹长度 a_n 的分布图

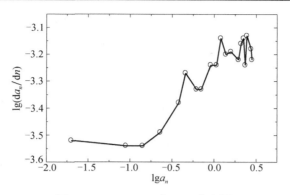

图 5.21　　$\lg(da_n/dn)$ 与 $\lg a_n$ 分布图

该试验件 $a_0=0.02$mm 的疲劳扩展寿命为 5108 循环周次，该试验件总循环周次为 9556，因此裂纹萌生寿命为 4448 循环周次。根据不同裂纹长度处的扩展寿命和裂纹的萌生寿命，可得到不同裂纹长度处的总寿命，不同裂纹长度 a_n 与循环周次 N 之间的关系曲线见图 5.22。根据图中曲线，对应裂纹深度为 0.8mm 时的循环周次约为 6500。

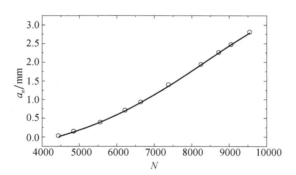

图 5.22　　裂纹长度与循环周次 N 之间关系曲线

5）低循环疲劳试验结果

根据上述断口反推结果，三种试验对应的结果和有关统计值见表 5.7，表中同时给出了断口反推前的疲劳寿命（各个试验件对应不同的裂纹长度）。

表 5.7　三种试验条件的结果

组别	试验温度和试验件	样本量	断口反推前结果	断口反推后结果			
			平均寿命	平均寿命	中值寿命	对数标准差	变异系数
1	室温，A	9	12290	7404	7152	0.1273	0.0330
2	200℃，A	9	10625	5994	5947	0.0585	0.0155
3	200℃，B	6	10687	6633	6467	0.1030	0.0270

注：表中每种试验的变异系数和试验件样本量满足置信度 95%的要求。

6）压气机轮盘低循环疲劳试验结果与燕尾形榫槽模拟件试验结果对比

室温条件下，在高速旋转试验器上开展了发动机低压压气机 1 级轮盘低循环疲劳试验。由于该轮盘在服役中出现了榫槽断裂，所以该试验的考核目标是燕尾形榫槽。试验轮盘的技术状态与实际使用一致：24 个榫槽配装 24 个叶片、榫槽的结构形式与 A 试验件一致。试验中考虑了温度对材料性能的影响，轮盘试验载荷谱接近标准循环载荷。

试验结果：经过 8100 个循环后榫槽槽底倒圆 R 处出现裂纹。

可以看出，低压压气机 1 级轮盘低循环疲劳试验结果与 A 试验件两种温度条件下的平均寿命非常接近。

2. 某高压涡轮盘中心孔低循环疲劳模拟件设计及试验

某涡轮风扇发动机主要零部件定寿工作需要确定高压涡轮盘的寿命及寿命分散度，结构应力分析结果表明，其轮盘中心孔和螺栓孔是寿命的薄弱环节，确定采用模拟试验件来进行低循环疲劳试验考核[6]。

1）模拟计算条件

计算条件和高压涡轮盘地面试验器试验条件保持一致。由于轮盘是在均匀温度场下进行试验，需要将实际工作条件下由温度场不均匀造成的热应力折合为离心应力，所以最终的试验转速会有变化。根据试验方案报告，为避免榫槽处最先破坏，将叶片截短以减小榫槽处的应力，并提高转速来保持螺栓孔和中心孔处最大应力不变。试验温度为 345℃均匀温度场，试验上限转速为 21300r/min，试验下限转速为 1000r/min。叶片截面距榫头底部 26.38mm，切削后叶片质量为 0.028112kg。

高压涡轮盘材料为 GH698，由于该材料应用较少，所以只有最基本的材料线弹性性能数据，缺少循环应力-应变曲线等疲劳性能数据。

2）高压涡轮盘的材料线弹性应力计算分析

在温度场均匀的试验条件下，轮盘主要受离心力作用。由于考核部位为中心孔和螺栓孔，所以可对一些影响较小的部位和尺寸进行简化：

（1）从半径 162.694mm 处切除榫槽凸台。

（2）按照重量不变的原则将封严篦齿环及下方的 18 个安装孔和突出部分进行简化处理，简化后的模型如图 5.23 所示。

采用轮盘 1/12 的对称模型，为了更精确地计算考核部位的应力与应变分布，在整体模型基础上采用两个子模型分别计算螺栓孔和中心孔处的应力。

由上述模型采用线弹性计算得到的第一主应力 S_1 的分布如图 5.24 所示。计算结果显示螺栓孔部位最大主应力为 1187MPa，出现在螺栓孔中部等直径段。中心孔部分最大主应力为 659.628MPa。如图 5.23（b）所示，由于螺栓孔两端采用的是 4 面体单元，最大应力点出现在螺栓孔内截面突变的突肩的六点钟位置。这是由于网格划分不合理导致的结果。后续采用局部子模型计算时此问题得到解决，最大应力点出现在螺栓孔中部等直径段。

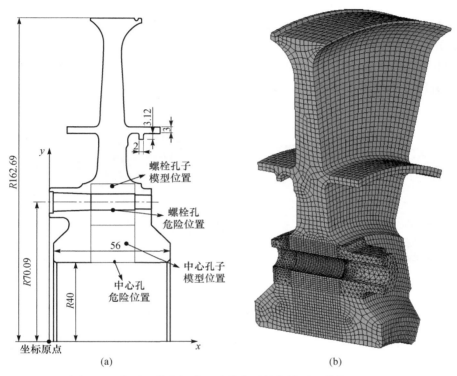

图 5.23　高压涡轮盘部分尺寸简化后整体模型（单位：mm）

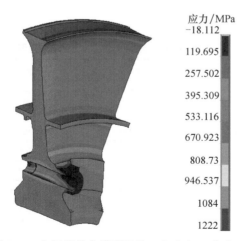

图 5.24　高压涡轮盘模型及第一主应力 S_1 分布云图

为满足后续模拟件设计要求，网格密度需要达到一定的程度，即从最大应力点开始沿应力梯度最大方向（以下简称"虚拟裂纹"）上 1mm 内至少有 5 个单元。因此，采用子模型对螺栓孔和中心孔部位进行进一步分析。

为表述方便，在本部分列出有关中心孔模拟件设计的主要过程和结果，下一部分列出有关螺栓孔模拟件设计的内容，两个模拟件公用部分列在本部分中。

中心孔部分子模型如图 5.25（a）所示，共 67032 个单元。计算得到的第一主应力 S_1 的分布如图 5.25（b）所示。

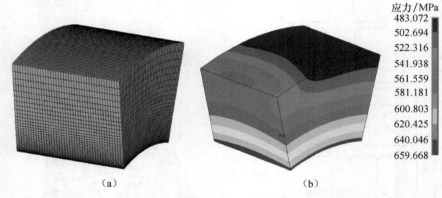

（a）　　　　　　　　　　　　　　　（b）

图 5.25　高压涡轮盘中心孔部分子模型 S_1 分布云图

最大应力点的坐标、主应力、主应变及方向见表 5.8。可见，中心孔最大应力点处是两向应力状态：第一主应力 S_1=659.67MPa 沿周向；第二主应力 S_2=-1.63×10^{-2}MPa 沿径向，由于 S_2 沿表面法向，所以约等于 0 是合理的；第三主应力 S_3=-132.95MPa 沿轴向。

表 5.8　中心孔部位 S_1 最大点位置、应力、应变及方向

项目		x	y	z
S_1 最大点坐标		30.5	39.49	6.3694
主应力和主应变		方向余弦		
S_1/MPa	659.67	-0.00029	-0.19555	0.98069
S_2/MPa	-1.63×10^{-2}	0	0.98069	0.19555
S_3/MPa	-132.95	1	-0.00006	0.00028
ε_1	3.42×10^{-3}	-0.00029	-0.19555	0.98069
ε_2	-7.74×10^{-4}	0	0.98069	0.19555
ε_3	-1.62×10^{-3}	1	-0.00006	0.00028

中心孔虚拟裂纹 1mm 范围内应力、应变的结果见表 5.9，1mm 内有 20 个节点，满足精度要求。

表 5.9　中心孔虚拟裂纹 1mm 范围内应力、应变

距离 a/mm	S_1/MPa	S_2/MPa	S_3/MPa	ε_1	ε_2	ε_3	应变能密度 $S_1 \times \varepsilon_1$/MPa
0	659.67	-1.63×10^{-2}	-132.95	3.42×10^{-3}	-7.74×10^{-4}	-1.62×10^{-3}	2.2588
3.29×10^{-2}	659.22	0.4700	-132.57	3.42×10^{-3}	-7.71×10^{-4}	-1.62×10^{-3}	2.2550
6.58×10^{-2}	658.78	0.9563	-132.19	3.42×10^{-3}	-7.69×10^{-4}	-1.62×10^{-3}	2.2512
0.1017	658.29	1.4846	-131.77	3.41×10^{-3}	-7.66×10^{-4}	-1.61×10^{-3}	2.2471
0.1376	657.81	2.0128	-131.36	3.41×10^{-3}	-7.63×10^{-4}	-1.61×10^{-3}	2.2430
0.1768	657.29	2.5863	-130.91	3.41×10^{-3}	-7.60×10^{-4}	-1.61×10^{-3}	2.2385
0.2160	656.76	3.1599	-130.46	3.40×10^{-3}	-7.57×10^{-4}	-1.61×10^{-3}	2.2340
0.2587	656.2	3.7824	-129.97	3.40×10^{-3}	-7.54×10^{-4}	-1.61×10^{-3}	2.2292
0.3014	655.63	4.4049	-129.48	3.39×10^{-3}	-7.51×10^{-4}	-1.60×10^{-3}	2.2244
0.3480	655.01	5.0803	-128.95	3.39×10^{-3}	-7.48×10^{-4}	-1.60×10^{-3}	2.2192
0.3947	654.4	5.7556	-128.42	3.38×10^{-3}	-7.44×10^{-4}	-1.60×10^{-3}	2.2140
0.4455	653.74	6.4880	-127.84	3.38×10^{-3}	-7.40×10^{-4}	-1.60×10^{-3}	2.2084
0.4963	653.07	7.2203	-127.27	3.37×10^{-3}	-7.37×10^{-4}	-1.59×10^{-3}	2.2027
0.5518	652.35	8.0141	-126.64	3.37×10^{-3}	-7.33×10^{-4}	-1.59×10^{-3}	2.1967
0.6073	651.63	8.8079	-126.02	3.36×10^{-3}	-7.29×10^{-4}	-1.59×10^{-3}	2.1906
0.6678	650.86	9.6679	-126.35	3.36×10^{-3}	-7.24×10^{-4}	-1.58×10^{-3}	2.1841
0.7283	650.08	10.5280	-124.67	3.35×10^{-3}	-7.20×10^{-4}	-1.58×10^{-3}	2.1775
0.7943	649.24	11.4590	-123.94	3.34×10^{-3}	-7.15×10^{-4}	-1.58×10^{-3}	2.1705
0.8603	648.41	12.3900	-123.21	3.34×10^{-3}	-7.11×10^{-4}	-1.57×10^{-3}	2.1634
0.9323	647.5	13.3970	-122.62	3.33×10^{-3}	-7.05×10^{-4}	-1.57×10^{-3}	2.1559
1.0043	646.6	14.4050	-121.63	3.32×10^{-3}	-7.00×10^{-4}	-1.57×10^{-3}	2.1483

由螺栓孔部位子模型计算得到的螺栓孔部位最大主应力点坐标为（30.92，65.65，0），在偏心孔中部等直径段，该处为两向应力状态：第一主应力 $S_1=1201$Mpa 沿周向，第二主应力 $S_2=145.3$Mpa 沿轴向，第三主应力 $S_3=-0.44305$Mpa 沿径向，由于 S_3 沿表面法向，所以约等于 0 是合理的。

3）考虑材料非线性的高压涡轮盘弹塑性应力计算分析

根据前面的线弹性计算结果，螺栓孔部分的最大主应力为 1201MPa，超过了材料 345℃时的屈服强度 710.8MPa，需要进行弹塑性计算；中心孔部分的最大主应为 659.67MPa，没有达到屈服状态，不需要进行弹塑性计算。

弹塑性应力计算需要循环应力-应变曲线，由于材料手册上没有 GH698 的循环应力-应变曲线，计划采用成熟材料 GH4133 的应力-应变曲线代替。计算结果不用于高压涡轮盘的寿命分析，仅用于优化后的模拟件和结构件的弹塑性应力、应变校核。

采用上述计算条件，并设置 8 个载荷步进行计算，具体载荷步见表 5.10。各载荷步在节点 18672 处第一主应力和第一主应变计算结果见表 5.11。将节点 18672 处相同方向的应力和应变提取出来列在表 5.12 中。其中第 1~7 载荷步的第一主应力和第一主应变方向一致，为(0, 0, 1)，也就是螺栓孔的周向；第 8 载荷步在该方向上则是第三主应力，为压应力。

表 5.10　高压涡轮盘弹塑性应力计算载荷步设置

载荷步	转速 /(r/min)	转速/%	转速/(rad/s)	面力/MPa
1	13203	80	1382.61	−57.29
2	16504	100	1728.27	−89.51
3	19804	120	2073.92	−128.90
4	21300	129.06	2230.53	−149.1
5	19804	120	2073.92	−128.90
6	16504	100	1728.27	−89.51
7	13203	80	1382.61	−57.29
8	1000	6.06	104.72	−0.33

表 5.11　高压涡轮盘弹塑性主应力和方向余弦

载荷步		应力/MPa	方向余弦		
1	S_1	461.16	0.0000	0.0002	1.0000
	S_2	55.772	1.0000	−0.0010	0.0000
	S_3	4.5804	0.0010	1.0000	−0.0002
	ε_1	2.46×10^{-3}	0.0000	0.0002	1.0000
	ε_2	-4.66×10^{-4}	1.0000	−0.0010	0.0000
	ε_3	-8.36×10^{-4}	0.0010	1.0000	−0.0002
2	S_1	664.55	−0.0005	0.0199	0.9998
	S_2	85.877	1.0000	−0.0088	0.0007
	S_3	25.912	0.0089	0.9998	−0.0199
	ε_1	3.66×10^{-3}	−0.0005	0.0199	0.9998
	ε_2	-7.38×10^{-4}	1.0000	−0.0088	0.0007
	ε_3	-1.19×10^{-3}	0.0089	0.9998	−0.0199

续表

载荷步	应力/MPa		方向余弦		
3	S_1	850.21	−0.0005	0.0203	0.9998
	S_2	159.97	1.0000	−0.0051	0.0006
	S_3	33.237	0.0051	0.9998	−0.0203
	ε_1	$5.70×10^{-3}$	−0.0005	0.0203	0.9998
	ε_2	$-1.07×10^{-3}$	1.0000	−0.0052	0.0006
	ε_3	$-2.30×10^{-3}$	0.0052	0.9998	−0.0203
4	S_1	915.28	−0.0005	0.0203	0.9998
	S_2	209.89	1.0000	−0.0037	0.0006
	S_3	35.602	0.0038	0.9998	−0.0203
	ε_1	$7.06×10^{-3}$	−0.0005	0.0203	0.9998
	ε_2	$-1.27×10^{-3}$	1.0000	−0.0040	0.0006
	ε_3	$-3.21×10^{-3}$	0.0040	0.9998	−0.0203
5	S_1	761.53	−0.0005	0.0205	0.9998
	S_2	191.92	1.0000	−0.0033	0.0006
	S_3	29.65	0.0033	0.9998	−0.0205
	ε_1	$6.24×10^{-3}$	−0.0005	0.0204	0.9998
	ε_2	$-1.10×10^{-3}$	1.0000	−0.0037	0.0006
	ε_3	$-2.96×10^{-3}$	0.0037	0.9998	−0.0204
6	S_1	461.77	−0.0006	0.0211	0.9998
	S_2	156.91	1.0000	−0.0021	0.0006
	S_3	18.066	0.0021	0.9998	−0.0211
	ε_1	$4.65×10^{-3}$	−0.0005	0.0206	0.9998
	ε_2	$-7.77×10^{-4}$	1.0000	−0.0030	0.0006
	ε_3	$-2.46×10^{-3}$	0.0030	0.9998	−0.0206
7	S_1	216.52	−0.0007	0.0227	0.9997
	S_2	128.25	1.0000	−0.0008	0.0007
	S_3	8.5886	0.0008	0.9997	−0.0227
	ε_1	$3.35×10^{-3}$	−0.0006	0.0210	0.9998
	ε_2	$-5.11×10^{-4}$	1.0000	−0.0024	0.0006
	ε_3	$-2.06×10^{-3}$	0.0024	0.9998	−0.0210
8	S_1	77.611	1.0000	0.0030	0.0004
	S_2	−8.1611	−0.0030	0.9999	−0.0166
	S_3	−217	−0.0005	0.0166	0.9999
	ε_1	$1.06×10^{-3}$	−0.0006	0.0226	0.9997
	ε_2	$-4.21×10^{-5}$	1.0000	−0.0009	0.0007
	ε_3	$-1.34×10^{-3}$	0.0009	0.9997	−0.0226

表 5.12　高压涡轮盘弹塑性应力计算结果

载荷步	转速/%	S_1/MPa	ε_1
1	80	461.16	0.2460×10^{-2}
2	100	664.55	0.3657×10^{-2}
3	120	850.21	0.5697×10^{-2}
4	129.06	915.28	0.7060×10^{-2}
5	120	761.53	0.6241×10^{-2}
6	100	461.77	0.4654×10^{-2}
7	80	216.52	0.3355×10^{-2}
8	6.06	-217.00 (S_3)	0.11×10^{-2} (ε_1)

4）高压涡轮盘中心孔模拟件设计及结果

根据以上低循环疲劳模拟件设计基本准则，结合真实结构件的应力、应变分析结果，进行高压涡轮盘中心孔的模拟件优化设计。在设计时，除了遵照上述基本设计准则外，还要根据具体试验设备情况，考虑以下两个问题：

（1）试验器的加载能力问题，包括施加载荷的大小、有无加温设备、加载频率等涉及后续模拟试验件低循环频率考核的技术细节。

（2）模拟件和试验设备连接段疲劳强度问题，在对模拟件考核部位进行低循环疲劳考核的同时，也对连接段和模拟件非考核部位进行低循环疲劳考核，如果出现了非考核部位先于考核部位疲劳破坏的现象，可以认为模拟件设计失败。

由中心孔部分应力计算结果可知，在中心孔最大应力点处，S_1=659.27MPa 沿周向，S_3=-132.95MPa 沿轴向。经过与实际结构件对比，为模拟第三向压应力，需采取图 5.26 所示的构型，即在厚度方向上增加一个凸台。问题是增加凸台后，试验部分就被加强，不会成为首先断裂的地方，因此无法在试验中模拟带第三向压应力的情况。由应变公式 $\varepsilon_1=[\sigma_1-\mu(\sigma_1+\sigma_3)]/E$ 可知，在无法模拟第三向压应力的情况下，如果模拟件的第一主应力 S_1 在裂纹尖端的分布和结构件中心孔一致，第一主应变 ε_1 就会比结构件的小。根据拉伸应变能公式，对于中心孔处，由于最大主应力点处尚未达到屈服状态，不需要考虑塑性应变比的影响，只需要使应变能密度 $w=S_1\times\varepsilon_1$ 在虚拟裂纹上 1mm 内保持一致。

中心孔模拟件设计的目标值为：①应变能密度的最大值 w_{max}=2.2588；②应变能密度 w 在虚拟裂纹 1mm 内下降的百分比 Δw 为 4.8582%。经过优化设计后确定的中心孔模拟件模型如图 5.27 所示。虚拟裂纹上 1mm 范围内 S_1、ε_1 及 $S_1\times\varepsilon_1$ 的值见表 5.13，模拟件与结构件 S_1、ε_1 以及 $S_1\times\varepsilon_1$ 的值的符合情况见图 5.28。从对比图可以看出，在虚拟裂纹上 1mm 内模拟件的第一主应力 S_1 小于结构件，而第一主应变 ε_1 大于结构件，应变能分布的相似性很好。

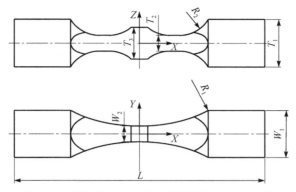

图 5.26　模拟第三向负应力的模拟件几何示意图

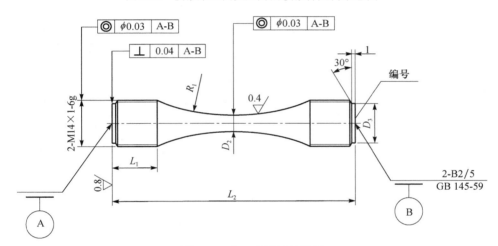

图 5.27　中心孔模拟件模型

由于中心孔没有达到屈服状态，不需要进行弹塑性计算。计算得到轮盘中心孔处拉伸应变能的有效值 $w_{轮盘中心孔}$=1.1069，中心孔模拟件的拉伸应变能的有效值 $w_{中心孔模拟件}$=1.1058，误差为 0.1%。

表 5.13　中心孔模拟件虚拟裂纹 1mm 范围内应力、应变

距离 a/mm	S_1/MPa	S_2/MPa	S_3/MPa	ε_1	ε_2	ε_3	应变能密度 $S_1\times\varepsilon_1$/MPa
0	680.62	8.2321	0.38807	3.32×10^{-3}	-9.60×10^{-4}	-1.01×10^{-3}	2.2588
0.05	679.83	8.4595	0.70072	3.31×10^{-3}	-9.58×10^{-4}	-1.01×10^{-3}	2.2530
0.1	679.03	8.6869	1.0134	3.31×10^{-3}	-9.56×10^{-4}	-1.00×10^{-3}	2.2472
0.15	678.24	8.9143	1.326	3.30×10^{-3}	-9.54×10^{-4}	-1.00×10^{-3}	2.2414

续表

距离 a/mm	S_1/MPa	S_2/MPa	S_3/MPa	ε_1	ε_2	ε_3	应变能密度 $S_1 \times \varepsilon_1$/MPa
0.2	677.44	9.1418	1.6387	3.30×10^{-3}	-9.52×10^{-4}	-1.00×10^{-3}	2.2356
0.25	676.6	9.2769	1.9738	3.30×10^{-3}	-9.51×10^{-4}	-9.98×10^{-4}	2.2296
0.3	675.7	9.306	2.3349	3.29×10^{-3}	-9.50×10^{-4}	-9.94×10^{-4}	2.2233
0.35	674.8	9.3351	2.696	3.29×10^{-3}	-9.49×10^{-4}	-9.91×10^{-4}	2.2169
0.4	673.91	9.3642	3.0571	3.28×10^{-3}	-9.48×10^{-4}	-9.88×10^{-4}	2.2107
0.45	673.04	9.3929	3.4062	3.28×10^{-3}	-9.47×10^{-4}	-9.85×10^{-4}	2.2046
0.5	672.23	9.4209	3.728	3.27×10^{-3}	-9.46×10^{-4}	-9.83×10^{-4}	2.1989
0.55	671.42	9.4488	4.0499	3.27×10^{-3}	-9.46×10^{-4}	-9.80×10^{-4}	2.1933
0.6	670.61	9.4768	4.3717	3.26×10^{-3}	-9.45×10^{-4}	-9.77×10^{-4}	2.1876
0.65	669.84	9.5037	4.6772	3.26×10^{-3}	-9.44×10^{-4}	-9.75×10^{-4}	2.1823
0.7	669.11	9.5297	4.9657	3.25×10^{-3}	-9.43×10^{-4}	-9.72×10^{-4}	2.1772
0.75	668.37	9.5557	5.2542	3.25×10^{-3}	-9.42×10^{-4}	-9.70×10^{-4}	2.1721
0.8	667.64	9.5817	5.5426	3.25×10^{-3}	-9.42×10^{-4}	-9.67×10^{-4}	2.1670
0.85	666.98	9.6059	5.8018	3.24×10^{-3}	-9.41×10^{-4}	-9.65×10^{-4}	2.1624
0.9	666.32	9.6301	6.0605	3.24×10^{-3}	-9.40×10^{-4}	-9.63×10^{-4}	2.1579
0.95	665.66	9.6543	6.3193	3.23×10^{-3}	-9.40×10^{-4}	-9.61×10^{-4}	2.1533
1	665.05	9.6772	6.5574	3.23×10^{-3}	-9.39×10^{-4}	-9.59×10^{-4}	2.1490

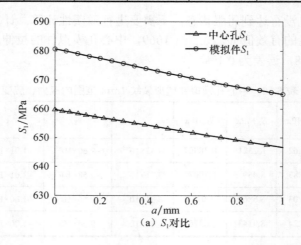

（a）S_1对比

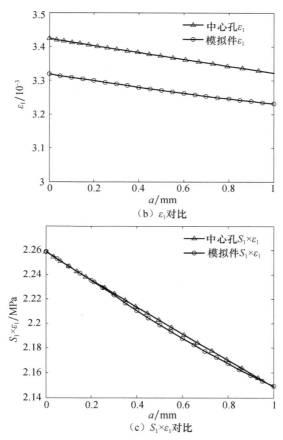

（b）ε_1对比

（c）$S_1 \times \varepsilon_1$对比

图 5.28　中心孔模拟件沿裂纹方向 1mm 范围内 S_1、ε_1 以及 $S_1 \times \varepsilon_1$ 的对比

5）中心孔模拟件低循环疲劳试验结果

高压涡轮盘中心孔模拟件共进行了三级载荷疲劳试验，试验有效数量各 8 件，共 24 件。

（1）试验环境：介质为空气；温度为380℃。

（2）试验载荷及加载频率：

①　50MPa（980N）—1050MPa（20616N）—50MPa（980N）；

②　50MPa（980N）—900MPa（17670N）—50MPa（980N）；

③　50MPa（980N）—850MPa（16689N）—50MPa（980N）。

加载频率为 10Hz，应力比为 $R \approx 0$。

（3）试验截止条件：断裂。

（4）原始试验结果。

中心孔模拟件疲劳试验的原始试验数据见表 5.14。通常疲劳寿命遵循对数正态分布，即 $x=\lg N$ 遵循正态分布。表 5.15 中列出了对应的 x 值。试验前、后中心孔模拟件如图 5.29 所示。

表 5.14　中心孔模拟件疲劳试验数据

序号 ＼ 试验循环次数 N ＼ S_{max}/MPa	850	900	1050
1	49032	30471	3191
2	50210	30478	3640
3	51675	31837	3869
4	54896	36483	4159
5	55259	37068	5292
6	56712	37725	5445
7	59731	40090	5632
8	61437	37070	7810

表 5.15　中心孔模拟件疲劳试验数据统计

序号 ＼ $x=\lg N$ ＼ $\lg S_{max}$	2.9294	2.9542	3.0212
1	4.6905	4.4839	3.5039
2	4.7008	4.4840	3.5611
3	4.7133	4.5029	3.5876
4	4.7395	4.5621	3.6190
5	4.7424	4.5690	3.7236
6	4.7537	4.5766	3.7360
7	4.7762	4.6030	3.7507
8	4.7884	4.5690	3.8927
均值	4.7831	4.5438	3.6718
标准差	0.0349	0.0463	0.1266
变异系数	0.0074	0.0102	0.0345

续表

序号　　　　　　　$x=\lg N$　　　　　$\lg S_{\max}$	2.9294	2.9542	3.0212
$\gamma=95\%$、$\delta=5\%$最少试样数	3	3	5
合理数下限 x_{m1}	4.6753	4.4604	3.4439
合理数上限 x_{m2}	4.8009	4.6272	3.8997
$x_{p(\gamma)}$（置信度 95%，存活率 99.9%）	4.5415	4.2827	2.9587

（a）中心孔模拟件试验前　　　　　　（b）中心孔模拟件试验后

图 5.29　试验前、后中心孔模拟件

（5）可疑数据的取舍及子样数量检验。

根据《疲劳性能试验设计和数据处理》[7]，舍弃区间为标准正态分布中累计概率小于 $1/(4n)$ 以及大于 $1-1/(4n)$ 对应的位置确定，设

$$\int_{-\infty}^{u_{p1}} \phi(u)\,\mathrm{d}u = \frac{1}{4n} , \qquad \int_{u_{p2}}^{+\infty} \phi(u)\,\mathrm{d}u = \frac{1}{4n}$$

且当 $x < x_{m1} = \bar{x} + u_{p1}s$ 或 $x > x_{m2} = \bar{x} + u_{p2}s$ 时，数据为可疑点。

根据上述原则将 3 个应力级别的上限点和下限点（x_{m1} 和 x_{m2}）计算出来，见表 5.15，比较可知，试验数据中均不包含可疑数。

试样数应满足 $\dfrac{\delta_{\max}}{t_{\gamma}} \geqslant \dfrac{s}{\bar{x}}$，$t_{\gamma}$ 的值可查表获得[7]。当置信度为 95%、$n=8$ 时，$t_{\gamma}=2.365$。$\delta_{\max}$ 为误差限度，通常取 5%。经计算 3 个应力级别的试样数都是满足要求的。

（6）拟合 $P\text{-}S\text{-}N$ 曲线。

由于寿命服从对数正态分布，所以一定置信度下对数寿命 x 服从

$$x_{p(\gamma)} = \bar{x} + ks$$

子样数为 8，置信度为 95%，存活率为 99.9%，查表[8]可得单侧容限系数为 $k=-5.635$。

计算得到的单侧置信下限见表 5.15。

由二元线性回归法拟合方程 $\lg S = a_1 \lg N + a_2$，得到 $a_1=-0.05556$，$a_2=3.1865$，即

$$\lg S = -0.05556 \lg N + 3.1865 \tag{5.10}$$

在开展中心孔模拟件疲劳试验之前，针对该材料开展了光滑试棒的低循环疲劳试验，试验件和方法采用《金属材料轴向加载疲劳试验方法》（HB 5287—1996）中的图 A1，具体如图 5.30 所示。

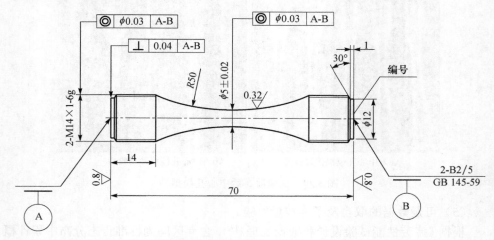

图 5.30 光滑试验件（单位：mm）

对比图 5.27 和图 5.30，可以看到两者几乎一致。光滑试棒的低循环疲劳试验条件与中心孔模拟件一致：应力比为 0.1，试验温度为 380℃，加载频率为 10Hz，停止条件为断裂。

光滑试棒在 0—630MPa—0 试验载荷循环加载时，到 363045（3.6×10^5）次循环未断，同一试棒的峰值载荷增加到 710MPa 时，到 223894（2.2×10^5）次循环时未断。因此，光滑试棒的应力水平分为三级：0—780MPa—0、0—1000MPa—0、0—1100MPa—0。

由于轮盘中心孔部位名义应力和局部应力（660MPa）很小，按照该名义应力开展低循环疲劳试验可以预计其破坏寿命不低于 223894 次。因此，中心孔模拟件的低循环疲劳寿命由式（5.10）估算，得到的结果为 4.0240×10^6。

6）整体轮盘低循环疲劳试验结果及与中心孔模拟件试验结果对比

根据高压涡轮盘的瞬态温度场分析结果计算整个轮盘的应力、应变，两个危

险点（螺栓孔和中心孔）的最大应力出现在开车后 112s，螺栓孔六点钟位置的最大应力为 1201MPa。同时，开展适合涡轮盘低循环疲劳试验器环境下的应力分析，具体结果见表 5.16，表中包含了考虑材料温度修正后的应力系数。

表 5.16　关键部位的应力分析结果

部位	标准循环应力/MPa	标准循环温度/℃	发动机工作条件下峰值应力/MPa	试验条件下应力/MPa	应力系数 α
中心孔	0—660—0	356	632	741	1.1107
螺栓孔	0—1201—0	218	1170	1160	0.9502

注：该涡轮盘前后经过三轮次的温度场分析。

具体试验条件如下：

试验温度环境为 345℃均匀温度场。

试验载荷为上限转速 21300r/min，转速误差 –40～0r/min；下限转速 1000r/min，转速误差 0～40r/min。

叶片切削截面距离榫头底部 26.38mm，切削后叶片质量为 0.028112kg。

试验在 ZUST10D 型下立式转子高速旋转试验器上进行。

根据具体试验状态轮盘检查的可达性，各阶段进行目视检查中心孔，按照试验大纲在累计以下循环数进行目视检查：20000、30000、40000、45000、50000、55000。共开展了两个轮盘的试验。

（1）第一个轮盘。

试验在进行到 51788 次循环时，轮盘破裂，见图 5.31。疲劳裂纹在螺栓孔六点钟轴向的中心位置出现，呈现多源疲劳特征，裂纹沿着径向扩展，2 号和 6 号螺栓孔断裂，其余 4 个螺栓孔六点钟和十二点钟位置均出现不同长度的裂纹。中心孔无裂纹。

图 5.31　第一个轮盘破坏照片

（2）第二个轮盘。

试验在进行到 35000 次循环时，分解下 6 个螺栓进行荧光检查，未发现裂纹；继续试验到 40000 次循环时，分解荧光检查，1 号和 2 号螺栓孔有较长的疲劳裂纹，分别为 10mm 和 13mm，5 号螺栓孔有疑似裂纹。中心孔无裂纹。

按照 DEF STAN 00-971 规范，计算的安全寿命（置信度 95%、可靠度 99.87%）螺栓孔和中心孔分别为 7637、22424，值得说明的是，中心孔的安全寿命远不止于此值。

3. 某高压涡轮盘螺栓孔低循环疲劳模拟件设计及试验

高压涡轮盘材料弹性、弹塑性计算结果见上面一部分的内容。

1）高压涡轮盘螺栓孔模拟件设计及结果

对于轮盘偏心孔这种直径不太大的孔，可以用小半径应力集中板来模拟。要求圆角 R_1 约等于 1/2 孔径，模拟件厚度可以小于轮盘偏心孔厚度，但不要改变其平面应力或平面应变的性质。单向拉伸小半径应力集中板结构如图 5.32 所示。试验件连接方式为头部的螺纹连接。

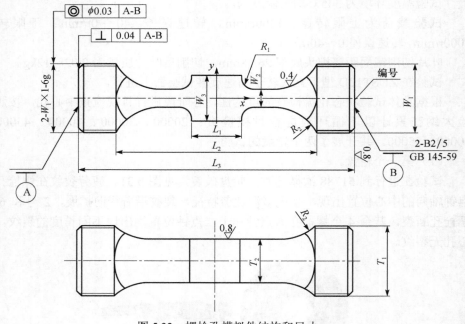

图 5.32　螺栓孔模拟件结构和尺寸

由螺栓孔部分应力计算结果可知，螺栓孔最大应力点处，S_1=1200.6MPa 沿周向，S_2=145.3MPa 沿轴向。因此，模拟件侧向（z 方向）需要有一定的厚度，使半径 R_1 表面危险点出现 z 方向的第二主应力，模拟实际轮盘螺栓孔径向内外侧部分的影响。

模拟件设计的目标值为：①最大主应力 S_1=1200.6MPa；②最大应力点 S_2/S_1=0.121；③虚拟裂纹上 1mm 内应力下降的百分比 ΔS_1 为 27.1426%。

主要的调整参数为：①试验段的厚度 T_2，主要影响 S_2/S_1；②半径 R_1，主要影响

S_1 在虚拟裂纹上 1mm 内应力变化的百分比 ΔS_1；③面力 P 的大小，决定最大主应力 S_1 的值。其他参数的调整原则为：不出现大的应力集中；总体尺寸尽量小。

计算结果表明，其他参数不变时，随着中间凸台高度 W_3 的增加，S_2/S_1 略微减小，ΔS_1 也略微减小。从总体看，W_3 的变化对应力分布的影响较小，在情况许可时，W_3 应尽量小。为了计算方便，取 $W_3=W_2+R_1+1$。头部螺纹连接段的长度固定为 15mm。优化参数下螺栓孔模拟件模型如图 5.32 所示，S_1 应力分布云图见图 5.33。

虚拟裂纹上 1mm 范围内主应力、主应变的值见表 5.17，模拟件与结构件的 S_1 和 ε_1 的对比情况见图 5.34。从对比图可以看出，模拟件与轮盘螺栓孔线弹性分析的应力、应变分布的相似性很好。

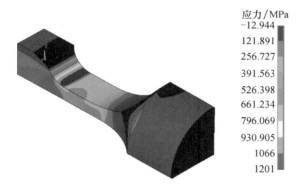

图 5.33　螺栓孔模拟件的 S_1 应力分布云图

表 5.17　螺栓孔模拟件虚拟裂纹 1mm 范围内主应力、主应变（线弹性）

距离 a/mm	S_1/MPa	S_2/MPa	S_3/MPa	ε_1	ε_2	ε_3
0	1200.6	130.91	−0.8457	5.69×10^{-3}	-1.12×10^{-3}	-1.96×10^{-3}
0.05	1172.8	126.31	11.063	5.54×10^{-3}	-1.12×10^{-3}	-1.85×10^{-3}
0.1	1146.6	121.96	22.361	5.40×10^{-3}	-1.12×10^{-3}	-1.75×10^{-3}
0.15	1122.1	117.84	32.577	5.27×10^{-3}	-1.12×10^{-3}	-1.66×10^{-3}
0.2	1099.2	113.9	41.908	5.15×10^{-3}	-1.12×10^{-3}	-1.58×10^{-3}
0.25	1077.5	110.11	50.553	5.04×10^{-3}	-1.12×10^{-3}	-1.50×10^{-3}
0.3	1057.9	106.59	58.077	4.94×10^{-3}	-1.12×10^{-3}	-1.43×10^{-3}
0.35	1038.6	103.13	65.386	4.84×10^{-3}	-1.12×10^{-3}	-1.36×10^{-3}
0.4	1021.6	99.95	71.541	4.75×10^{-3}	-1.12×10^{-3}	-1.30×10^{-3}
0.45	1004.9	96.837	77.49	4.66×10^{-3}	-1.12×10^{-3}	-1.24×10^{-3}
0.5	989.13	93.852	82.997	4.58×10^{-3}	-1.12×10^{-3}	-1.18×10^{-3}
0.55	975.09	91.113	87.622	4.51×10^{-3}	-1.11×10^{-3}	-1.14×10^{-3}
0.6	961.12	92.232	88.393	4.44×10^{-3}	-1.09×10^{-3}	-1.11×10^{-3}
0.65	947.43	96.728	85.719	4.37×10^{-3}	-1.04×10^{-3}	-1.11×10^{-3}

续表

距离 a/mm	S_1/MPa	S_2/MPa	S_3/MPa	ε_1	ε_2	ε_3
0.7	936.02	100.13	83.384	4.31×10^{-3}	-1.01×10^{-3}	-1.11×10^{-3}
0.75	924.65	103.52	81.063	4.25×10^{-3}	-9.70×10^{-4}	-1.11×10^{-3}
0.8	913.32	106.93	78.757	4.20×10^{-3}	-9.33×10^{-4}	-1.11×10^{-3}
0.85	902.04	110.33	76.465	4.14×10^{-3}	-8.97×10^{-4}	-1.11×10^{-3}
0.9	893	112.72	74.527	4.10×10^{-3}	-8.69×10^{-4}	-1.11×10^{-3}
0.95	884.08	115.08	72.613	4.05×10^{-3}	-8.42×10^{-4}	-1.11×10^{-3}
1	875.16	117.46	70.709	4.01×10^{-3}	-8.14×10^{-4}	-1.11×10^{-3}

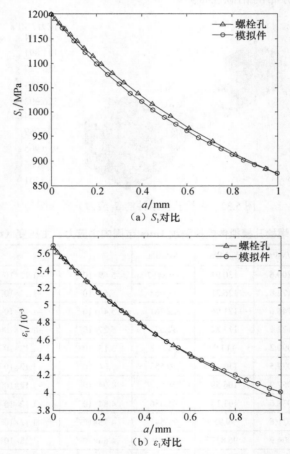

图 5.34　螺栓孔模拟件 A 沿裂纹方向 1mm 范围内 S_1 和 ε_1 的对比（线弹性）

　　对模拟件 A 进行弹塑性校核，轮盘的拉伸应变能有效值为 $W_{轮盘}=2.1703$，模拟件的拉伸应变能有效值为 $W_{模拟件}=2.2385$，差异为 3.14%。

2）螺栓孔模拟件低循环疲劳试验结果

高压涡轮盘螺栓孔模拟件有效数量 8 件。

（1）试验环境：介质为空气；温度为 380℃。

（2）试验载荷及加载频率：980N—11500N—980N；加载频率为 10Hz，应力比为 $R\approx0$。

（3）试验截止条件：断裂。

（4）试验结果。

通常疲劳寿命遵循对数正态分布，即 $x=\lg N$ 遵循正态分布。表 5.18 中列出了相应的 x 值。

表 5.18　螺栓孔模拟件疲劳寿命数据

序号	循环寿命	对数寿命
1	29875	4.4753
2	26936	4.4303
3	32212	4.5080
4	27045	4.4321
5	32649	4.5139
6	33374	4.5234
7	29043	4.4630
8	30846	4.4892

由表 5.18 可知，无可疑数据的取舍，子样数量检验合理。

疲劳裂纹起源于转接 R_1 处，位于几何尺寸的中心位置，属于多源疲劳。螺栓孔模拟件试验前、后照片见图 5.35。

（a）试验前　　　　　　（b）试验后

图 5.35　螺栓孔模拟件

3）整体轮盘低循环疲劳试验结果及与螺栓孔模拟件试验结果对比

按照 Def Stan 00-971 规范，使用 2/3 功能失效寿命法计算的螺栓孔模拟件安全寿命（置信度 95%、可靠度 99.87%）为 6885，与整体轮盘螺栓孔低循环疲劳试验结果非常吻合，相对误差只有 9.8%。

5.4　基于残余应力确定最大应变循环研究

在各种机械和机器的制造过程以及工作过程中，多数情况下，结构件内部产生残余应力。所产生的残余应力状态，尤其是残余应力的大小，与各种加工方法或工艺处理方法有关。机械加工中的各种方法如拉拔、挤压、扎制、校正、切削、表面滚压、喷丸或锤击等，热加工的焊接、切割、铸造等，以及热处理的淬火、回火等，都会产生状态不同、大小各异的残余应力。结构件中存在的残余应力会在结构件使用中产生有利或有害的影响，残余应力对静强度、疲劳强度、变形以及材料的硬度均会产生作用。当残余应力场分布较好时，会对结构件的静强度、疲劳强度等有利。

目前，国内外残余应力测试的方法大致可分为机械测试法和物理测试法[9]。机械测试法的基本原理是将具有残余应力的结构件部分用一定的方法进行局部分离或分割，从而使残余应力局部释放，测定此时的变形，然后应用弹塑性力学求出残余应力。物理测试法是采用 X 射线或磁性的方法等。由于该种方法是利用晶体的 X 射线衍射现象和材料的磁性求残余应力，所以不需要将材料进行分离或分割，而是直接求得结构件表面的残余应力。前一种方法是以测试宏观残余应力为对象的，而一般微观残余应力是用物理测试法，该方法既能测试宏观残余应力，又能测试微观残余应力。宏观残余应力是因结构件受外部机械的、热的或化学的不均匀作用而形成的，即使材料组织非常均匀的结构件也会产生宏观残余应力；微观残余应力则是由组织结构的不均匀等内部原因造成的。本书主要讨论的是宏观残余应力。

为追求高推重比，航空发动机的燃气涡轮盘通常设计成弹塑性的。在发动机首次加速、减速等过渡或最大工作状态，涡轮盘某些区域的工作应力超过材料的屈服极限，致使该区域进入塑性状态，产生永久变形。在后来的发动机工作循环过程中，产生较大的残余变形，从而在整个涡轮盘体上产生残余应力。使用经验表明，残余应力会引起涡轮盘的裂纹故障，降低涡轮盘的使用寿命，因此确定涡轮盘的残余应力对故障分析和定寿均有重要的工程意义。

5.4.1　国内外常用的残余应力测试方法

1. 残余应力产生的原因

残余应力是在没有外力的作用时，以平衡状态存在于物体内部的应力。残余应力产生的原因可以分为外部作用的外在原因，以及源于物体内部组织结构不均匀的内在因素。

1）不均匀变形

不均匀变形是产生不均匀塑性变形的条件，如热处理变形，切削或磨削加工，弯曲、拉拔、压延等。外在原因：不均匀的作用应力。内在原因：由于物体内部组织的浓度差或晶粒的位向差等，各部分显示不同的屈服行为。

2）热的作用

热的作用即热应力产生的塑性变形。当加热或冷却过程中产生热应力时，由于高温下屈服强度低，在这种热应力作用下容易产生塑性变形。外在原因：由于结构件几何尺寸不对称、结构复杂、组织材料不均匀等，在加热或冷却过程中各部分的热传导状态不一致，因而出现有温度梯度的温度场。内在原因：物体内各部分的弹性模量、导热系数、热膨胀系数等差异，同时上述参数与温度的系数也不尽相同。火焰淬火、高频淬火、渗碳淬火、氮化等表面硬化热处理工艺中均会出现残余应力。

3）相变或沉淀析出引起的体积变化

例如，铸造加工和焊接，由于相变或沉淀析出在物体内部产生不均匀的体积变化，产生残余应力。外在原因：冷却时，各部分的冷却不均匀，冷却速度也不相同，因而当出现有完全相变终了的部分和相变尚未进行的部分时，两者便显现出体积变化的差异。内在原因：在具有组织结构的浓度差时，因相变和沉淀析出等，所引起的体积变化的程度不同。

4）化学变化

物体由于化学变化而引起的残余应力，几乎都是由外部原因造成的。

2. 残余应力的分类

在工程实际中，残余应力产生的原因及过程是多种多样的，并且产生的残余应力非常复杂。根据工程经验和惯例，残余应力可以分为如下几类：

（1）根据残余应力相互影响的范围大小，分为宏观应力和微观应力。

（2）从产生的原因考虑，与宏观应力相对应的称为体积应力，与微观应力相对应的称为结构应力，或者称为同样意义的亚结构应力。

体积应力是由物体受到来自外部机械的、热的或化学的不均匀作用所形成的。材质非常均匀的材料也会产生这种体积应力。结构应力是由组织结构不均匀性的内部原因造成的。也就是说，材料内部不均匀时，尽管由外部施加到各部分的变形、加热或化学变化是一样的，也会产生残余应力。在实际应用中，这种分类会有宏观应力与体积应力、微观应力与结构应力不对应的情况。例如，由相当大的两个晶粒组成的材料，在晶粒上施加同样的外力使之出现塑性变形时，由于晶粒的各向异性，在两个晶粒的相互作用产生残余应力的情况下，当晶粒粗大到肉眼可见时，按第二种分类称为结构应力，而按第一种分类称为宏观应力。

3. 残余应力的测试方法

1）残余应力的机械测试法

根据具体结构件的不同，选择的残余应力测试方法也不一样。机械测试法的实质是应力释放法，将具有残余应力的部件用剥除、腐蚀、切割、切槽或钻孔等手段进行残余应力释放，在剩下的结构件或切取的部分上由于要满足力的平衡条件，所以产生变形，测试变形量或曲率的变化，应用弹塑性力学计算出残余应力。根据这一原理进行测试的方法有逐层剥除法、比容积测试法、切割法、剥除与切割并用法、切取法、切槽法和钻孔法等。这些方法大多用于形状规则、应力状态比较简单（一维应力或二维应力）结构件的残余应力测试，如圆板、圆筒、球和梁等。确定这些规则部件残余应力的理论公式有很多，也比较成熟，如 Sachs 法、Korbin 法、Dekhtyar 法、Heyn 法和 Birger 法等。

目前，在工程实际中，广泛使用钻孔-电测法，该方法属于机械测试法，是一种比较成熟的方法，又称 Mathar-Soete 法，由此生产了多种测试仪器。其基本原理是，在具有残余应力的结构件上钻一小孔，使孔附近区域内的残余应力释放而产生相应变形，测量位移或应变，经计算可得钻孔处的原有应力。

这里简要地介绍其测定原理，其余的机械测定法的原理与该方法类似。

如图 5.36 所示，有一块板，假定沿板的板面方向存在残余应力，此应力在板截面内各处均匀分布，处于平面应力状态。取主应力方向上板的残余应力为 σ_1、σ_2。在板上开一半径为 R 的小孔，研究距孔中心半径为 r 处的残余应力情况。

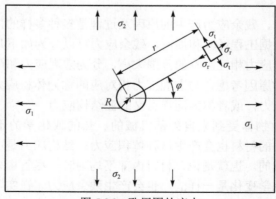

图 5.36　孔周围的应力

在与 σ_1 成 φ 角的方向上，距离孔中心距离为 r 处，其周向和径向的残余应力为 σ_t 和 σ_r 时，此应力由于钻孔而发生变化。假设开孔后此处的残余应力为 σ_t''、σ_r''，因钻孔而在此处附加的应力为 σ_t' 和 σ_r'，则存在以下关系式：

$$\sigma_t''=\sigma_t'+\sigma_t$$

$$\sigma_r''=\sigma_r'+\sigma_r$$

在不存在残余应力的板上钻一半径为 R 的圆孔，并施以外力作用，使离孔较远处的应力为 σ_1、σ_2，此时获得与钻孔后残余应力为 σ_t''、σ_r'' 的状态相同的应力状态。按 Kirsch 的解，σ_1、σ_2 和 σ_t''、σ_r'' 的关系为

$$\sigma_t'' = \frac{\sigma_1}{2}\left(1+\frac{R^2}{r^2}\right) - \frac{\sigma_1}{2}\left(1+\frac{3R^4}{r^4}\right)\cos(2\varphi) + \frac{\sigma_2}{2}\left(1+\frac{R^2}{r^2}\right) + \frac{\sigma_2}{2}\left(1+\frac{3R^4}{r^4}\right)\cos(2\varphi)$$

$$\sigma_r'' = \frac{\sigma_1}{2}\left(1-\frac{R^2}{r^2}\right) + \frac{\sigma_1}{2}\left(1+\frac{3R^4}{r^4}-\frac{4R^2}{r^2}\right)\cos(2\varphi) + \frac{\sigma_2}{2}\left(1-\frac{R^2}{r^2}\right)$$

$$-\frac{\sigma_2}{2}\left(1+\frac{3R^4}{r^4}-\frac{4R^2}{r^2}\right)\cos(2\varphi)$$

而对于未钻孔前的残余应力 σ_t、σ_r 和 σ_1、σ_2，根据弹性力学则有如下关系：

$$\begin{cases} \sigma_t = \dfrac{\sigma_1+\sigma_2}{2} - \dfrac{\sigma_1-\sigma_2}{2}\cos(2\varphi) \\[2mm] \sigma_r = \dfrac{\sigma_1+\sigma_2}{2} + \dfrac{\sigma_1-\sigma_2}{2}\cos(2\varphi) \end{cases}$$

由以上数学公式便可求出因钻孔而附加的应力 σ_t'、σ_r'，即

$$\sigma_t' = \frac{1}{2}\frac{R^2}{r^2}\sigma_1 - \frac{3}{2}\frac{R^4}{r^4}\sigma_1\cos(2\varphi) + \frac{1}{2}\frac{R^2}{r^2}\sigma_2 + \frac{3}{2}\frac{R^4}{r^4}\sigma_2\cos(2\varphi)$$

$$\sigma_r' = -\frac{1}{2}\frac{R^2}{r^2}\sigma_1 + \frac{3}{2}\frac{R^4}{r^4}\sigma_1\cos(2\varphi) - \frac{2R^2}{r^2}\sigma_2\cos(2\varphi) - \frac{1}{2}\frac{R^2}{r^2}\sigma_2$$

$$-\frac{3}{2}\frac{R^4}{r^4}\sigma_2\cos(2\varphi) + \frac{2R^2}{r^2}\sigma_2\cos(2\varphi)$$

应力 σ_t'、σ_r' 与孔周围部分的变形有关，如能测定出相对应的应变，即可求出残余应力 σ_1、σ_2。残余应力的求解经常使用的是电阻应变仪法，在孔边上贴上电阻应变片，这一方法即钻孔-电测法。当然还可以用其他方法，如机械测试法等。

应该说，机械测试法由于受弹性力学发展的限制，其大多适用于几何形状比较规则、应力状态简单的结构件，而对于型面、应力状态复杂和应力、应变梯度很大的结构件如燃气涡轮盘等结构件则无能为力。

2）残余应力的物理测试法

残余应力的物理测试法是一种无损检测方法，有许多优点。其基本原理是利用材料的物理性质，根据材料内部组织结构发生的变化，测试材料内的残余应力。其主要有 X 射线衍射法和磁性法等。这两种方法很早就被应用，特别是 X 射线衍射法，自 Macherauch 和 Müller 的 $\sin(2\psi)$ 法发表以来，其测量精度和准确度大大提高，因而被广泛应用，同样也发展了多种 X 射线应力测试仪。

3）以应力释放位移为边界条件的有限元法和密栅云纹法

20 世纪 80 年代初，涡喷-6 和涡喷-8 两型号发动机的一级涡轮盘，在使用中经常出现榫槽底部裂纹的故障，造成翻修中的大量涡轮盘报废。之后，在涡喷-6 发动机涡轮盘损伤容限定寿研究中，需要确定涡轮盘的残余应力。经研究人员的大量努力，研究得到了一种适用于型面复杂、应力梯度较大涡轮盘的残余应力确定法，即以应力释放位移为几何边界条件的残余应力确定法[10]，在此基础上，后来又研究出密栅云纹法[11]。实践证明，这两种方法可以较准确地确定涡轮盘的残余应力，为两型号发动机涡轮盘的故障机理分析和定寿解决了最困难的技术难点，该残余应力的确定法具有很强的创新性，为定寿研究的顺利进行奠定了重要基础。以上两种方法不受应力场分布和结构件几何形状的限制，可以应用到任意几何形状和任意材料结构件的残余应力测试。实际上，该方法也属于机械测试方法，即应力释放法。将危险部位的残余应力释放，随之产生的位移和应变等的变化作为有限元计算的边界条件，从而计算出残余应力。该方法的主要特点为：一是残余应力的计算是以变形后几何位移为基础的，其计算的精度受边界位移测量精度的限制；二是残余应力的测试是破坏性的，对于昂贵的结构件成本较高。

具体的原理和方法在 5.4.3 节详细介绍。

4）残余应力的其他测试方法

除以上常用的残余应力测试法，还有多种测试法，如脆性涂层法、光弹性覆膜法、比容积测定法、测定热容量法、光学法以及巴克豪森噪声法等。

5.4.2　轮盘最大应力-应变循环

1. 轮盘中心孔部位的低循环疲劳和主、次循环

在起飞时，轮缘迅速加热，而轮盘中心部位还处于冷的状态，盘心处的热应力为拉应力状态；这时发动机已经达到最大转速，叶片和轮盘本身的离心应力也最大，因此，此时轮盘中心部位的拉伸应力很大，尤其是轮盘中心孔处的不连续部位，该处的应力可能超过屈服极限，形成塑性区域。在停车时，转速接近零，轮缘冷却，此时塑性区的材料不能恢复到原来的位置，而其周围的弹性区域对塑性区域进行挤压，形成压应力；由于盘心的热惯性，盘心相对轮缘冷却较慢，因而在盘心处形成热压应力，由此盘心处于压应力状态，甚至有的进入反向屈服。

图 5.37 为轮盘中心孔部位的应力-应变循环特征。上述拉、压反复的应力-应变循环导致轮盘中心孔部位的低循环疲劳损伤，另外，冷起动主循环和热起动主循环的损伤大小也是有差异的。在任一飞行剖面中，除了主循环，即低循环疲劳循环（low cycle fatigue cycle，LCFC，停车—最大—停车），还有很多全热循环（full thermal cycle，FTC，慢车—最大—慢车）和部分热循环（partial thermal cycle，PTC，巡航—最大—巡航），均为次循环。在次循环中，发动机转速变化范围小，因此应力历程也小，出现反复屈服导致的应变变化范围均很小，所以相对于主循环，次循环造成的低循环疲劳损伤要小很多。对于发动机的一次起动，主循环只有一个，即 LCFC=1，次循环（FTC、PTC）有很多。按照线性累积损伤定律，这些次循环的累积损伤不能忽略。美国国防部定义了一种总累计循环（total accumulated cycle，TAC），以低循环疲劳循环为基准，将全热循环和部分油门循环按下式折算为主循环：

$$TAC=LCFC+K\times FTC+M\times PTC$$

式中，K、M 为折算系数，$K=1/4$，$M=1/40$。当然，根据发动机型号、具体部件以及相同部件的不同位置，该系数也不一致。

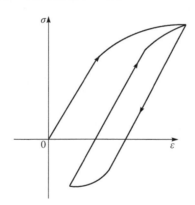

图 5.37　发动机起动和停车过程中涡轮盘中心孔的应力-应变特征

2. 轮缘部位的低循环疲劳

轮缘部位的离心应力相对于轮盘中心孔部位要小，但是由于叶片的离心载荷很大，所以轮缘的离心应力也是很大的。在发动机起动过程中，轮缘热应力为压应力，而在停车时，为拉伸应力。这种情况主要出现在轮盘榫槽底部附近，加上该部位的应力集中，损伤是比较大的。该部位的应力-应变情况见图 5.38，在此循环作用下，榫槽底部出现裂纹，如涡喷-6 和涡喷-8 发动机涡轮盘榫槽底和封严环（位于轮缘）出现的大量裂纹故障。

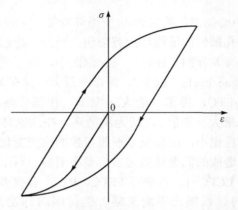

图 5.38　发动机起动和停车过程中涡轮盘轮缘部位的应力-应变特征

3. 确定轮盘主循环

一般认为，上面所述的轮盘中心孔部位的主循环称为最大工作循环，该循环是影响涡轮盘疲劳寿命的主要因素。由此可以看出，准确确定轮盘的瞬态温度场对于确定最大工作循环进而进行涡轮盘的寿命研究是极其重要的。对于转速较低的单转子发动机，测量燃气涡轮盘的瞬态和稳态温度场比较容易实现，如曾经测试过涡喷-6 发动机涡轮盘的温度场。但是对于双转子发动机和转速较高的单转子发动机（如涡轮轴发动机），测试高压转子涡轮盘的瞬态温度场是极其困难的，主要采用遥测系统和轴间引电测试系统，由于这两种方法需要对发动机进行大量的改装并受测试对象空间的限制，所以测试发动机的型号不多。一般情况下，为了精确分析涡轮盘的温度场，首先要根据气流（燃气流）参数、内流（冷却气流）参数和热传导等边界条件，采用结构有限元方法精确计算出轮盘的温度分布，同时要加强发动机整机的轮盘温度场测试，以修正计算结果。但是遗憾的是，在实际工程应用中，上述的热边界条件很难确定，往往与实际工作状况有很大的差异，从而造成较大的误差。将该温度场用于轮盘的应力-应变分析，会形成更大的误差。而在处理瞬态温度场时，采用瞬态温度特征相似法，得到瞬时状态下的热应力，从而与稳态应力进行合成，得到涡轮盘的最大应力-应变循环。

当发动机燃气涡轮盘首次施加的大载荷卸去后，产生的塑性区域以及临近区域便出现了残余应力，经多次载荷循环后，在这期间，材料快速硬化或软化，之后涡轮盘的残余应力将稳定在某一数值上，在变化载荷的情况下，涡轮盘的残余应力仅与最大应力-应变循环相对应，而与次循环无关，也就是说，经过多次载荷循环后的残余应力反映的是最大应力-应变循环的残余应力。通过确定涡轮盘的残余应力反推最大工作循环，该方法在 20 世纪 90 年代中期理论上已经基本研究成功，见 5.4.4 节计算方案 1 的推导，且采用有限元正算（由最大工作循环和应力-应变循环曲线计算残余应力）进行了初步的技术验证。两个盘（一个为压气机轮盘，另一个为涡轮盘）的技术验证结果相当令人满意[12]。通过残余应力反推最大工作循环的方法适用于单向屈服和浅双向屈服的弹塑性轮盘的情况。在这种情况下，弹塑性轮盘的危险点上应力-应变迟滞环宽度等于或接近于零。实际使用中的涡轮盘基本上都属于这种情况。计算方案 2 是根据材料单轴的循环应力-应变的迟滞回线，推导出最大应力-应变循环，该方案适用于循环应力-应变的上升段以及下降段，不受计算方案 1 的应力-应变迟滞环宽度等于或接近于零的限制，可以适用于任何情况下的应力-应变循环。经过计算示例验证，两种计算方法均可以应用在燃气涡轮盘和压气机轮盘上。

5.4.3　以应力释放位移为边界条件的有限元法及密栅云纹法确定残余应力

1.　以应力释放位移为边界条件的有限元法确定残余应力

由于涡轮盘的几何型面变化复杂，一般来说，其应力场是三维分布的，并且应力、应变梯度较大。以应力释放位移为几何边界条件的残余应力确定法的基本过程如下[13]：将待测试的燃气涡轮盘用钼丝线切割机沿径向切一开口，直至轮盘中心；在残余应力作用下，开口处产生切向变形（径向变形量相对切向变形是小量），以切向变形位移为几何边界条件，用结构有限元法计算出切口附近区域切开前的残余应力场。

除轮盘榫槽和通气孔局部外，其余部位可看做轴对称几何体和残余应力场轴对称体。当将盘沿半径切至中心时，由于切面上的残余应力释放，原应力失去平衡，盘切面变形，平行的切割平面变成关于切割平面对称的曲面。对于线弹性体的残余应力分析，可以应用线性叠加原理，将切口上释放了残余应力无外载荷的真实切口盘的应力状态（图 5.39（a）），看做是在具有真实残余应力分布的轮盘径向切割（图 5.39（b）），并在切口上叠加一相当载荷的结果，相当载荷与作用点上真实的残余应力大小相等、方向相反（图 5.39（c））。

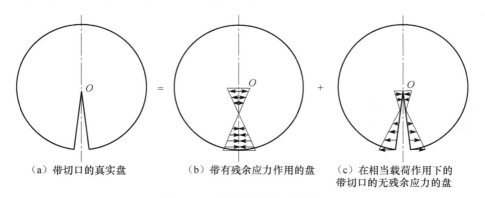

　　（a）带切口的真实盘　　　　　（b）带有残余应力作用的盘　　　（c）在相当载荷作用下的
　　　　　　　　　　　　　　　　　　　　　　　　　　　　　　带切口的无残余应力的盘

图 5.39　带切口盘的力学模型

　　由于在相当载荷作用下的带切口无残余应力盘的变形与真实切口盘相同，所以只要求得切口位移所对应的相当载荷，也就得到了残余应力。切口位移的测量可以在三坐标测量机上进行，也可以用一般的放大50～100倍的读数显微镜测量。

　　2. 密栅云纹法确定残余应力

　　密栅云纹法是一种全场应变分析方法，它基于光的几何干涉现象形成的云纹图形来计算应变场。将两块印有密集平行线条的透明板（称密栅板）重叠起来对着亮的背景看去，就会有明暗相间的条纹出现，该条纹称为云纹。根据不同的应用场合，密栅云纹法可分为转角云纹法、平行云纹法和双间距测量法，这里着重介绍转角云纹法，对于其他两种方法，有兴趣的读者可查阅相关资料。

　　1）转角云纹法

　　该法适用于云纹和栅线形成某个角度的情况。在试件表面上制出一组栅线，称为试件栅，它与试件一起变形，在其上再重贴一块复制有栅线的板，称为基准栅。由于光的干涉产生云纹，试件变形时，试件栅栅线间距就发生变形，云纹也随着增加、减少、倾斜或弯曲。云纹的分布和结构件的变形情况有着定量关系，从而推算出试件的应变场。密栅云纹法确定残余应力以应力释放为前提，采用转角云纹法对某涡扇发动机高压涡轮盘为对象进行测试。

　　如图 5.40 所示，θ 为基准栅线与变形后试件栅线之间的夹角；φ 为基准栅线与云纹之间的夹角；p 和 p' 分别为变形前后的栅线间距；OA 为变形前的云纹亮带的中心线；OA' 为变形后的云纹亮带的中心线。根据应变的定义有

$$\varepsilon = \frac{p' - p}{p} = \frac{p'}{p} - 1$$

在三角形 $OA'C$、$OA'B$ 中有

$$\sin\varphi = \frac{p}{OA'} , \quad \sin(\varphi + \theta) = \frac{p'}{OA'}$$

于是有

$$\varepsilon = \frac{\sin(\varphi + \theta)}{\sin\varphi} - 1$$

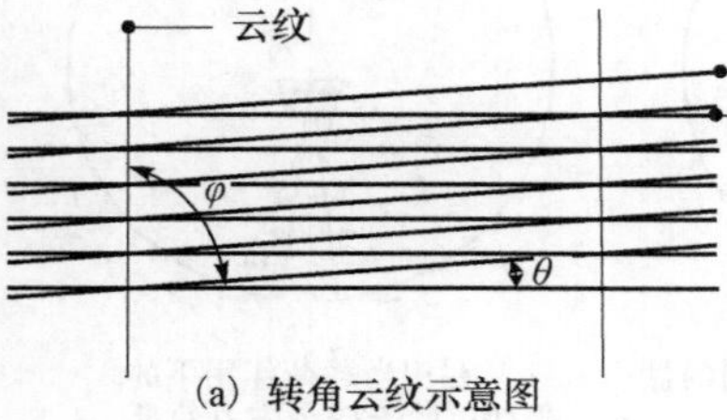

（a）转角云纹示意图 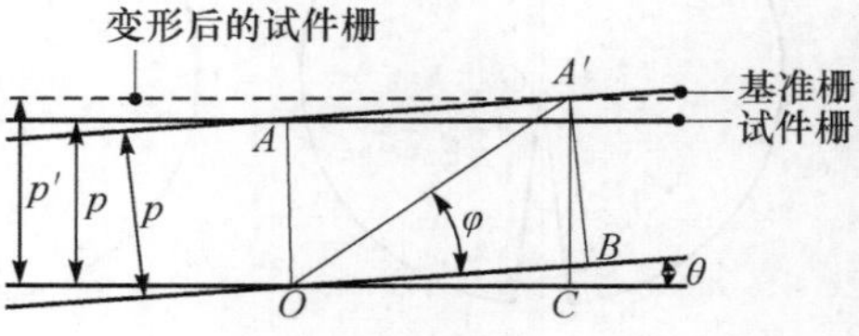　　　　　　　　　（b）两栅之间的几何关系

图 5.40　转角云纹示意图及两栅之间的几何关系

测量时，θ 和 φ 以逆时针转动为正，顺时针转动为负。在弹性理论中，正应变拉长为正，缩短为负；剪应变以直角变小为正，变大为负。

2）平行云纹法

该方法适用于云纹和栅线平行的情况，主要测量较大的弹性变形和塑性变形。计算公式为

$$\varepsilon = \frac{p}{f \pm p}$$

式中，f 为云纹间距。在工程实践中，云纹间距远大于栅线间距，即 $f \gg p$，因此上式分母中的 p 可略去，则平行云纹应变的计算公式简化为

$$\varepsilon = \frac{p}{f}$$

3）双间距测量法

用云纹图形测量转角所得到值的精度较差，而测 θ 角更加困难。双间距测量原理是将转角云纹公式的角度转换成云纹间距 s 的函数，以测量间距代替测量云纹角，这样可以提高测量准确度。

$$\varepsilon = \frac{\Delta s}{\dfrac{l}{p}s - \Delta s}$$

式中，s 为平行基准测量云纹间距；l 为任意选取的一段云纹长度；Δs 为选取的长度为 l 的云纹曲线在基准栅线上的投影长度。

5.4.4　基于残余应力推导最大工作循环

用残余应力确定涡轮盘的最大工作循环的计算精度取决于残余应力和材料循环应力-应变曲线的测量。

1. 自由表面的应力状态

一般情况下，涡轮盘的极值残余应力出现在应力集中区的自由表面上。自由表面上的应力状态比较简单。最常见的应力状态有两种：一维应力状态和二维应力状态。处于平面应力状态板的孔边、平面应变板孔边角以及型面复杂部件两互相垂直面的交角均属于一维应力状态，涡喷-某发动机高压涡轮盘的危险区域径向销钉孔和中心孔交界处也属于该应力状态。一维应力状态只有一个主应力，即 $\sigma_1 \neq 0$，$\sigma_2 = 0$，$\sigma_3 = 0$。因此，由光滑试件在单轴应力状态下得到的材料特性和应力-应变循环关系以及涡轮盘的残余应力确定最大工作循环成为可能。以下针对一维应力状态分两种方案从残余应力推导最大工作循环。

2. 方案 1 的推导公式

图 5.41 为一维应力循环过程，为涡轮盘中心孔附近区域的循环应力-应变曲线。根据涡轮盘实际载荷情况，该应力循环过程为脉动循环。σ_R 为残余应力，σ_A 为峰值应力，σ_s 为材料的屈服极限。应力幅为 $\Delta\sigma=\sigma_A-\sigma_R$。当涡轮盘所受的载荷幅值小，即应力幅值 $\Delta\sigma\leqslant 2\sigma_s$ 时，循环在弹性线 AR 上进行（图 5.41（a））；当涡轮盘所受的载荷幅值大，即应力幅值 $\Delta\sigma>2\sigma_s$ 时，循环在迟滞环上进行（图 5.41（b）），以上的循环均在同一工作温度下进行。

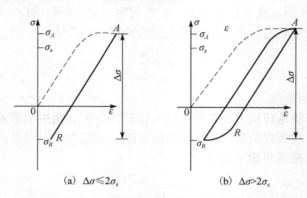

(a) $\Delta\sigma\leqslant 2\sigma_s$　　　　　　　(b) $\Delta\sigma>2\sigma_s$

图 5.41　一维应力状态应力-应变关系和残余应力假设

为便于研究分析，假设危险区域的应力-应变循环不超过图 5.41 所示 AR 循环线范围，即 AR 为最大应力-应变循环。

根据以上分析，燃气涡轮盘的载荷为脉动循环载荷，其名义应力幅值 ΔS 与最大名义应力值 S_A 相等，即

$$\Delta S=S_A$$

为表述方便，这里列出循环应力-应变公式：

$$\varepsilon_a = \frac{\sigma_a}{E} + \left(\frac{\sigma_a}{K'}\right)^{1/n'} \tag{5.11}$$

假设在工作温度 T 和常温 T_0 下，所考虑局部的残余总应变和残余塑性应变值保持不变，即 $\varepsilon_t=\varepsilon_{t0}$，$\varepsilon_p=\varepsilon_{p0}$，如图 5.42 所示。这时存在以下关系：

$$\sigma_R = \frac{E}{E_0}\sigma_{R0} \tag{5.12}$$

其中，ε_t、ε_p、E、σ_R 分别为工作温度 T 下残余总应变、残余塑性应变、弹性模量和残余应力；ε_{t0}、ε_{p0}、E_0、σ_{R0} 分别为常温 T_0 下残余总应变、残余塑性应变、弹性模量和残余应力。

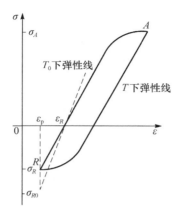

图 5.42 残余应力假设

涡轮盘应力-应变和名义应力的关系满足 Neuber 方程

$$\sqrt{\varepsilon\sigma E} = K_t S \tag{5.13}$$

对于脉动循环载荷有

$$\sqrt{\Delta\varepsilon\Delta\sigma E} = K_t S \tag{5.14}$$

材料是各向同性的，于是有

当 $\Delta\sigma \leqslant 2\sigma_s$ 时，

$$\Delta\sigma = K_t \Delta S \tag{5.15}$$

当 $\Delta\sigma > 2\sigma_s$ 时，

$$\Delta\varepsilon = \frac{\Delta\sigma}{E} + 2\left(\frac{\Delta\sigma}{2K'}\right)^{1/n'} \tag{5.16}$$

由式（5.11）和式（5.13）可以得到最大应力点 A 的 σ_A 和名义应力 S_A 的关系：

$$\sqrt{\sigma_A^2 + E\sigma_A\left(\frac{\sigma_A}{K'}\right)^{1/n'}} = K_t S_A \tag{5.17}$$

对于 A 到 R 的过程，有 $\Delta\sigma = \sigma_A - \sigma_R$，$\Delta S = S_A - S_R = S_A$。

当 $\Delta\sigma \leqslant 2\sigma_s$ 时，由式（5.15）可得

$$\sigma_A - \sigma_R = K_t S_A \tag{5.18}$$

把式（5.18）代入式（5.17）可得

$$2\sigma_A\sigma_R + E\sigma_A(\sigma_A/K')^{1/n'} = (\sigma_R)^2 \tag{5.19}$$

由于当 $\Delta\sigma \leqslant 2\sigma_s$ 时，最大应力-应变循环 AR 是一条直线，所以有

$$\varepsilon_A - \varepsilon_R = \frac{\sigma_A - \sigma_R}{E} \tag{5.20}$$

当 $\Delta\sigma > 2\sigma_s$ 时，由式（5.14）和式（5.16）可得

$$\Delta\sigma\left[\Delta\sigma + 2E\left(\frac{\Delta\sigma}{2K'}\right)^{1/n'}\right] = (K_t\Delta S)^2$$

对于 A 到 R 的过程，上式变为

$$(\sigma_A - \sigma_R)\left[(\sigma_A - \sigma_R) + 2E\left(\frac{\sigma_A - \sigma_R}{2K'}\right)^{1/n'}\right] = (K_t S_A)^2 \tag{5.21}$$

由式（5.17）和式（5.21）可得

$$2\left(\frac{\sigma_A - \sigma_R}{2K'}\right)^{1/n'} = \frac{\sigma_A}{\sigma_A - \sigma_R}\left[\frac{\sigma_A}{E} + \left(\frac{\sigma_A}{K'}\right)^{1/n'}\right] - \frac{\sigma_A - \sigma_R}{E} \tag{5.22}$$

对于 A 到 R 的过程，式（5.16）变为

$$\varepsilon_A - \varepsilon_R = \frac{\sigma_A - \sigma_R}{E} + 2\left(\frac{\sigma_A - \sigma_R}{2K'}\right)^{1/n'} \tag{5.23}$$

式（5.12）、式（5.19）、式（5.20）、式（5.22）和式（5.23）给出了最大应力-应变循环与残余应力的关系，图 5.43 为方案 1 的计算流程。

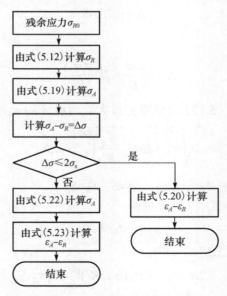

图 5.43　方案 1 的计算流程

3. 方案 2 的推导公式

该方案的假设与方案 1 相同，即所计算的部位处于一维平面应力状态。图 5.44 为涡轮盘中心孔区域材料稳定迟滞回线确定的循环应力-应变曲线。在局部温度 T_0 下，材料的循环应力-应变关系满足式（5.11），因此 A 处的应力-应变关系满足下列方程：

$$\varepsilon_{A0} = \frac{\sigma_{A0}}{E_0} + \left(\frac{\sigma_{A0}}{K'}\right)^{1/n'} \tag{5.24}$$

对于 A 到 R 的曲线满足迟滞回线的下降段方程：

$$\frac{\varepsilon_{A0} - \varepsilon_{R0}}{2} = \frac{\sigma_{A0} - \sigma_{R0}}{2E_0} + \left(\frac{\sigma_{A0} - \sigma_{R0}}{K'}\right)^{1/n'} \tag{5.25}$$

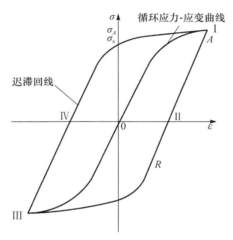

图 5.44　由稳定迟滞回线确定的循环应力-应变曲线（下降段）

以上公式推导是由残余应力为压应力状态计算工作应力-应变，所得到的应力为拉应力。另外，残余应力为拉应力，即上升段 $\mathrm{III} \rightarrow \mathrm{IV} \rightarrow \mathrm{I}$，见图 5.45。$A$ 处为最大应力-应变点，R 处为残余应力点，σ_R 为残余应力，σ_A 为峰值应力，σ_s 为材料的屈服极限。计算工作应力为压应力状态的公式如下，即满足迟滞回线的上升段方程为

$$\frac{\varepsilon_{R0} - \varepsilon_{A0}}{2} = \frac{\sigma_{R0} - \sigma_{A0}}{2E_0} + \left(\frac{\sigma_{R0} - \sigma_{A0}}{K'}\right)^{1/n'} \tag{5.26}$$

在求得 R 处的残余应力 σ_{R0} 和残余应变 ε_{R0} 后，由式（5.24）~式（5.26）联立可计算出 A 处的常温情况下的最大应力和应变值。应用式（5.12）即可计算出局部工作温度 T 下的最大应力 σ_A 和应变值 ε_A。

　　从以上计算推导过程可以看出，方案 1 只适用于迟滞回线的下降段方程，即残余应力或应变处于谷值的情况，具体到涡轮盘结构，就是轮盘中心孔附近；方案 2 可以适用于任何部位的循环应力-应变情况，包括涡轮盘的榫槽、榫槽底部和封严篦齿等位置。可以认为方案 1 是方案 2 的一个特例。

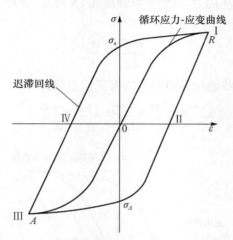

图 5.45　从稳定的迟滞回线确定的循环应力-应变曲线（上升段）

5.4.5　具体工程实例

1. 涡喷-某发动机高压涡轮盘

　　涡喷-某发动机高压涡轮盘的危险区域——径向销钉孔与中心孔交界处的应力梯度很大，见图 5.46，该图取轮盘的 1/32 扇形段，销子以轴线对称面取 1/2。本节采用以应力释放位移为几何边界条件的残余应力确定法确定涡喷-某发动机高压

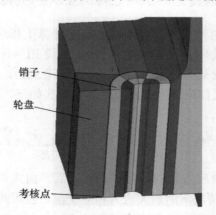

图 5.46　涡喷-某发动机涡轮盘销子附近

涡轮盘的残余应力。假设：①未经使用的发动机涡轮盘不存在残余应力，也就是涡轮盘热处理、金属加工等造成的残余应力可忽略；　②涡轮盘的残余应力是在工作过程中产生的。

切割了一台涡喷-某发动机的高压涡轮盘[14]，总使用寿命为 407h34min，因万向轴断裂故障而退役。传动离心式调节器的万向轴断裂以后，主燃油泵-调节器的低压转子转速传感器的输入转速 n_1 趋近于零，主燃油泵-调节器内的转速调节器弹簧伸长，转速调节器分油活门开大，主燃油泵加大油量，因而，主燃烧室喷嘴油量加大，涡轮前温度 T_3^* 增高，同时高压转速 n_2 增加。从涡轮盘轮缘的颜色以及高压涡轮叶片叶冠和叶尖烧蚀的结果来看，高压涡轮盘出现了超温和超转现象。因此，该涡轮盘的残余应力反映的是在万向轴断裂以后，发动机出现超温、超转后的最大应力-应变循环，并不是发动机在正常工作过程中的最大应力-应变循环。

1）涡轮盘径向切割

高压涡轮轴与涡轮盘是热压装配的，为了真实地反映考核点附近的残余应力，高压涡轮盘上保留了部分涡轮轴，切割后的开口形式如图 5.47 所示。

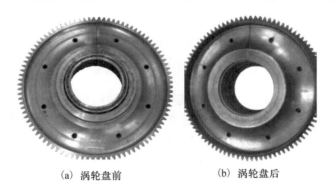

　　(a) 涡轮盘前　　　　　　　　　　(b) 涡轮盘后

图 5.47　径向切割后的涡轮盘

在高精度的钼丝线切割机上沿涡轮盘径向切割，由于有残余应力的作用，涡轮盘沿切向张开，具体形式如图 5.48 所示。

　　(a) 涡轮盘前　　　　　　　　　　(b) 涡轮盘后

图 5.48　径向切割后的涡轮盘局部开口

2）开口位移测量

该涡轮盘用高精度钼丝线切割机进行切割，钼丝直径为 0.18mm，为了得到切割后的消耗尺寸，考虑材料因素和切割工艺的影响，在本涡轮盘残余应力很小的涡轮盘榫槽凸台上进行了同样工艺的径向切割，测得其消耗尺寸为 $d_0=0.30$mm，在数据处理时，用于修正其他部位的开口位移。事实证明，选择该位置是正确的，切割后的开口距离在所切割的范围内是一致的，均为 0.30mm 左右。图 5.49 为开口位移的测量结果。

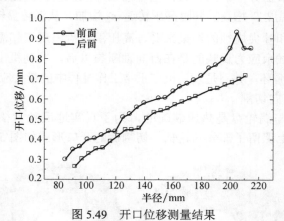

图 5.49　开口位移测量结果

3）涡轮盘残余应力、最大应力-应变循环计算结果

采用大型结构有限元分析软件建立三维有限元模型。为便于边界条件的处理，取涡轮盘和部分涡轮轴的一半作为计算对象，其中的一半边界有销钉孔。该模型共有 49145 个节点，40300 个八节点三维实体单元。计算时假设条件如下：

（1）忽略榫槽凸台和通气孔局部影响。

（2）由于切口径向位移相对切向位移是无限小量，因而只给定切向位移，径向位移按自由位移处理。

有限元计算网格如图 5.50 所示。整体坐标 z 向是切割平面的法向，即轮盘的周向。

图 5.50　1/2 涡轮盘和部分涡轮轴有限元模型

将开口位移作为有限元模型的边界条件，采用线弹性有限元方法计算残余应力。危险点（节点号为1382）的主应力计算结果及其方向余弦见表5.19。

表 5.19 　危险点的残余应力计算结果

1382 节点	方向余弦		
主应力（σ_1、σ_2、σ_3）/MPa	l	m	n
−12.251	0.07349	0.99269	−0.09578
−65.411	0.99728	−0.07266	0.01211
−291.08	−0.00506	0.09641	0.99533

注：方向余弦 l、m、n 分别为与整体坐标系 x、y、z 坐标轴的角度余弦。

从表5.19中可以看出，危险点可以近似认为处于一维应力状态，方向为整体坐标系的 z 向，即周向。常温条件下的残余应力为 $\sigma_{R0}=-291.08$MPa。

根据相关公式可以计算危险点的最大应力-应变循环。由该型发动机的稳态温度场可知，危险点的工作温度 $T=289$℃左右。可计算出工作温度条件下的残余应力 $\sigma_R=-255.9$MPa，根据图 5.43 流程图得到工作温度下的最大应力为 $\sigma_A=827.9$MPa，应变幅值 $\Delta\varepsilon=\varepsilon_A-\varepsilon_R=0.00573$。平均应力 $\sigma_m=(\sigma_A+\sigma_R)/2=286$MPa。

4）涡轮盘疲劳寿命预测及与试验对比分析

有了最大应力-应变循环，就可以进行疲劳寿命预测。用 300℃条件下的 GH4133 合金圆饼修正的 Manson-Coffin 公式估算寿命

$$\frac{\Delta\varepsilon}{2}=0.007\left(1-\frac{\sigma_m}{1532}\right)(2N_f)^{-0.08}+0.98(2N_f)^{-0.94}$$

得到低循环疲劳寿命 $N_f=5424$，即危险点的裂纹萌生寿命为 5424 次循环。

为了确定涡喷-某发动机涡轮盘的技术寿命，在地坑式轮盘疲劳试验器上进行了低循环疲劳试验，得到涡轮盘的试验寿命。试验中选取一个新涡轮盘和一个已装机使用 200h 的旧盘。试验的主要参数为 250℃恒温，转速循环为 2000～12710r/min。

旧涡轮盘试验到6047次循环后，在5个销钉孔与中心孔交界处所对应的进气端面上出现了径向裂纹。经断口反推分析确定，裂纹的萌生寿命为 3161 次循环。取平均飞行换算率为 3.0，则该涡轮盘的实际裂纹萌生寿命为 200×3.0+3161=3761 次循环。新涡轮盘试验到 7087 次循环后，同样在 6 个销钉孔处出现径向裂纹，其裂纹的萌生寿命为 3493 次循环。

从以上结果可以看出，由残余应力预测的涡轮盘寿命高于试验循环下所测定的寿命。值得注意的是，测试的涡轮盘是超温超转盘，即所确定的最大应力-应变循环是高于正常发动机的，而且在寿命计算中没有考虑应变分布对寿命的影

响。因此，可以初步判定，实际发动机涡轮盘的最大应力-应变循环很可能低于轮盘试验的应力-应变循环。

2. 某型涡扇发动机高压涡轮盘

某型涡扇发动机高压涡轮盘寿命研究结果表明[15]：封严箆齿 R6 部位是限制涡轮盘使用寿命的关键位置之一，封严箆齿下部是整个涡轮盘寿命的薄弱环节之一，其应力状态较为复杂，即同时存在径向应力和周向应力。在经过一定载荷循环考核后，该部位出现周向裂纹。在低循环疲劳试验中，该位置首先出现疲劳裂纹。

1）切割方式及残余应力测试法的确定

根据高压涡轮盘的实际应力状态和裂纹萌生形式，在涡轮盘上进行环向切割获得径向的开口位移，以确定径向应力；之后进行径向切割获得周向的开口位移，以确定周向应力。利用云纹干涉法测量变形。为尽可能地提高测量精度，采用密栅云纹法测量变形。由于利用波前干涉原理的云纹干涉法没有解决在涡轮盘表面上的制栅工艺，只能利用测量精度较低的密栅云纹法。针对本研究的特点，为保证切割后的涡轮盘可以反映出残余变形，在进行钼丝切割时采取了以下技术措施。

（1）加工一个大圆卡环，外径 $\phi800\text{mm}$，用热配合过盈固定在涡轮盘外环上，限制变形，保证钼丝按照预定的圆周方向切割，如图 5.51 所示。

（2）切割前在切割半径外侧上用高精度电火花钻孔机钻一个工艺孔，直径 $\phi1\text{mm}$ 左右，将钼丝穿过，靠线切割机的测量系统确定切割半径，同时能保证切割后外环和圆饼可以进行尺寸测量，如图 5.52 所示。

图 5.51　带工艺圆环的涡轮盘

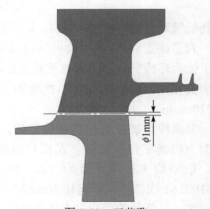

图 5.52　工艺孔

2）密栅云纹法测试的结果

密栅云纹法测试以应力释放为前提，本书采用 40 线/mm 的转角云纹栅。在切割半径和径向切割线附近粘贴栅片，主要测量较大的弹性变形。

　　由于该涡轮盘关键点处于封严篦齿下部，恰好位于圆弧过渡位置，紧靠关键点粘贴密栅云纹板有很大的困难，所以测量径向残余应力的密栅云纹板贴在了距离关键点（半径为 246.5mm）约 2mm 的位置，即半径 244.5mm。

　　图 5.53 为部分云纹栅测试的照片。表 5.20 是不同云纹栅计算的结果，径向应力的平均值为 222.3MPa。径向切割密栅云纹法测量结果（周向应力）为：靠近切割外圆的干涉条纹 $\theta=0.5898°$，$\varphi=87°$，计算得到 $\sigma_t' = 97.8$MPa。测试位置的残余应力为上述数值的负值，即残余应力为压应力：$\sigma_r = -222.3$MPa 和 $\sigma_t = -97.8$MPa。

（a）环向切割云纹栅5

（b）环向切割云纹栅8

（c）环向切割云纹栅6

（d）径向切割云纹栅

图 5.53　云纹栅测试图

表 5.20　环向切割测量结果（径向应力）

栅片序号	云纹间距/mm	θ/(°)	φ/(°)	应力/MPa	平均应力/MPa
5	2.364	0.606	84	212.2	
6	2.211	0.648	84	226.1	222.3
8	3.000	0.478	82	228.7	

注：θ 为基准栅线与变形后试件栅线之间的夹角；φ 为基准栅线与云纹之间的夹角。

3）确定最大应力-应变循环

由于涉及材料非线性，所以计算模型的规模成为制约计算效率的关键因素。目前，该涡轮盘的有限元模型有两个，一个是以榫槽冷却孔为考核重点的三维有限元模型，另一个是轴对称模型。而三维有限元模型多达几十万个单元，就目前的计算机硬件条件，采用如此庞大的模型进行结构的弹塑性计算分析有很大的难度，因此本书主要采用第二种计算模型，从而大大简化计算量。随之而来的问题是，考核点封严篦齿下部附近的冷却孔是否对本研究的关键点有影响，进行了计算对比，结果表明，冷却孔对关键点的应力影响很小，可以采用轴对称模型。

涡轮盘除了离心载荷外，还有本身的惯性载荷和温度场载荷，根据有关单位的计算结果可知，温度场产生的热应力对于关键点的影响不大，一般情况下，只有 3%～4%，因此本书只采用一种温度场载荷。

由于缺少该涡轮盘材料的循环应力-应变曲线等关键参数，所以采用有限元计算的方法确定涡轮盘的峰值应力-应变。经反复调整计算载荷，找到了与残余应力相对应力的峰值载荷。表 5.21 为云纹栅位置谷值应力（残余应力）计算结果和测量结果，54624 节点的 x 方向坐标即半径为 244.38mm。

表 5.21　云纹栅位置应力计算结果和测量结果对比

节点	考核应力/MPa	测量应力/MPa	备注
54624	$\sigma_{\mathrm{r}}'' = -226.64$	-222.3	径向应力
54632	$\sigma_{\mathrm{t}}'' = -118.69$		
54634	$\sigma_{\mathrm{t}}'' = -107.48$		
56636	$\sigma_{\mathrm{t}}'' = -96.347$	-97.8	周向应力
54638	$\sigma_{\mathrm{t}}'' = -87.564$		
54640	$\sigma_{\mathrm{t}}'' = -80.235$		

在进行密栅云纹法测量应力时，未考虑周向应力沿涡轮盘半径变化梯度较大的情况，粘贴的云纹栅较宽，不能十分确定测量位置，同时，φ 角即基准栅线与云纹之间的夹角测量精度对结果影响较大，因此将其附近的应力都列在表内。可以看出，径向应力计算和测量的结果非常接近，计算的周向应力也在测量值附近。

涡轮盘危险点（对应节点 55260）应力、应变峰值和谷值见表 5.22。

表 5.22　涡轮盘危险点（节点 55260）应力、应变峰值和谷值及方向余弦

应力	峰值应力	方向余弦			谷值应力	方向余弦		
		l	m	n		l	m	n
σ_1/MPa	1099.50	0.9958	−0.0912	0	9.96	0.0965	0.9953	0
σ_2/MPa	657.98	0	0	1	−358.73	0	0	1
σ_3/MPa	20.57	0.0912	0.9958	0	−580.96	**0.9953**	−0.0965	0
σ_{eq}/MPa	939.50				498.53			
应变	峰值应变	应变方向余弦			谷值应变	应变方向余弦		
		l	m	n		l	m	n
ε_1	1.1585×10^{-2}	0.9959	−0.0910	0	4.4320×10^{-3}	0.9961	−0.0888	0
ε_2	2.4815×10^{-3}	0	0	1	-1.3086×10^{-4}	0	0	1
ε_3	-1.0351×10^{-2}	0.0910	0.9959	0	-6.2111×10^{-3}	0.0888	0.9961	0
ε_{eq}	1.3387×10^{-2}				1.0848×10^{-2}			

从表 5.22 中可以看出，涡轮盘关键点峰值的第一主应力、第一主应变与谷值的第三主应力、第一主应变基本上处于一个方向，与涡轮盘径向即 x 轴大约成 $5.22°$。

4）涡轮盘疲劳寿命预测及与试验对比分析

该涡轮盘关键点处于两向应力状态：径向应力和周向应力。材料的性能数据是单轴状态下的。在低循环疲劳寿命评估中，广泛采用最大主应变准则、最大剪应变准则和等效应变准则，采用最大主应变准则估算疲劳寿命。以下是适用于 450℃条件下的循环应变寿命公式，即 Manson-Coffin（无应力修正）方程：

$$\frac{\Delta\varepsilon}{2} = 0.007393(2N_f)^{-0.053328} + 0.739(2N_f)^{-0.63086}$$

将表 5.22 关键点峰、谷应变值代入上式，得到低循环疲劳寿命 $N_f=3950$，即危险点的裂纹萌生寿命为 3950 次循环。

对两台发动机（已使用寿命见表 5.23）的高压涡轮盘，在低循环旋转试验器上，以上限转速 13800r/min、下限转速 1500r/min 及轮缘 462℃±10℃、轮毂内孔边 378℃±10℃的温度，分别完成了 1800 次、2050 次的试验循环。在完成上述试验的基础上，为进一步研究破坏模式及寿命潜力，又继续对上述二轮盘，以上限转速 14050r/min、下限 1500r/min 及轮缘 466℃±10℃、轮毂 377℃±10℃的温度，又分别完成了 1000 次（前 500 次未出现裂纹）及 380 次试验循环，在 R245mm 处（封严臂下）发现近 2/3 周及 1/4 周的断续环状裂纹。

鉴于 R245 封严篦齿下 R6 处最先出现周向环状裂纹，已暴露出破坏模式。

用材料性能数据手册中具有与该部位相近应力集中系数的缺口试件数据进行温度
修正得出的 *S-N* 曲线，将两种试验循环都换算到标准循环上，当量系数为
0.876、1.06。经有关载荷谱和应力计算分析，该发动机涡轮盘的飞行换算率
K=1.05，分别将小时寿命换算到标准循环上，两个涡轮盘总循环寿命（标准循环）
的计算结果见表 5.23。

表 5.23　低循环疲劳试验结果

盘别	已使用寿命/h	按飞行换算率折算标准循环	低循环试验折算的标准循环	合计标准循环
第一盘	825	867	2457	3324
第二盘	732	769	2064	2833

从表 5.23 中可知，两个涡轮盘封严篦齿下 R6 处的裂纹萌生寿命接近 3000 次
循环左右，与用残余应力确定最大应力-应变循环预测的低循环疲劳寿命较为
吻合。

提出的以应力释放位移为几何边界条件的残余应力确定法、密栅云纹法和基
于残余应力确定最大工作循环，成功地运用到涡喷-6、涡喷-8、涡喷-7、某型涡
扇发动机四个型号发动机 6 种涡轮盘的残余应力和最大工作循环确定上，取得了
很好的工程应用效果，为四个型号发动机的涡轮盘定寿和故障机理分析提供了技
术依据。

5.5　基于残存比率法确定活塞六甲发动机主连杆疲劳寿命

以美国 JSGS-87231A《航空涡轮发动机使用指导规范》和英国 DEF STAN
00-971《飞机燃气涡轮发动机通用规范》为代表的先进航空发动机设计规范，都
明确了航空发动机关键件定寿的关键技术和步骤。可以看出，关键件定寿通用的
做法是实验室模拟外场使用环境和使用载荷谱，在实验室进行相关试验，给出带
有疲劳散度系数的安全寿命，部分发动机领先使用，再根据领先使用情况确定关
键件寿命。如果获得外场使用载荷谱、实验室模拟外场使用等存在很大的技术难
度，或者其他因素无法通过正常途径对关键件定寿，就要考虑其他方法。本节介
绍采用随机截尾试验的经验分布函数确定发动机关键件疲劳寿命的主要方法。

5.5.1　活塞六甲发动机主连杆断裂故障

配装初教六（甲）飞机的活塞六甲型发动机副连杆弯曲折断及主连杆折断是
长期以来不断发生的危险性故障[16]。每次发生都会打坏发动机引起停车，有时
还导致螺旋桨桨轴折断，产生严重事故。据不完全统计，1985 年至 2002 年发生

了 17 起故障，几乎每年都有此类故障发生，仅 2001 年就发生 3 起，严重危及飞行安全。表 5.24 为 1985~2002 年配装初教六飞机的且有案可查确系主连杆（三筋头部位）首断的连杆折断事故情况。图 5.54 为断裂件实物照片。

表 5.24　1985～2002 年活塞六（甲）主连杆折断情况

发动机号	型别	断裂日期（年.月.日）	总工作时间	本次工作时间	断裂连杆号
336046184	HS6	1985.3.14	2228h57min	328h44min	4、9
646046337	HS6	1985.5.3	2151h34min	252h29min	4、3
336046171	HS6	1994.10.10	2149h59min	245h54min	4
201H6A822388	HS6A	1998.10.27	1199h50min	61h53min	4、3、5
201H6A893110	HS6A	1999.9.20	1408h16min	209h16min	4、1、3、5
201H6A923299	HS6A	2001.4.6	1564h2min	365h46min	4、3、5
201H6A852835	HS6A	2001.8.20	1258h26min	59h13min	4、2、3
201H6A893111	HS6A	2001.10.9	1461h26min	261h26min	—
201H6A852775	HS6A	2001.11.9	2115h20min	318h57min	4、3、9
201H6A852870	HS6A	2002.8.5	1414h55min	215h32min	4、3

注：主连杆序号为 4 号。

图 5.54　断裂的主连杆实物照片

研究多次断裂故障，发现有以下规律：断裂的主连杆在曲轴端断裂，断口分析认为失效性质是疲劳断裂，断口疲劳扩展比较充分，疲劳源区为点状特征，在源区未发现明显的缺陷或损伤。

活塞六及活塞六甲发动机历史上曾多次发生主连杆折断故障，以往的事故分析均认为故障原因是液压撞击，与使用维护有关，同时也采取了人工扳桨等多项措施，但是依然无效，因此使用单位对事故的定性反应十分强烈。

因此，面临两个问题需要解决：主连杆断裂性质确定，不能简单地归结为使用维护不当所导致的液压撞击，很可能与部件的设计和工作寿命相关；确定主连杆疲劳使用寿命。

5.5.2　活塞六甲发动机主连杆断裂机理分析

1. 液压撞击试验排除了主连杆静强度不足的可能性

自初教六飞机使用以来，此类主、副连杆故障均认为是液压撞击所致。为避免发生液压撞击，制造厂、修理厂和部队都曾制定过许多措施，如起动前扳转螺旋桨、确保部件密封性、改进放油装置、严格掌握滑油冲淡量等，但均未能有效抑制该故障的发生。

为查明本次故障原因是否为液压撞击，进行了液压撞击试验。撞击后主连杆损伤状态与故障状态完全不同：主连杆在活塞端弯曲，经探伤在主连杆上未发现裂纹，曲柄端也未发生变形。故障件的断口分析和液压撞击试验说明，主连杆的断裂原因不一定是液压撞击，而可能与部件的使用疲劳寿命有关。

需要从结构设计出发，通过对主连杆在正常和非正常载荷下受力状况的分析，依据力学原理对故障性质做出定性评判。在彻底搞清连杆断裂故障机理的基础上，提出针对性的预防措施，以减少此类故障的发生。

因此，必须开展主连杆疲劳寿命校核，以确定主连杆断裂机理，其主要工作有：工作载荷计算，应力分析和疲劳寿命评定，确定主连杆疲劳断裂是否因疲劳强度不足所致。

2. 活塞六甲发动机热力计算和主连杆载荷计算

如前所述，主连杆断裂为疲劳断裂，已被多次断口分析所证明[17,18]。其断裂部位在三筋头的 R 处（图 5.55）。主连杆寿命研究，首先要通过应力分析验证三筋头的 R 处确系主连杆的危险点，并通过计算该点工作应力和材料的 $S\text{-}N$ 曲线，进行主连杆的疲劳强度评估。为此，必须首先进行载荷分析。

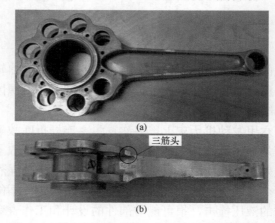

(a)

三筋头

(b)

图 5.55　活塞六甲发动机主连杆及断裂位置示意图

如图 5.56 所示，主连杆在运行中承受着如下极其复杂的作用力。

（1）主活塞的惯性力和气动力合力：F_{x4}、F_{y4}。

（2）1 号、2 号、3 号、5 号、6 号、7 号、8 号、9 号等 8 个副活塞的惯性力和气动力合力以及副连杆的惯性力：F_{x1}、F_{y1}；F_{x2}、F_{y2}；F_{x3}、F_{y3}；F_{x5}、F_{y5}；F_{x6}、F_{y6}；F_{x7}、F_{y7}；F_{x8}、F_{y8}；F_{x9}、F_{y9}。

（3）主连杆本身的分布惯性力。

（4）曲柄轴的支反力。

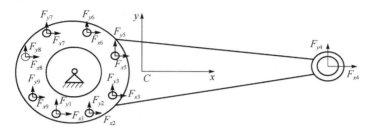

图 5.56　主连杆作用力简图

载荷的 x 方向定义为由曲轴中心指向主活塞销中心的方向，y 轴正向指向 5、6 号副连杆销孔所在的一侧。

主连杆在正常工作时的载荷可通过以下分析过程得到：

（1）根据示功图，计算各个活塞在循环中所受的燃气作用力。

（2）由主、副连杆的运动轨迹和速度方程，计算主、副连杆及活塞的惯性力。

综合上述两项，即可得到发动机一个运行循环（曲轴旋转 720°）中各时刻的主连杆载荷。

载荷计算利用了 MATLAB 软件，每个工作循环分成 7200 个工作点，即曲轴每旋转 0.1°作为一个工作点，进行载荷计算。

计算条件和发动机状态：

（1）曲轴转速 n 为常数。

（2）气缸总容积 V_a=10.161L。

（3）压缩比 ε=6.2。

（4）活塞行程 S=130mm。

（5）燃料热值 H_u=10450×4184J/kg。

（6）1kg 燃料完全燃烧理论空气量 L_0=14.95kg/kg。

（7）大气条件为海平面国际标准大气（P_0=760mmHg，1mmHg=1.33kPa，T_0=288K）。

发动机状态参数见表 5.25。考虑到机上滤网有 15mmHg 的进气损失，计算中考虑了有、无滤网两种情况。

表 5.25 发动机状态参数

发动机状态	进气压力/mmHg	曲轴转速 /(r/min)
起飞 1	845	2350
额定 1	840	2250
起飞 2	830	2350
额定 2	825	2250

注：起飞 1、额定 1 为台架状态（无滤网）；起飞 2、额定 2 为飞机上的状态（有滤网）。

分析表明，对应故障位置应力峰谷值的工作点为 2 号和 6 号缸燃气压力处于峰值的时刻，在这两个时刻主连杆三筋头位置出现拉压应力峰谷值。为方便起见，把靠近 5 号杆销孔的三筋头位置危险点 A 处应力峰（谷）值对应的载荷称为载荷峰（谷）值，对称侧三筋头箭头位置称为 B 处。

作为一个示例，起飞 1 状态的载荷峰、谷值分别见表 5.26 和表 5.27，其中合力角是合力矢量与 x 轴的夹角。表 5.28 为表 5.26 和表 5.27 伴随的主连杆的加速度和角加速度。载荷峰值对应 2 号缸最大气动力时刻；载荷谷值对应 6 号缸最大气动力时刻。图 5.57 和图 5.58 分别为起飞 1 状态载荷峰、谷值，图中 A、B 点为疲劳开裂位置。

表 5.26 起飞 1 状态的载荷峰值（α=110.2°）

参数	主活塞	5 号杆	6 号杆	7 号杆	8 号杆	9 号杆	1 号杆	2 号杆	3 号杆
F_x/N	−3538	−1942	−1425	775	2395	11299	−1563	8239	3305
F_y/N	−5279	−2354	−4734	−7188	−4308	−4828	−1919	35649	−4362
合力 F/N	6350	3050	4940	7230	4930	12290	2470	36590	5470
合力角/(°)	236	230	253	276	299	337	231	77	307

注：α 为点火角。

表 5.27 起飞 1 状态的载荷谷值（α=275.2°）

参数	主活塞	5 号杆	6 号杆	7 号杆	8 号杆	9 号杆	1 号杆	2 号杆	3 号杆
F_x/N	−11304	1535	2938	−4315	2143	1668	−609	−3794	−3159
F_y/N	3731	2394	−35923	3595	1817	4467	6136	6905	2517
合力 F/N	11900	2840	36040	5620	2810	4770	6170	7880	4040
合力角/(°)	162	57	275	140	40	70	96	119	142

表 5.28　主连杆的加速度和角加速度

α/(°)	加速度/(m/s²)						角加速度 β″/(rad/s²)
	S 点 x″	S 点 y″	M 点 x″	M 点 y″	C 点 x″	C 点 y″	
110.2	−360.4	3919.9	−498.5	133.1	−382.9	3301.0	16012.0
275.2	1416.2	−3672.9	1406.6	400.3	1414.6	−3007.2	−17222.7

注：S 点为曲轴孔中心；M 点为主活塞销孔中心；C 点为主连杆质心。

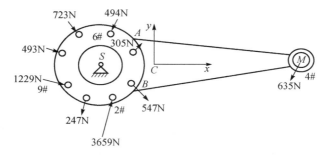

图 5.57　主连杆起飞 1 状态载荷峰值矢量图

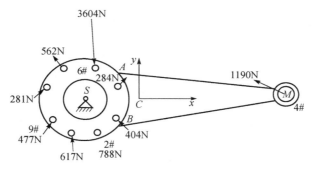

图 5.58　主连杆起飞 1 状态载荷谷值矢量图

3. 主连杆工作应力的有限元分析

主连杆材料为 20CrNi3A，锻造机械加工件。根据主连杆的具体结构和载荷情况，取其厚度方向的 1/2 作为计算对象，如图 5.59 所示。主连杆杆身为"工"字形截面。主连杆大头有曲柄孔 S，小头孔 M 是主汽缸活塞的销孔。大头曲柄孔的四周向外延伸有夹状法兰边，其上开有按 40°间隔均匀分布 8 对销子孔，用于连接 1、2、3、5、6、7、8、9 号副连杆。每对副连杆销孔内嵌入内孔为 $\phi 9.974$mm 的筒状轴销。考虑到轴销和其中的销子对结构刚度的影响，计算模型包含了 2、3、5 和 6 号孔的轴销和销子。

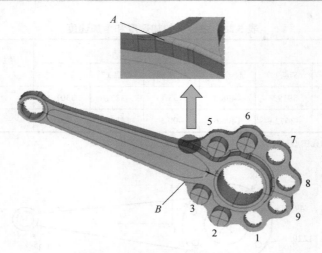

图 5.59　　1/2 主连杆及局部放大

在应力分析中，主连杆质心为坐标原点（距 S 孔中心距离 39.876mm），水平指向主连杆曲柄孔 S 中心的方向为 x 轴，竖直指向 5 号副连杆销孔的方向为 y 轴。中心运动平面为对称面（xy 平面），主连杆的结构和载荷与之对称。

因为中心运动平面为对称面，其 z 方向位移被约束；大端 S 孔内表面 1/2 固支，约束掉 x、y 两个方向的位移，以模拟曲轴对主连杆的约束作用，不同的载荷步固支不同的角度范围，固支角度范围的中心点就是曲轴支反力合力作用点。

因为主连杆应力水平在弹性范围内，应力分析采用线弹性有限元。采用三维 10 节点四面体单元，共 67428 个单元。分析表明，在发动机正常工作状态下，主连杆的最大应力点在三筋头点 A、B 处，也就是故障件疲劳源位置。对应故障位置 A 点应力峰谷值（B 点应力峰谷值）的发动机工作点分别为 2 号和 6 号缸燃气压力处于峰值的时刻，对应曲轴角 α 为 110.2° 和 275.2°。图 5.60 和图 5.61 是起飞 1 状态汽缸点火时的最大主应力云图。

表 5.29 为 A 点和 B 点起飞 1 和额定 1 状态的具体应力值，表 5.30 为 A 点和 B 点起飞 2 和额定 2 状态的具体应力值。

表 5.31 给出了 A 点和 B 点起飞 2 状态峰谷值应力方向角，从表中数值可以看出，起飞 2 状态峰谷值应力方向角是一致的，可以构成疲劳分析的应力峰谷值。计算结果表明，其他发动机工作状态 A 点和 B 点峰谷值应力方向角与此相似，也是一致的。

根据表 5.29 和表 5.30 中 A、B 点应力峰谷值计算的循环幅值和均值见表 5.32 和表 5.33。表 5.34 列出了无滤网 A、B 点各状态应力幅相对差值。

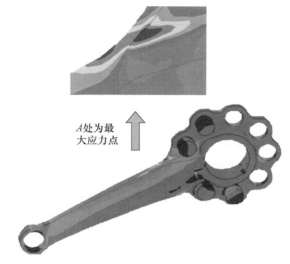

A处为最
大应力点

图 5.60　起飞 1 状态 2 号汽缸点火时的最大主应力分布云图

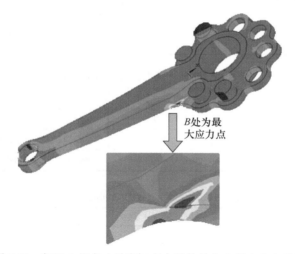

B处为最
大应力点

图 5.61　起飞 1 状态 6 号汽缸点火时的最大主应力分布云图

表 5.29　无滤网时关键点的应力计算结果

关键点	状态	曲轴角/(°)	σ_1/MPa	σ_2/MPa	σ_3/MPa	σ_{eq}/MPa
A（57816 节点）	起飞 1	110.2	444.3	19.6	2.0	436.4
		275.2	−1.7	−16.5	−385.9	379.3
	额定 1	110.2	437.2	19.4	2.0	429.4
		275.2	−1.7	−15.8	−370.6	368.1

续表

关键点	状态	曲轴角/(°)	σ_1/MPa	σ_2/MPa	σ_3/MPa	σ_{eq}/MPa
B（9197 节点）	起飞 1	110.2	−5.6	−17.2	−493.1	493.1
		275.2	301.6	10.5	3.4	301.6
	额定 1	110.2	−5.4	−16.5	−472.3	472.3
		275.2	289.7	10.1	3.3	283.1

表 5.30　有滤网时关键点的应力计算结果

关键点	状态	曲轴角/(°)	σ_1/MPa	σ_2/MPa	σ_3/MPa	σ_{eq}/MPa
A（57816 节点）	起飞 2	110.2	437.0	19.2	2.0	429.2
		275.2	−1.7	−16.3	−380.7	374.2
	额定 2	110.2	431.8	19.1	2.0	424.1
		275.2	−1.7	−15.7	−366.6	360.4
B（9197 节点）	起飞 2	110.2	−5.57	−17.0	−486.6	468.5
		275.2	300.7	10.5	3.4	305.7
	额定 2	110.2	−5.4	−16.2	−466.2	465.2
		275.2	287.2	10.0	3.3	284.5

表 5.31　起飞 2 状态峰谷值应力方向角

关键点	峰值		谷值	
	σ_1/MPa	方向余弦（$l/m/n$）	σ_3/MPa	方向余弦（$l/m/n$）
A（57816 节点）	437.01	0.81238/−0.47323/0.34072	−380.71	0.81530/−0.46967/0.33866
B（9197 节点）	300.72	0.84169/0.50571/0.18923	−486.57	0.84207/0.50520/0.18892

表 5.32　无滤网时应力幅和应力均值

关键点	起飞 1 状态		额定 1 状态	
	幅值 σ_a	均值 σ_m	幅值 σ_a	均值 σ_m
A（57816 节点）应力/MPa	415.1	29.2	403.9	33.3
B（9197 节点）应力/MPa	397.3	−95.8	381.0	−91.3
A、B 点应力幅相对差值/%	4.3	—	5.7	—

表 5.33　有滤网时应力幅和应力均值

关键点	起飞 2 状态		额定 2 状态	
	幅值 σ_a	均值 σ_m	幅值 σ_a	均值 σ_m
A（57816 节点）应力/MPa	408.9	28.2	399.3	32.6
B（9197 节点）应力/MPa	393.7	−93.0	376.8	−89.5
A、B 点应力幅相对差值/%	3.7	—	5.6	—

表 5.34　各状态应力幅相对差值（单位：%）

关键点	起飞 1 与起飞 2	额定 1 与额定 2	起飞 1 与额定 1	起飞 2 与额定 2
A（57816 节点）	1.5	1.1	2.7	2.3
B（9197 节点）	0.9	1.1	4.1	4.3

由主连杆的应力分析结果可以看出：

（1）在起飞和额定状态，主连杆的疲劳关键点的应力幅值水平与其材料的疲劳强度相当（20CrNi3A 光滑试棒 10^7 的平均疲劳强度为 420MPa）。

（2）有无滤网对主连杆关键点的应力幅值的影响很小，有滤网比无滤网一般小 1%左右。

（3）起飞和额定状态关键点的应力幅值相差不大，A 点相差 2%～3%，B 点相差 4%左右。

（4）三筋头两侧 A 点与 B 点应力有一定差距，起飞状态 B 点小 4%左右，额定状态 B 点小 6%左右，这与主连杆断裂在 A 点起裂较多的事实相一致。

4.　有限元分析方法的验证试验和验证计算

主连杆形状和工作条件复杂，考核点应力的准确性难以在发动机上用实测应力验证。因此，在实验室模拟条件下进行了计算模型与实测应力对比，以检验实际工作载荷下计算模型的可靠性。模拟重点是曲轴孔约束处理的合理性。试验原理图如图 5.62 所示。试验产生一个与主连杆工作相似的曲轴孔支反力边界条件。

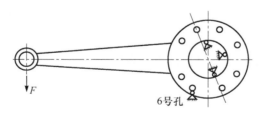

图 5.62　主连杆应变测试试验模型

试验中外载 F=10～100kgf（1kgf≈9.8N）。在主连杆试件三筋头工字截面的上下表面正中间沿杆长方向各贴一个应变片，如图 5.55 所示，在逐步加载中测取应变响应。按照试验边界条件，计算了 100kgf 的贴片点应变，结果如表 5.35 所示，试验装置如图 5.63 所示。

从结果可以看出，应力计算与测试结果是吻合的，最大相对误差在5%以内，说明主连杆的有限元模型约束处理是合理的。

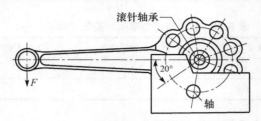

图 5.63　应变测试固支方式

表 5.35　测试与计算结果比较

贴片位置	测试应变	计算应变	相对误差/%
上表面	80	83.9	4.6
下表面	−83	−85.9	3.4

5. 疲劳强度校核

根据主连杆有限元计算结果，在一个工作循环内，三筋头 R 处最大应力点的应力主循环为：$\sigma_{max}=437\text{MPa}$，$\sigma_{min}=-381\text{MPa}$，应力集中系数 $K_t=2.44$。换算为名义应力循环：$S_{max}=179\text{MPa}$，$S_{min}=-156\text{MPa}$。根据该材料的疲劳试验结果，得到有效应力集中系数 $K_f=1.855$，疲劳强度 $S_{-1}=226\text{MPa}$，算出主连杆的安全系数为 1.3264。

如果考虑尺寸效应，主连杆的疲劳强度 $S_{-1\,(\text{结构件})}$ 将减小 15%～20%，安全系数将会小于 1.2。对于一般的机械结构件，采用 50%疲劳性能数据进行设计时，许用安全系数应为 1.3～1.7。可见主连杆的安全裕度不足，因此高寿命主连杆在工作中发生疲劳断裂的可能性很大。

5.5.3　活塞六甲发动机主连杆疲劳寿命评估

1. 断裂的主连杆寿命分布情况

从表 5.24 可以看出，3 起活塞六的断裂寿命为 2149h59min～2228h57min，而 7 起活塞六甲断裂寿命为 1199h50min～2115h20min，塞六的断裂寿命明显高于活塞六甲，这与活塞六甲的起飞和额定状态工作载荷高于活塞六有关。活塞六改为活塞六甲，压缩比由 5.9 提高到 6.2，起飞状态进气压力由 $B_0+35\text{mmHg}$ 提高到 $B_0+85\text{mmHg}$，额定状态进气压力由 $B_0+30\text{mmHg}$ 提高到 $B_0+80\text{mmHg}$，额定转速由 2050r/min 提高到 2250r/min，起飞功率提高 9.6%，额定功率提高 22.7%，这一切无疑显著提高了主连杆的工作载荷；而主连杆结构、材料和加工工艺依旧，无任何改变。因此，活塞六甲主连杆工作应力明显高于活塞六，这就引起了两型发动机寿命的明显差异。在进行寿命评估时，应分别处理。这里只就目前普遍使用的活塞六甲进行寿命评估。

7 台失效活塞六甲发动机分别生产于 1982 年、1985 年、1989 年和 1992 年。分析子样取 1982 年后生产的发动机。

2. 基于随机截尾的残存比率法可靠度评估

发动机的使用可视为一种随机截尾的寿命试验，因此其累积失效分布函数或可靠度函数可使用残存比率法计算。

残存比率法用于外场发动机失效分析，需要注意到各台发动机的使用是先后投入的，有的发动机已退役，有的发动机正在服役（使用时间分布在整个寿命期 2400h 内），有的发动机因主连杆折断而报废，有的发动机因其他（非主连杆折断）原因而提前退役。当以某一时间段生产的发动机为分析对象时，还要注意到有的发动机可能尚在仓库，没有进入外场统计的范围。本次分析取 1982～2000 年间生产的发动机为子样，在此期间，用户随飞机补充新发动机 766 台，平均每年 40 台；采购发动机 640 台，平均每年 33.68 台。由此可以近似认为：子样总数 $n=766+640=1406$。

因 2001 年和 2002 年活塞六甲发动机供应紧张，库存极少，所以可以忽略不计。因此可以认为，n 台发动机都已投入使用。其中，外场现有发动机约 900 台（2001 年年底统计 883 台，其使用时间在整个寿命期 2400h 内的分布见表 5.36）。由于各种原因失去发动机共 506 台，其中有因使用到 2400h 到寿的，有因主连杆折断而报废的，有因其他原因而提前退役的。

表 5.36　2001 年各寿命段现存发动机数

i	1	2	3	4	5	6	7	8	9	10	11	12
t_i/h	100	200	300	400	500	600	700	800	900	1000	1100	1200
$\Delta x(t_i)$	28	11	7	2	2	76	30	13	18	20	34	168
i	13	14	15	16	17	18	19	20	21	22	23	24
t_i/h	1300	1400	1500	1600	1700	1800	1900	2000	2100	2200	2300	2400
$\Delta x(t_i)$	41	28	34	31	44	136	25	14	23	16	20	62

以发动机使用时间 t 作为统计量，把使用时间 0～2400h 分为 24 个时间段。其分界点记为 t_i（$i=1,2,\cdots,24$）。

t_i 时刻的可靠度 $R(t_i)$ 和失效率 $F(t_i)$ 分别为[19]

$$R(t_i) = R(t_{i-1}) \cdot S(t_i)，\quad i=2,\cdots,24$$
$$F(t_i) = 1 - R(t_i)，\quad i=1,\cdots,24$$

式中，$R(t_1)=1$；$S(t_i) = [n(t_{i-1}) - \Delta r(t_i)]/n(t_{i-1})$；$n(t_{i+1}) = n(t_i) - \Delta r(t_i) - \Delta x(t_i) - \Delta k(t_i)$

为 t_{i+1} 时刻的残存发动机数，$n(t_1)=1406$；$\Delta r(t_i)$ 为在 $t_{i-1} \sim t_i$ 时间内的连杆失效数；$\Delta x(t_i)$ 为服役期在 $t_{i-1} \sim t_i$ 时间段内的发动机数；$\Delta k(t_i)$ 为在 $t_{i-1} \sim t_i$ 时间段内因其他原因而提前退役的发动机数。

假定：①2000 年 $\Delta x(t_i)$ 与 2001 年相同；②提前退役发动机总数为 100 台（占总发动机流失量 506 台的 20%左右），在总寿命 2400h 内，平均每飞行小时提前退役发动机 100/2400=0.04167 台。由此可以估算出在 $t_{i-1} \sim t_i$ 时间内提前退役的发动机数为

$$\Delta k(t_i) = 0.04167 \ (t_i - t_{i-1})$$

由各时间段内 Δr、Δx、Δk 值可计算出 t_i 时刻的可靠度 $R(t)$ 和失效率 $F(t)$，具体计算过程如表 5.37 所示。

表 5.37　可靠度、失效率计算表

t_i/h	100	200	300	400	500	600	700	800
$n(t_i)$	1406	1374	1359	1348	1342	1336	1255	1221
$\Delta x(t_i)$	28	11	7	2	2	76	30	13
$\Delta k(t_i)$	4	4	4	4	4	5	4	4
$\Delta r(t_i)$	0	0	0	0	0	0	0	0
$S(t_i)$	1	1	1	1	1	1	1	1
$R(t_i)$	1	1	1	1	1	1	1	1
$F(t_i)$	0	0	0	0	0	0	0	0
t_i/h	900	1000	1100	1200	1300	1400	1500	1600
$n(t_i)$	1204	1182	1158	1120	946	900	867	827
$\Delta x(t_i)$	18	20	34	168	41	28	34	31
$\Delta k(t_i)$	4	4	4	5	4	4	4	4
$\Delta r(t_i)$	0	0	0	1	1	0	3	1
$S(t_i)$	1	1	1	0.9989	0.9989	1	0.9964	0.9987
$R(t_i)$	1	1	1	0.9989	0.9978	0.9978	0.9942	0.9930
$F(t_i)$	0	0	0	0.0011	0.0022	0.0022	0.0058	0.0070
t_i/h	1700	1800	1900	2000	2100	2200	2300	2400
$n(t_i)$	791	743	602	573	555	528	507	483
$\Delta x(t_i)$	44	136	25	14	23	16	20	62
$\Delta k(t_i)$	4	5	4	4	4	4	4	5
$\Delta r(t_i)$	0	0	0	0	0	1	0	0
$S(t_i)$	1	1	1	1	1	0.9980	1	1
$R(t_i)$	0.9930	0.9930	0.9930	0.9930	0.9930	0.9910	0.9910	0.9910
$F(t_i)$	0.0070	0.0070	0.0070	0.0070	0.0070	0.0090	0.0090	0.0090

假定主连杆的工作小时寿命符合对数正态分布，则其分布函数为
$$F(\ln t) = \Phi(z)$$

式中，$\Phi(z)$ 为标准正态函数，其中

$$z = \frac{\ln t - \mu}{\sigma}$$

$$\ln t = \sigma z + \mu$$

由表 5.37 中 $F(t_i)$ 的值和标准正态分布表插值可计算出对应各 $\ln t_i$ 的 z_i 值，见表 5.38。

表 5.38　参数拟合用统计数字

序号	t_i	$\ln t_i$	$F(z_i)$	z_i
1	1200	7.0901	0.0010571	−3.074
2	1300	7.1701	0.0021670	−2.853
3	1500	7.3132	0.0057867	−2.525
4	1600	7.3778	0.0070436	−2.455
5	2200	7.6962	0.0090021	−2.366

对参数 $\ln t$、z 采用最小二乘法进行拟合，可得到主连杆对数寿命 $\ln t$ 的均值 μ 和均方差 σ 的估计值。

（1）对表 5.38 中的全部 5 个数据点进行拟合，得

$$\ln t = 9.0789 + 0.6628z$$

参数估计值 μ=9.0779，σ= 0.66246，拟合相关系数 r=0.848，小于 0.95，原则上对主连杆寿命对数正态分布的假设是不成立的。

（2）对表 5.38 中前 4 个数据点进行拟合，得

$$\ln t = 8.306 + 0.3963z$$

参数估计值 $\mu = 8.306$，$\sigma = 0.3963$，数据点拟合相关系数 $r = 0.9627$，大于 0.95，说明主连杆寿命对数正态分布的假设成立。

由对数正态分布的假设，可得主连杆平均寿命：

$$\theta = e^{\mu} = 4048(\text{h})$$

安全寿命参照英国 DEF STAN 00-971《航空燃气涡轮发动机通用规范》中轮盘类零部件 1/1000 失效率标准给定，对应 $F(z_i)$=0.1%的 $z_i = -3.09$，计算得主连杆的安全寿命：

$$t_0 = e^{\mu-3.09\sigma} = 1190\,(\text{h})$$

3.　主连杆安全寿命评估结果

利用实际使用数据进行寿命评估，包含材料性能、工艺控制水平和使用载荷

等多方面与寿命相关的信息。数据越多评估越准。总体来说，目前数据偏少，并且集中在低寿命端。这无疑会影响整个评估的可靠度。由于在 1700~2400h 时间区间段内仅有 1 个失效记录，表 5.38 中 5 个数据点分布较为分散，所拟合直线的线性相关性差，由此导致低寿命端安全寿命的评估结果失真，见图 5.64。

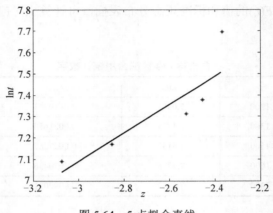

图 5.64　5 点拟合直线

对表 5.38 中的数据点进行筛选，将 1700h 后的无故障数据点去除，仅对前 4 个数据点进行线性拟合，结果见图 5.65。由图中可以看出，数据具有较好的线性关系，拟合相关系数 $r=0.9627$ 也说明线性分布假设成立。这样处理相当于假设 1700h 后连杆的失效数按 1700h 前的规律发生，即每个时段允许发生 1~2 起失效，与实际故障统计数据相比偏保守。因此，其所给出的评估结果是偏安全和可靠的，也较合理。该结果可作为寿命评估结果使用。

由上述分析可以得出结论：

（1）活塞六甲发动机的平均寿命点估计值为 4000h；安全寿命点估计值为 1190h。外场活塞六甲发动机主连杆寿命可按 1200 使用小时进行控制。

（2）经过后续多年的统计结果表明，将活塞六甲发动机主连杆的使用寿命降低到 1200h 后，其发生疲劳断裂故障的比例大大降低。

（3）理论上，将外场实际使用的发动机作为寿命考核试验的样本是最为科学、准确的，在一定服役期内，其训练大纲即使用规律变化不大，疲劳寿命受使用载荷作用的分散度小，可以认为外场实际载荷就是实验室条件下的试验载荷，因此基于随机截尾试验的采用残存比率法确定的疲劳寿命最接近结构件真实的疲劳寿命。从以上技术处理过程可以看出，采用残存比率法确定的疲劳寿命的准确度依赖于发动机采购、使用、退役等数据的准确性，即机群中发动机全寿命管理信息的准确性。

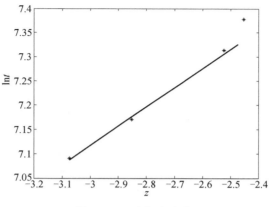

图 5.65　4 点拟合直线

参 考 文 献

［1］　姚卫星. 结构疲劳寿命分析. 北京: 国防工业出版社, 2003.

［2］　赵福星, 杨兴宇. 基于构件应变分布的模拟件低周疲劳寿命可靠性试验技术及验证. 北京: 北京航空工程技术研究中心课题研究报告, 2004.

［3］　北京航空材料研究所. 航空发动机设计用材料数据手册(第一册). 北京: 中国航空发动机总公司, 1990.

［4］　赵福星, 杨兴宇. 发动机构件低循环疲劳模拟试验件设计方法. 燃气涡轮试验与研究, 2003, 16(2): 58-62.

［5］　杨兴宇, 董立伟, 耿中行, 等. 某压气机轮盘榫槽低循环疲劳模拟件设计与试验. 航空动力学报, 2008, 23(10): 1829-1834.

［6］　杨兴宇, 郑小梅, 孙燕涛. 某发动机高压涡轮盘模拟件设计及低循环疲劳试验. 北京: 北京航空工程技术研究中心课题研究报告, 2016.

［7］　高镇同, 蒋新桐, 熊峻江, 等. 疲劳性能试验设计和数据处理. 北京: 北京航空航天大学出版社, 1999.

［8］　陈传尧. 疲劳与断裂. 武汉: 华中科技大学出版社, 2002.

［9］　米谷茂. 残余应力的产生和对策. 朱荆璞, 译. 北京: 机械工业出版社, 1983.

［10］　赵福星, 宇培浮, 郑继迎, 等. 以应力释放位移为边界条件的残余应力有限元计算法. 第三届航空发动机结构强度振动学术会议, 贵阳, 1985: 278-283.

［11］　艾贻人, 郑继迎, 任虚钦, 等. 密栅云纹法测量涡轮盘残余应力. 第三届航空发动机结构强度振动学术会议, 贵阳, 1985: 178-181.

［12］　赵福星. 零件最大工作循环的残余应力确定法. 第六届航空发动机结构强度振动学术会

议, 宁波, 1992: 121-124.

[13] 杨兴宇, 赵福星, 耿中行. 用残余应力确定涡轮盘应变循环研究. 航空动力学报, 2004, 19(5): 614-618.

[14] 杨兴宇, 闫晓军, 赵福星, 等. 某型航空发动机涡轮盘低循环疲劳寿命分析. 机械强度, 2004, 26(S): 229-233.

[15] 杨兴宇, 赵福星, 耿中行. 某涡扇发动机高压涡轮盘低循环疲劳寿命预测. 北京: 北京航空工程技术研究中心课题研究报告, 2006.

[16] 耿中行, 杨兴宇, 赵福星, 等. 活塞六甲发动机防止液压撞击及主连杆使用寿命研究. 北京: 北京航空工程技术研究中心课题研究报告, 2002.

[17] 杨兴宇, 耿中行, 蔡向晖. 某发动机主连杆强度计算分析. 第十二届全国航空发动机结构强度振动学术会, 成都, 2004: 401-405.

[18] 杨兴宇, 耿中行. 某活塞发动机主连杆工作应力分析. 材料工程, 2006, (增刊): 43-46.

[19] 贺国芳, 许海宝. 可靠性数据的收集与分析. 北京: 国防工业出版社, 1995.

第6章　基于低循环疲劳的使用寿命监控技术

6.1　寿命监控的意义

航空发动机寿命是体现安全性和经济性的量化指标，开展寿命监控的意义重大，其目的主要有：

（1）保证发动机和飞机的飞行安全和适航性要求。

（2）对于有使用寿命限制的零部件，尽可能多地利用其使用寿命，降低经济成本。

（3）满足高推重比需求，优化较小尺寸的零部件设计。

（4）为下一代发动机的设计提供信息技术支持。

本章首先介绍航空发动机监控的寿命参数，并对使用寿命进行分类；其次分析寿命消耗监控的技术手段和方法，并将其划分为四个阶段：人工监控阶段、综合换算率监控阶段、机载历程记录仪监控阶段和预测与健康管理（PHM）阶段，重点介绍某型发动机使用综合换算率、历程记录仪等技术手段进行寿命监控的主要技术环节，以及利用飞行参数记录系统（ТЕСТЕР-У3）开展某三代战斗机发动机载荷谱和寿命研究的情况；再次介绍以美国、英国和法国为代表的西方航空大国以及苏联部分典型航空发动机的基于低循环疲劳的使用寿命监控模型及系统；最后简要介绍航空发动机寿命监控技术与控制系统之间的相互关系。

6.2　监控的寿命参数

航空发动机使用寿命的主要指标有工作小时、飞行小时、大状态工作时间、低循环疲劳数、起动次数和使用年限等。在使用中，造成发动机损伤的最主要因素是低循环疲劳和高温持久/蠕变。在相同的总工作时间下，各台发动机消耗的循环寿命、持久/蠕变寿命不尽相同，使用总工作时间单参数控制使用寿命，不能有效地反映发动机损伤情况。大状态工作时间作为热端部件的持久/蠕变寿命表征，循环寿命作为旋转部件和有关静子件的低循环疲劳寿命表征。使用年限（日历寿命）表示在工作和使用环境的作用下，金属材料结构腐蚀、非金属材料老化等对结构造成的腐蚀及老化损伤。

不同型号发动机规定需要监控的寿命指标不同。一般情况下，西方国家采用单元体视情翻修体系的航空发动机不明确要求日历寿命，苏联总翻修寿命与定时翻修寿命体系的长寿命航空发动机有明确的日历寿命指标。没有日历寿命的发动机并不是不重视环境对结构件产生的腐蚀及老化损伤，而是在发动机设计时就考虑了上述损伤，并在发动机外场使用维护和修理中安排了相应的检查和修理措施，如检查锈蚀、老化及防腐蚀技术处理等。

引起发动机零部件寿命消耗的原因分为内因和外因，内因主要有包含热疲劳的低循环疲劳、持久/蠕变和包含振动的高周疲劳等；外因主要是随机因素造成的，如外来物损伤、腐蚀、微动磨损、加工缺陷和材质缺陷等。目前，可以较为准确监测的损伤是低循环疲劳和持久/蠕变，其他因素用于定量表征损伤并预测影响暂时还有一定的困难。

另外，基于发动机零部件后续修理的需要，寿命消耗监控系统可以监测超限和事故等，如超温、超转、喘振、旋转失速、热起动和振动等非正常使用情况。

在《航空燃气涡轮发动机监视系统设计与实施指南　寿命监视》（HB/Z 286.5—96）[1]和美国的《航空燃气涡轮发动机寿命消耗监测和零件管理指南》（AIR 1872B）[2]及文献[3]中，明确了通常情况下需要监控以下寿命值和参数：

（1）飞行小时。

（2）地面运转小时。

（3）飞行和地面运转的循环总次数。

（4）全程和部分转速循环的次数和类型（油门杆移动次数和类型）、全程和部分压气机出口压力循环的次数和类型以及各类循环持续的时间。

（5）等于或大于中间推力（功率）状态的工作时间。

（6）加力燃烧室点火次数和使用加力的时间。

（7）超温时间和次数。

（8）超转时间和次数。

（9）热端零件（涡轮叶片）持久/蠕变寿命消耗指数。

可以看出，这9个寿命值和参数可以归类到工作时间、循环寿命（低循环疲劳寿命）、大状态工作时间和日历寿命等4个寿命指标中。

6.3　寿命消耗监控的技术手段和方法

6.3.1　寿命消耗监控技术阶段划分

航空发动机的寿命监控手段和方法依赖于航空电子测控技术的发展和对寿命消耗监控技术认识的水平，也与航空发动机控制系统的发展密切相关。航空发动机的寿命消耗监控技术从采取的技术手段和方法上大体可以分为四个阶段。

1. 第一阶段：人工监控阶段

20 世纪 40 年代至 60 年代前期，也就是美国提出发动机结构完整性计划之前，人们对疲劳强度和寿命的认识还比较肤浅，寿命消耗监控基本处于人工监控阶段。此阶段的主要技术特点有：

（1）材料的性能仅使用了较为有限的数据。

（2）仅采用简单的飞行任务剖面进行设计。

（3）只监控发动机的工作时间、大状态工作时间和日历寿命等指标。

（4）发动机的寿命指标都是依靠发动机的台架长期试车和领先使用来确定的，只要通过 150h 的军用合格试车程序，即可投入使用。

（5）领先使用发动机的寿命决定机群能否延寿。

2. 第二阶段：综合换算率监控阶段

1969 年以后，以美国、英国为代表的航空大国高度重视航空发动机载荷谱和寿命研究工作，同时也开展了寿命消耗监控技术研究。具有代表性的是英国于 20 世纪 70 年代初研制的发动机使用监控系统，其具有寿命监控和载荷数据机载记录功能，是一种小型磁带记录器，记录的参数较少，容量也较为有限。由于各种技术条件限制，该系统没有在每架飞机上安装。其主要目的是开展整个机群的综合换算率研究。利用飞行参数记录系统数据进行寿命监控，也可以划为该阶段。在综合换算率监控发动机寿命阶段，具有监控循环寿命功能，可以认为，综合换算率是为了监控循环寿命而发展的技术手段。这个阶段的寿命监控具有以下特点：

（1）增加了零部件的循环寿命指标。

（2）配备了专门的寿命监控和载荷数据机载记录系统。

（3）装配寿命监控和载荷数据机载记录系统的飞机可以获得部分飞机、发动机的数据。

（4）只有数量较为有限的机群配装了寿命监控和载荷数据机载记录系统，大多是磁带式记录方式，没有实时数据处理和计算功能。

（5）配备了功能强大的地面数据处理系统，在地面上可以实现人工计算发动机零部件的寿命消耗。

（6）只有少量的数据用于综合换算率研究，以监控零部件的循环寿命。

3. 第三阶段：机载历程记录仪监控阶段

该阶段在每架飞机上安装了历程记录仪或监控设备，这些历程记录仪或监控设备是以单片微处理机为核心的自动数据采集和计算系统，具有实时处理计算功能，具备了开展单机寿命监控的技术条件。历程记录仪物理意义上是单独的结构，工作环境较好的安装在发动机上，属于发动机附件；工作环境恶劣的安装在飞机的适当位置，属于飞机附件。这个阶段的寿命监控具有以下特点：

（1）机群中每架飞机均配装了机载历程记录仪或监控设备。

（2）数据采集、处理与计算可以机载实时进行。

（3）机群的寿命管理可以做到具体零部件而不是整台发动机。

（4）可以跟踪单个零部件的技术状态。

（5）新型号航空发动机的研制应用到上述信息。

（6）有的型号发动机已经应用了由断裂力学发展出来的损伤容限控制方法。

第二阶段和第三阶段没有严格意义的阶段划分，例如，英国的发动机使用监控系统（EUMS），早期的 EUMS I 还是小型的磁带记录方式，不具备机载的实时处理计算功能，但是到了后期发展的 EUMS II，具备实时处理计算功能，并能利用更为复杂的寿命消耗算法监控寿命。

4. 第四阶段：预测与健康管理阶段

寿命监控部分与发动机状态监控系统高度融合，如 F101-GE-102 发动机的中心综合测试系统（center integration test system，CITS）、F110-GE-100 发动机监测系统、F119 发动机两个双通道 FADEC 与独立诊断单元 CEDU 的机载健康管理系统、EJ200 发动机的健康监测（engine health monitoring，EHM）系统等[4]。在该阶段，进行寿命监控具有以下特点：

（1）零部件寿命设计完全依赖于材料数据库内容。

（2）广泛应用了基于断裂力学的技术和方法。

（3）综合时域应力模型得到发展。

（4）采用损伤容限方法控制寿命，寿命可以达到可接受裂纹的长度或深度对应寿命的 2/3。

（5）可以单独地跟踪每个关键部位。

（6）寿命单位不是工作小时。

（7）监控系统已经融合到发动机设计和发展程序中。

F119 发动机可以在线计算关键部件的使用寿命消耗情况，包括热端部件的持久/蠕变寿命、LCF 寿命、起动次数、发动机总工作时间等寿命使用参数，并由 CEDU 实现。F135 发动机分层区域预测与健康管理系统可以在线计算和跟踪关键部件的使用寿命消耗情况，包括热端部件的持久/蠕变寿命、LCF 寿命、起动次数、发动机总工作时间等寿命使用参数，并能够根据任务剖面实时计算关键系统和零部件的剩余寿命情况。EJ200 发动机机载系统根据飞行任务剖面数据计算零部件的寿命消耗情况，并实时更新[4]。

　　显而易见，航空发动机寿命监控手段和方法也完全依赖于发动机寿命设计数据、模型和监控系统的基本原理。

　　本章重点介绍利用综合换算率和历程记录仪监控寿命。人工监控较为简单，PHM 监控有专门的著作，不作为本书重点内容。

6.3.2　发动机综合换算率

　　严格意义上讲，航空发动机的工作小时和循环寿命之间是没有关联的。但是为了方便使用，实际工作中在两者之间定义了一个换算关系（换算率），即单位工作时间内消耗的循环寿命。换算率是根据典型任务剖面、任务混频以及有关零部件的应力循环确定的，是个十分重要的参数，定高了会造成关键件寿命的浪费，定低了又可能导致重大安全事故。

　　使用换算率控制循环寿命是应用非常广泛的技术措施，国内、外长期大量使用，其中经典的例子就是英国皇家空军的军用 MK202 发动机。配装 MK202 发动机的飞机有三种：F4 鬼怪式飞机、海盗式轰炸机和猎手式海上巡逻机。第一种飞机使用磁带式发动机监测系统（engine monitoring system，EMS）记录发动机转速等参数，后两种飞机采用在飞行员大腿上固定记录板，由人工记录转速峰、谷值。EMS 包含两大部分：机载发动机监测装置（engine monitoring unit，EMU）和地面数据检索装置（data retrieval unit，DRU），前者有计算设备、输入输出接口和有限的数据显示能力，后者完成数据的地面检索、参数预置与下载、形成数据曲线、打印等。显然，上述技术是限于 20 世纪 70～80 年代的技术水平而采取的寿命监控途径，同时由于 MK202 发动机和配装的飞机即将退役，仅在有限数量的飞机上加装了 EMS。

　　下面介绍其仿制机型某涡扇发动机的综合换算率研究主要内容[5]。

　　1. 高、低压转子监控对象的确定

　　根据 MK202 和某涡扇发动机使用寿命限制，需要监控关键结构件，即 27 个 A 类件的安全循环寿命。低压转子结构件以风扇压气机 3 级轮盘为对象，高压转子结构件以高压压气机 1 级轮盘为对象，前者为钛合金材料，牌号为 T/SZ（IMI679），后者为不锈钢，牌号为 S/STV。

　　2. 高、低压转子当量标准循环计算模型

　　1）应力分析

　　根据有关试验和有限元计算分析的结果，这两级压气机轮盘的危险部位是与叶片连接的螺栓孔，大约在六点钟位置。根据《斯贝 MK202 发动机应力标准》（EGD-3）附录Ⅳ提供的压气机轮盘的温度估算结果，轮盘的温度梯度很小，高压压气机 1 级轮盘最大状态的瞬态温度为 140℃左右，因此可以忽略热应力的作用。但是将应力转换为当量应力时考虑了温度的影响。有限元计算结果表明，在发动机的最大工作状态，两级轮盘螺栓孔处的名义应力没有超过材料的屈服极限，由于不计热应力的作用，其他状态的应力可以由转子的转速确定（应力与转速的平方成正比），因此根据转速剖面可以近似得到应力剖面，由转速循环得到直接用于损伤和寿命计算的应力循环，也就是转速循环与应力循环一一对应。为简单起见，这里未将转速剖面转化为应力剖面，而是直接应用转速剖面和转速循环计算当量标准循环。

2）将应力转换为当量应力

由于发动机工作状态的变化，其结构件关键部位的应力和温度也随之变化。为考虑温度变化对材料强度（拉伸强度和疲劳强度）的影响，需要将发动机各状态下的应力转化为一定温度下的应力。其方法是认为材料（或结构件）的疲劳损伤取决于应力与相应温度下材料拉伸强度极限之比 $S_{(T)}/\sigma_{b(T)}$，即材料的疲劳性能随温度的变化规律与材料拉伸强度极限随温度的变化规律相同。实践表明，上述方法在温度相差较小时是可以满足工程要求的。将应力 $S_{(T)}$ 乘以 $k_T = \sigma_{b(T_0)}/\sigma_{b(T)}$，即可得到温度为 T_0 时的当量应力。

3）材料 S-N 曲线及应力修正

这里涉及两类材料的 S-N 曲线，第一类是钛合金和镍基合金，第二类是不锈钢。

（1）确定钛合金和镍基合金材料 S-N 曲线。

① 在 10^3 循环寿命下的应力为 $0.95\sigma_b$。

② 在双对数坐标系上，呈线性关系，直线的斜率为 $-\lg1.3/\lg4$。

③ 上述方法得到的是最好材料的 S-N 曲线，最差材料是在最好材料的基础上除以系数 1.3。

认为试验件的疲劳试验采用的是最好的材料，实际使用中的结构件则是最差的材料。S-N 曲线的方程如下：

$$\begin{cases} 最好材料: \lg S = -\dfrac{\lg1.3}{\lg4}\lg N + \lg(0.95\sigma_b) + 3\times\dfrac{\lg1.3}{\lg4} \\ 最差材料: \lg S = -\dfrac{\lg1.3}{\lg4}\lg N + \lg\left(\dfrac{0.95\sigma_b}{1.3}\right) + 3\times\dfrac{\lg1.3}{\lg4} \end{cases}$$

最差材料的 S-N 曲线可以写为

$$\lg S = B\lg N + A$$

式中

$$B = -\frac{\lg 1.3}{\lg 4} = -0.1893$$

$$A = \lg \sigma_{b(T_0)} + \lg\left(\frac{0.95}{1.3}\right) + 3 \times \frac{\lg 1.3}{\lg 4} = \lg \sigma_{b(T_0)} + 0.4513$$

可见，只需知道材料的强度极限 $\sigma_{b(T_0)}$ 即可求得其 S-N 曲线。

（2）确定钢盘 S-N 曲线。

① 在 10^3 循环寿命下的应力为 $0.95\sigma_{b(T_0)}$（最好的）以及 $0.95\sigma_{b(T_0)}/1.2$（最差的）。

② 最好试件的疲劳曲线按以往的经验做出，最差试件的疲劳曲线可以采用疲劳分散系数求得，各循环寿命下的分散系数见表 6.1。

表 6.1　各循环寿命下的疲劳分散系数

循环	分散系数
10^3	1.2
10^4	1.2
10^5	1.3
10^6	1.34

考虑疲劳分散系数后最差钢轮盘试件的疲劳寿命曲线见图 6.1，图中 N_r 为 A 类件的寿命。

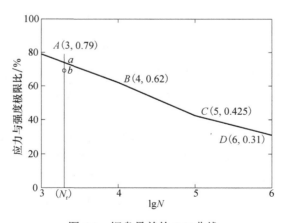

图 6.1　钢盘最差的 S-N 曲线

（3）S-N 曲线修正系数。

① 确定 a 点。由最差材料的 S-N 曲线可以得到当寿命恰好为 N_r（表示在标

准循环应力 0—S_r—0 作用下的寿命值）时的 S_a'。

② 确定 b 点：

$$S_b' = \frac{\sigma_{\max}}{\sigma_{b(T)}}$$

③ 确定 S-N 曲线修正系数：

$$k = \frac{S_a'}{S_b'} = \frac{S_a' \sigma_{b(T)}}{\sigma_{\max}}$$

4）非脉动应力循环转化为脉动应力循环

在众多的转速（应力）循环中，有许多谷值应力非零的循环，其应力循环形式为 S_L—S_H—S_L，需要用 Goodman 曲线转换为谷值应力为零的脉动循环 0—$S_{\max}$—0。

$$S_H = \frac{n_H^2}{n_{\max}^2} \sigma_{\max} k_T k = \frac{n_H^2}{n_{\max}^2} \sigma_{\max} \frac{\sigma_{b(T_0)}}{\sigma_{b(T)}} \frac{S_a' \sigma_{b(T)}}{\sigma_{\max}} = \frac{n_H^2}{n_{\max}^2} \sigma_{b(T_0)} S_a'$$

$$S_L = \frac{n_L^2}{n_{\max}^2} \sigma_{b(T_0)} S_a'$$

脉动循环的最大应力为

$$S = \frac{S_H - S_L}{1 - \dfrac{1.1 S_L}{\sigma_{b(T_0)}}} = \frac{(n_H^2 - n_L^2)\sigma_{b(T_0)} S_a'}{n_{\max}^2 - 1.1 n_L^2 S_a'}$$

$$S' = \frac{S}{\sigma_{b(T_0)}} = \frac{(n_H^2 - n_L^2) S_a'}{n_{\max}^2 - 1.1 n_L^2 S_a'}$$

式中，S_L 为循环谷值应力；S_H 为循环峰值应力；$S_{\max}$ 为脉动循环峰值应力；n_H 为转速循环峰值；n_L 为转速循环谷值；$n_{\max}$ 为脉动循环转速峰值。

5）当量标准循环矩阵

经过上述处理，得到了非标准循环的峰值应力 $S_{\max}$，利用最差材料的 S-N 曲线可以计算在该应力循环条件下的寿命 N_i。对于 MK202 发动机高压压气机 1 级轮盘，标准循环为 2250。结构件每经过一次非标准循环作用，其引起的低循环疲劳损伤是 $1/N_i$，寿命消耗为 $D = \dfrac{1/N_i}{1/N_r} = \dfrac{N_r}{N_i}$ 次标准循环，将该定义为当量标准循环损伤。因此，根据疲劳损伤相等的原则，任意循环均可以转换为当量标准循环损伤。

根据以上公式可以计算每个载荷剖面的当量标准循环。下面以高压压气机 1

级轮盘为例说明计算过程。表 6.2 为各应力循环下的当量标准循环损伤 $D_{\text{H}ij}$，其矩阵形式为 $D_{\text{H}m\times n}$。

表 6.2　高压压气机 1 级轮盘当量标准循环损伤

峰值转速区间/%	谷值转速区间/%					
	[0, 10.0]	[45.0, 60.0]	[60.0, 70.0]	[70.0, 80.0]	[80.0, 90.0]	[90.0, 94.0]
(99.0, 100.0]	$D_{\text{H}11}$	$D_{\text{H}12}$	$D_{\text{H}13}$	$D_{\text{H}14}$	$D_{\text{H}15}$	$D_{\text{H}16}$
(98.0, 99.0]	$D_{\text{H}21}$	$D_{\text{H}22}$	$D_{\text{H}23}$	$D_{\text{H}24}$	$D_{\text{H}25}$	$D_{\text{H}26}$
(97.0, 98.0]	$D_{\text{H}31}$	$D_{\text{H}32}$	$D_{\text{H}33}$	$D_{\text{H}34}$	$D_{\text{H}35}$	—
(96.0, 97.0]	$D_{\text{H}41}$	$D_{\text{H}42}$	$D_{\text{H}43}$	$D_{\text{H}44}$	$D_{\text{H}45}$	—
(95.0, 96.0]	$D_{\text{H}51}$	$D_{\text{H}52}$	$D_{\text{H}53}$	$D_{\text{H}54}$	$D_{\text{H}55}$	—
(94.0, 95.0]	$D_{\text{H}61}$	$D_{\text{H}62}$	$D_{\text{H}63}$	$D_{\text{H}64}$	$D_{\text{H}65}$	—
(90.0, 94.0]	$D_{\text{H}71}$	$D_{\text{H}72}$	$D_{\text{H}73}$	$D_{\text{H}74}$	$D_{\text{H}75}$	
(80.0, 90.0]	$D_{\text{H}81}$	$D_{\text{H}82}$	$D_{\text{H}83}$	$D_{\text{H}84}$	—	
(70.0, 80.0]	$D_{\text{H}91}$	$D_{\text{H}92}$	$D_{\text{H}93}$	—	—	
(60.0, 70.0]	$D_{\text{H}101}$	—		—		

注：—表示该轮盘在此应力循环下疲劳损伤非常小，可忽略不计。

$$
D_{\text{H}m\times n} = D_{\text{H}10\times 6} =
\begin{bmatrix}
D_{\text{H}11} & D_{\text{H}12} & D_{\text{H}13} & D_{\text{H}14} & D_{\text{H}15} & D_{\text{H}16} \\
D_{\text{H}21} & D_{\text{H}22} & D_{\text{H}23} & D_{\text{H}24} & D_{\text{H}25} & D_{\text{H}26} \\
D_{\text{H}31} & D_{\text{H}32} & D_{\text{H}33} & D_{\text{H}34} & D_{\text{H}35} & 0 \\
D_{\text{H}41} & D_{\text{H}42} & D_{\text{H}43} & D_{\text{H}44} & D_{\text{H}45} & 0 \\
D_{\text{H}51} & D_{\text{H}52} & D_{\text{H}53} & D_{\text{H}54} & D_{\text{H}55} & 0 \\
D_{\text{H}61} & D_{\text{H}62} & D_{\text{H}63} & D_{\text{H}64} & D_{\text{H}65} & 0 \\
D_{\text{H}71} & D_{\text{H}72} & D_{\text{H}73} & D_{\text{H}74} & D_{\text{H}75} & 0 \\
D_{\text{H}81} & D_{\text{H}82} & D_{\text{H}83} & D_{\text{H}84} & 0 & 0 \\
D_{\text{H}91} & D_{\text{H}92} & D_{\text{H}93} & 0 & 0 & 0 \\
D_{\text{H}101} & 0 & 0 & 0 & 0 & 0
\end{bmatrix}
$$

每个载荷剖面经过伪读数去除、峰谷值检测、无效幅值去除和雨流计数处理后，得到转速循环（频数）的表格形式，见表 6.3。其矩阵形式为 $F_{\text{H}m\times n}$。

表 6.3　高压转子各循环下的频数

峰值转速区间/%	谷值转速区间/%					
	[0, 10.0]	[45.0, 60.0]	[60.0, 70.0]	[70.0, 80.0]	[80.0, 90.0]	[90.0, 94.0]
(99.0, 100.0]	$F_{\text{H}11}$	$F_{\text{H}12}$	$F_{\text{H}13}$	$F_{\text{H}14}$	$F_{\text{H}15}$	$F_{\text{H}16}$
(98.0, 99.0]	$F_{\text{H}21}$	$F_{\text{H}22}$	$F_{\text{H}23}$	$F_{\text{H}24}$	$F_{\text{H}25}$	$F_{\text{H}26}$

峰值转速区间 /%	谷值转速区间/%					
	[0, 10.0]	[45.0, 60.0]	[60.0, 70.0]	[70.0, 80.0]	[80.0, 90.0]	[90.0, 94.0]
(97.0, 98.0]	F_{H31}	F_{H32}	F_{H33}	F_{H34}	F_{H35}	—
(96.0, 97.0]	F_{H41}	F_{H42}	F_{H43}	F_{H44}	F_{H45}	—
(95.0, 96.0]	F_{H51}	F_{H52}	F_{H53}	F_{H54}	F_{H55}	—
(94.0, 95.0]	F_{H61}	F_{H62}	F_{H63}	F_{H64}	F_{H65}	—
(90.0, 94.0]	F_{H71}	F_{H72}	F_{H73}	F_{H74}	F_{H75}	—
(80.0, 90.0]	F_{H81}	F_{H82}	F_{H83}	F_{H84}	—	—
(70.0, 80.0]	F_{H91}	F_{H92}	F_{H93}	—	—	—
(60.0, 70.0]	F_{H101}	—	—	—	—	—

$$\boldsymbol{F}_{\mathrm{H}m\times n}=\boldsymbol{F}_{\mathrm{H}10\times6}=\begin{bmatrix} F_{H11} & F_{H12} & F_{H13} & F_{H14} & F_{H15} & F_{H16} \\ F_{H21} & F_{H22} & F_{H23} & F_{H24} & F_{H25} & F_{H26} \\ F_{H31} & F_{H32} & F_{H33} & F_{H34} & F_{H35} & 0 \\ F_{H41} & F_{H42} & F_{H43} & F_{H44} & F_{H45} & 0 \\ F_{H51} & F_{H52} & F_{H53} & F_{H54} & F_{H55} & 0 \\ F_{H61} & F_{H62} & F_{H63} & F_{H64} & F_{H65} & 0 \\ F_{H71} & F_{H72} & F_{H73} & F_{H74} & F_{H75} & 0 \\ F_{H81} & F_{H82} & F_{H83} & F_{H84} & 0 & 0 \\ F_{H91} & F_{H92} & F_{H93} & 0 & 0 & 0 \\ F_{H101} & 0 & 0 & 0 & 0 & 0 \end{bmatrix}$$

将上述两个矩阵做 Hadamard 乘积 $\boldsymbol{D}_{\mathrm{H}m\times n}\times\boldsymbol{F}_{\mathrm{H}m\times n}=\boldsymbol{C}_{\mathrm{H}m\times n}$，得到每个载荷剖面的当量标准循环矩阵 $\boldsymbol{C}_{\mathrm{H}m\times n}$。经过上述过程，按照 Miner 线性累积损伤定律将发动机的载荷剖面循环累加，可以得到每个载荷剖面的当量标准循环：

$$L_{\mathrm{H}} = \sum_{i=1, j=1}^{i=m, j=n} C_{ij}$$

将一定时间段内多个载荷剖面的当量标准循环累加，就得到一定时间内消耗的循环寿命。

同样，可以得到风扇压气机 3 级轮盘的当量标准循环。表 6.4 为风扇压气机 3 级轮盘的当量标准循环损伤。

表 6.4　低压压气机 3 级轮盘的当量标准循环损伤

峰值转速区间 /%	谷值转速区间/%					
	[0, 10.0]	[15.0, 30.0]	[30.0, 40.0]	[40.0, 60.0]	[60.0, 75.0]	[75.0, 85.0]
(96.0, 97.0]	D_{L11}	D_{L12}	D_{L13}	D_{L14}	D_{L15}	D_{L16}
(95.0, 96.0]	D_{L21}	D_{L22}	D_{L23}	D_{L24}	D_{L25}	—
(94.0, 95.0]	D_{L31}	D_{L32}	D_{L33}	D_{L34}	D_{L35}	—
(93.0, 94.0]	D_{L41}	D_{L42}	D_{L43}	D_{L44}	—	—
(92.0, 93.0]	D_{L51}	D_{L52}	D_{L53}	D_{L54}	—	—
(91.0, 92.0]	D_{L61}	D_{L62}	D_{L63}	D_{L64}	—	—
(90.0, 91.0]	D_{L71}	D_{L72}	D_{L73}	D_{L74}	—	—
(89.0, 90.0]	D_{L81}	D_{L82}	D_{L83}	—	—	—
(85.0, 89.0]	D_{L91}	D_{L92}	D_{L93}	—	—	—

注：— 表示该轮盘在此应力循环下疲劳损伤非常小，可忽略不计。

3. 载荷谱剖面的来源及处理

配装某涡扇发动机的飞机有记录飞机、发动机等参数的飞行参数记录系统，由于该型飞机研制年代较早，整架飞机飞行参数记录系统采集的参数只有 48 个，而有关发动机的状态参数更少，只有高压转速和排气温度两个模拟量（动力装置是双转子发动机），这给发动机的故障诊断以及寿命监控带来很大的困难。但是，当时只有这一种技术途径开展发动机载荷谱和寿命研究工作，因此深入分析该型飞机的飞行参数记录系统必须突破以下技术限制才能进行寿命研究工作：①缺少低压转子转速剖面，不能直接获得低压转速循环矩阵，必须有其他技术手段确定低压转子转速。②该飞行参数记录系统工作和关闭的时机有两个条件：满足发动机高压转速 $n_2 \geqslant 50\%$ 和表速 $V \geqslant 100 \text{km/h}$ 时飞行参数记录系统工作，进行各种参数记录；满足发动机高压转速 $n_2 < 50\%$ 和表速 $V < 100 \text{km/h}$ 时飞行参数记录系统停止工作。因此，发动机地面维护开车以及飞行科目的部分地面开车剖面没有飞行参数。③采样频率只有 1Hz，必须对换算率结果进行修正处理。

1）应用"$N+1$ 点残量"法获得低压转速剖面

在飞行参数记录系统中，可用于发动机载荷谱研究的剖面参数包括：发动机高压转子转速、进口总温、飞行高度、飞行马赫数、燃气涡轮后排气温度 T_6、三向过载（法向、纵向和侧向）、三向角速度（横滚、俯仰和盘旋）等 11 个参数。根据以上参数采用 MK202 发动机性能计算程序 Q440 计算低压转速值。该计算程序可以计算发动机在各种给定状态下的稳态性能参数，包括加力和不加力时从发动机慢车状态到最大状态整个工作范围的发动机性能数据。计算过程采用变比热计算，并且考虑了整流罩防冰、叶盘冷却、零部件放气或引气、实际飞行环境温度与国际标准温度之间的温差，以及发动机控制系统对工作参数的影响，并且对风扇部件特性和风扇出口流场进行了修正。

MK202 发动机非设计点性能是由 6 个独立变量确定的。这 6 个变量是：主燃烧室的油气比与发动机风扇进口总温 T_1 之比、低压转速 n_1 与高压转速 n_2 之比、风扇工作线、涵道比、高压转速与发动机风扇进口总温 T_1 之比以及高压压气机工作线。计算采用迭代法，首先根据发动机工作包线给出这 6 个变量的初始值，代入 6 个发动机平衡方程，经迭代计算得到高低压转子的工作点，依据发动机的特性得到发动机各个截面上气流的参数和损失系数。方程组是非线性的，Q440 程序采用"N+1 点残量"法进行求解，进而得到非设计点性能。

为了分析计算出的 n_1 准确度，取地面试车台参数进行对比分析。根据输入文件的要求和地面台架环境条件记录的实际情况，采用 sim=1.3 时需要的进口条件数据，即大气温度、大气压力和飞行马赫数，同时，采用高压转速调节进行计算。按某次地面台架试车历程回放记录，取了 11 个点的数据进行计算，并将计算出的 n_1 与采集的 n_1 进行了对比，具体数据见表 6.5。

表 6.5　低压转速 n_1 计算值与采集值的比较

序号	n_2/%	n_1 采集值/%	n_1 计算值/%	n_1 计算误差/%	状态
1	54.51	26.41	26.79	1.44%	慢车
2	60.73	31.34	30.66	-2.17%	稳态
3	67.2	37.4	35.47	-5.16%	过渡态
4	77.4	45.13	44.25	-1.95%	过渡态
5	81.96	57.58	59.3	2.99%	过渡态
6	89.92	79.76	80.18	0.53%	稳态
7	90.19	80.24	80.69	0.56%	稳态
8	93.39	86.36	85.84	-0.60%	最大连续
9	96.28	91	90.61	-0.43%	中间状态
10	98.03	93.88	93.94	0.06%	最大军用
11	98.97	95	94.71	-0.31%	最大军用

为了更直观地看出低压转速 n_1 计算值与采集值 n_1 的差异情况，将该对比情况用曲线表示，如图 6.2 所示。

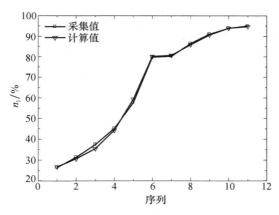

图 6.2　低压转速 n_1 计算值与采集值的比较

由表 6.5 和图 6.2 可以看出，n_1 计算值与测试值比较接近。在大状态和稳态时两者相差非常小，且正负偏差互现；在发动机的过渡状态相差稍大。由试车历程回放记录可以看出，该次试车发动机仅在慢车状态、最大连续状态、中间状态、最大军用状态等几个主要状态以及 n_2=90% 状态附近停留并进行了稳定工作，其他转速主要是过渡过程或停留时间较短，非稳定状态计算值误差大是正常的。

2）地面维护开车和飞行任务的地面工作时间段的转速循环矩阵

地面维护开车主要有两种：日常定期维护开车和排除故障开车。

日常定期维护开车按照"某飞机发动机试车卡片"试车程序进行，其试车曲线见图 6.3。每次试车时间约为 13min，高压转速峰值为最大军用状态的转速，即 100%，对上述试车曲线转速峰、谷值进行雨流计数，在一个试车剖面中转速循环列在表 6.6 中。低压转速根据 Q440 计算程序计算获得，同样采用雨流计数法计数，低压转速循环矩阵见表 6.7。

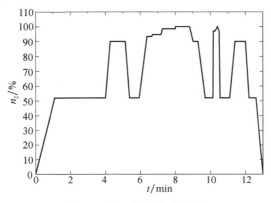

图 6.3　某飞机试车曲线图

表 6.6　日常定期维护开车的高压转速循环矩阵（地面 13min）

转速循环/%	0—100—0	52—100—52	52—90—52
循环数	1	1	2

表 6.7　日常定期维护开车的低压转速循环矩阵（地面 13min）

转速循环/%	0—96.1—0	25—96.1—25	25—80—25
循环数	1	1	2

　　一般情况下，地面排故进行的地面开车试车曲线不固定，而且规律性不强，从统计结果看，排故试车频率不高，只占地面试车的 5%左右，寻找以前的排故试车曲线几乎不可能，为简便起见，将排故试车也归纳为地面维护试车，采用相同的试车曲线。

　　飞行任务地面工作时间段的转速循环主要存在于机轮离地前或者是飞行参数记录系统工作之前。一般情况下，机轮着陆后只是收油门杆的过程，因此发动机转速是单调下降的，没有转速循环。图 6.4 为典型的飞行任务前段的高压转速历程，该时间段内，低循环疲劳损伤较大的高压转速循环只有一个，即 50.5%—92.0%—50.5%，经计算标准天对应的低压转速循环为 27%—84%—27%。

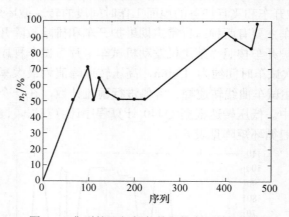

图 6.4　典型的飞行任务前段的高压转速历程

3）采样频率低的修正

具体方法见 7.3.2 节。

4. 综合换算率的确定

换算率采用下列公式进行计算：

$$\beta = \frac{\sum (\boldsymbol{D} \times \boldsymbol{F})}{总工作时间}$$

根据以上可以确定发动机外场使用的换算率 β。在发动机的单位工作时间内,低循环疲劳损伤包含三部分,即 β_1、β_2 和 β_3,分别代表飞行、飞行任务地面工作时间段和地面维护开车的换算率,其值如表 6.8 所示。

$$\beta = \beta_1 + \beta_2 + \beta_3$$

表 6.8　外场换算率的组成

参数	高压转子	低压转子
β_1	0.692	1.806
β_2	0.022	0.033
β_3	0.484	0.642

经计算高压转子的外场使用换算率为 1.198;低压转子的外场使用换算率为 2.482。

5. 综合换算率的修正处理

借鉴英国鬼怪式战斗机的 MK202 发动机的换算率获得方法,综合换算率还包含以下部分:最坏发动机系数 β_4,即寿命消耗最大的发动机的换算率与平均换算率的偏差;削顶因子 β_5,即测得的飞行剖面参数峰、谷值偏离实际值引起的误差修正量。前者,英国根据 3 台发动机跟踪的情况,计算的结果如下:高压转子为 0.14,低压转子为 0.47。后者在采样频率为 2Hz 时使用以下修正系数:

$$\begin{cases} 对于高压转子零件:\beta_5 = (\beta_1 + \beta_2 + \beta_3 + \beta_4) \times 5\% \\ 对于低压转子零件:\beta_5 = (\beta_1 + \beta_2 + \beta_3 + \beta_4) \times 7\% \end{cases}$$

根据历程记录仪对 4 台某涡扇发动机的跟踪情况,确定了寿命消耗最大的发动机的换算率与平均换算率的偏差,如表 6.9 所示。

表 6.9　历程记录仪记录发动机飞行换算率数据

发动机号	飞行次数	低压转子平均换算率	高压转子平均换算率
S906041	104	1.697	0.659
S906045	104	1.749	0.642
S906046	77	1.421	0.591
S906039	77	1.504	0.552
平均换算率(加权平均值)		1.612	0.614
β_4		1.749-1.612=0.137	0.659-0.614=0.045

　　国内该型飞机飞行参数记录系统的采样频率为 1Hz，历程记录仪的采样频率为 5Hz（具体见 7.3.2 节）。历程记录仪与采样率为 30Hz 的发动机台架进行了对比，综合 4 个剖面的测试和计算结果，高压转速循环的平均相对误差为 1.5%，可以认为是准确的。然后，分别采用飞行参数记录系统 1Hz 采样频率的计算结果与历程记录仪 5Hz 的测试结果，对 13 个飞行日的高压转速循环日累计值进行比较，结果表明，由飞行参数记录系统采集的数据计算得到的高压转速循环当日累计值的平均相对误差接近 10%（9.65%）。对比英国采用的高低压转子测量误差修正系数，高低压转子测量误差修正系数之比等于 5/7，得到低压转速测量平均相对误差为 14%，因此：

$$\begin{cases} \text{对于高压转子零件：} \beta_5 = (\beta_1 + \beta_2 + \beta_3 + \beta_4) \times 10\% = 0.124 \\ \text{对于低压转子零件：} \beta_5 = (\beta_1 + \beta_2 + \beta_3 + \beta_4) \times 14\% = 0.367 \end{cases}$$

　　需要说明的是，除了以上换算率修正因素外，还应该有以下因素产生的差异，即不同使用地区的影响、任务混频的变化、飞行员操作习惯的差异以及装机对象的差异等，具体参见 7.7 节。由于飞行参数记录系统和发动机参数非常有限的客观条件限制，只能给出以上修正结果。

　　6. 考虑了工厂试车的综合换算率

　　为了得到发动机在出厂前的损伤情况，对 326 台国产新机进行统计分析，一般情况下，发动机经过两次试车，即一次试车和交付试车，以发动机试车时间为依据，统计得到发动机在不同的试车时间的分布，表 6.10 为其具体结果。

表 6.10　工厂试车时间的分布

时间	台数	所占比例/%
10h 以下	1	0.31
10~20h	258	79.14
20~30h	58	17.79
30h 以上	9	2.76

　　可以看出，地面试车时间在 10~20h 所占比例达到 79.14%，选取 10~30h 的 15 台发动机进行地面换算率研究，具体时间和每台发动机具体的高、低压当量标准循环见表 6.11。在 10h 以下和 30h 以上所占比例较小，不选用该寿命段发动机的使用数据，用其相邻时段的发动机消耗循环数代替，对结果的影响可以接受。

表 6.11　统计计算的当量标准循环

序号	发动机号码	试车时间分布	高压转子当量标准循环	低压转子当量标准循环
1	X907050	11h 25min	61.01	38.19
2	X909044	11h 54min	58.39	46.49
3	X908041	12h 10min	61.86	39.17
4	X908059	13h 51min	85.22	62.15
5	X906014	14h 27min	97.84	55.12
6	X910034	14h 45min	65.68	51.74
7	X909040	15h 14min	56.15	47.43
8	X906040	15h 48min	71.51	51.56
9	X910028	15h 53min	70.83	48.91
10	X910035	17h 02min	71.15	51.88
11	X907039	17h 48min	68.13	54.80
12	X910008	18h 52min	89.36	57.87
13	X910042	20h 54min	88.39	64.78
14	X908005	21h 0min	82.38	64.42
15	X907052	23h 22min	111.15	79.73

从表 6.11 中可以看出，发动机的高、低压转子的当量标准循环与发动机的地面试车的时间不是线性关系，对上述当量标准循环进行如下加权处理：

高压当量循环数平均

$$L_\text{H} = L_\text{H1} \times 0.31\% + L_\text{H2} \times 79.14\% + L_\text{H3} \times 17.79\% + L_\text{H4} \times 2.76\% = 54.3882$$

低压当量循环数平均

$$L_\text{L} = L_\text{L1} \times 0.31\% + L_\text{L2} \times 79.14\% + L_\text{L3} \times 17.79\% + L_\text{L4} \times 2.76\% = 76.0613$$

由于上述工厂试车的时间不计入发动机的总工作时间，但是其疲劳损伤是累积的，所以换算率的计算从严格的数学关系上是一个循环迭代过程。为简单起见，发动机翻修寿命为 650h，其换算率为

$$\begin{cases} 高压转子：\beta_6 = L_\text{H} / 650 = 0.084 \\ 低压转子：\beta_6 = L_\text{L} / 650 = 0.117 \end{cases}$$

英国 MK202 发动机的工厂试车换算率分别为 0.07 循环/h 和 0.09 循环/h。

根据 $\beta = \beta_1 + \beta_2 + \beta_3 + \beta_4 + \beta_5 + \beta_6$ 计算综合换算率：

$$\begin{cases} 高压转子：\beta_\text{H} = \beta_1 + \beta_2 + \beta_3 + \beta_4 + \beta_5 + \beta_6 = 1.45 循环/h \\ 低压转子：\beta_\text{L} = \beta_1 + \beta_2 + \beta_3 + \beta_4 + \beta_5 + \beta_6 = 3.11 循环/h \end{cases}$$

英国 MK202 发动机根据以上步骤得到的高、低压转子综合换算率分别为 1.63 循环/h 和 3.90 循环/h，经多方协商最后确定的综合换算率分别为 1.86 循环/h 和 4.3 循环/h。

综合换算率是指关键结构件（A 类件）单位时间内所消耗的循环寿命，需要综合考虑飞行任务的空中时间、地面时间，地面排故和维护试车，最坏发动机系数，削顶因子，以及工厂试车等因素。因此，综合换算率是与飞行训练和地面维护特点密切联系的，飞行训练大纲变化和维护水平提高后，换算率也要变化，它是一个变量，需要不断进行跟踪和调整。

另外，本书给出的是某飞机机群动力装置的平均综合换算率，虽然结果是准确的，但其置信度约为 50%。

6.3.3　基于飞行参数记录系统数据处理技术

随着航空科学技术的发展，飞行参数记录系统已经被广泛地应用于现代飞行器平台上，它在评定飞行安全工作能力、评估飞行员飞行训练情况、查找设备故障、飞行事故调查分析以及飞机和发动机寿命监控等方面发挥着重要作用。

飞行参数记录系统最初的目的是为飞行事故调查与分析提供依据，随着传感器技术的发展和机载电子设备集成度的不断提高，飞行参数记录的范围已经逐步扩大到能够综合反映飞行平台瞬时飞行状态、发动机状态、航电系统状态等，相对应的应用领域也从单一的飞行事故调查研究拓展到飞行性能、品质评估、故障诊断和结构寿命评估与监控等多个领域。

按照记录介质的不同，飞参记录系统可以分为磁带记录式、固态存储器式和磁光盘式三种。

磁带式飞行参数记录系统的特点为：复制数据不方便、复制时间较长；重量大、体积大；误码率高、可靠性差；维护工作量大、对维护人员的技术水平要求较高。

固态存储式飞行参数记录系统的特点为：存储空间较为有限、记录时间短；相对磁带记录式复制数据方便、复制时间短；重量轻、体积小；可靠性高、维护工作少。

磁光盘式飞行参数记录系统的特点为：存储量大、记录时间长；重量轻、体积小；误码率小于 10^{-2}、可靠性高、维护工作少。

这方面，国内利用飞行参数记录系统进行的飞机寿命监控研究相对早些，并取得了一定的成功；同样，利用该平台对航空发动机也开展了载荷研究和寿命监控研究。

本节以我国某三代战斗机配装的发动机为实例[6,7]，重点介绍飞行参数数据处理方法及所开展的相关研究，所涉及的技术主要包括：

（1）从设备记录的所有飞行参数数据中筛选出影响发动机关键件或重要件疲劳或持久/蠕变损伤的主要载荷参数。

（2）去除伪数据。剔除由于电子干扰或设备故障导致监控参数中的伪数据。

（3）设定门槛值，提取有效载荷峰、谷点值。

（4）应用雨流计数法处理有效峰、谷值对，形成载荷矩阵。

（5）计算消耗寿命和剩余寿命。

1. 某型飞机飞行参数记录系统介绍

某型飞机的飞行参数记录系统（ТЕСТЕР-У3）主要包括飞行信息采集、处理装置（БЛОК-1ТВ），信息保护记录装置（磁带记录器，БЛОК-2ТВ），辅助参数装置（БЛОК-5ТВ），匹配装置（БС1-02）和参数传感器。信息采集、处理装置将传感器送来的模拟信号和变频信号经采样后编成二进制码，该数码信号由磁带记录器的写放大电路放大后记录在磁带上。同时，信息采集、处理装置还具有自动计时功能，它产生的时间信号同经信息采集、处理装置收集的一次性信号（开关量信号）、数字代码信息信号和辅助参数信号一并送入磁带记录器。磁带上记录的信息在飞机着陆后通过信息转录设备输入地面计算机，通过地面专用处理软件将所记录的飞行数据进行通信、还原，即可得到各个参数的飞行历程原始数据。

该型飞机飞行参数记录系统有正常（256）和应急（512）两种工作状态，当左或右发动机失火时，自动由正常状态转入应急状态。两种工作状态的采样频率分别为 1～8Hz 和 2～16Hz，记录的时间分别为飞行的最后 3h 和最后 1.5h，可以记录 62 个模拟信号和 59 个一次性信号，其中发动机有 28 个参数进行了记录和监控。该飞行参数记录系统采集的参数信息可以分为以下几类：

（1）飞机履历信息，包括飞行日期、当前时间、飞机号码和起落架次等。

（2）飞机动态特征参数，包括高度、速度、航向、过载、三向角度等。

（3）飞机操纵机构特征参数，包括舵面、襟副翼的偏转角度和水平安定面等。

（4）发动机特征参数，包括发动机转速、温度、滑油压力和油门杆位置等。

（5）飞机各系统状态特征参数，包括液压系统压力、机上电源系统电压等。

2. 载荷参数的选取

表 6.12 为 ТЕСТЕР-У3 能够提供的与发动机载荷相关的参数情况，可以看出，该系统除了没有三向角加速度外，其他参数基本满足发动机载荷谱研究的需要。表中同时也列出了相关参数的采样频率。

表 6.12　飞行参数记录系统（ТЕСТЕР-У3）有关发动机参数

序号	参数	助记符	单位	采样率
1	纵向过载	Nx	g	8
2	法向过载	Ny	g	8
3	侧向过载	Nz	g	7
4	侧滑角	Вск	°	4
5	倾斜角	КРЕН	°	4
6	俯仰角	ТАНГ	°	4
7	迎角	АТАКА	°	8
8	气压高度	Нсвс		1
9	飞行速度（大气机）	Vсвс	km/h	1
10	马赫数	M		1
11	左发动机低压转速	N1.л	%	1
12	右发动机低压转速	N1.пр	%	1
13	左发高压转速	N2.л	%	1
14	右发高压转速	N2.пр	%	1
15	左发涡轮后燃气温度	T4.л	℃	2
16	右发涡轮后燃气温度	T4.пр	℃	2
17	（左）进气道空气温度	T1	℃	2
18	左发油门杆位置	РУДл	°	2
19	右发油门杆位置	РУДпр	°	2
20	剩油量	GT	kg	2
21	时间：秒	СЕК	s	1
22	时间：分	МИН	min	1
23	时间：时	ЧАС	h	1
24	左发机匣振动	Виб.л	mm/s	2
25	右发机匣振动	Виб.пр	mm/s	2
26	左发进气压力	P1.л	kg/cm^2	4
27	右发进气压力	P1.пр	kg/cm^2	8
28	左发空中起动	ЭАПл	一次性指令	4
29	右发空中起动	ЭАПпр	一次性指令	4
30	左发加力	Фор.л	一次性指令	4
31	右发加力	Фор.пр	一次性指令	4
32	УБ 状态	РЖБ	一次性指令	4
33	应急投放或"放起落架"	Ав.сбр	一次性指令	4

选取其中一部分载荷参数开展载荷谱和寿命研究工作。

3. 工作时间和相关载荷矩阵的计算

根据该型发动机寿命管理规定，工作时间类寿命参数分为地面和空中两大类；又根据发动机工作状态分为战斗状态（Б）和训练-战斗（УБ）状态。典型的发动机状态包括：慢车（MT）、巡航（Kp）、最大（M）和加力（Φ）。因此工作时间类寿命参数主要有：

（1）两个状态下的地面"最大+加力"状态，即大状态 M+Φ 工作时间。

（2）两个状态下的地面工作时间。

（3）两个状态下的空中"最大+加力"状态，即大状态 M+Φ 工作时间。

（4）两个状态下的空中工作时间。

（5）两个状态下的地面和空中大状态 M+Φ 工作时间。

（6）两个状态下的总工作时间。

Б 和 УБ 状态通过一次性信号 УБ 状态信号判定；大状态 M+Φ 通过发动机高压转速值判定；地面和空中状态通过起落架信号判定。

我国航空发动机地面工作时间处理采用的方法是借鉴苏联的发动机寿命管理方法，地面工作时间不仅包括起飞前的发动机检查、滑行和着陆后的滑行，还包括发动机在外场排故和定期维护检查的试车时间。地面工作时间可能达到发动机总工作时间的 20%，而习惯上地面工作时间按 20%计入飞行时间，计算寿命消耗。而地面的大状态 M+Φ 工作时间按照 1:1 计入发动机的全部大状态 M+Φ 工作时间内。

工作时间类寿命按照飞行参数采集点数和采样频率计算，结合以上状态判定即可确定各时间参数。采样频率为 1Hz 的时间参数计算模型为

$$T = \mathrm{mod}\left(\frac{n}{60}\right)$$

除了以上时间类寿命参数外，还有以下相关载荷矩阵：

（1）涡轮后排气温度 T_4 与 Б 和 УБ 状态的低压转子转速 n_1 的相关时间谱 n_1-T_4-t。

（2）涡轮前温度 T_3 与 Б 和 УБ 状态的高压转子转速 n_2 的相关时间谱 n_2-T_3-t（需要转化计算涡轮前温度）。

（3）三向角速度与低压转子转速相关时间谱 n_1-Ω_x-t、n_1-Ω_y-t、n_1-Ω_z-t。

（4）三向角速度与高压转子转速相关时间谱 n_2-Ω_x-t、n_2-Ω_y-t、n_2-Ω_z-t。

4. 循环类载荷矩阵的获取

循环类载荷矩阵主要有以下几种：

（1）Б 和 УБ 状态的低压转子转速 n_1 循环矩阵。

（2）Б 和 УБ 状态的高压转子转速 n_2 循环矩阵。

（3）涡轮后排气温度 T_4 循环谱。

（4）Б 和 УБ 状态的六个（每个状态三个）主、次循环（0—M—0、МГ—M—МГ、Кр—M—Кр）次数。

去除伪读数后首先进行飞行剖面峰谷值的提取。不考虑时间因素，按照时间顺序将参数的峰谷值提出，形成峰谷值对，以便后续采用某一种计数方法如雨流计数法计数。其次进行无效幅值去除。由于幅值较小的载荷对零部件损伤很小，所以在实际工程中需要去除一定数量的峰谷值。目前国内外无效幅值去除的物理模型有很多，鉴于航空发动机参数多为高均值偏态波形的特点，经常采用变程门槛值法，程序设计时采用最短航道法。最后进行参数的循环计数，形成载荷矩阵。

该型发动机衍生机型的设计说明书给出了不同零部件、不同部位的设计循环谱：高压涡轮盘直径 D=245mm 处、高压涡轮盘通气孔、高压涡轮叶片、封严篦齿盘等的设计循环损伤率和持久/蠕变损伤率。表 6.13 为该型发动机衍生机型的高压涡轮盘通气孔的设计循环谱。

表 6.13　高压涡轮盘（99.04.81.002）上通气孔口锐角的循环损伤率

状态	循环类型	代表循环（转速）	循环数	名义弹性应力/MPa		换算到对称循环 $\sigma_{-1}=\sigma_a/(1-\sigma_m/\sigma_b)$/MPa	破坏前循环数 N_0
				最大	最小		
100h Б	0—M—0	0—100.5%—0	128	417	0	254	11348
	МГ—M—МГ	70%—100.5%—70%	320	409	46	226	14080
	Кр—M—Кр	85%—100.5%—85%	440	423	111	203	17163
200h УБ	0—M—0	0—99%—0	260	66	−57	62	153356
	МГ—M—МГ	70%—99%—70%	640	291	32	150	29847
	Кр—M—Кр	85%—99%—85%	880	233	117	68	129330

注：循环类型 0—M—0、МГ—M—МГ、Кр—M—Кр 分别代表零—最大状态—零、慢车—最大状态—慢车、巡航—最大状态—巡航。

通过实际获得的使用载荷谱和设计载荷谱，可以得到发动机的实际损伤率和设计损伤率及其比例关系。

5. 单机飞行参数处理及结果修正

经过上述技术处理后，就可以得到用于编制机群和单台发动机载荷谱以及进行单机寿命监控所需的基础数据。从技术角度分析，编制单台发动机载荷谱较为容易，但是，目前限于该型发动机使用可靠性以及各种客观因素，外场更换发动机频率很高，且有的发动机可能在不同的部队使用，要进行单台发动机载荷跟踪非常困难。同时，也不可能收集到所有的飞行参数，由此会造成时间类寿命参数和载荷矩阵低于真实值，因此需要一定的技术进行修正处理。一般情况下，发动机履历本较为翔实地记录了使用情况，循环矩阵采用主循环和起动次数的比值修正，具体方法如下：

K 为一段统计时间段内由发动机履历本统计得到的单位时间（通常为 300h 或 500h）内的发动机起动次数，其中包含地面维护起动次数和飞行任务起动次数，K' 为相同时间段内由飞行参数统计得到的单位时间（通常为 300h 或 500h）内的发动机主循环数，其比值

$$\gamma = \frac{K}{K'}$$

作为循环矩阵的修正系数，对循环矩阵中的各元素同比例放大。经分析，这一技术措施对寿命研究偏保守：对于该系列飞机遗失的多为地面维护试车剖面，而地面试车剖面与飞行任务剖面相比，其油门杆动作较少，对应的循环矩阵中次循环数量少，经过同比例放大后，载荷谱变大。表 6.14 为该型发动机单位时间内（300h）高压转速循环矩阵修正后的结果。

表 6.14　Б、УБ 状态 n_2 三循环谱（总工作时间 300h）

状态	工作时间/h	循环类型	代表循环	循环数
Б	27	0—M—0	0—100.5%—0	58
		МГ—M—МГ	70%—100.5%—70%	138
		Кр—M—Кр	85%—100.5%—85%	251
УБ	273	0—M—0	0—99%—0	225
		МГ—M—МГ	70%—99%—70%	428
		Кр—M—Кр	85%—99%—85%	672

6. 平均损伤率计算

表 6.14 是该型发动机在某一服役时间段内单位时间的高压转子转速的平均使用载荷谱，根据该结果可以计算不同零部件、不同部位的平均损伤率。以高压涡轮盘通气孔为例，其 300h 设计总损伤率为 0.1015057，而实际仅消耗 0.0600101，平均使用循环损伤率低于设计值 40%左右。

7. 应用飞行参数监控发动机寿命存在的技术问题

从以上实例可以看出，应用飞行参数监控发动机寿命消耗的实质是利用飞行

参数记录数据，在地面完成各种计算功能的处理，实现发动机机载历程记录仪监控功能。

显而易见，应用飞行参数监控发动机寿命消耗技术的主要缺点有以下 5 个方面：

（1）机载设备的存储空间有限，寿命较低，一般只有几个飞行剖面的记录空间，必须及时下载，如上述介绍的 TECTEP-У3 飞行参数记录系统，只记录最后的 3h 或 1.5h 的数据，由于需要反复读写，磁带的寿命有限。

（2）信号采样频率较低，一般在 0.5～2Hz，后面数据处理时必须修正，如 6.3.2 节的飞参系统发动机转速的采样，频率只有 1Hz，高、低压转子在寿命消耗的计算中分别采用了 10% 和 14% 的修正。关于采样频率对发动机损伤的影响具体见本书第 7 章。

（3）后续地面数据处理和寿命管理非常麻烦，要求有强大的地面数据处理系统，没有实时显示功能。

（4）地面维护开车数据容易丢失。

（5）影响战时出动时间和增加日常维护的工作量。

目前，基于电子技术水平飞速发展的新型飞行参数记录系统解决了存储空间小、寿命短的缺点，但是，对于航空发动机寿命监控，还依然存在后四项不足。

6.3.4　发动机历程记录仪

本节涉及的发动机历程记录仪对应 6.3.1 节的第三阶段，这个阶段的主要特点是有单独的设备，其主要功能就是监控发动机的寿命，具有实时计算处理功能，能够显示消耗的寿命或各循环的频数，并可以实现人机交互。历程记录仪也称为低循环疲劳计数器、发动机寿命监视系统，大量出现在 20 世纪 70～80 年代的各种飞机和直升机上。历程记录仪按照记录数据的输出形式主要分为两种：一种是输出各循环类型的频数，再根据低循环疲劳寿命消耗模型算法计算各零部件的低循环疲劳寿命，如 T700 发动机历程记录仪；另一种是直接输出各零部件的低循环疲劳寿命，低循环疲劳寿命消耗模型预置到机载历程记录仪内，实时完成零部件低循环疲劳寿命的计算，如法国 ARRIEL 系列发动机历程记录仪和国内的某涡扇发动机历程记录仪等。本节重点介绍某涡扇发动机的 LCY-WS9-I 型历程记录仪[8,9]。

一般情况下，发动机历程记录仪实现以下功能：对转速剖面的伪读数去除，转速峰谷值提取，无效幅值去除，雨流计数法计数，当量标准循环计算，高、低压转子当量标准循环显示。除显示当量标准循环等参数外，还可以显示和存储其他数据。

1. LCY-WS9-I 型历程记录仪机载监控对象的确定

某涡扇发动机是 MK202 发动机的国产型，其共有 27 个关键件：风扇压气机 1~5 级轮盘，低压一、二级涡轮盘，风扇压气机轴，中介轴，低压涡轮轴，高压压气机 1~12 级轮盘，高压一、二级涡轮盘，高压涡轮二级轮盘套筒，高压压气机轴和高压涡轮轴。

在低压转子和高压转子中分别选寿命最低的风扇压气机 3 级轮盘和高压压气机 1 级轮盘为对象，进行机载监控。

2. 用矩阵法表达的低循环疲劳寿命消耗模型

风扇压气机 3 级轮盘和高压压气机 1 级轮盘的应力取决于离心载荷，热应力忽略不计，应力与转速平方成正比（$S = kn^2$），用各自转速代替应力。

在一个飞行剖面中，根据雨流计数法分别得到高、低压转速频数循环矩阵 $F_{H10\times6}$、$F_{L9\times6}$，又乘根据本书得到的两个零部件的当量标准循环损伤矩阵 $D_{H10\times6}$、$D_{L9\times6}$，即可得到相应的当量标准循环（6.3.2 节）。

对于多个飞行剖面，利用 Miner 累积损伤法则，求出各种剖面的总标准循环。

$$\begin{cases} \sum L_H = L_{H1} + L_{H2} + L_{H3} + \cdots \\ \sum L_L = L_{L1} + L_{L2} + L_{L3} + \cdots \end{cases}$$

3. 机载设备主要技术处理过程及关键技术

1）信号调理

该历程记录仪采集的信号主要有发动机高、低压转子转速和排气温度信号，因此需要对 3 路信号进行调理。

通过光耦电路对高、低压转速两路输入信号进行隔离、整形，然后转换为标准数字信号输出，供后端的单片机系统采集和记录。

对 T_6 排气温度传感器的毫伏信号进行滤波，然后进入温度测量芯片 MAX6675 进行温度采集、数模转换和冷端补偿，最后转换为数字信号通过高速串行 SPI 接口传输到单片机进行后期的数据处理。

2）参数伪数据的去除

经分析，该型发动机采集信号的伪读数性质与 TECTEP-У3 系统飞行参数伪读数的性质接近，主要有超限伪读数、变化梯度大伪读数和电磁干扰致使时间出现不正常跳跃的伪读数等三类，由于是直接采集传感器的信号，所以不存在由于系统时钟问题出现的伪读数。将三类伪读数的逻辑判据程序预置到历程记录仪软件内，对信号进行实时处理。

3）飞行剖面峰谷值的提取

对于航空发动机各信号的高均值偏态波型，采用变程门槛值法剔除无效幅值，主要目的是去除对发动机零部件损伤较小的载荷幅值，减少计算工作量，这一处理技术对于机载发动机历程记录仪非常重要。无效幅值去除程序设计时采用最短航道法。

4）实时雨流法计数

雨流计数法的主要功能是把经过峰谷值检测、无效幅值去除后的实测载荷历程以载荷循环的形式表示出来。该历程记录仪采用实时雨流计数模型，其突出特点是具有实时处理功能。雨流计数是该历程记录仪的一个关键算法，通过雨流计数即可得到与零件疲劳循环载荷相对应的转速循环。雨流计数的算法具体见第 4 章。

以上的伪读数去除、飞行剖面峰谷值的提取、实时雨流法计数等处理技术原理与第 4 章一致，在此基础上，根据具体机型所采集的信号特征做了部分适应性调整。

5）最大军用、最大加力等大状态工作时间及疲劳损伤的计算

根据发动机转速和排气温度信号计算发动机最大军用和最大加力状态的工作时间。大状态工作时间（单位：min）的计算公式为

$$T = \mathrm{mod}\left(\frac{n}{60 \times k}\right)$$

式中，n 为大状态工作时间数据数量；k 为参数采样频率。

两个零部件消耗的循环寿命见低循环疲劳寿命消耗模型。

6）断电保护技术

设计了电源模块自诊断嵌入式应急断电保护系统，采用软硬件融合方式自主设计的历程记录仪系统应急断电保护装置，解决了飞机空中断电和地面人为切断机上电源造成发动机工作历程缺失和机载设备无法工作的技术难题。图 6.5 为飞机电源和历程记录仪用电关系图。

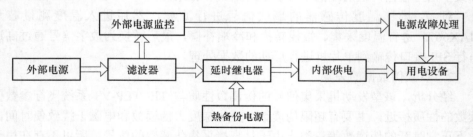

图 6.5　飞机电源和历程记录仪用电关系图

根据飞行训练使用习惯，专门设计了电源管理系统，目的是保证历程记录仪能够完整记录所有飞行剖面数据。首先设计热备份电源，提供实时补充电源供电，可以满足内部核心电路应急供电，保证系统软件继续运行；其次设计外部电源监控模块，实时监控外部电源，如果发生意外断电情况，由外部电源监控模块

发出警告信号给内部核心电路，内部电路采用高优先级处理程序，紧急保护所有数据，并发出软件结束指令，保证程序运行的可控性，以免意外断电造成软件系统故障；最后在所有数据保存工作完成后，使用继电器切断备份电源关闭供电，防止备份电源过度放电造成损坏。

4. 配套的地面检查和寿命数据管理系统

LCY-WS9-I 型发动机历程记录系统包括机载和地面两部分。每架飞机的机载部分包含两台 LCY-WS9-I 型发动机历程记录仪和一条 CSDL947 型配套电缆。

地面部分包含一台 JCY-WS9-I 型发动机历程记录仪检查仪（以下简称检查仪）以及一条 JCDL-WS9-I 型配套电缆、一台管理计算机（内置某涡扇发动机历程记录仪管理软件）和一条 JCDL-WS9-II 型配套电缆。具体结构框图见图 6.6。

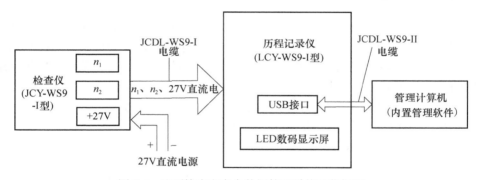

图 6.6　地面检查和寿命数据管理系统工作框图

1）地面检查仪

地面检查和数据管理系统主要包含检查仪和预置了数据管理系统软件的便携式计算机。其中，检查仪可以实现机载历程记录仪在飞机上的自动校验功能，该设备由程序自动控制，满足了部队对系统快速检查和排故的需要。

检查仪主要面向两大需求：一是 LCY-WS9-I 发动机历程记录仪研制过程中的算法校验以及软、硬件校验；二是 LCY-WS9-I 发动机历程记录仪外场装机后的定期校验。

检查仪具有如下具体功能：根据给定的某涡扇发动机高、低压转速剖面，连续输出两路频率信号，模拟高、低压转速，计算消耗的高、低压转子循环寿命，并与标准值对比，以检查历程记录仪技术状态。

2）寿命数据管理系统

管理软件完成对历程记录仪的数据操作，包括：历程记录仪的初始化，历程数据的上传、下载、保存，以及历程数据的查看。主要功能如下：

（1）历程记录仪数据初始化，即将历程记录仪中数据全部恢复至出厂状态。

（2）历程记录仪预置参数，即将历程记录仪中数据清零，并将初始历程数据上传至历程记录仪。

（3）下载历程记录仪数据，数据包括预置的数据、预置日期到下载日期之间形成的累计数据以及当次数据。

（4）上传历程记录仪数据，即将历程记录仪中数据清零，并将下载形成的数据文件上传至历程记录仪。

（5）查看历程数据文件。

发动机寿命数据管理系统是外场监控发动机安全使用的重要设备。在更换发动机时，必须对监控系统记录的参数进行预置，以便与换上的发动机一致。

5. 数据显示

数码管分 5 组显示，分别显示起动次数、低压循环数、高压循环数、发动机大状态时间和发动机总工作时间。切换开关共三个位置，中间位置为监控状态，向上位置为显示累计数据值，向下位置显示当次数据值。历程记录仪的数码显示见图 6.7，各参数范围如下：

（1）高、低压转子循环数显示值的范围为 0.0～9999.9。

（2）工作时间显示值的范围为 0.0～9999.9h。

（3）起动次数显示范围为 1～9999 次。

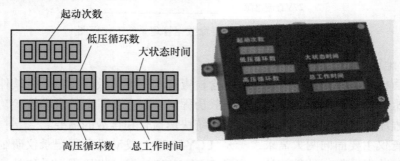

图 6.7　历程记录仪数据显示示意图及实物

6.4　典型的基于低循环疲劳的使用寿命监控模型及系统

6.4.1　美国、英国、法国等国家部分发动机的寿命监控模型及系统

1. F100 发动机历程记录仪

F100 发动机历程记录仪是一种安装在发动机上的设备[3]，用于监测发动机

寿命和状态参数，为地面维护人员提供寿命参数的直接读数。该历程记录仪记录高压转速 n_2、低压涡轮进口温度（FTIT）和一个离散信号，所有信号来自数字式发动机电子调节器（digital engine electronic controller，DEEC）。提供的发动机历程数据包括在某些状态的累积时间、事件计数和一些故障信号指示，直接以数字读数提供发动机总工作时间、两档（温度Ⅰ、温度Ⅱ）热端工作时间和 LCF 数；对两档超温和热起动提供一次性信号指示，发动机电子调节器发出的信号，由发动机历程记录仪以信号指示的方式提供辅助的诊断信息；还提供信号指示诊断信息，例如，在发动机电子调节器上指示低压 n_1 传感器失效，而在配装数字式控制器中，指示的是可更换单元体部件失效，需要进行维修。早期型号的发动机控制系统为液压机械式，后续的推力增大型采用全权限数字电子控制系统，调节其燃油流量和喷口面积。

根据有关资料显示，后期发展了一改进型的历程记录仪，并替代了原型。设计新型历程记录仪的主要原因是改进可靠性，在使用功能上没有变化，保留上述所有读数，并增加了两个诊断参数：一个是历程记录仪内部故障指示，另一个是低压涡轮进口温度传感器失效。新的历程记录仪有数据存储功能，可以存储目前显示的全部信息，以及两档温度的热端工作时间、两种 LCF 数和故障信号指示器的累计故障总数。

该型发动机配装的历程记录仪有利于发动机零部件寿命管理和故障探测，是决定何时必须进行定时维修或发动机翻修的唯一手段。表 6.15 为 F100 发动机历程记录仪记录的参数和记录准则。

表 6.15　F100 发动机历程记录仪记录的参数和记录准则

序号	参数	信号	准则
1	发动机工作时间	FTIT	260℃
2	温度Ⅰ热端工作时间	FTIT	922.2℃
3	温度Ⅱ热端工作时间	FTIT	957.2℃
4	B 超温	FTIT	971.1℃持续 2min 991.1℃持续 31s 1001.1℃持续 6s 1020.0℃持续 1.5s
5	C 超温	FTIT	1001.1℃持续 2min 1020.0℃持续 31s 1041.1℃持续 6s 1061.6℃持续 1.5s
6	LCF	n_2	n_2 从 10250r/min 增加到 12500r/min
7	热起动	FTIT，n_2	842.2℃和 6500r/min
8	n_1 传感器/DEEC 故障		来自调节器的离散信号

续表

序号	参数	信号	准则
9	EHR 失效		内部产生
10	Ⅰ类低循环疲劳	n_2	n_2 从 6500r/min 增加到 11800r/min
11	温度Ⅲ热端工作时间	FTIT	901.6～957.2℃
12	温度Ⅳ热端工作时间	FTIT	935～957.2℃
13	FTIT 传感器失效		若 n_2 从 10250r/min 减速到 7300r/min，FTIT 482.2℃，且 FTIT 到地输入阻抗的 7 个样本，5 个显示 1000Ω
14	Ⅱ类低循环疲劳	n_2	n_2 从 11500r/min 增加到 12500r/min

2. TF-30 发动机监视器

TF-30 发动机是世界上首次用于战斗机的超音速加力涡轮风扇发动机，配装 F-111 战斗机、舰载攻击机 A-7、F-14C 舰载战斗机。研制初期还没有提出发动机结构完整性计划，因此在研制过程和使用过程中可靠性和耐久性问题十分突出（见第 1 章）。喷气发动机监视器（jet engine monitor，JEM），用于配装 TF30-P-408 发动机的 A-7C 飞机，监视压气机轮盘和涡轮盘等发动机关键件寿命和有关发动机工作状态参数，并自动为地面维护人员提供发动机状态的读数。

TF-30 发动机监视器主要有以下功能。

1）监视发动机转速和温度超限

在发动机起动和持续工作过程中，记录涡轮进口温度（turbine inlet temperature，TIT）超过预定值的时间。预定值由 P&WA（普·惠）公司确定，超过预定值则要求进行对应的维修工作，而维修范围取决于超温的严重程度。编成代码的超温维修要求与超温数据一起显示，指出要求的维修范围。同样也记录高压转速超过预定值的时间，当发动机一次运转中出现多次超温、超转现象时，JEM 只保留和记录最高的超限和持续时间。

2）记录热端系数

利用热端暴露时间-温度计数模块记录涡轮部件经受的温度和持续时间的组合系数。对给定的涡轮进口温度，按每秒钟的计数次数记录发动机在该温度下的使用时间。每秒计数速率随涡轮进口温度呈指数关系增加。当发动机工作经过一个涡轮进口温度范围时，每秒计数的发动机工作时间被积分，从而产生累计的总热端系数（HSF）计数。每秒的计数与涡轮进口温度的关系由 P&WA 公司提供。总热端系数计数可用来指示热端零部件剩余寿命，确定何时应对内部热端零部件进行维修。

3）低循环疲劳计数

TF30-P-408 发动机的低循环疲劳寿命消耗由 P&WA 公司提供，根据高压转速变化范围对应的系数 K（损伤系数）确定，具体见表 6.16。一次飞行总的 LCF 数是确定的高压转速变化范围数量乘以给定的系数 K 之和。

表 6.16　TF30 发动机转速循环及损伤系数

高压转速范围	系数 K
小于 50%到大于 95%	0.5488
小于 71%到大于 95%	0.1013
小于 76%到大于 95%	0.0292
小于 82%到大于 95%	0.0166

利用上述系数量化实际发动机消耗的循环寿命，比用飞行小时给出的粗略估计的寿命消耗要精确得多。

4）其他功能

（1）以小时为单位提供每次运转的发动机工作时间和累计发动机总工作时间的记录。

（2）提供发动机起动和运转期间最高 TIT 的记录。

（3）记录作战功率状态下发动机压比（engine pressure ratio，EPR），计算并显示与最大允许发动机压比（环境温度函数）的偏差和 TIT 偏离最大限制值的裕度，由此提供作战状态调整条件的指示。

（4）具有 EPR 传感器输出给 JEM 飞机装置的输出值进行校准的能力。

（5）配装 JEM 的飞机可与飞机座舱读数比较，检查高压转速 n_2、EPR 和 TIT 的飞机座舱指示器的精度。

（6）按下配装 JEM 飞机上的按钮，在发动机任何功率状态能手动记录数据。

（7）每个飞机 JEM 最多存储 9 组数据，数据传输装置能存储和传输 8 个飞机 JEM 的数据，总共可达 72 组数据。

3. T700 发动机历程记录仪

T700 系列发动机是配装于直升机的动力装置，动力涡轮为前输出方式。其历程记录仪是一台电子-机械装置，安装在发动机压气机机匣右侧，属于发动机附件。该历程记录仪有 4 个数字显示窗口，最大显示数值为 9999，提供以下寿命参数：

（1）LCF1，定义为全循环，即燃气发生器转速 N_g 由 50%上升到 95%以上，再降到 50%以下，记作一次全循环，表示发动机零部件经受的是与应力有关的循环数计数。

（2）LCF2，定义为半循环，即燃气发生器转速 N_g 由 86%上升到 95%以上，再降到 86%以下，记作一次半循环，同样也是表示发动机零部件经受的是与应力有关的循环数计数。

（3）INDEX，时间温度指数，对于给定的涡轮排气温度，按每秒钟的计数次数记录发动机在该温度下的使用时间。每秒计数速率随涡轮排气温度呈指数关系增加，表示发动机零部件蠕变损伤的度量。

（4）HOUR，发动机工作时间，以工作小时为单位的发动机运转时间。当燃气发生器转速 N_g 超过 50%时，开始累积工作时间，燃气发生器转速 N_g 降到 40%时停止累积。

以上 4 个参数可以在发动机历程记录仪的窗口上显示。

起动次数一般认为燃气发生器转速超过 40% 记一次起动。

由发动机历程记录仪提供的数据，必须人工转记到发动机履历本上，以便计算各关键件的寿命消耗。

美国早期规定了 T700 发动机零部件的循环寿命定义及指标，循环寿命定义公式为

$$循环寿命L = LCF1 + K_1(起动数 - LCF1) + K_2(LCF1 - LCF2)$$

式中，K_1、K_2 为不同零部件对应的循环寿命系数，具体见表 6.17。

表 6.17　美国早期给定的 T700 发动机 17 个关键件的循环寿命系数和指标

序号	关键零部件	循环寿命系数		寿命指标/次	注释
		K_1	K_2		
1	燃气涡轮一级轮盘				
2	燃气涡轮一级轮盘前挡板				
3	燃气涡轮一级轮盘后挡板	0.8	0.2	2200	
4	燃气涡轮二级轮盘				
5	燃气涡轮二级轮盘前挡板				
6	燃气涡轮二级轮盘后挡板				1991 年给定
7	动力涡轮转子	1.0	0.0	10000	
8	压气机 1 级叶片-轮盘				
9	压气机 2 级叶片-轮盘				
10	压气机 3 级叶片-轮盘	0.3	0.0	10000	
11	压气机 4 级叶片-轮盘				
12	压气机 5 级叶片-轮盘				

续表

序号	关键零部件	循环寿命系数		寿命指标/次	注释
		K_1	K_2		
13	压气机连杆	0.3	0.0	10000	
14	后轴				
15	涡轮轴				
16	离心叶轮 1	0.95	0.05	5000	根据不同零部件号码
17	离心叶轮 2	0.75	0.25		

4. F101 和 F110 发动机寿命监控系统

配装于 B-1B 飞机的 F101-GE-102 发动机，配装于 F-15、F-16 飞机的 F110-GE-100 发动机和配装 F-14 飞机的 F110-GE-400 发动机都有装在发动机上的寿命消耗记录装置。其分别装在 F101-GE-102 发动机的中心综合测试系统和 F110-GE-100 发动机的发动机监测系统处理机（engine monitoring system processor，EMSP）中。两种装置有基本相同的功能：信号调整、信号模数转换、有效性检验和计算发动机寿命消耗以及指标。美国空军 B-1B 飞机的 CITS 和 F-15、F-16 飞机的发动机监测系统，都将其寿命消耗的资料传送给空军分析程序，作进一步的发动机寿命消耗或零部件寿命跟踪计算。F-14 飞机的海军系统在飞机上进行简单的总累计循环计算，为相当于中修水平的地面站使用的零部件寿命跟踪程序，也已经相当完善。上述系统中使用下列函数确定消耗寿命：

（1）发动机工作时间。

（2）低循环疲劳循环（LCFC，停车—最大—停车）数。

（3）全热循环（FTC，慢车—最大—慢车）数。

（4）部分油门循环（PTC，巡航—最大—巡航）数。

（5）加力循环数。

（6）针对涡轮叶片蠕变损伤的 5 种温度持续时间。

上述函数全部用于地面零部件寿命跟踪的计算，其中有 3 种用作地面或机载计算总累计循环

$$TAC = LCFC + \frac{1}{4}FTC + \frac{1}{40}PTC$$

海军的 F110-GE-400 发动机通过该装置可以监控 20 个关键件的低循环疲劳和损伤容限的寿命消耗。

5. F404 发动机飞行状态监测系统

配装于 F-18 飞机 F404 发动机的飞行状态监测系统实时监测发动机故障和超

限情况。软件预置在飞机任务计算机中，除了具有事件探测和数据记录功能外，还有以下寿命消耗监控功能：

（1）连续监测和计算高、低压转速的全热循环和部分油门循环。高压转速全热循环定义为转速 n_2 由 58.9%上升到 92.2%以上再回到 58.9%以下；部分油门循环定义为转速 n_2 由 76.1%上升到 92.2%以上再回到 76.1%以下。由于低压转子与高压转子的气动联系，低压转速 n_1 与高压转速 n_2 是协调的，由此也可以得到低压转速的全热循环和部分油门循环。

（2）用压气机出口压力表示的全热循环和部分油门循环，为燃烧室单元体结构的寿命计算提供低循环疲劳计数。全热循环定义为 482.6kPa—2792.4kPa—482.6kPa（绝对压力），部分油门循环定义为 482.6kPa—2344.2kPa—482.6kPa（绝对压力）。

（3）用油门杆位置、大气压力、进口温度、马赫数和高压涡轮排气温度来计算高压涡轮叶片尾缘的金属温度，再用该温度计算寿命消耗。

（4）用油门杆位置、大气压力、进口温度、马赫数来计算高压涡轮叶片前缘温度，然后根据每次油门杆推到 60°以上叶片达到的最高温度，确定与叶片损伤成比例的循环计数。

（5）累积计算油门杆在 80°及 80°以上位置的发动机工作时间，累积并存储与该事件有关的计数。

（6）累积和存储发动机高压转速高于 58.9% 工作时间。

飞行状态监测系统可以监测和跟踪 F404 发动机 25 个关键件的寿命。

6. 英国军用航空发动机使用寿命监视系统

从 20 世纪 70 年代开始，英国空军开始在军用飞机上安装 EUMS 开展发动机使用情况监控，以便于开展视情维修。EUMS 包含数据采集装置和快速存储记录器（QAR）。快速存储记录器为改进的盒式磁带记录器，单面磁带可连续记录 2h，每秒记录 2 次，每次记录 16 个参数。每次飞行任务后，对磁带进行更换，并将数据返回地面数据处理中心。EUMS 记录的数据包括进口温度、压力、飞行速度、高压转速和低压转速等 13 个参数，后来又加入了高压二级涡轮叶片的温度。

最初，该系统仅应用在三架飞机上，并将三架飞机分配到不同的飞行中队。随后该系统应用在 Phantom、Hunter、Vulcan、Gnat、Harrier、Jaguar、Hawk、Jet Provist、AV-8、Nimrod、Buccaneer、Tornado、Lynx 等多种机型上。

尽管 EUMS 提供的数据可以计算出换算率，但发动机的循环寿命使用情况差别很大。即使是同一飞行员驾驶同一架飞机飞行同一科目，其 LCF 的使用率差别仍很大，所以采用换算率给定寿命仍会造成很大的浪费。因此，英国国防部决定研制更加简单、低价的循环计数器。Simiths 公司研制了能够通过转速和温度参数计算四个零部件低循环寿命的计数器，该计数器的算法简单，改变两个常数值就可以将该计数器应用到其他型号的发动机中。通过将循环计数器的结果与 EUMS 数据计算的结果比较，发现二者最大误差在±5%以内。

EUMS 的改进版 EUMS Mark II 的采样频率可达 32～512 条信息/s，存储空间也增大到原来的 6 倍。在 20 世纪 80 年代初，该系统应用在 GR Mark3s、GR Mark5、AV-8B 和 AV-8C 等机型上。在使用 EUMS 的数据开展 LCF 寿命消耗计算多年后，对其涡轮叶片蠕变寿命计算模型方面进行了改进，系统中采用多参数综合蠕变寿命计算模型，并设置了热疲劳算法。

随后，英国建立了标准发动机使用监控系统（standardized engine monitoring system，SEMS）。美国空军也参与了该系统的研制，并将该系统安装在 AV-8B 战斗机上。SEMS 的主要功能如下：

（1）低循环疲劳寿命消耗计算。可用于计算 14～18 个零部件的热-离心力低循环疲劳寿命，此外还包括两个扭转低循环疲劳和两个压力低循环疲劳函数。

（2）涡轮叶片寿命消耗。采用 SEMS 可以计算 4 个指定零部件的热疲劳和蠕变寿命消耗，而叶片寿命用热疲劳或者蠕变寿命计算。

（3）超限监视。SEMS 可用于检测记录任何限制或者变化率的超出现象，并记录持续时间和幅值。

（4）振动监视。

（5）事件记录。超限或者变化率超过规定时，SEMS 将记录事件发生前 5s 和发生后 20s 的相关数据。根据美国海军的要求，飞行员可以手动起动事件记录。

（6）连续记录相关参数。

（7）数据回收。可将数据传输到地面计算机。

7. F402/AV-8B 发动机监测系统

AV-8B 型飞机的所有飞马 MK105 和 F402-RR-406 发动机均要对寿命消耗和状态进行监控。发动机监测系统（EMS）主要监测零部件的低循环疲劳和高压涡轮叶片的蠕变/热疲劳。最初，该系统监测包括燃烧室机匣外套等 6 个零部件的低循环疲劳寿命消耗，其余零部件使用对比系数法进行跟踪。目前，采用先进的寿命消耗算法解决了发动机瞬态温度场问题后，可以同时监控 36 个关键件的寿命消耗，不再使用对比系数法。在该型发动机中，EMS 是构成发动机维修保障体系的重要组成部分，并通过地面综合信息管理系统和外场级诊断能力，构建基于发动机监测系统的维修保障体系。

EMS 是一种以机载发动机监测装置（EMU）为基础、地面数据检索装置为辅助的监测系统。EMU 具有数据采集、处理、计算、输入输出和部分显示功能。EMU 记录的数据通过地面数据检索装置（DRU）提取。EMS 主要有以下机载实时计算能力：

（1）LCF 循环计数。

（2）高压涡轮叶片寿命消耗计数。

（3）监测并量化超限。

（4）机载振动频率分析。

（5）记录征候事件。

每架飞机配装 EMS 后，可以跟踪低循环疲劳寿命和涡轮叶片寿命，以使大修间隔期最大化。EMU 负责存储数据，重点记录超限事件和寿命消耗，并将这些数据提供给维修人员，此外也记录发动机、飞机状态等信息，以便进行排故。

地面数据检索装置（DRU）是一台可靠性极高的小型地面辅助设备，主要用途是数据传输，从 EMU 提取数据，传输给接口装置并输入计算机，地面计算机配备显示终端、打印机和绘图机，可以直接读数、打印记录和参数曲线输出。使用 DRU 更新零部件跟踪记录，可以避免人工抄写时出现的人为差错。

根据有关信息，所有皇家空军的 GR5 和 AV-8B 飞机都安装了 EMS。

8. 法国 ARRIEL 系列发动机历程记录仪

法国 ARRIEL1C、1C1、1C2 涡轮轴系列发动机采用安全寿命控制发动机关键件的疲劳寿命，监控以下 6 个关键件：轴流压气机叶轮、离心压气机转子、甩油盘、燃气发生器一级涡轮盘、燃气发生器二级涡轮盘和自由涡轮盘。主要涉及燃气发生器转速循环和自由涡轮转速循环的计算。

1）燃气发生器转速循环

燃气发生器转速工作范围广泛，转速循环计算方法有两种：推荐的方法和概算法。

（1）推荐的方法。对于一次飞行剖面，消耗的标准循环数 N 的计算公式为

$$N = K_1 + m \times K_2$$

式中，K_1 为对应于比值（完整循环/标准循环）的系数，由起动和停车之间达到的最大燃气发生器转速 n_g 决定，K_1 数值见表 6.18 中谷值区间[0, 10.0]对应的数值；K_2 为对应于部分循环中最小 n_g 的系数，与剖面谷值转速有关，K_2 数值见表 6.18 中除了谷值区间[0, 10.0]对应的数值；m 为一个飞行剖面部分循环的数目。

表 6.18　ARRIEL 系列发动机燃气发生器转速标准循环

峰值转速区间/%	谷值转速区间/%				
	[0, 10.0]	≤70.0	(70.0, 75.0]	[76.0, 80.0]	[81.0, 85.0]
(99.0, 100.0]	1.0	0.15	0.15	0.1	0.05
(98.0, 99.0]	0.9				
(97.0, 98.0]	0.8				
(96.0, 97.0]	0.7				
(95.0, 96.0]	0.65				
(94.0, 95.0]	0.6				
(93.0, 94.0]	0.55				
≤93.0	0.5				

（2）概算法。该方法比较简单和粗糙：一个飞行剖面对应一个完整循环，而燃气发生器 n_g 谷值小于 85% 的每个工作过程对应一个部分循环，记为 0.15 个循环。按照下述公式计算。

发动机在一次起动和随后的一次停车之间使用的循环数为

$$N = 1.0 + 0.15 \times m$$

式中，m 为一个飞行剖面部分循环的数目。

2）自由涡轮转速循环

由于自由涡轮只有一个工作转速，所以其转速循环非常简洁，对自由涡轮的所有有循环寿命的零部件，

$$1 \text{ 次飞行} = 1 \text{ 个循环}$$

循环数和工作小时必须记录在发动机履历本上。如果发动机返厂修理时，发动机文件中没有使用循环数的记录，则将更换全部有寿命极限的零部件。

按照寿命规定，只在飞行使用时监控 6 个关键件的低循环疲劳寿命，地面维护不考虑低循环疲劳寿命消耗。

6.4.2　俄罗斯、乌克兰等国家发动机的寿命监控模型

俄罗斯和乌克兰等国家的航空发动机属于苏联体系的发动机，其特点是采用定时维修，总寿命较短，除了个别型号的发动机有循环寿命要求外，一般情况下没有循环寿命的限制。有循环寿命限制的发动机，一般使用油门杆的行程作为循环寿命的度量，且针对整台发动机，没有落实到具体零部件上，这是与英美体系的发动机最大的不同。从这一技术特点可以看出该体系发动机寿命消耗监控与管理要远落后于美、英、法等国家的发动机。

1. 涡桨-5 甲 Ⅰ 发动机

该型发动机为单转子涡轮螺旋桨发动机，测仿 АИ-24 发动机改进而成，为国内运-7 系列飞机的动力装置。规定总的循环寿命指标为 9000 次低循环疲劳，计算公式如下：

$$N = m_1 + m_2 \times 0.7 + m_3 \times 0.3$$

式中，m_1 为燃油调节器的油门杆超过 38° 的停车次数；m_2 为燃油调节器的油门杆未到 38° 的停车次数；m_3 为燃油调节器的油门杆从大功率状态拉到 38° 以下，再推油门到 38° 的次数。

2. Д-30 系列发动机

我国的机型主要有配装于图 1-54 客机的 Д-30КУ-154（Ⅱ）发动机、配装于伊尔-76 飞机的 Д-30КП-2 发动机和配装于某轰炸机的 Д-30КП-2А 发动机，该系列发动机都是苏联索洛维也夫设计局在 Д-30 发动机基础上改进研制的苏联第一种较高涵道比的涡轮风扇发动机，前两者均有反推力装置，后者取消了反推力装置。Д-30КУ-154（Ⅱ）发动机总寿命为 21000 飞行小时、9700 次循环，另外两个型号均有不同的飞行小时和循环寿命的限制。

Д-30КУ-154（Ⅱ）发动机有关飞行循环寿命定义如下：

（1）在一次飞行中，从发动机起动到停车，或者是在地面试车时每一次进入起飞状态，发动机转子零部件应力变化的全循环，计作一次飞行循环。

（2）起飞或用额定状态复飞，计作 0.7 个循环。在统计飞行循环中，改变高度层使用的额定状态不计算在内。

飞行循环次数应填在发动机履历本中。

可以理解为，一个飞行循环即停车—起飞状态—停车，计作 1 个飞行循环；空中慢车—起飞（或额定）—空中慢车，计作 0.7 个飞行循环。没有考虑反推力装置工作对循环寿命的影响。

3. АИ-52ТЛК 发动机

乌克兰针对 АИ-52ТЛК 发动机发布了《加入以飞行循环数统计发动机工作时间的内容》的技术通报（前进局和 MOTOR SICH 关于 АИ-52ТЛК 发动机的服务通报 NOH5ТЛК-БЭ 必须执行），必须强制执行增加"循环数"寿命指标。计算方法如下：

发动机工作状态下，燃油调节器油门杆刻度上指针位置在 94°（$\alpha_B > 94°$）以上到"起飞"挡块（103°～110°）之间的状态数（N_{max}），记为进入起飞状态的数量，对应飞机油门杆进入 53°以上到"起飞"挡块位置（60°±2°）的状态数量。而谷值没有要求，只要飞机油门杆低于 53°即可。根据进入起飞状态的数量，查询表 6.19 获得标准剖面数，总寿命限制为 4000h、6000 个标准剖面数。

表 6.19　标准剖面数对应表

N_{max}	$N_{标准剖面}$	N_{max}	$N_{标准剖面}$	N_{max}	$N_{标准剖面}$
0	0	9	1.4	18	2.6
1	0.4	10	1.6	19	2.7
2	0.5	11	1.7	20	2.9
3	0.6	12	1.8	21	3.0
4	0.8	13	1.9	22	3.1
5	0.9	14	2.1	23	3.2
6	1.0	15	2.2	24	3.4
7	1.2	16	2.3	25	3.5
8	1.3	17	2.5	—	—

对于以前未用循环数进行工作时间统计而现在正在使用的发动机，采用一个折合系数确定已经消耗的循环寿命：

$$N_{标准剖面} = 0.9 N_{起动}$$

式中，$N_{起动}$ 是按照履历本得到的、自开始使用或最后一次修理后的发动机总起动次数。

4. АИ-322 发动机

发动机一个工作剖面的油门杆最大工作位置决定使用循环寿命计算公式，具体见式（6.1）～式（6.5），循环寿命计算包含地面使用维护开车消耗的寿命。

（1）最大状态工作：

$$N_{飞行} = 0.62 + 0.13 \times (N_{最大} - 1) + 0.1 \times N_{教学} \tag{6.1}$$

式中，$N_{飞行}$ 为飞行循环数；$N_{最大}$ 为从低于 $0.3_{最大}$ 进入最大状态的次数；$N_{教学}$ 为从低于 $0.3_{最大}$ 进入教学状态的次数。

（2）教学状态工作：

$$N_{飞行} = 0.55 + 0.1 \times (N_{教学} - 1) \tag{6.2}$$

（3）最大巡航状态工作：

$$N_{飞行} = 0.36 \tag{6.3}$$

（4）巡航和（或）$0.3_{最大}$工作：

$$N_{飞行} = 0.19 \tag{6.4}$$

（5）低于 $0.3_{最大}$ 工作：

$$N_{飞行} = 0.01 \tag{6.5}$$

教学状态相当于额定状态，$0.3_{最大}$ 是最大状态推力 30%的状态，主要用于暖机和滑行。上述各状态主要依据油门杆位置判定，$0.3_{最大}$ 和 $0.7_{最大}$ 状态是液压备份控制的两个状态。

6.4.3　带反推力的民用航空发动机

相对军用航空发动机，民用航空发动机的使用剖面简单，循环寿命比较容易获得。某些民用航空发动机循环寿命计算要考虑反推力装置使用对关键件寿命的影响。

1. CF34-1A 发动机循环寿命数学模型[10,11]

CF34 系列发动机是美国通用电气公司研制的高涵道比涡轮风扇发动机。CF34-1A 发动机配装加拿大挑战者 601 公务机。

1）计算模型

影响旋转件循环数寿命限制的其他操作程序按以下方法计数：

（1）一次空气起动认为是旋转件的一个循环。

（2）当使用反推力装置并且推油门杆使 n_2（高压转子转速）超过慢车转速时，每个旋转件加 1/6 个循环计数；当使用反推力装置但 n_2 没有超过慢车转速时，不加额外的循环数。

（3）每一次飞行（起飞和着陆）都计为 1 个循环，无论发动机在下一次起飞前是否拉停。

（4）着陆复飞一次，每个关键件都计 1 个循环。

2）具体实例

（1）在一次飞行中，右侧发动机进行了一次空气起动，使用反推力装置进行着陆、拉停。使用反推力装置时，发动机高压转速 n_2 超过慢车转速。具体消耗的循环数见表 6.20。

表 6.20　实例（1）循环数计算方法

内容	右侧发动机循环数	左侧发动机循环数
正常任务	1	1
空气起动	1	0

内容	右侧发动机循环数	左侧发动机循环数
反推力装置	$\frac{1}{6}$	$\frac{1}{6}$
总循环数	$2\frac{1}{6}$	$1\frac{1}{6}$

（2）飞行员起动发动机、起飞、使用反推力装置着陆后拉停。飞行员又做了第二次起飞和使用反推力装置着陆，但没有拉停。随后又进行了第三次起飞和着陆，这一次没有使用反推力装置。在反推力装置的使用过程中，n_2 超过慢车转速。接下来，飞行员在起飞风扇转速下进行了一次动力确认检查。左、右发动机循环数具体计算结果见表 6.21。

表 6.21　实例（2）循环数计算方法

内容	左、右发动机循环数
有反推力和拉停的飞行	$1\frac{1}{6}$
有反推力并未拉停的飞行	$1\frac{1}{6}$
没有使用反推力并拉停的飞行	1
动力确认检查并拉停	1
总循环数	$4\frac{1}{3}$

CF34-1A 发动机共有高压一级涡轮盘、涡轮轴、平衡活塞封严环等 26 个关键件，需要控制其循环寿命。

2. CFM56 发动机循环寿命确定方法

CFM56 发动机有几种型号，每一种型号有不同的工作循环，共有风扇盘、增压器转子等 19 个关键件。关键件在不止一种型号的发动机上使用，因此对不同型号的发动机有不同的寿命限制值。对每个关键件都必须保存准确的循环历程记录，包括工作的循环总数、在每种型号发动机上工作的循环数和剩余循环数。以下每种情况都认为是一个循环：

（1）由起飞和着陆（包括使用反推力装置）组成的一次典型飞行。

（2）用于训练飞行员的接地复飞。

6.4.4　对比分析

部分典型航空发动机寿命监控系统或设备见表 6.22。

表 6.22　部分典型航空发动机寿命监控系统或设备

国别	发动机型号	寿命监控方式	主要监控内容	备注
美国	F100-PW-100/200	发动机历程记录仪	工作时间、大状态时间、Ⅰ类低循环疲劳、Ⅱ类低循环疲劳、超温、超转、FTIT 传感器失效等	
	TF30-P-408	发动机监视器	低循环疲劳计数、超温、超转、工作时间、发动机压比（EPR）等	
	T700	发动机历程记录仪	低循环疲劳、时间、时间温度指数	
	F101-GE-102	发动机寿命监控系统嵌入飞机中心综合测试系统	发动机工作时间、低循环疲劳数、全热循环数 LCF2、巡航—中间状态—巡航数 LCF3、加力循环数、针对涡轮叶片蠕变损伤的 5 种温度持续时间	
	F110-GE-100、F110-GE-400	嵌入发动机监测系统处理机中	同上	
	F404	飞行状态监测系统	高、低压转速的全循环和部分循环，压气机出口压力表示的全循环和部分循环等	跟踪 25 个关键件的寿命
	F405	发动机历程记录仪	低循环疲劳和高压涡轮叶片的蠕变/热疲劳	跟踪 10 个关键件的寿命
	F119	两个双通道 FADEC 与独立诊断单元 CEDU 的机载健康管理系统	典型的 PHM 系统	
	F135	两个双通道 FADEC 与独立诊断单元 CEDU 的机载健康管理系统	典型的 PHM 系统	属于飞机健康管理系统中的一个子系统
英国	MK202	发动机使用监视系统	高、低压转速的全循环和部分循环	跟踪 27 个关键件的寿命
	MK105	发动机监测系统	低循环疲劳和高压涡轮叶片的蠕变/热疲劳	36 个零部件的低循环疲劳寿命
	GR MK5	发动机使用监视系统	低循环疲劳	配装鹞式飞机
	F402-RR-406	发动机监测系统	低循环疲劳和高压涡轮叶片的蠕变/热疲劳	36 个零部件的低循环疲劳寿命

续表

国别	发动机型号	寿命监控方式	主要监控内容	备注
英国	Adour	发动机历程记录仪	低循环疲劳	配装 Hawk 飞机
	EJ200	EHM 系统	典型的 PHM 系统	
法国	ARRIEL1C、1C1、1C2	发动机历程记录仪	低循环疲劳	跟踪 6 个关键件的寿命
	MAKILA	发动机历程记录仪	低循环疲劳	跟踪 6 个关键件的寿命
	M53-P2	发动机寿命监视系统	低循环疲劳和蠕变损伤	跟踪 20 个关键件的寿命
英法联合	RTM322	全权限数字电子控制系统监控疲劳寿命	低循环疲劳	配装于 NH90（JAR-E）和阿帕奇直升机
中国	涡轴-6	发动机历程记录仪	低循环疲劳	仿制 Artouste
	进口的透默 3C、阿赫耶 1	发动机历程记录仪	低循环疲劳	
	涡轴-8 系列	发动机历程记录仪	低循环疲劳	仿制 ARRIEL1C
	涡扇-9	发动机历程记录仪	低循环疲劳、大状态工作时间	仿制 MK202

从本书以上所列的各种型号发动机的寿命监控系统和模型可以看出以下几个方面的特点。

1. 以英国、美国为代表的西方航空大国与苏联体系发动机寿命管理的差异

根据目前得到的各种文献和信息，从技术发展角度，苏联体系发动机寿命管理技术要远落后于以英国、美国为代表的西方航空大国。前者绝大多数型号的航空发动机没有循环寿命指标，只监控工作时间等时间类寿命参数，发动机总寿命很短，有的仅有几百小时。分析认为，苏联体系的航空发动机没有重视关键件循环寿命监测的原因有以下两个方面：一是技术观念落后；二是苏联设计的发动机，一般总寿命只有数百小时，在低循环疲劳寿命成为限制因素以前，发动机已经到寿退役，没有必要对关键件的低循环疲劳寿命进行专门的监控。对于寿命较长的发动机采用油门杆位移监控模型，且针对整台发动机，没有明确具体的零部件，从这一技术特点可以看出，苏联体系发动机寿命监控与管理是非常粗糙、不严谨的。近几年，随着科学技术的发展，俄罗斯和乌克兰在此方面有了较大进步：俄罗斯为米-17 直升机的 BK-2500 发动机加装了 CHK-78-1 型历程记录仪；最新的某三批发动机数字调节器软件内嵌入了 18 个关键件的低循环疲劳损伤模型及监控指标；苏-35 飞机配装的 AЛ-41Ф-1C（117C）发动机共有 17 个组合件或零部件必须监控低循环疲劳寿命；乌克兰为 AN-52TJIK 发动机增加了循环寿命监控指标和计数方法。

2. 民用和军用航空发动机的差异

由于任务剖面的差异，民用航空发动机和军用航空发动机在使用载荷、寿命消耗和监控等方面有较大的差异：

（1）发动机的载荷状态是由工作状态决定的。由于军用航空发动机的飞行任务千变万化，特别是配装战斗机的发动机，机动动作频繁，发动机的载荷剖面数目很多并且载荷状态非常复杂；所以军用发动机又可以分为战斗机、运输机（轰炸机）和直升机用发动机三类。相比较而言，民用航空发动机飞行剖面，几乎没有机动动作，任务剖面简单，因此军用的运输机和轰炸机也可以归为此类。

（2）由于两者使用载荷的差异，寿命消耗也不同，关键件的循环寿命计量单位也有区别，民用的航空发动机经常使用飞行循环。

（3）民用航空发动机考虑了反推力装置工作时对发动机结构件疲劳损伤的影响。

3. 随着航空技术的进步，航空发动机寿命监控系统在不断地发展和完善

20 世纪 60 年代初，由于疲劳断裂事故严重阻碍航空技术的进步，进而引发疲劳理论在航空技术上的快速发展，航空发动机设计由静强度理论发展到疲劳理论，其结构件的疲劳寿命成为最主要的寿命指标。多年来，业界已经使用许多技术手段和监控设备来监控和确定零部件的寿命消耗。从最初的飞行员实时记录发动机转速峰谷值、简单的时间-温度记录器和低循环疲劳计数器、历程记录仪，发展到复杂的状态监控系统；从磁带记录、地面处理发展到专用的机载单片微处理机实时计算疲劳损伤，以便使用到最大的可用寿命，并朝着视情维修的方向前进。

（1）寿命监控系统的主要功能日益完善。伴随航空电子测试技术的发展和寿命技术认识水平的提高，航空发动机寿命监控系统也由功能单一的寿命参数记录向复杂的技术状态监控发展。F100 发动机的历程记录仪是最为典型的例子，从监控寿命到发动机超温、低压涡轮进口温度传感器失效、低压转速传感器失效、电子调节器失效以及历程记录仪内部故障等，该历程记录仪完成了两大主要功能：发动机零部件寿命监控与管理、发动机相关故障探测，成为确定发动机定时维修或翻修的唯一手段。

（2）各型发动机监控系统监控的参数有了较大的变化，具体有以下四种类别：①循环类参数，包括转速循环、温度循环、压力循环、油门杆位移循环、热起动、状态循环（如慢车—最大—慢车、巡航—最大—循环、加力循环等）；②工作时间和大状态时间类参数，包括发动机运转工作时间、各温度级别的热端工作时间；③热端系数类参数，包括总热端系数（HSF）、时间温度指数（INDEX）；④技术状态类参数，包括超温、超转、传感器失效、相关事故、仪器内部故障指示等。

（3）从监控系统的物理形式上有了快速发展。初期，英国飞行员人工记录发动机转速峰谷值在地面计算处理，后续发展出以飞行参数记录系统为代表的磁带式记录、机载电子-机械式、单片微处理机历程记录仪等。20 世纪 80 年代末，随着模拟电路和全权限数字电子控制（FADEC）系统等新产品的大量出现，发动机寿命监控系统与控制系统高度集成融合，即航空发动机预测与健康管理系统，典型的如 F119 发动机两个双通道 FADEC 系统与独立诊断单元 CEDU 的机载健康管理系统、EJ200 发动机 EHM 系统等。目前利用卫星通信技术，可以在线计算发动机寿命消耗，真正做到实时监控，在这方面民用航空处于技术领先地位。

由于磁带记录式监控系统数据记录的介质是磁带，不具备计算功能，所以必须配备功能强大的地面数据处理设备。同时，磁带记录式监控系统还存在存储空间有限、采样频率较低等致命的技术缺陷，采用磁带记录式监控发动机寿命很难大面积推广，特别是在每架飞机上配装更为困难，因此，其只是在小范围内使用，该阶段广泛使用综合换算率监控机群寿命。后续的历程记录仪和航空发动机预测与健康管理系统克服了上述技术瓶颈，实现了实时监控、采样频率足够高的连续监控。

（4）发动机使用寿命监控模型是监控系统最为核心的内容。一般情况下，对使用寿命监控模型有两个方面的要求：一是要准确描述各零部件的寿命消耗；二是能够满足实时监控模型简单化。机载的历程记录仪或 PHM 系统是以单片微处理机为核心的自动数据采集和计算系统，复杂、烦琐的寿命模型难以胜任。零部件的低循环疲劳寿命取决于一定温度环境下承受的应力-应变循环，使用寿命监控系统的目的就是记录应力-应变循环并转化为寿命消耗，由于在航空发动机上很难直接获得零部件的应力-应变，而发动机工作状态是较为容易得到的，所以使用寿命监控模型的核心就是将发动机工作状态与零部件的应力-应变关联。可以看到，本书给出的典型发动机寿命消耗监控模型紧紧围绕以下内容开展：油门杆、转速状态、考虑温度场（瞬时和稳态）的工作状态。

最理想的情况是利用历程记录仪监控所有有循环寿命限制的结构件，但是从成本和效率等方面考虑，目前国内外普遍采用每个转子只监控 1 个或 2 个零部件，用对比系数推导其他未监控零部件的寿命消耗。根据相关资料显示，美国空军利用该技术可以同时跟踪 80 个以上的结构件，可见在国外该技术的应用是非常成功的，在发动机寿命监控领域也广为应用，其应用的前提条件是零部件之间的寿命消耗是线性关系，即没有热应力或热应力很小。MK202 发动机高、低压转子分别选取了寿命最短的高压压气机 1 级轮盘、风扇压气机 3 级轮盘作为对象进行寿命消耗研究，其他零部件通过两个轮盘消耗的寿命获得。

6.5　航空发动机寿命监控技术与控制技术发展的关系

6.5.1　基于控制和维修技术的航空发动机五个时代的划分

考虑到航空发动机应用的控制技术、不同的维修思想和经济性等方面，将 20 世纪 40 年代到 21 世纪初的航空发动机划分五个代分，涉及的发动机均为列装并服役多年的成熟产品，主要来自美国、英国和法国。五代航空发动机的基本情况见表 6.23。

表 6.23　不同代分的航空发动机监控手段和维修策略简表

时代	1940~1950 年	1960 年	1970 年	1980 年	1990 年	2000 年
发动机代分	1	1	2	3	4	5
控制系统模式	机械	液压/机械	电子/机械	电子/机械、FADEC	FADEC	两个双通道 FADEC
寿命监控手段	人工	人工/EHM	EHM	EHM	EHM	EHM
维修策略	定时维修	定时维修	定时维修/因故退役	定时维修	断裂力学/因故退役	断裂力学/因故退役
考虑因素	安全性	安全性	安全性/经济性	安全性/经济性	安全性/经济性	安全性/经济性
代表机型	J57 J75 TF33 Dart Conway T56 J69 Tyne J79 T58	TF41 J85 TF30 TF34 TF39 Spey Adour Pegasus Gem Turmo Astazou ALF502 Allison 250 T64 ATAR Larzac Gnome	F100 F101 F108 CFM56 T700 Makila TFE125 RB199 F404 M53 RD33 PT6	F110 F100 F200 F220 F118 AE2100 RTM322 F117 F119 F120 MTR390	EJ200 F414 M88	F119 F135

可以看出，相对于文献[12]，表 6.23 增加了第五代发动机，即以美国为代表的 F135 和 F119 两型发动机，可以认为航空发动机进入了预测与健康管理阶段。

6.5.2　航空发动机控制系统发展史的阶段划分

自 20 世纪 40 年代出现涡轮喷气发动机以来，纵观航空发动机控制系统的技术发展历史，能够全面阐述发动机控制系统的书籍和资料应该是 Jaw 和

Mattingly 编著、张新国等翻译的《飞机发动机控制——设计、系统分析和健康监视》一书[13]，书中非常详细、全面地介绍了航空发动机控制系统发展历史，总体可以划分为四个阶段，并列出了各个阶段的主要里程碑。

世界上第一架喷气式飞机是 1939 年 8 月 27 日由德国亨克尔（Heinkel）公司制造的 He-178 喷气式飞机，这架飞机的发动机是由汉斯·冯·奥海因（Hans von Ohain）设计的 HeS-3B 涡轮喷气发动机。在几乎相同的时间内，英国人弗兰克·惠特尔（Frank Whittle）在 1937 年 4 月完成了他的第一台发动机 WU 的地面试车工作。1941 年 5 月 15 日，装有 WU 发动机的格罗斯特（Gloster）E28/39 飞机标志着英国进入了喷气时代。

20 世纪 40 年代初喷气式飞机诞生以来，涡轮发动机控制技术尤其是控制设计理论取得了具有重大意义的进步。WU 发动机利用安装在油门杆上的一个机械止动螺钉限制发动机转速不超过最大值。美国的第一台喷气式发动机是 1942 年由美国通用电气公司制造的 GE I-A 发动机，是在英国 WU 发动机的基础上设计的。GE I-A 发动机的控制系统是液压式调节器，具备了单轴发动机控制系统的最基本功能，包括燃油流量计量、超转保护、熄火保护和超转保护装置。

Jaw 和 Mattingly 根据喷气发动机控制技术的发展将其划分为四个阶段：初始或起步阶段（1940～1949 年）、成长阶段（1950～1969 年）、电子化阶段（1970～1989 年）和综合化阶段（1990 年至今），简要介绍如下。

1）初始阶段

这一阶段发动机控制的计算装置主要是机械装置，计算的机械装置可分为三类，即齿轮系、连杆和凸轮，这些装置单独或组合起来输出一定的运算结果。这一阶段发动机控制的设计方法主要是利用频域响应法，发动机建模主要是基于稳态性能分析进行的，性能分析的主要依据是发动机组件或部件特性图，其中特性图主要来源于零部件试验。

2）成长阶段

该阶段的大多数发动机的控制功能需要通过调节液体（或流体）的形式实现，因此发动机燃油流量控制的计算装置主要是液压机械式，这是一种自主式控制装置。1951 年，普·惠公司试飞了世界上第一台双转子涡轮喷气发动机 J57，配装在 YF-100 飞机上。J57 发动机控制系统包括一个用于发动机主燃烧室控制的液压机械式燃油控制装置（HMFC 或 HMC）、一个用于发动机加力燃烧室控制的液压机械式燃油控制装置，以及分离式的防冰控制和点火控制装置。这种发动机控制系统引领了发动机行业将近 40 年，直到 21 世纪，许多型号的发动机控制系统依然采用液压机械式，由于液压机械式控制系统使用量大、跨度时间长，虽然系统非常复杂（如 F100 发动机液压机械控制系统多达 6000 个零部件），但是其可靠性非常高[14]，平均的空中停车间隔可以高达 30 万小时。在这一阶段，发动机控制规律的设计采用的是单回路法、频率响应法和时域法等经典的控制设计方法。

3）电子化阶段

虽然发动机的液压机械式控制系统有非常高的可靠性，但也有一定的缺点：零部件多、体积大、制造工艺复杂、价格昂贵等，加之随着发动机性能和控制系统对于精确和快速响应的需求，液压机械式控制系统已经不能满足上述技术要求。20 世纪 60～70 年代，设计了模拟和数字式电子控制装置来提高发动机的监控水平和调节功能。罗·罗公司 Gnome 直升机发动机（获得通用电气 T58 许可证）于 1961 年开始服役，该发动机采用模拟电子控制系统来降低直升机飞行员的工作量。这个系统主要是通过控制发动机燃油流量来控制动力涡轮输出轴转速。它还提供了温度限制、下垂斜率匹配和油门操纵速率控制功能。如果电子系统失效，则控制工作由飞行员来完成，根据驾驶舱仪表获得的信息来控制发动机的燃油流量。早期的发动机控制系统有普·惠公司 F100-PW-200 发动机的数字式发动机电子调节器（DEEC）、GE 公司 F101 发动机的模拟式增压风扇温度控制装置（AFT）。早期的 F100-PW-100 发动机还是液压机械式控制系统，而 F100-PW-200 发动机要配装 F-16 单发飞机，因此增加 DEEC 作为备份。

最初的全权限电子控制器于 1972 年由加雷特航空研究中心研制成功，并装备在 TFE731 发动机上。TFE731 发动机的发动机控制单元是单通道模拟电子式控制，当出现飞行故障或飞行员失控时，该电子控制系统切换到备份的液压机械控制系统，以保证飞行安全。F100-PW-220 发动机的 DEEC 是首个飞行试验证的全权限数字电子控制系统，该系统是从 F100-PW-200 发动机液压机械控制系统与备份的 DEEC 和通过采用数字电路板取代计划在液压机械控制系统中用于控制凸轮的设计自动化两个途径演变而来的，这个事例充分表明数字式电子控制具有缩短发动机开发周期的能力。无论是模拟式控制系统、数字式控制系统还是全权限数字电子控制系统，其电子化的发动机控制系统具有以下巨大技术优势：在具备相同控制功能的前提下，体积和重量明显减少；对于军用飞机，无限制油门杆操纵的要求，降低了飞行员的工作负担；任何控制元件替换后无须再进行发动机调整，易于实现软件升级；与飞行控制、火控和其他机载设备及监视系统具有兼容性；具有记录发动机数据的能力；随着数字电子诊断能力（故障告警和故障隔离）的不断增强，提高了发动机维修性。

4）综合化阶段

这个阶段，双通道全权限数字电子控制系统成为航空发动机的标准控制系统。相对于早期的 FADEC，双通道全权限数字电子控制系统具有以下特点：具有更多的自检测功能；使用嵌入式发动机模型来提高发动机的性能和故障诊断能力；具有发动机使用寿命跟踪算法；由于微处理器速度和内存技术的显著提高，控制装置更轻、体积更小。新型传感器，尤其是具有自诊断功能传感器的大量使用，使得发动机健康管理能力大大提高，引领了作为一门新兴、多领域、综合性技术——航空发动机预测与健康管理的发展，并促使其日益成熟。

此阶段比较成熟的发动机有普•惠公司的 F135 和 F119。

表 6.24 为航空发动机控制系统四个不同阶段的典型发动机以及与控制系统相关的主要技术特征，所涉及的典型发动机基本都是美国的型号。

表 6.24　发动机控制系统发展的四个阶段

各阶段	初始阶段	成长阶段	电子化阶段	综合化阶段
年代	1950 年以前	1950～1969 年	1970～1989 年	1990 年至今
代表机型	GE I-A、TG-100/T31、GE I-16、GE J33、J30、J35、J47、J52	J57、J79、J85、JT3、J58、CJ805、TF30、CJ610、JT8D、J93、TF39、JT9D、CF6	F100、TFE731、F101、CFM56、JT9D-7R4、F110、PW2037、V2500	F119、YF120、F110-129、GE90、F135、PW6000、遄达 1000
主要技术特征	基于 WU 发动机设计的单级离心压气机，世界第一台涡桨发动机，首台轴流式压气机发动机，液压机械式调节器，世界第一台双转子发动机出现	首台加力燃烧室发动机出现，首台涡轮风扇发动机，首次采用电子调节温度、监控系统	首次使用数字式电子发动机控制装置，第一台历程记录仪，全权限模拟式单通道的电子控制系统，带全权限模拟式电子加力控制的液压机械控制系统，数字式发动机电子控制系统，双通道全权限数字电子控制系统，发动机程序装于全权限数字电子控制系统中	两个双通道主动式 FADEC 系统

6.5.3　航空发动机寿命监控技术与控制系统的发展协调关系

航空发动机寿命消耗监控技术根据采用的监测方法和手段划分为四个阶段：人工监控阶段、综合换算率监控阶段、机载历程记录仪监控阶段及预测与健康管理阶段，具体见本书前面章节。

可以看出，随着航空发动机技术的发展，发动机寿命监控与发动机控制系统的发展密切相关。在发动机寿命监控技术还处于人工监测阶段，发动机寿命监控和控制技术还是属于两个不同领域的问题，此阶段采用的液压机械控制系统，寿命只是监控运转时间，还没有应力循环寿命的概念。

当人们意识到循环寿命是影响发动机安全使用和经济成本的重要寿命指标、仅依靠人工监测寿命已经无能为力后，业界开始发展能够监测循环寿命的技术。

20 世纪 70 年代左右出现了发动机使用监控系统（EUMS），法国空军的部分拉扎克 04-C20 发动机配装了飞行参数监视记录系统，以上均为磁带式记录装置，采集的数据在地面工作站处理计算发动机消耗寿命。由于是初期，不是每架飞机上均加装了上述系统，所以采用了带有概率统计意义的综合换算率来进行寿命监控。此阶段，发动机使用的寿命监控系统和飞行参数监视记录系统与发动机的控制系统还是互相独立的装置，也没有信息的交联，发动机控制系统大多数还是可靠性很高的液压机械控制系统，部分采用了模拟计算机和液压机械的混合控制系统，如 1969 年服役配装在幻影 F1 飞机上 ATAR 喷气发动机的最新型号 9K50 发动机。

由于综合换算率采用的仍然是"一刀切"式机群寿命控制的理念，经济性和安全性依然是促进发动机寿命监控技术继续向前发展的十足动力，于是出现了给每架飞机配装主要用于监控循环等寿命指标的历程记录仪。由于英国使用综合换算率难以监控皇家空军飞行表演大队的 Hawk 飞机的 Adour 发动机循环寿命，所以为了对寿命进行控制，在红箭飞行表演大队的 Hawk 飞机上安装了简单的低循环疲劳计数器，低循环疲劳计数器也被应用到其他机型。此后，世界上各个航空大国纷纷出现了各种型号的发动机历程记录仪，具体见 6.4 节。此阶段，发动机控制系统已经由技术和可靠性非常成熟的液压机械控制系统向电子/液压机械混合模式、数字式电子控制系统阶段发展。此阶段，发动机历程记录仪和控制系统物理上还是独立的，但是两者之间有了信息交互。1970 年，普·惠公司研制的 F100 发动机成为全世界首台带有寿命监控和故障诊断功能的历程记录仪的发动机，该历程记录仪具有监控循环寿命、状态时间、热起动等寿命参数，以及超温、n_1 传感器和 DEEC 故障等故障诊断功能，安装在发动机上。具体功能详见 6.4.1 节。

航空发动机 PHM 阶段，即航空发动机预测与健康管理系统，寿命监控部分与发动机状态监控系统高度融合，传统意义上的发动机历程记录仪物理实体已经被飞机综合系统替代，技术功能更加强大：拓展了预测与监测功能；实时在线监控发动机零部件的寿命消耗；所监控零部件的数量大大增加。图 6.8 为可以实时在线监控零部件剩余寿命的信息传输示意图。

1. 液压机械控制系统阶段

20 世纪 40～60 年代的主流控制系统为液压机械控制系统，其可靠性很高，两次空中停车之间能够可靠工作 300000h。

在没有零部件的应力循环寿命概念之前，主要监控发动机的飞行或工作时间寿命参数。之后采用循环换算率和安装低循环疲劳计数器监控低循环疲劳寿命。此阶段的航空发动机有很多型号：法国的 04-C5 LARZAC、04-C20 升级版 LARZAC、

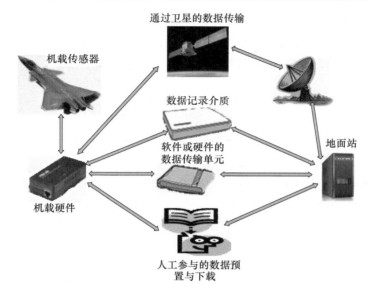

图 6.8　实时在线监控零部件剩余寿命的信息传输示意图

ARIZIEL1 涡轮轴发动机等；英国的 Adour、Spey、Pegasus、Astazou、Gem（宝石）发动机等；美国的 J85、TF41、TF30、TF34、TF33、F100-PW-100 等。

2. 液压机械和模拟电路混合控制阶段

采用液压机械和模拟电路混合控制的发动机存在较短的时间，属于过渡阶段，主要机型有 M53-5 发动机、MAKILA 涡轮轴发动机等。

3. 数字式电子控制阶段

目前，航空发动机以数字式电子控制为主流。

M53-P2 发动机于 1981 年开始服役，采用了全权限数字控制发动机控制系统（ECS）。透博梅卡公司 ARRIEL2 涡轮轴发动机安装了单通道的全权电子发动机控制器 FADEC。

英国和法国联合研制的劳斯莱斯透博梅卡 RTM322 涡轴发动机是在 20 世纪 80 年代初开发的，它的设计基于安全寿命方法，采用历程记录仪监控低循环疲劳寿命。

1984 年以来，在 Lynx、WG30 和 Augusta A 129 飞机上安装的升级版本的 Gem（宝石）发动机均配装了数字式电子控制系统。关键部位采用安全寿命方法进行设计。Augusta A 129 直升机具有一个能执行多种功能的中央机载计算机系统。由于所有必需信号都以合适的电子形式提式，该中央计算机可用于执行发动机使用监控功能。F100-PW-229 涡扇发动机是 F100-PW-220 发动机的衍生版，具有更大的推力，其设计满足损伤容限标准。它包含了第二代数字电子发动机控制系统，并在 F-15 和 F-16 飞机上使用。

参 考 文 献

［1］　中国航空工业总公司. HB/Z 286.5—96. 航空燃气涡轮发动机监视系统设计与实施指南寿命监视. 北京: 中国航空工业总公司, 1996.

［2］　SAE. SAE Air Information Report 1872B. Guide to Life Usage Monitoring and Parts Management for Aircraft Gas Turbine Engines. Washington: SAE, 2011.

［3］　航空航天工业部第六〇六研究所. 航空燃气涡轮发动机寿命消耗监测和零件管理指南. 航空发动机信息, 1994, 9: 1-35.

［4］　尉询楷, 杨立, 刘芳, 等. 航空发动机预测与健康管理. 北京: 国防工业出版社, 2014.

［5］　杨兴宇, 郑小梅, 赵福星, 等. 某歼轰飞机涡扇发动机综合换算率研究. 北京: 北京航空工程技术研究中心课题研究报告, 2009.

［6］　杨兴宇, 赵福星, 耿中行, 等. 某三代飞机 22 批发动机第一阶段延寿载荷谱研究. 北京: 北京航空工程技术研究中心课题研究报告, 2003.

［7］　杨兴宇, 赵福星, 耿中行, 等. 某三代飞机 22 批发动机第二阶段延寿载荷谱研究. 北京: 北京航空工程技术研究中心课题研究报告, 2005.

［8］　杨兴宇, 朱锐锋, 战立光, 等. 某歼轰飞机涡扇发动机 LCY-WS9-I 型历程记录仪研制. 北京: 北京航空工程技术研究中心课题研究报告, 2011.

［9］　杨兴宇, 李喜发, 朱锐锋, 等. 某教练飞机涡扇发动机 LCY-WS11-I 型历程记录仪研制. 北京: 北京航空工程技术研究中心课题研究报告, 2016.

［10］　沈阳发动机设计研究所. 航空涡轮发动机关键件定寿和延寿资料之一(内部资料). 沈阳: 沈阳发动机设计研究所, 2011.

［11］　沈阳发动机设计研究所. 航空涡轮发动机关键件定寿和延寿资料之二(内部资料). 沈阳: 沈阳发动机设计研究所, 2011.

［12］　Sapsard M. Introduction to engine usage monitoring. Recommended Practices for Monitoring Gas Turbine Engine Life Consumption. RTO Technical Report, 2000.

［13］　Jaw L C, Mattingly J D. 飞机发动机控制——设计、系统分析和健康监视. 张新国, 等, 译.北京: 航空工业出版社, 2011.

［14］　Holmes R. Civil and military practices. Recommended Practices for Monitoring Gas Turbine Engine Life Consumption. RTO Technical Report, 2000.

第7章　使用载荷及载荷谱随机分布特性

7.1　载荷的随机化影响结构疲劳可靠性

  航空发动机的使用可靠性历来都是航空发动机的设计和使用者最重要的关注点之一。零部件的疲劳可靠性，尤其是低循环疲劳可靠性，是航空发动机可靠性的最基本特性。发动机断裂关键件的低循环疲劳可靠性，以前称为安全寿命，是发动机设计的重要技术指标，是要经过严格试验验证的。

  在航空发动机零部件的低循环疲劳可靠性工程设计方法中，最成功并沿用至今的无疑是英国罗·罗公司应力标准 EGD-3 使用的名义应力法。该方法以大量的零部件试验为基础，给出了常用的不同类别材料、不同应力集中系数的 *S-N* 曲线。零部件的寿命分散度，以最好和最坏 *S-N* 曲线的方式表示出来。英国国防标准 DEF STAN 00-970-11[1]对 EGD-3 方法进行了改进，推荐了不同试验子样情况下的寿命散度。其基本思想与 EGD-3 完全相同，仅考虑了反映材料和加工工艺造成的零部件的寿命散度，而没有考虑使用载荷散度。

  为了摆脱依靠大量零部件试验曲线获取寿命散度的束缚，20 世纪中期，人们在不断探求新的疲劳寿命模型的同时，开始了材料特性和零部件几何特性对寿命影响的研究，试图通过材料的常规性能预测零部件的疲劳寿命及其散度。到目前为止，现有有关发动机结构疲劳可靠性的相关文献主要集中在以下三个方面：

  （1）在材料试验中，研究了寿命曲线的分散性，出现了 *P-S-N* 和 *P-ε-N* 曲线模型及上述曲线拟合的若干方法。

  （2）在零部件的应力-应变的随机化方面，发展了随机有限元方法。实现了与应力-应变分析相关的几何和材料常数的随机化以及整个疲劳应力-应变曲线的随机化。

  （3）在结构可靠度分析方面，为解决结构有限元抽样计算问题，开发了蒙特卡罗法和多种影响面法。

  以上研究内容的目的可归结为一个，即实现结构的抗疲劳特性随机化。虽然由于疲劳寿命模型目前尚不够完善，上述研究的潜力尚难以在工程应用中完美展现出来，然而，人们已经找到随机化的方法，一旦有了好的疲劳寿命模型，即可很快将结构的抗疲劳特性随机化用于工程实践。

  综上所述，目前工程上所使用的方法和理论研究成果，都集中在结构的抗疲劳特性随机化上。如果把结构疲劳的原因分为内因和外因,那么结构的抗疲劳性能归于内因,结构的疲劳载荷则属于外因。也就是说,在结构的疲劳因素的随机化研究和工程应用上,内因已很有成效,而外因即载荷的随机化方面研究很少。

在本章中,7.2 节根据航空发动机结构特点以及载荷性质对载荷进行分类,从损伤累积的角度将载荷分为强度相关载荷和寿命相关载荷,重点研究具有损伤累积效应的寿命相关载荷。7.3 节介绍发动机设计载荷谱和使用载荷谱。7.4 节介绍使用载荷及载荷谱随机性。7.5 节和 7.6 节从理论角度介绍基于固定任务混频的寿命相关载荷分布特性研究以及变任务混频寿命相关载荷累积量分布特性,并应用实例进行验证。7.7 节介绍在工程实践中对载荷的随机分布特性造成零部件寿命消耗的影响采取的控制方法,目前主要采取三种技术考虑其影响:考虑不同的装机对象寿命指标的差异、考虑多种影响因素修正后的综合换算率以及加装发动机历程记录仪的单机寿命监控。

7.2　载　荷　分　类

发动机在工作过程中承受多种复杂的载荷,并作用于各种零部件上。根据载荷性质,可以分为以下三类。

(1)气动载荷:空气和燃气在发动机流道内流动时,由于速度、压力、方向等影响因素作用在与其接触的零部件上的力和力矩。

(2)质量载荷:与零部件质量相关的载荷,如转子旋转、振动或机动飞行时作用在零部件上的离心力、惯性力和惯性力矩。

(3)温度载荷:由于零部件的热不均匀性,或不同材料热膨胀系数的差异造成的热应力。

不同零部件由于功能的差异所承受的载荷也存在较大的区别。

7.2.1　强度相关载荷和寿命相关载荷

从航空发动机寿命研究和控制角度,发动机正常工作过程中承受的使用载荷分为强度相关载荷和寿命相关载荷[2-4]。强度相关载荷为静载荷,不随时间而累加。作用在零部件上的强度相关载荷超过零部件所能承受的强度极限,则零部件失效,但不会引起材料循环硬化或软化,即不影响零部件耐久可靠性。强度相关载荷表现为瞬时性,主要对零部件强度造成影响,如振动类载荷、过载等。而寿命相关载荷是指其在一段时间之内的作用与某种寿命消耗相关联,其作用具有可加性,影响发动机零部件的耐久可靠性。寿命相关载荷在持续、多次作用下使零部件失效,如低循环疲劳载荷、高周疲劳载荷(与陀螺力矩相关的)、持久/蠕变载荷等。显而易见，除特殊说明，本书涉及的载荷均为具有损伤累积效应的寿命相关载荷。

7.2.2　实际飞行谱中的低循环疲劳相关载荷的作用分析

由于机载传感器数量、种类、采样频率、飞行参数记录系统以及零部件可达性等限制，实际飞行中航空发动机测试参数是较为有限的，所以在实际可获取的与低循环疲劳有关的载荷信息中，必须分析筛选出重要度较高的载荷要素。

一般情况下，发动机低循环疲劳载荷主要包含起动次数（含冷起动、热起动）、起落次数、转速循环、涡轮后排气温度循环、三向过载、三向角速度等，对于涡轴和涡桨发动机还有扭矩循环和功率循环。

1. 发动机起动次数

航空发动机使用总体上可分为飞行和地面维护开车两大部分，因此发动机总起动次数包含飞行起动和地面维护起动。由于起动次数在一定程度上反映的是发动机高、低压转子转速循环中的主循环，即"零—最大—零"循环，一般情况下，对于轮盘、压气机叶片类零部件，转速主循环的损伤占总损伤的70%～80%，因此在低循环疲劳载荷谱研究中，确定发动机的起动次数分布规律非常重要。

通过对履历本进行调研、统计，可以得到发动机起动次数，包含地面维护开车起动次数和飞行起动次数。发动机的起动还可分为冷起动和热起动。发动机冷起动是指发动机起动时距上一次关机已有一段时间，其内部零部件的温度与环境温度一致的情况下起动。热起动是指距上次关机时间不久，发动机内部尚有较高余温的情况下起动。冷起动时，发动机轮盘的轮缘部分温度随着燃气温度很快上升，而轮心温度上升较慢，发动机状态快速变化时引起较大的热应力，叠加离心应力，造成的低循环疲劳损伤也较大。热起动时，轮心还具有一定的温度，轮缘和轮心的温度差没有冷起动时显著，产生的热应力也小一些，相应的疲劳损伤也轻一些。

通常用千小时起动次数来表示发动机的起动次数情况，该参数代表在一定工作时间内发动机起动的频率。

2. 飞行器起落次数

起落次数是指飞机/直升机起飞—落地的次数，由起落次数和起动次数之差可直接估算慢车—最大—慢车循环的次数。起落次数可由飞行记录单或飞行计划表等统计得到。

在没有飞行参数记录系统的情况下，起动次数和起落次数成为记录发动机循环消耗的主要参数。即使是在有飞行参数记录系统的情况下，由于飞行参数记录系统统计不完全、部分飞行参数格式错误等，会造成由飞行参数记录系统统计到的主循环次数小于起动次数的情况，而起动次数可由发动机履历本统计得到，比较准确，所以需要由起动次数对飞行参数记录系统统计到的循环矩阵进行修正。

3. 主要零部件考虑的载荷

零部件的使用寿命或寿命消耗主要受应力循环的影响，由于直接测试应力技术上存在很大的难度，所以在实际工作中主要研究载荷和载荷谱。不同的零部件承受的载荷是不同的，各种载荷作用到零部件上产生的损伤也不尽相同。

1）轮盘承受的主要载荷

航空发动机轮盘主要有压气机轮盘和涡轮盘，个别发动机有封严篦齿盘，对于双转子发动机，压气机轮盘又分为风扇压气机轮盘和高压压气机轮盘，涡轮盘分为高压涡轮盘和低压涡轮盘。

除了温度影响不大的风扇盘和某些低压压气机轮盘以外，轮盘的载荷主要包含以下五个部分：

（1）叶片产生的离心载荷，对轮盘施加拉伸应力。

（2）轮盘本身质量产生的离心力，对轮盘施加拉伸或压缩应力。

（3）轮盘热膨胀不均匀产生的热应力，在发动机起动或停车过程中对轮缘、轮心等不同部位施加拉伸或压缩应力。

（4）装配应力，即轮盘与轮盘、轮盘与轴、轮盘与螺栓连接时产生的应力。

（5）轮盘承受的由转子叶片传递的轴向或周向气动力、轮盘前后压力差产生的气动压力、机动飞行时的陀螺力矩、转子叶片或轮盘振动时产生的动载荷。

其中前三项载荷最为重要。轮盘受到的离心应力和转速的平方成正比，热应力取决于轮盘上的温度梯度、具体的几何结构和装配方式。一般情况下，轮盘上的温度梯度不能直接获得，需要根据发动机工作状态参数和飞行状态参数计算得到。

2）主轴承受的主要载荷

目前，航空发动机主要有单转子、双转子和三转子结构，承受以下主要载荷：

（1）扭转力矩，扭矩是主轴最重要的载荷，是气体流动时在转子叶片进出口的周向动量变化引起的力矩。

（2）弯曲力矩，主要来源于两个方面，一方面为涡轮盘的重力、机动飞行的惯性力、不平衡引起的不平衡力，另一方面为陀螺力矩。

（3）振动扭矩，发动机工作中受燃烧不稳定或气流脉动等多种因素影响，将在主轴上产生交变的扭矩，属于高周疲劳载荷。

（4）轴向力，主要包括轮盘前后表面气体静压差和转子叶片进出口的周向动量变化所引起的轴向力、飞机着陆和机动飞行中部件产生的轴向惯性力，以及某些转子装配中的轴向预紧力等。

（5）离心载荷和径向载荷。

其中前三项载荷最为重要。主轴在工作中承受的是高、低循环复合疲劳载荷的作用，其中扭矩和轴向力是和发动机油门杆相关的低循环疲劳载荷，振动扭矩和弯矩则为叠加在低循环疲劳载荷上的高周疲劳载荷。在主轴的应力分析中，根据经验，轴的振动扭矩通常按照发动机型号规范要求，涡喷、涡扇发动机主轴振动扭矩幅值取为稳态扭矩的 $\pm 5\%$，涡轴、涡桨发动机主轴振动扭矩幅值取为稳态扭矩的 $\pm 10\%$。

3）叶片承受的主要载荷

航空发动机叶片有转子叶片和静子叶片，一般考虑寿命损伤的是转子叶片。转子叶片又包括压气机转子叶片和涡轮转子叶片。发动机工作时，叶片主要承受以下载荷：

（1）叶片本身质量所产生的离心力。

（2）气动载荷，流道内空气和燃气流动对叶片产生的作用力。

（3）热应力，叶片温度场不均匀产生的热应力，涡轮叶片热应力所占比例较大。

（4）交变力，主要是发动机和叶片振动产生的载荷。

（5）随机载荷，主要来源于发动机的随机振动。

压气机转子叶片主要考虑上述除热应力之外的四种载荷，特别是振动载荷。

4）机匣承受的主要载荷

机匣是发动机的重要承力零部件，包含进气机匣、风扇机匣、低压压气机机匣、中介机匣、高压压气机机匣、燃烧室机匣、涡轮机匣、外涵道机匣等。

以燃烧室外机匣为例，其受到的载荷包括：壁面的压力差、气体轴向力、附件机匣或安装节点带来的集中惯性力和力矩、前后安装边传来的三个方向的惯性力和力矩、热负荷等。涡喷-7 等发动机机匣强度验算表明，机匣上的最大应力点在燃烧室外套上，引起最大应力的载荷为压力差和轴向力。因此，在机匣应力分析中主要考虑压力差和轴向力。

压力差由机匣内外压力造成，需要根据发动机状态参数进行内流计算，确定燃烧室内的压力。轴向力主要包含压差引起的轴向力和前后安装边传递的轴向力。

7.3　发动机载荷谱

7.3.1　发动机载荷谱基本知识

发动机载荷谱是指根据发动机实际使用任务和使用条件按照统计规律得到的载荷作用方案，是为发动机及其零部件的寿命、可靠性和疲劳强度分析与试验考核而编制的有关载荷要素的组合，除了单台发动机载荷谱外，发动机载荷谱符合某种统计规律。发动机载荷谱是在 20 世纪 60 年代末 70 年代初随着航空发动机结构完整性计划的提出而迅速发展和完善的。

发动机载荷谱按照涉及的范围可分为整机载荷谱和零部件载荷谱，前者可分为工作循环谱、惯性过载谱、整机振动谱和环境谱等，后者可分为零部件的温度谱、应力谱、振动谱等。整机载荷谱取决于各使用剖面，即发动机工作状态参数和飞行状态参数的时间历程。发动机工作状态参数主要包含转速、排气温度、油门杆位置、功率状态、进口温度、振动值等，飞行状态参数主要有飞行高度、飞行速度、大气温度、过载、三向角速度、角加速度等，由上述参数与持续时间以及比例编制载荷谱。零部件载荷谱一般根据整机载荷谱转换得到，有的需要采用专项测试技术得到，如瞬态温度场、振动图谱等。编制零部件载荷谱时，根据载荷的重要程度进行，如涡轮盘的载荷谱侧重于转速循环谱、温度谱，压气机轮盘的载荷谱侧重于转速循环谱。

1. 设计载荷谱和使用载荷谱

发动机载荷谱按照使用阶段和服务对象的不同，可分为设计载荷谱和使用载荷谱。设计载荷谱是为新型号发动机设计、研制使用的，是按照预计使用环境和使用条件编制的。表 7.1 是美国军用标准《发动机结构完整性大纲》[5]对不同类型飞机发动机设计任务循环和蠕变寿命的总体要求，也称为通用设计谱。

表 7.1　美军标给定的通用设计谱

机种	部件	使用寿命				寿命参数					
		小时		循环数		零—最大—零	慢车—最大—慢车	巡航—最大—巡航	加力燃烧室点火次数	加力燃烧室燃烧时间/h	等（大）于中间功率时间/h
		飞行	地面	飞行	地面						
战斗机	冷件	4000	400	3000	200	3200	20000	24000	17000	200	800
	热件	2000	200	1500	100	1600	10000	12000	8500	100	400

续表

机种	部件	使用寿命				寿命参数					
		小时		循环数		零—最大—零	慢车—最大—慢车	巡航—最大—巡航	加力燃烧室点火次数	加力燃烧室燃烧时间/h	等（大）于中间功率时间/h
		飞行	地面	飞行	地面						
轰炸机	冷件	10000	1000	2500	200	2700	30000	30000	16000	250	1800
	热件	5000	500	1250	100	1350	15000	15000	8000	125	900
教练机	冷件	18000	5400	13500	1500	15000	15000	15000	*	*	3600
	热件	9000	2700	6750	750	7500	75000	75000	*	*	1800
货机	冷件	30000	3000	9000	1000	10000	14000	*	—	—	6300
	热件	15000	1500	4500	500	5000	7000	*	—	—	3000

*表示若设计需要，可由使用部门提出。

在美军标 MIL-E-5007D《航空涡轮喷气和涡轮风扇发动机通用规范》中也给出了设计工作循环谱。如果发动机的装机对象明确，也可以根据典型任务形式提出对发动机功率或使用环境的载荷谱需求。表 7.2 为 T700 发动机在型号规范中规定的设计载荷谱。

表 7.2　T700-GE-701A 型号规范表 IXA 的 10 项任务及其混频

序号	1	2	3	4	5	6	7	8	9	10
任务名称	突击运输	战斗增援	救护	换防	侦察部队运输	增援调动	部队撤出	空中指挥	吊重	训练
状态	剖面长度/min									
MAX	2	4	1	3	2	2	2	2	8	2
MC	22	27	9	30	28	18	24	23	31	9
1050 SHP	0	0	0	0	0	0	0	0	20	0
940 SHP	73	38	11	44	73	29	67	102	6	32
630 SHP	0	0	0	0	0	0	0	0	4	3
420 SHP	0	0	0	0	0	0	0	0	0	13
慢车	11	13	5	14	13	9	11	11	3	31
任务总时间（最少）	108	82	26	91	116	58	104	138	72	90
循环	剖面循环数									
0—MAX—0	1	1	1	1	1	1	1	1	1	1
NLFI—MAX—NLFI	1	1	1	1	1	1	1	1	0	0
FI—MAX—FI	—	2	—	1	—	—	—	—	1	—
420—MAX—420	—	—	—	—	—	—	—	—	—	—
630—MC—630	—	—	—	—	—	—	—	—	3	—

续表

序号	1	2	3	4	5	6	7	8	9	10
任务名称	突击运输	战斗增援	救护	换防	侦察部队运输	增援调动	部队撤出	空中指挥	吊重	训练
循环	剖面循环数									
1050—MAX—1050	—	—	—	—	—	—	—	—	4	—
GI—MC—GI	—	—	—	—	—	—	—	—	—	4
NLFI—MC—NLFI	—	—	—	—	—	—	—	—	—	2
FI—MC—FI	8	8	3	10	10	6	8	8	1	—
420—MC—420	—	—	—	—	—	—	—	—	—	1
630—MC—630	—	—	—	—	—	—	—	—	1	—
GI—940—GI	1	1	1	1	1	1	1	1	1	1
任务混频										
每千小时总任务数	90	59	185	53	41	83	46	35	67	133
每千小时总任务小时/h	160	80	80	80	80	80	80	80	80	200

注：（1）环境混频：海平面标准大气，湿度45%；海平面35℃，湿度51%；海拔1220m 35℃，湿度4%。

（2）最大功率状态：海平面标准大气，1500 轴马力；海平面 35℃，1500 轴马力；海拔 1220m 35℃，$T_{4.1}$=1290℃。

（3）MAX 表示最大状态；MC 表示最大连续状态；SHP 表示轴功率（单位：马力）；NLFI 表示空载飞行慢车；FI 表示飞行慢车；GI 表示地面慢车。

发动机使用载荷谱是根据现役发动机实际使用情况得到的，可以直接用于发动机整机、零部件的定寿、延寿工作。

2. 发动机载荷谱研究的基本技术途径

发动机载荷谱研究的技术途径是与航空电子测试技术的发展息息相关的。在航空发动机载荷谱出现最早的 20 世纪 70 年代到 20 世纪末，由于飞机平台各系统安装的传感器和电子测试技术的不足，特别是飞机飞行参数记录系统没有普及之前[6-8]，主要采用的是典型科目和典型剖面法，按照战斗机设计年代的不同，集中在第一、二代战斗机上；随着航空技术的快速发展，机载传感器和电子测试技术的成熟，几乎每架飞机上均装备了飞行参数记录系统，为发动机载荷谱研究提供了有力的技术手段，提出并大量使用了基于飞行参数记录系统的载荷谱研究技术，第二代战斗机服役后期和第三代战斗机的发动机使用载荷谱主要采用该项技术。

1）典型科目和典型剖面法

发动机载荷谱研究的两大技术支撑是任务混频和载荷剖面特征[9-11]。任务混频是指各飞行科目（含地面维护使用）出现的频率，体现了发动机在一定服役内的用法,是影响发动机载荷谱的重要因素之一。非战时,任务混频取决于飞行训练大纲,一般情况下,飞机的日常飞行训练和飞行计划会严格遵照飞行训练大纲规定的科目和动作执行,任务混频经过技术处理后得到任务混频矩阵 MIX=[f_1, f_2, …, f_n]。航空发动机零部件在使用中承受的载荷是连续变化的随机过程,载荷-时间历程曲线称为载荷参数剖面。载荷参数剖面经过伪读数去除、计数处理等措施后得到参数循环载荷矩阵 L_c,其计算公式如下:

$$L_c = \sum_{i=1}^{n} f_i M_{L_i}$$

式中,L_c 为参数循环载荷矩阵,表示在规定的发动机使用时间范围内的各种代表任务下,各参数循环载荷组值的出现次数;f_i 为第 i 个典型科目出现的频率,$i=1,…,n$,n 为典型科目的数量;M_{L_i} 为第 i 个典型科目的任务载荷矩阵,表示实测的各代表任务中各参数循环载荷组值的出现次数。

(1)由任务混频确定典型科目。

任务混频反映的是一段时间内发动机使用规律,研究对象为使用单位执行的飞行训练大纲、飞行计划和飞行日志等。得到任务混频后,选定其中频率较高的若干剖面作为典型科目,其他科目合并到典型科目中。被代表任务向典型任务合并时,由于各科目和任务的实际空中动作有很大的随机性,所以该过程不可能十分严格,一般采取以下合并原则:①飞行科目的飞行高度范围接近;②飞行科目的飞行速度范围接近;③飞行使用中发动机的转速范围相近;④飞行科目或任务的飞行动作相近。

根据以上原则,可以确定典型科目和典型科目任务混频矩阵。

(2)典型科目载荷剖面。

确定典型科目后,即可确定其载荷剖面,在实际工作中也可以根据典型载荷剖面确定典型科目。获得现役发动机载荷剖面的最佳技术途径是直接测试使用载荷,安排专项测试、试飞任务。一般情况下,专项测试载荷剖面数量较少,选择测试的典型科目数量也有限。20 世纪 80 年代初,涡喷-6 发动机定寿时从 81 个飞行训练科目中选择 33 个作为典型科目进行专项测试。

对典型科目载荷剖面处理后得到典型科目的载荷矩阵。

2)基于飞行参数记录系统的载荷谱研究

飞机飞行参数记录系统的快速发展为发动机载荷谱研究提供了技术平台。飞行参数记录系统采集的数据基本可以满足发动机载荷谱研究的需要。

第 6 章列出了某三代飞机飞行参数记录系统 TECTEP-У3 能够提供的与发动机载荷相关的参数情况。国内开展的配装某三代战斗机的某型 22 批发动机 900～1200h、1200～1500h 延寿以及系列发动机国内修理需要的载荷谱研究,均是利用了该飞行参数记录系统进行的[12,13]。

与典型科目和典型剖面法相比，基于飞行参数记录系统的载荷谱研究具有以下特点：

（1）可以采集机群的数据，该数据样本量很大，其统计性远高于典型科目和典型剖面法。典型科目和典型剖面法得到的载荷谱代表性非常有限，甚至不能代表机群的平均使用载荷谱，置信度远小于 50%。

（2）有利于开展单机载荷谱研究，跟踪单台发动机使用情况，获得单台发动机的使用载荷谱和消耗寿命。

（3）有利于开展载荷分散度和随机分布研究，研究表明各发动机使用载荷之间是有差异的，各使用载荷符合一定的统计规律。

（4）典型科目和典型剖面法开展的专项载荷剖面测试可以根据需要调整各参数的采样频率。一般情况下，飞行参数记录系统中有关发动机载荷参数的采样频率较低，如发动机转速信号只有 1～2Hz，实际使用中应该采取修正措施。在国内某运输机发动机载荷谱专项测试中，发动机转速信号的采样频率可以高达16Hz，完全可以满足数据处理的需要。

3. 载荷谱在发动机寿命研究中的地位与作用

航空发动机载荷谱概念与飞机载荷谱概念是相同的，前者出现的时间要远远晚于后者，20 世纪 20～30 年代即开展了飞机载荷谱研究（飞机强度规范），而发动机的载荷谱是在 20 年代 70 年代初期才发展起来的。

军用航空发动机从 20 世纪 40 年代到目前，其推重比从 1.5 迅速发展到 10以上，同时发动机的寿命从原来的 5h 提高到现在的 5000h 左右。这些都与材料、工艺的不断改进，不断降低结构设计的安全储备，提高发动机工作温度及推进性能等密不可分。随之而来的问题是发动机工作条件越来越恶劣，结构越来越复杂，暴露出来的结构强度、耐久性问题越来越严重。回顾西方航空大国航空发动机发展历程，20 世纪 70 年代前的早期阶段与国内目前情况较为一致：一味地追求发动机推力、耗油率和高空高速性能，忽略强度和寿命设计。当时美国发动机设计研制没有合理的结构强度设计准则，仅经过一般的经验验算和静强度试验；发动机研制程序存在严重的不合理，当时设计的发动机一般不规定设计寿命和工作循环要求，只要通过 150h 军用合格鉴定试车即可投产，寿命在使用中逐渐增加。

美国军方 1969 年提出发动机结构完整性计划，并应用到 F101、TF34-100、F100 发动机上，同时，通用规范 MIL-E-5007C 修正为 MIL-E-5007D。

发动机结构完整性计划的核心内容之一是发动机载荷谱，主要体现在结构设计准则、结构试验要求、结构数据要求和寿命监控要求四个方面。四个方面的核心问题是要根据使用任务可靠地确定和解决耐久性和寿命问题，使用任务和使用载荷谱是基本依据。简单地说，没有发动机载荷谱的研究，就谈不上结构完整性计划，更谈不上发动机的定型、定寿和延寿工作。罗·罗公司介绍发动机研制、定寿经验时也提出四个工作不能停，即载荷谱工作、材料试验工作、零部件试验工作和寿命监控工作。

7.3.2　监控参数采样频率对损伤计算的影响

在航空发动机测试中，采样频率一直是备受关注的重要技术指标。图 7.1 是用不同的采样频率测试得到的某参数曲线示意图，采样频率越高其得到的曲线越接近真实情况，当然考虑经济成本问题，对于不同的测试参数有不同的最佳值。一般情况下，对于发动机转速低于 20000r/min 的信号，转速传感器在一定减速比的情况下采样频率在 5Hz 左右较为合适。为了评估不同采样频率下的发动机转速对低循环疲劳损伤的影响，以及验证转速信号采样频率为 5Hz 的设备进行损伤计算是否满足监控精度的需要，即验证转速信号采样频率为 5Hz 的设备采集的信号能够比较准确地反映发动机转速（低于 20000r/min）的真实使用历程，需要对不同采样频率下的数据对比分析。

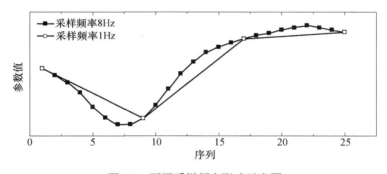

图 7.1　不同采样频率影响示意图

采用的设备是专门为某涡扇发动机研制的 LCY-WS9-I 型历程记录仪，其采样频率为 5Hz，测试对象分别为台架上的发动机和飞行使用中的发动机，台架上数据测试系统中的转速信号采样频率可以达到 30Hz；飞机上采用机载的飞行参数记录系统数据，发动机转速信号为 1Hz。采集的信号地面计算低循环疲劳损伤使用的模型和算法与 LCY-WS9-I 型历程记录仪一致。某涡扇发动机在台架试车中连接上 LCY-WS9-I 型历程记录仪，与台架测试系统同时测试发动机转速信号。表 7.3 是发动机台架上试车中两套测试系统得到的低循环疲劳损伤，一共对比了 4 个试车剖面。

表 7.3　台架试车 4 次开车测试和计算结果对比

剖面序号	历程记录仪结果		台架测试结果		相对误差/%	
	高压循环	低压循环	高压循环	低压循环	高压循环	低压循环
1*	1.720	1.75	1.725	—	0.29	—
2	4.182	5.885	4.135	5.873	1.13	0.20
3	8.162	10.408	8.186	10.338	0.29	0.68
4	0.950	1.281	0.916	1.281	3.7	0.0

*该试车剖面只对高压转速进行了处理。

　　两套系统测试的 4 个剖面消耗的高压循环和低压循环结果非常一致，最大的误差出现在第 4 个剖面的高压循环，为 3.7%。

　　表 7.4 是 2 架飞机配装 4 台 LCY-WS9-I 型发动机历程记录仪与利用飞行参数数据地面计算的对比结果，由于飞机平台的飞行参数记录系统只有高压转子信号，所以只对比了高压转子的低循环疲劳寿命消耗，一共对比了 13 个飞行日的载荷剖面（多于 13 个飞行剖面）。

表 7.4　装机飞行的测试和计算结果对比

飞机号	日期	历程记录仪测试的高压循环累计*		经飞行参数记录系统计算的高压循环		最大相对误差/%
		左发	右发	左发	右发	
108	2011.3.17	1.86	1.95	1.864	1.984	6.0
	2011.3.22	2.36	2.46	2.194	2.164	12.0
	2011.3.23	4.01	4.19	3.789	4.088	5.4
	2011.3.30	1.49	1.79	1.489	1.784	0.6
117	2011.2.23	2.17	2.19	1.784	1.794	17.8
	2011.3.5	1.05	1.15	0.919	1.052	12.5
	2011.3.7	1.72	1.80	1.509	1.509	12.3
	2011.3.9	2.87	3.21	2.635	2.919	8.2
	2011.3.10	3.89	4.88	3.76	4.226	3.3
	2011.3.11	0.91	0.97	0.846	0.846	12.7
117	2011.3.17	2.74	3.37	2.596	2.848	15.5
	2001.3.23	2.27	2.62	2.052	2.207	9.6
	2011.3.30	1.57	1.69	1.469	1.469	13.1

*高压循环累计是指当天飞行循环的累计值。

最大的相对误差达到 17.8%，平均误差为 9.65%。此误差是由于转速信号采样频率的差异，导致测得的飞行剖面参数偏离实际值引起的。英国皇家空军鬼怪式飞机（配装 MK202 发动机）的 EMS 采样频率为 2Hz，其地面数据处理时采用了修正技术，在发动机高、低压转子换算率研究时对高、低压转子分别用 5%和 7%的系数进行了修正。

严格意义上，要深入研究发动机各参数采样频率的影响，应该在同一台发动机上，采用同一次开车采集的载荷剖面进行对比分析。

表 7.4 中的误差还来源于以下六个方面的因素：不同发动机加减速性的差异、不同油门杆操作者、发动机工作环境的差异、科目差异、台架试车和空中飞行。为避免这六个方面的因素，上述案例尽量选择了外场飞行机动动作平稳、飞行高度不高的科目，台架试车剖面选择的是发动机验收曲线。

文献[14]指出，飞机过载载荷超越数统计数据表明，采样频率较低（如为 1Hz 和 2Hz 时）与采样频率较高（如为 6Hz 和 8Hz 时）累积的超越数相差较大，特别是在过载级 0.5g～3g 时，不同采样频率下采集的有效峰值数据相差极为显著，采样频率较低时，采集的载荷峰、谷值点漏采情况较多；当采样频率达到 4～6Hz 时，其曲线与采样频率为 8Hz 时的曲线非常接近。

7.3.3　载荷谱和应力谱的转换处理

影响零部件使用寿命的是应力循环，因此需要将载荷谱转换成应力谱，进而确定应力循环。发动机载荷谱研究的目的是确定零部件应力谱，如果通过某种技术途径可以直接由载荷剖面确定零部件的应力谱（应力剖面），就可以省去载荷谱研究的中间环节。图 7.2 为某教练机的一个飞行载荷剖面，其配装的发动机低压压气机

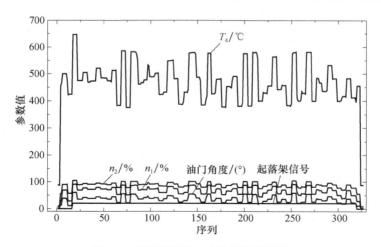

图 7.2　某教练机的一个飞行载荷剖面

轮盘的应力由离心载荷、气动载荷决定，其中气动载荷影响较小，可忽略不计，在材料弹性范围内，其应力仅与离心载荷有关，即应力与转速平方成正比，且材料未进入屈服状态，因此应力剖面由低压转速剖面确定，其应力剖面见图7.3。

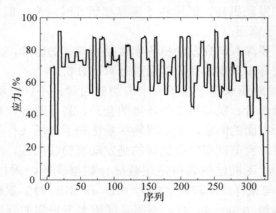

图 7.3　对应低压压气机轮盘的应力剖面

得到应力剖面后就可以应用雨流计数法，计算得到应力循环矩阵。如果使用典型科目和典型剖面法，再考虑任务混频后，确定应力谱；若能确定所有或者多数应力剖面，则可直接得到应力谱。

实际上，影响疲劳寿命的直接因素是单个载荷（或应力）循环造成的损伤大小，无论载荷谱如何复杂，只要保证转换后单个循环中各种载荷所造成的零部件疲劳损伤和实际情况相符，理论上得到的零部件寿命数据也应该一致。可以看到，在由载荷谱转换应力谱过程中，保证等效损伤是至关重要的。因此，在上述转换过程中，需要开展大量的内流、热传导、瞬态温度场、稳态温度场、应力场专项测试和计算工作。图7.4给出了编制零部件应力谱和试验载荷谱的过程。

一般情况下，编制应力谱和试验谱的具体过程如下：

（1）根据外场数据统计或设计要求，得到发动机典型飞行任务剖面或者所有的飞行任务剖面。

（2）根据飞行任务剖面特征，结合气热动力、内流、热传导、温度场、应力场专项测试和计算工作，计算得到具体零部件关键部位的典型飞行任务应力剖面或者所有的飞行任务应力剖面。

（3）获得零部件关键部位的应力剖面后，应用雨流计数法将应力剖面处理成典型飞行任务应力循环或者所有的飞行任务剖面应力循环。典型飞行任务应力循环或者所有的飞行任务应力循环对应典型飞行任务应力剖面或者所有的飞行任务应力剖面。

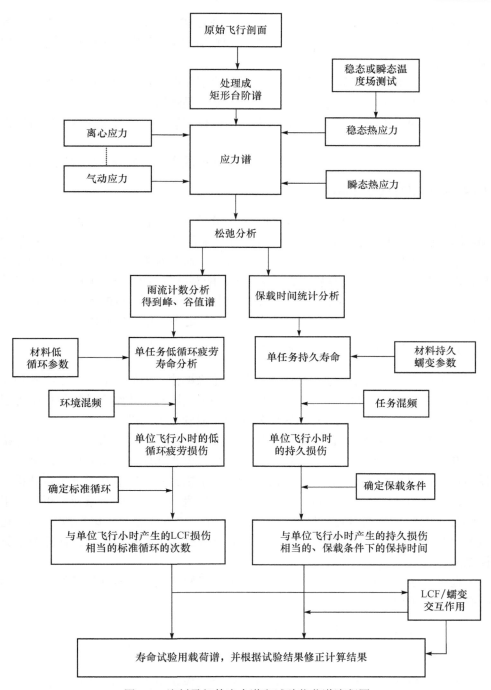

图 7.4　编制零部件应力谱和试验载荷谱流程图

（4）如果采用典型科目和典型剖面法进行载荷谱研究，则需要开展任务混频工作。利用概率统计方法，得到一定时间段内各个典型科目和典型剖面出现的频次。

（5）由典型飞行任务剖面的应力循环和该剖面在一定时间段内的频次乘积之和，可以获得一定时间内零部件考核部位的应力循环谱。

（6）如果采用基于飞行参数记录系统的载荷谱研究，则直接获得一定时间内零部件考核部位的应力循环谱。

（7）根据等寿命曲线，将得到的应力谱转换成实验室加载的典型试验谱。

7.3.4　载荷谱转换应力谱举例

本节以涡喷-某发动机高压涡轮盘为对象介绍载荷谱转换应力谱的过程[15]。涡喷-某系列发动机作为歼击飞机的动力装置已服役了几十年，在"八五"规划中开展了定寿工作。该系列发动机配装机型较多，研究对象主要有三型飞机和发动机，即配装某歼击 B 型的涡喷-某乙发动机、配装某歼击教练型的涡喷-某 B 发动机、配装某某歼击 A 型的涡喷-某甲发动机，分别记为 WP 乙/J7B、WP 乙 B/JJ7、WP 甲/J8A。高压涡轮盘作为关键件，是定寿工作的核心内容之一。

1. 高压涡轮盘寿命考核点的确定

一般情况下，轮盘考核点即关键部位有轮缘榫槽、辐板偏心孔、中心孔和其他几何非连续部位。通过应力分析确定关键部位，同时还要结合外场使用中出现的故障模式，对于受低循环疲劳影响较大的才能确定为关键部位。

从涡喷-某发动机高压涡轮盘结构上来看，盘上既有偏心孔，又有盘轴连接销钉孔，通过应力分析发现销钉孔部位应力高于偏心孔应力。从外场情况来看，篦齿环部位裂纹故障较多。因此，应对盘轴连接销钉孔、篦齿环进行重点分析。在二维分析的基础上对销钉孔和篦齿环进行了较为详细的三维有限元分析。利用二维分析的相关数据给定三维分析的边界条件，三维模型取一扇形段（1/32 轮盘），包括半个销钉孔，在分析时考虑了销子与销钉孔之间的接触。计算模型见图 7.5。

通过有限元分析及以往涡轮盘寿命研究的经验，确定高压涡轮盘篦齿环和销钉孔部位为关键部位。

2. 高压涡轮盘寿命考核点应力谱的确定

1）离心应力谱

寿命考核部位确定以后，就可以计算各个工作状态下该部位的应力值。这些应力值包括离心应力和热应力。在线弹性范围内，离心应力与轮盘转速的平方成

图 7.5　高压涡轮盘与销钉孔的有限元模型

正比，因此可从实测谱中 n_2 转速的记录直接得到该点的离心应力值，对于大转速状态，该部位局部进入屈服，应力值使用弹塑性结果代替。可以看出，离心应力谱是未经任何简化得来的。

2）热应力谱

发动机在工作时，轮盘上的温度分布是随时变化的，这就给确定任意时刻的热应力带来一定的困难。事实上，每一转速变化过程都由一个稳态过程（转速不变的过程）和一个瞬态过程（转速变化的过程）组成，从飞行剖面上可以判断出稳态区段和瞬态区段。对于稳态区段确定稳态热应力的方法是：在总体载荷分析中确定了 26 个强度、寿命计算状态，经气动热力、内流和温度场分析，确定了 26 个状态下的高压涡轮盘温度场，进而计算确定了 26 个稳态温度场下的热应力。飞行剖面上任一稳定状态的热应力，可以根据当前飞行状态参数（H、Ma、n_1、n_2 和 T_4 等）和 26 个状态下的热应力分析结果，采用加权平均法或最近区域法来确定当前状态的稳态热应力。对于瞬态区段，用瞬态特征相似法来确定瞬态温度场，具体的方法是：在总体载荷的瞬态历程分析中，已经确定了发动机典型瞬态变化历程，根据这一历程，由气动热力、内流和温度场分析，确定了高压涡轮盘在整个历程中每个时刻（共约 480 个计算点站）的瞬态温度场；飞行剖面上任一瞬态区段的瞬态温度场，均可根据当前区段的瞬态温度特征，如飞行剖面参数（H、Ma、n_1、n_2 和 T_4 等）变化特征，即它们的变化范围、变化区间和变化速率等，通过与典型瞬态变化历程中的温度变化历程相比较，采用相似区段的瞬态温度场，必要时进行一定的修正。飞行剖面是由一系列的稳态区段和瞬态区段构成的，采用上述方法确定各区段的温度状态后，就可计算出相应的热应力谱。

3）应力谱的合成

有了离心应力谱和热应力谱，下面的问题就是如何获得综合应力剖面，而问题的关键在于如何对两个应力谱进行组合。在热应力谱与离心应力谱上的峰、谷值点叠加时，需将热应力配置在相应的位置上。图 7.6 和图 7.7 分别给出了

JJ7165 科目的转速谱和高压涡轮盘盘心对应的离心应力、热应力及合成应力谱。

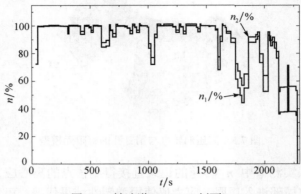

图 7.6　转速谱（JJ7165 剖面）

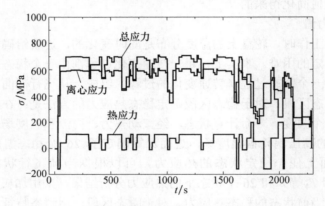

图 7.7　应力谱（JJ7165 剖面）

3. 高压涡轮盘寿命考核点损伤度计算

1）销钉孔低循环疲劳损伤计算

在前文中已经得到了合成应力谱（名义应力），对应力谱进行雨流计数处理，可以得出一系列循环峰、谷值对。对每一循环用修正的 Neuber 法进行计算，就可以得到循环的应力幅值和应变幅值。

$$\Delta \sigma \cdot \Delta \varepsilon = \frac{K_f^2 \cdot \Delta S^2}{E}$$

$$\frac{\Delta \varepsilon}{2} = \frac{\Delta \sigma}{2E} + \left(\frac{\Delta \sigma}{2K'}\right)^{1/n'}$$

式中，K_f 为有效应力集中系数，根据涡轮盘材料 300℃光滑试样（$K_t=1$）和缺口试样（$K_t=3$）疲劳试验数据得出，K_f 与 N_f 的关系为 $K_f=0.05459\lg N_f+1.16$，在计算出缺口局部的循环应力和应变后采用修正的 Manson-Coffin 公式就可以得到对应该循环的寿命值 N，$1/N$ 就是对应该循环的寿命损伤值。累积各循环的损伤并考虑现有任务混频可得到涡喷-某发动机各机种对应 1000 飞行小时的总损伤，见表 7.5。

表 7.5　涡喷-某发动机各机种总损伤

机种	WP 乙/J7B	WP 乙 B/JJ7	WP 甲/J8A
总损伤	0.2538	0.2657	0.2607

2）篦齿环低循环疲劳损伤计算

从篦齿环部位低循环疲劳寿命分析可知，对应 220～–1032MPa 的应力主循环，计算寿命为 1152 循环次数（可靠度 99.87%）。事实上，每次飞行都至少要经历一次该循环，如按每次飞行起落时间为 40min，则该部位的计算小时寿命为 384h（考虑 2 倍的寿命储备）。因此，外场使用中的发动机多次发生篦齿环部位裂纹故障。

根据以上工作，就可以开展该发动机高压涡轮盘试验载荷谱的确定工作。

7.4　使用载荷及载荷谱随机性

7.4.1　影响结构件可靠性的内因和外因

零部件加工完毕，其材料和加工工艺特性就已经确定，各台发动机上的相同件号零部件的内在疲劳统计特性就已构成。也就是说，零部件的材料和加工工艺特性在发动机使用的时间坐标原点上就已确定，正常情况下在整个使用过程中不会改变，其疲劳统计特性对零部件可靠性的作用也一直保持，基本不会改变。疲劳载荷在发动机投入使用后开始作用于零部件上，它是一个累加的量，随机、逐步地作用于各台发动机零部件上。也就是说，横向，不同发动机之间，疲劳载荷随机地作用于各台发动机零部件上；纵向，在每一台发动机的使用历程中，疲劳载荷随机地累加在发动机各个结构上。分析可以发现，累加的载荷对零部件的作用是和一次性赋予材料特性对零部件的作用机理是不相同的，即零部件可靠性对载荷散度和材料散度的响应是不同的。

在载荷随机化方面，以往资料对剖面主循环峰值转速的随机分布特性及其对零部件可靠性的影响进行过初步探讨，但是存在以下两个问题：一是研究缺乏综合性，没有把航空发动机有关低循环疲劳载荷各种要素综合起来，一并分析其对疲劳的贡献；二是认为载荷分布是静态的，不随使用历程而变化，其随机性对可靠性的影响与材料特性类一样不随使用历程变化。第一个问题使载荷分析存在片面性，且有可能抓不到要点；第二个问题则会导致载荷随机性对可靠性的作用严重失真。

由于飞行训练大纲、配装机种、地勤维护人员和飞行员各自维护、飞行的习惯等因素的差异，军用航空发动机在使用规律和特点上存在很大差别，其相关的使用载荷分布规律也不同，各个子样存在较大的分散性。目前，国内在新机研制和在役机种的可靠性与寿命研究中，广泛采用平均载荷谱，在某种意义上，平均载荷谱反映的是机群的平均使用强度水平，其累积概率只有50%左右。本节结合某涡轮风扇发动机载荷谱的部分研究工作，在 7.4.2 节和 7.4.3 节介绍在一个固定服役期（翻修间隔 500h）87 台发动机子样起动次数和大状态工作时间等载荷谱的分散性情况；7.4.4 节和 7.4.5 节介绍 11 台发动机子样在不同服役期（工作时间为横轴）起动次数和大状态工作时间等载荷谱的分散性情况，并研究其变异系数在不同服役期的变化趋势。

7.4.2 某涡轮风扇发动机起动次数固定服役期的随机性研究

1. 发动机两个状态和三循环谱

某型涡轮风扇发动机有两个使用状态：战斗状态（Б 状态）和训练-战斗状态（УБ 状态），在实际使用中根据任务选择不同的状态。伴随两个使用状态有两个设计载荷谱，表 7.6 和表 7.7 为两个使用状态的高压转速三循环谱。

表 7.6 Б 状态 n_2 三循环谱（翻修间隔 500h）

工作时间/h	循环类型	代表转速循环	循环数
100	0—M—0	0—100.5%—0	$N_{IБ}$
	МГ—M—МГ	70%—100.5%—70%	$N_{IIБ}$
	Kp—M—Kp	85%—100.5%—85%	$N_{IIIБ}$

表 7.7 УБ 状态 n_2 三循环谱（翻修间隔 500h）

工作时间/h	循环类型	代表转速循环	循环数
400	0—M—0	0—99%—0	$N_{IУБ}$
	МГ—M—МГ	70%—99%—70%	$N_{IIУБ}$
	Kp—M—Kp	85%—99%—85%	$N_{IIIУБ}$

上述三循环谱中"0—M—0"、"МГ—M—МГ"、"Kp—M—Kp"分别代表"零—最大—零"、"慢车—最大—慢车"、"巡航—最大—巡航"转速循环。

同样，该型发动机分为飞行和地面维护开车两大部分，因此发动机总起动次数包含飞行起动和地面维护起动。在该型发动机三循环谱中有两个状态的区分，与主循环对应的起动类型也有 Б 和 УБ 的分类。

2. 概率密度函数的选择

作为前期试探性的工作，对发动机相关载荷的总起动次数和大状态工作时间进行了分散性分析，采用的是数理统计学中常用的正态概率密度函数和对数正态概率密度函数，但效果不甚理想。经比较，采用了更为广泛和实用的韦布尔概率密度函数，即

$$f(x) = \frac{b}{X_a - X_0}\left(\frac{x - X_0}{X_a - X_0}\right)^{b-1}\exp\left\{-\left(\frac{x - X_0}{X_a - X_0}\right)^b\right\}, \quad X_0 \leqslant x < \infty \quad (7.1)$$

式中，X_0 为最小参数（最小寿命参数）；X_a 为特征参数（特征寿命参数）；b 为韦布尔形状参数。

韦布尔分布不仅适用于疲劳寿命，而且可用于疲劳载荷和应力等多方面的参数分布，更为重要的是，韦布尔分布可以涵盖其他类型的分布，当形状参数 $b=1$ 时，$f(x)$ 为指数概率密度函数；当形状参数 $b=2$ 时，$f(x)$ 为瑞利概率密度函数；一般情况下，当形状参数 $b=3\sim4$ 时，就认为 $f(x)$ 接近正态概率密度函数[16]。韦布尔概率曲线如图 7.8 所示，当 $1<b<3.57$ 时，曲线高峰偏斜向左，偏斜程度随形状参数 b 而变化，偏态系数 $C_s>0$；当 $x=X_0$（$X_0>0$）时，曲线与横坐标轴相交，曲线右端延伸至无限远处，以横坐标轴为渐近线；当 $b>3.57$ 时，曲线高峰偏斜向右，偏斜程度随形状参数 b 而变化，偏态系数 $C_s<0$。差值 X_a-X_0 越大，曲线外形越扁平，表明分散性越大。

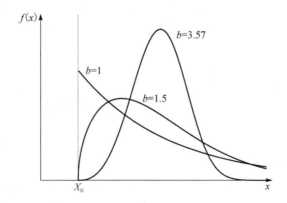

图 7.8　韦布尔概率密度函数曲线

由于韦布尔概率密度函数中包含三个待定的参数，其中最小参数 X_0 具有明确的实际物理意义，与只有两个参数的对数正态分布或正态分布相比，更符合实际情况，能够较好地拟合各试验数据点。后面的数据分析证明了此结论。

由概率密度函数（7.1）可以求出韦布尔变量的分布函数 $F(X_P)$，也就是变量 x 介于最小参数 X_0 和某数值 X_P 之间的概率 $P(X_0 < X_\xi < X_P)$

$$F(X_P) = P(X_0 < x \leqslant X_P) = \int_{X_0}^{X_P} f(x)\,\mathrm{d}x = 1 - \exp\left\{-\left(\frac{X_P - X_0}{X_a - X_0}\right)^b\right\} \quad (7.2)$$

下面有关载荷参数的估计使用到了这个概念。

后续的计算结果表明，对于子样数量不大的样本，形状参数距离正态分布的形状参数相差较远，采用正态概率密度函数计算结果会有较大的误差。

3. 起动次数载荷的母体参数估计

对一定时间段内配装某飞机的某型涡轮风扇发动机（样本量为 87）总起动次数、地面维护开车次数（Б 和 УБ 状态）、飞行起动次数（Б 和 УБ 状态）等载荷参数进行处理，上述各起动次数经过了状态分类和归一化处理（归一到一个翻修寿命间隔 500h），利用样本估计韦布尔分布的母体参数时，采用了三参数拟合法，计算时上述各参数均为独立的分布参数。表 7.8 是 87 台发动机上述项目母体三参数的具体估计值，均为优化后的结果（线性相关系数最大）。

表 7.8　样本各母体的参数估计值

项目	总起动次数	地面维护开车		飞行开车	
		Б 状态	УБ 状态	Б 状态	УБ 状态
最小参数 X_0	424	0	44	25	0
特征参数 X_a	485	0.0761	95	65	328
形状参数 b	1.4051	1	1.2377	1.4202	10.0690
数学期望 μ	480	13	92	62	312
方差 σ^2	40.1^2	13.1^2	30.9^2	25.9^2	37.5^2

注：Б 状态的地面维护开车起动符合指数分布，此处 X_a 代表 λ。

从以上各参数的估计值可以看出，除了 Б 状态地面维护开车符合指数分布外，其余参数均符合韦布尔分布规律，具体见图 7.9。

利用拟合得到的三参数可以计算不同累积概率 $F_i(X_P)$ 下起动次数的分位点，即落入 $[X_0, X_P]$ 区间的累积概率，表 7.9 为计算结果，各参数数学期望值 μ 对应的

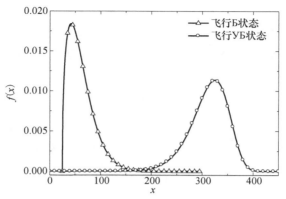

图 7.9　两个状态飞行起动次数分布规律

累积概率不一致，表中最后一行为各参数的数学期望值和对应的累积概率（括号中列出的值）。

表 7.9　样本起动次数累积概率下的分位点

序号	累积概率 $F_i(X_P)$	总起动次数	地面维护开车起动次数		飞行起动次数	
			Б 状态	УБ 状态	Б 状态	УБ 状态
1	0.99	605	61	219	142	382
2	0.98	585	51	198	130	375
3	0.96	564	42	175	116	368
4	0.95	557	39	168	112	365
5	0.90	534	30	144	97	356
6	0.0	424	0	44	25	0
数学期望（累计概率）		480（0.588）	13（0.628）	92（0.605）	62（0.591）	312（0.454）

注：总起动次数算术平均值为477，对应的累积概率为56%。

4. 两个状态下总起动次数的分布规律

在实际应用中需要进一步研究两个状态下总起动次数的分布规律，通过计算分析，以便给出样本发动机母体各种状态起动次数在某一累积概率下的分布，为进一步确定发动机的主循环提供技术基础。将样本的每台发动机地面和飞行的起动各自归并，再对 Б、УБ 两种状态起动次数进行统计分析和相关性计算。主要内容有：Б 状态起动次数独立分布参数计算，УБ 状态起动次数独立分布参数计算，Б 状态和 УБ 状态起动次数相关分析和特定概率的分位点计算。

1）独立分布参数统计方法

以 Б 状态起动次数或 УБ 状态起动次数为独立分布参数 X，用三参数韦布尔分布拟合得到相关参数：位置参数 X_0、特征参数 X_a、形状参数 b。

2）特定概率的分位点计算方法

以 Б 起动次数 x_b 和 УБ 起动次数 y_{yb} 为统计参数进行线性相关分析。得到 50%概率的 Б 和 УБ 起动次数的线性相关直线：

$$y_{yb} = a_{50} + kx_b$$

以 $Y = y_{yb} - kx_b$ 为独立分布参数，用拟合方法得到母体韦布尔分布参数：位置参数 Y_0、形状参数 b、特征参数 Y_a，计算得到 90%和 95%分位点 a_{90}、a_{95}：

$$\begin{cases} a_{90} = Y_0 + (Y_a - Y_0)\,\mathrm{e}^{\ln\left[\ln\left(\frac{1}{1-0.9}\right)\right]/b} \\ a_{95} = Y_0 + (Y_a - Y_0)\,\mathrm{e}^{\ln\left[\ln\left(\frac{1}{1-0.95}\right)\right]/b} \end{cases}$$

从而得到 90%、95%累积概率下的相关直线：

$$\begin{cases} y_{yb} = a_{90} + kx_b \\ y_{yb} = a_{95} + kx_b \end{cases}$$

由上述相关直线可以计算得到 50%、90%、95%特定概率下的 Б 和 УБ 状态起动次数。

3）样本两个状态起动次数分布规律

对上述样本量 Б 和 УБ 两个状态下起动次数的独立分布参数进行计算，具体结果见表 7.10。

表 7.10　87 台发动机估计的母体独立参数

状态	最小参数 x_0	形状参数 b	特征参数 x_a	线性相关系数 r
Б	30	1.7962	87	0.9950
УБ	355	1.4874	414	0.9953

对 Б 和 УБ 状态起动次数的相关性进行分析，50%、90%和 95%累积概率下相关直线分别为：

（1）50%累积概率下相关直线 $y_{yb} = 482 - 1.0819x_b$，线性相关系数 $r = -0.6560$。

（2）90%累积概率下相关直线 $y_{yb} = 520 - 1.0819x_b$。

（3）95%累积概率下相关直线 $y_{yb} = 530 - 1.0819x_b$。

上述累积概率下相关直线见图 7.10，自下向上三条直线分别对应累积概率为 50%、90%和 95%。线性相关系数的绝对值为 0.6560，大于子样数相关因数的相关系数的最低值（80 个子样的最低值为 0.217），可以认为是线性的。

表 7.11 给出了不同累积概率下 Б 状态起动次数及对应的 УБ 状态起动次数的分位点。

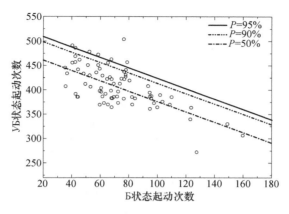

图 7.10　两个状态起动次数分布

表 7.11　两个状态下各分位点

状态 \ 分位点 \ 累积概率/%	50	90	95
Б	76	121	135
УБ	401	389	384

7.4.3　某型发动机大状态工作时间固定服役期的随机性研究

该型发动机大状态工作时间即"M+Ф"状态工作时间，是指发动机最大工作状态和加力工作状态持续的时间，表征发动机的持久/蠕变损伤。战斗状态（Б状态）和训练-战斗状态（УБ 状态）两种工作状态下的"M+Ф"状态工作时间在固定服役期时刻的概率特征，计算方法与 7.4.2 节相同。

1. 发动机 Б 状态"M+Ф"状态工作时间参数估计

Б 状态大状态工作时间用韦布尔分布拟合，拟合得 $X_0=1.0$，$b=1.7883$，$X_a=5.0$。数学期望和方差分别为 4.6 和 2.1^2，拟合结果见图 7.11。表 7.12 给出了 87 台发动机 Б 状态大状态工作时间不同累积概率对应的分位点。

2. 发动机 УБ 状态"M+Ф"状态工作时间参数估计

УБ 状态的大状态工作时间用韦布尔分布拟合，拟合得 $X_0=31.0$，$b=1.6378$，$X_a=53.0$。数学期望和方差分别为 50.7 和 12.3^2，拟合结果见图 7.12。表 7.13 为 УБ 状态大状态工作时间不同累积概率下的分布。

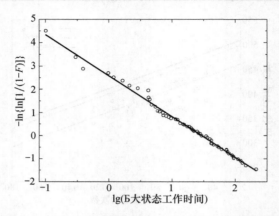

图 7.11 87 台发动机 Б 状态大状态工作时间拟合结果

表 7.12 87 台发动机 Б 状态大状态工作时间不同累积概率对应的分位点

序号	累积概率 $F_i(X_P)$/%	分位点/h
1	0.99	10.4
2	0.98	9.6
3	0.96	8.7
4	0.95	8.4
5	0.90	7.4
6	0.563	4.6
7	0.0	1.0

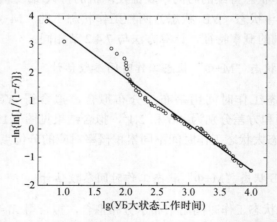

图 7.12 87 台发动机 УБ 状态大状态工作时间拟合曲线

表 7.13　87 台发动机 УБ 状态大状态工作时间累积概率下的分布

序号	累积概率 $F_i(X_P)$/%	分位点（УБ 状态大状态工作时间/h）
1	0.99	86.9
2	0.98	81.6
3	0.96	75.9
4	0.95	74.0
5	0.90	67.6
6	0.566	50.7
7	0.0	31.0

　　从以上各参数的估计可以看出，形状参数 b 均小于 3.57，即偏态系数 $C_s>0$，其概率密度曲线向左偏斜。

7.4.4　某涡轮风扇发动机起动次数随工作时间的累积值随机性研究

　　在 7.4.2 节和 7.4.3 节中介绍了 87 台发动机在固定的服役期（500h）起动次数、大状态工作时间等载荷的分布特性，揭示了发动机之间使用载荷存在较大的分散性，同时符合韦布尔分布。本节和 7.4.5 节介绍相关载荷在不同服役期的分布规律，结果显示，其分散性是工作时间的函数，且随着工作时间的增加，分散性趋于下降，下降速率与载荷性质相关。

　　发动机的一次起动对应一个飞行剖面或维护开车剖面，也对应一个主循环。飞行剖面长度就是一个主循环对应的飞行时间。表 7.14 给出了配装某三代战斗机的 11 台某型发动机累积飞行剖面数与平均剖面长度的对应关系。由表 7.14 可以计算出累积工作时间与千小时平均起动次数 μ 的对应关系，也可以计算出起动次数标准差 σ 和相对标准差 σ/μ（变异系数 γ）。千小时平均起动次数 μ 和标准差 σ 与累积工作时间的关系见图 7.13。

表 7.14　累积飞行剖面数平均剖面长度分布

发动机序号	累积工作时间/h									
	10	20	50	100	200	400	600	700	800	880
	各时间段的剖面长度/(min/剖面)									
1		39.58	60.50	81.02	85.74	84.28	83.98	83.28		
2			48.62	65.85	77.45	78.93	80.64	80.00	76.84	76.97
3	21.40	45.05	66.82	79.24	82.19	74.90	79.29	80.30	79.10	
4	53.80	77.20	87.53	89.54	86.68	81.00	79.17	77.96	76.81	

续表

发动机序号	累积工作时间/h									
	10	20	50	100	200	400	600	700	800	880
	各时间段的剖面长度/(min/剖面)									
5	38.4	47.00	71.28	75.39	75.14	77.34	76.63	75.21	75.13	76.12
6			33.47	50.09	71.22	73.63	76.21	77.31	75.44	77.76
7	13.50	30.35	59.66	60.59	72.21	77.66	75.68	75.91	75.40	
8	76.00	78.73	89.72	96.31	89.03	86.38	81.89	80.90		
9	63.5	66.24	77.52	84.44	87.15	79.67	76.18	79.52	81.14	
10	27.90	58.23	73.12	73.65	82.46	78.54	77.26	77.59	76.53	75.71
11			46.98	65.97	79.81	78.40	75.07	74.65	74.48	74.81
平均累积工作时间/h	7.0	18.4	54.2	124.6	269.4	527.7	783.6	914.9	1023.5	1118.9
千小时平均起动次数 μ	1973	1197	999.1	829.2	746.4	759.5	766.6	765.9	782.1	786.8
标准差 σ	1303	416.2	329.8	164.7	58.5	34.9	27.5	25.7	21.1	11.7
变异系数 γ	0.660	0.348	0.330	0.199	0.078	0.046	0.036	0.034	0.027	0.015

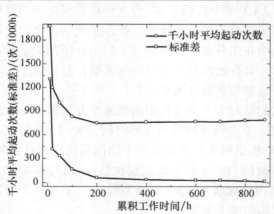

图 7.13　千小时平均起动次数 μ 和标准差 σ 与累积工作时间的关系

从以上可以看出，千小时平均起动次数的散度是发动机累积工作时间的函数，总体趋势是累积工作时间越长，散度越小。

7.4.5　某涡轮风扇发动机大状态工作时间随工作时间的累积值随机性研究

表 7.15 为用于 11 台某涡轮风扇发动机平均大状态工作时间与累积工作时间的对应关系。其均值 μ、标准差 σ 以及相对标准差 σ/μ（变异系数 γ）同时见表 7.15。均值 μ、标准差 σ 与累积工作时间的关系见图 7.14。

表 7.15　平均大状态工作时间随累积工作时间的分布

发动机序号	累积工作时间/h											
	10	20	50	100	200	400	600	700	800	900	990	1100
	各时间段的大状态工作时间/(min/h)											
1		6.52	6.43	7.48	7.64	8.24	7.96	7.30	6.82	6.74	6.35	
2		4.44	3.77	3.26	3.76	3.43	4.04	4.60	4.99	4.98	5.32	5.40
3	3.98	4.30	4.79	3.77	4.81	4.60	4.87	4.44	4.24	4.24	4.04	3.87
4	17.26	12.92	9.61	8.60	7.90	8.31	7.55	7.67	7.39	7.44	7.33	
5	19.38	12.24	6.65	4.47	4.65	4.73	5.44	5.69	5.48	5.53	5.66	5.90
6			5.10	3.63	3.80	3.46	3.90	3.83	3.78	3.56	3.60	3.62
7	6.31	6.76	5.07	5.24	6.57	6.01	6.18	5.95	6.10	6.29	6.60	
8	17.52	11.37	9.97	9.24	8.48	8.62	8.04	7.27	6.65	6.12	5.89	
9	2.58	4.95	3.41	3.24	3.80	3.73	4.46	4.67	4.68	4.65	4.69	4.82
10	15.51	10.28	6.60	5.41	4.25	4.24	5.07	5.31	5.66	5.99	6.04	6.22
11		5.62	3.93	3.51	4.34	4.28	4.62	4.64	5.19	5.27	5.44	5.59
均值 μ/(min/h)	11.79	7.94	5.94	5.26	5.45	5.42	5.65	5.58	5.54	5.53	5.54	5.06
标准差 σ/(min/h)	7.19	3.40	2.21	2.20	1.82	2.03	1.55	1.32	1.12	1.14	1.10	1.00
变异系数 γ	0.61	0.33	0.43	0.37	0.42	0.38	0.20	0.28	0.24	0.20	0.21	0.20

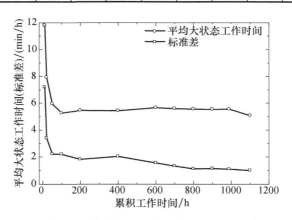

图 7.14　平均大状态工作时间 μ 及标准差 σ 与累积工作时间的关系

　　从该型发动机的大状态时间散度分布来看，其也存在同样的规律，但散度随发动机累积工作时间下降较慢，1000 工作小时的相对标准差（变异系数）为 0.2 左右。这可能与新机训练初期各台发动机使用偶然性大有关，也与使用中大状态工作时间无要求（仅限制总的大状态工作时间）有关。

7.5　基于固定任务混频的寿命相关载荷分布特性研究

固定飞行任务混频，就意味着固定的飞行任务集合、固定的飞行任务组合频比和每个飞行任务给定单一的飞行剖面载荷。一般情况下，在航空发动机设计阶段经常使用固定任务混频的设计载荷谱进行零部件的寿命评估工作。

7.5.1　基于固定任务混频的飞行载荷累积过程

1.　固定任务混频的载荷库

文献[2]将寿命相关载荷定义为飞机所历经飞行剖面产生的载荷累积。例如，低循环疲劳寿命相关载荷，是历经飞行剖面所产生的折合标准低循环数的累积；持久和蠕变寿命相关载荷，是历经飞行剖面所用发动机大状态工作时间的累积；与发动机总工作时间有关的寿命相关载荷，则是历经飞行剖面的长度的累积；等等。

由此可见，寿命相关载荷是一个以飞行剖面累积为自变量的载荷累积函数，该函数随剖面累积的变化构成一个寿命相关载荷的过程。

固定任务混频所对应的某一种载荷的载荷库 Z，是由任务混频 Q 和各任务的该种载荷的集合 R 构成的，其中

$$Z = \{R, Q\}$$
$$R = \{r_i, i = 1, 2, \cdots, m\}$$
$$Q = \{q_i, i = 1, 2, \cdots, m\}$$

式中，r_i 为任务 i 所对应的载荷；q_i 为任务 i 的频率。

载荷库载荷期望值为

$$E(R) = \sum_{i=1}^{m} r_i q_i = \mu$$

载荷库载荷均方差为

$$D(R) = \sum_{i=1}^{m} (r_i - \mu)^2 q_i = \sigma^2$$

2.　飞行载荷累积过程

由于在固定任务混频条件下的每次飞行任务选择都是在同一个载荷库中抽样完成的，这种选择与飞行历史无关。抽样样本在统计学上是独立同分布的。第 j 架飞机的 k 次载荷的叠加，就构成了该架飞机第 k 次飞行后的累积载荷：

$$Y_{j,k} = \sum_{i=1}^{k} y_{j,i} \tag{7.3}$$

式中，$y_{j,i}$ 为第 j 架飞机的第 i 次载荷，$i=1,2,\cdots,k$。

n 架飞机第 k 次飞行后的累积载荷集合为

$$Y_k = \left\{ Y_{j,k}, j=1,2,\cdots,n \right\} \tag{7.4}$$

3. 载荷累积函数的分布

由式（7.3）和式（7.4）有

$$Y_{1,k} = y_{1,1} + y_{1,2} + \ldots + y_{1,k}$$
$$Y_{2,k} = y_{2,1} + y_{2,2} + \ldots + y_{2,k}$$
$$\vdots$$
$$Y_{n,k} = y_{n,1} + y_{n,2} + \ldots + y_{n,k}$$

上列等式的等号右侧列成矩阵

$$\boldsymbol{Y} = \begin{bmatrix} y_{11} & \cdots & y_{1k} \\ \vdots & & \vdots \\ y_{n1} & \cdots & y_{nk} \end{bmatrix}$$

由载荷累积过程可知，$y_{j,i}$（$j=1, 2, \cdots, n; i=1, 2, \cdots, k$）为独立同分布抽样随机数。当抽样样本 n 很大时，矩阵每一列的数学期望和均方差将与数据库非常接近，有

$$E(Y_k) = \frac{1}{n} \sum_{j=1}^{n} Y_{jk} = k\mu \tag{7.5}$$

$$D(Y_k) = E(Y_k^2) - [E(Y_k)]^2 = k\sigma^2 \tag{7.6}$$

标准差为

$$S(Y_k) = \sqrt{D(Y_k)} = \sqrt{k}\sigma \tag{7.7}$$

根据独立同分布中心极限定理，如果构成任意一架飞机的累积载荷 $Y_{j,k}$ 的随机量 $y_{j,1}, y_{j,2}, \cdots, y_{j,k}$ 独立同分布，且具有数学期望和均方差，即

$$E(y_{j,i}) = \mu, \quad i=1,2,\cdots,k$$

$$D(y_{j,i}) = \sigma^2, \quad i=1,2,\cdots,k$$

则 $Y_{j,k}$ 的标准化变量

$$W_{j,k} = \frac{Y_{j,k} - k\mu}{\sqrt{k}\sigma}$$

的分布函数 $F_k(x)$ 对于任意的 x 满足

$$\lim_{x\to\infty}F_k(x)=\lim_{x\to\infty}P\left\{\frac{Y_{j,k}-k\mu}{\sqrt{k}\sigma}\leqslant x\right\}=\int_{-\infty}^{x}\frac{1}{\sqrt{2\pi}}\mathrm{e}^{-t^2/2}\mathrm{d}t=\varPhi(x) \tag{7.8}$$

也就是说，当 k 充分大时，$W_{j,k}=\dfrac{Y_{j,k}-k\mu}{\sqrt{k}\sigma}$ 近似于标准正态分布。

记 $Y_k=\{Y_{j,k},j=1,2,\cdots\}$ 的数学期望为

$$\mu_k=E(Y_k)=k\mu,\quad k=1,2,\cdots \tag{7.9}$$

标准差为

$$\sigma_k=S(Y_k)=\sqrt{D(Y_k)}=\sqrt{k}\sigma,\quad k=1,2,\cdots \tag{7.10}$$

变异系数为

$$\gamma_k=\frac{\sigma_k}{\mu_k}=\frac{1}{\sqrt{k}}\left(\frac{\sigma}{\mu}\right),\quad k=1,2,\cdots \tag{7.11}$$

则式（7.8）变为

$$\lim_{x\to\infty}P\left\{\frac{Y_{j,k}-\mu_k}{\sigma_k}\leqslant x\right\}=\int_{-\infty}^{x}\frac{1}{\sqrt{2\pi}}\mathrm{e}^{-t^2/2}\mathrm{d}t=\varPhi(x) \tag{7.12}$$

令 $t=\dfrac{u-\mu_k}{\sigma_k}$，则式（7.12）右边变为

$$\int_{-\infty}^{x\sigma_k+\mu_k}\frac{1}{\sqrt{2\pi}\sigma_k}\mathrm{e}^{-\frac{1}{2}\left(\frac{u-\mu_k}{\sigma_k}\right)^2}\mathrm{d}u$$

左边变为

$$\lim_{x\to\infty}P\left\{Y_{j,k}\leqslant x\sigma_k+\mu_k\right\}$$

记 $v=x\sigma_k+\mu_k$，则式（7.12）变为

$$\lim_{x\to\infty}P\left\{Y_{j,k}\leqslant v\right\}=\int_{-\infty}^{v}\frac{1}{\sqrt{2\pi}\sigma_k}\mathrm{e}^{-\frac{1}{2}\left(\frac{u-\mu_k}{\sigma_k}\right)^2}\mathrm{d}u \tag{7.13}$$

式（7.13）说明，当 k 充分大时，$Y_k=\{Y_{j,k},\ j=1,2,\cdots,n\}$ 的分布函数 $F_k(u)$ 近似于正态分布 $N(\mu_k,\sigma_k)$。

7.5.2　基于固定任务混频的飞行模拟

本节拟用数学试验的方法模拟基于固定任务混频的飞行过程，以验证前述理论分析结果的合理性。

1. **寿命相关载荷的累积过程**

由于在固定任务混频条件下的飞行任务选择（抽样）与飞行历史无关，每次飞行任务选择是独立的，同时又源于同一载荷库，因此，在统计分析中属于独立同分布。在这样的过程中，每次飞行任务的选取只受固定任务混频的限制，而不必考虑本台发动机的飞行历史。这无疑是一种理想的飞行组织形式，在实际飞机使用中难以见到。但是，由于真实的使用任务混频影响因素很多，形态过于复杂，难以掌握。所以，固定任务混频一直是发动机设计用法的载荷生成基础。

2. **载荷累积的随机抽样方法**

载荷累积函数为

$$f_k = f_{k-1} + \delta \quad 或 \quad F_k = F_{k-1} + \Delta$$

式中，δ 为函数 f_k 相对 f_{k-1} 的增量；F_k 为 f_k 的集合；Δ 为 δ 的集合。

记载荷库的载荷累积概率为 $q_i \in [0,1)$，其数学表达为

$$q_i = F(\mathrm{zh}_i)$$

式中，zh_i 为寿命相关载荷，$i=0, 1, 2, \cdots, m$，其中 $q_0=0$，$\mathrm{zh}_0=0$。

用均匀分布随机数生成函数生成随机数 $r \in (0,1)$，若 $q_{i-1} < r \leqslant q_i$，则取

$$\delta = \mathrm{zh}_i$$

这就是离散分布随机量的蒙特卡罗方法。

3. **算例载荷库**

载荷库具体数据见表 7.16。表中的载荷强度是一个泛指的量：对于低循环疲劳，是指某一个飞行剖面所产生的当量标准循环数；对于陀螺力矩高周疲劳，是指任务剖面的当量标准陀螺力矩循环次数；对于持久载荷，是指剖面的当量标准状态持久寿命消耗时间；而对于蠕变载荷，是指剖面的当量标准状态蠕变寿命消耗时间。

表 7.16　载荷强度的任务混频

载荷强度	1.0	1.1	1.9	2.0	2.4	2.5	2.6	2.9	3.0	3.1
累积概率	0.0769	0.1587	0.2458	0.2969	0.3522	0.3935	0.4145	0.5078	0.5331	0.5694
载荷强度	3.3	3.8	3.9	4.2	4.3	4.4	4.8	5.9	6.0	6.7
累积概率	0.6020	0.6598	0.6881	0.7508	0.7748	0.8069	0.8354	0.8723	0.8791	0.9202
载荷强度	10.9	11.1	11.8	12.2	12.3	12.4	12.8	18.0	22.7	43.1
累积概率	0.9274	0.9741	0.9786	0.9835	0.9854	0.9879	0.9901	0.9930	0.9963	1

4. 算例计算结果

累积载荷均值和标准差随累积剖面数的变化，1000 架飞机模拟值和理论值对比见表 7.17。理论值按式（7.9）和式（7.10）计算。从表中可以看出，模拟值和理论值一致性非常好。算例模拟结果证明，基于固定任务混频的累积载荷分布，符合独立同分布中心极限定理，当累积剖面数很大时，累积载荷分布趋于正态分布。图 7.15 给出了算例中 1000 台发动机第 10、100、1000 个剖面的累积概率和理论值的对比情况。当载荷累积数等于 100 时，算例的累积载荷分布与正态分布已经非常接近。

表 7.17　累积载荷分布参数随累积剖面数的变化（模拟 1000 架飞机）

累积剖面数		1	5	10	50	100	200	400
平均值	模拟	3.8494	19.529	39.193	195.33	389.35	777.75	1557.2
	理论	3.8819	19.410	38.819	194.10	388.19	776.38	1552.8
标准差	模拟	3.3436	8.7906	12.372	26.170	35.617	53.519	76.365
	理论	3.7515	8.3886	11.8633	26.527	37.515	53.054	75.030
累积剖面数		800	1000	1400	1600	2000	3000	4000
平均值	模拟	3110.1	5425.0	6200.3	7750.7	3888.4	11652	15536
	理论	3105.5	5434.7	6211.0	7763.8	3881.9	11646	15528
标准差	模拟	108.46	140.24	145.85	162.02	123.17	209.587	243.260
	理论	106.11	140.37	150.06	167.77	118.63	205.478	237.266

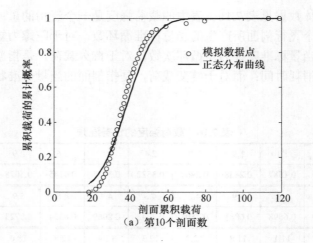

（a）第10个剖面数

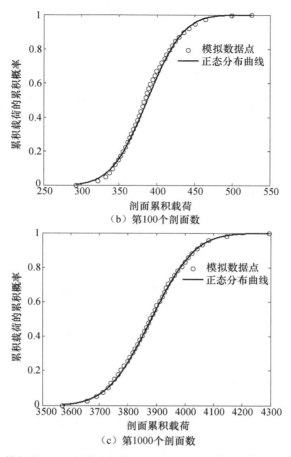

图 7.15　算例中 1000 台发动机第 10、100、1000 个剖面的累积概率曲线

7.5.3　基于固定任务混频的寿命相关载荷基本分布特性

由式（7.5）～式（7.7）可以得到三个非常简洁有用的关系，这些关系都是载荷累积函数特征值与载荷库载荷对应特征值之比构成的相对值。

相对均值为

$$\overline{\mu}_k = \frac{\mu_k}{\mu} = k$$

相对标准差为

$$\overline{\sigma}_k = \frac{\sigma_k}{\sigma} = \sqrt{k}$$

相对变异系数为

$$\overline{\gamma}_k = \frac{\overline{\sigma}_k}{\overline{\mu}_k} = \frac{\sigma_k / \mu_k}{\sigma / \mu} = \frac{1}{\sqrt{k}}$$

式中，k 为累积飞行剖面数。

相对变异系数的理论曲线和算例中 1000 台发动机模拟结果见图 7.16。

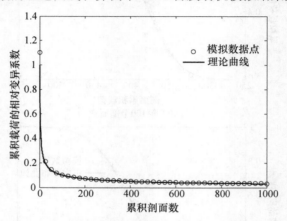

图 7.16　相对变异系数的理论曲线和模拟结果

由此可以得到下述结论：

（1）载荷累积函数的均值、标准差和变异系数分别正比于载荷库载荷的均值、标准差和变异系数。

（2）载荷累积函数的均值、标准差和变异系数相对值分别是累积飞行剖面数的 1 次函数、1/2 次函数和 −1/2 次函数。载荷库载荷的特征值与载荷累积函数同名特征值只有在累积飞行剖面数 $k=1$ 时相等，$k>1$ 时并不相等。因此，不能把载荷库载荷的特征值当成载荷累积函数特征值。

（3）载荷累积函数的变异系数随累积飞行剖面数增加而下降。在累积飞行剖面数 $k<500$ 时，变异系数下降尤为剧烈，说明随着寿命的增加，载荷累积散度对构件可靠性的影响越来越小。当 k 很大时，例如，$k=2000\sim3000$，载荷累积函数的变异系数仅为载荷库载荷变异系数的 1.8%～2.2%。此时，在构件可靠性分析时，也许不必考虑载荷累积函数散度对构件寿命的影响。

7.6　变任务混频寿命相关载荷累积量分布特性

7.6.1　变任务混频下的寿命相关载荷累积量随机分布特性规律

固定任务混频条件下的寿命相关载荷累积量的统计分析，一般用于设计载荷谱的统计分析，在实际发动机的使用载荷谱统计中很少遇到，见文献[3]。在实际每台发动机的使用历程中，会依次历经第 1、2、…、n 个任务混频。显然，每一个任务混频所产生的寿命相关载荷累积量的增量，均符合固定任务混频条件下载荷累积量的分布特性，即只要累积的飞行剖面足够多，就可按正态分布（式（7.5）和式（7.6））计算载荷累积量增量的分布参数。按第 2、…、n 个任务混频进行的后继飞行，与第 1 次飞行的差异仅在于载荷累积量的初值不同。第 1 次飞行的各台发动机载荷累积量初值均为零，而后继时，各台发动机载荷累积量初值则为前一阶段的终值，其分布趋于正态。

因此，只要 k_i 足够大，变任务混频的数学期望、方差的增量形式便可以仿照式（7.5）和式（7.6）给出式（7.14）和式（7.15）。

数学期望增量为

$$\begin{cases} \Delta\mu_{k,1} = \mu_{k,1} = k\mu_1, & k = 1 \sim k_1 \\ \Delta\mu_{k,2} = \mu_{k,2} - k_1\mu_1 = (k-k_1)\mu_2, & k = k_1+1 \sim k_2 \\ \Delta\mu_{k,3} = \mu_{k,3} - k_1\mu_1 - (k_2-k_1)\mu_2 = (k-k_2)\mu_3, & k = k_2+1 \sim k_3 \\ \quad\vdots \\ \Delta\mu_{k,n} = \mu_{k,n} - k_1\mu_1 - (k_2-k_1)\mu_2 - (k_3-k_2)\mu_3 - \cdots - (k_{n-1}-k_{n-2})\mu_{n-1} \\ \quad = (k-k_{n-1})\mu_n, & k = k_{n-1}+1 \sim k_n \end{cases} \quad (7.14)$$

方差增量为

$$\begin{cases} \Delta\sigma_{k,1}^2 = \sigma_{k,1}^2 = k\sigma_1^2, & k = 1 \sim k_1 \\ \Delta\sigma_{k,2}^2 = \sigma_{k,2}^2 - k_1\sigma_1^2 = (k-k_1)\sigma_2^2, & k = k_1+1 \sim k_2 \\ \Delta\sigma_{k,3}^2 = \sigma_{k,3}^2 - k_1\sigma_1^2 - (k_2-k_1)\sigma_2^2 = (k-k_2)\sigma_3^2, & k = k_2+1 \sim k_3 \\ \quad\vdots \\ \Delta\sigma_{k,n}^2 = \sigma_{k,n}^2 - k_1\sigma_1^2 - (k_2-k_1)\sigma_2^2 - (k_3-k_2)\sigma_3^2 - \cdots - (k_{n-1}-k_{n-2})\sigma_{n-1}^2 \\ \quad = (k-k_{n-1})\sigma_n^2, & k = k_{n-1}+1 \sim k_n \end{cases} \quad (7.15)$$

式中，k_1, k_2, …, k_n 分别为 1, 2, …, n 飞行阶段的累积起落数；μ_1, μ_2, …, μ_n, σ_1^2, σ_2^2, …, σ_n^2 分别为 1, 2, …, n 飞行阶段的载荷库均值和方差；$\mu_{k,1}$, $\mu_{k,2}$, …, $\mu_{k,n}$ 分别为 1, 2, …, n 飞行阶段的数学期望；$\sigma_{k,1}^2$, $\sigma_{k,2}^2$, …, $\sigma_{k,n}^2$ 分别为 1, 2, …, n 飞行阶段的方差。

由式（7.14）和式（7.15），容易得到变任务混频下各阶段的寿命相关载荷累积量的数学期望、方差和变异系数公式（7.16）～（7.18）。

数学期望为

$$
\begin{cases}
\mu_{k,1} = k\mu_1, & k = 1 \sim k_1 \\
\mu_{k,2} = k_1\mu_1 + (k - k_1)\mu_2, & k = k_1 + 1 \sim k_2 \\
\mu_{k,3} = k_1\mu_1 + (k_2 - k_1)\mu_2 + (k - k_2)\mu_3, & k = k_2 + 1 \sim k_3 \\
\quad \vdots \\
\mu_{k,n} = k_1\mu_1 + (k_2 - k_1)\mu_2 + (k_3 - k_2)\mu_3 + \cdots + (k_{n-1} - k_{n-2})\mu_{n-1} + (k - k_{n-1})\mu_n, \\
\hspace{6cm} k = k_{n-1} + 1 \sim k_n
\end{cases}
\tag{7.16}
$$

方差为

$$
\begin{cases}
\sigma_{k,1}^2 = k\sigma_1^2, & k = 1 \sim k_1 \\
\sigma_{k,2}^2 = k_1\sigma_1^2 + (k - k_1)\sigma_2^2, & k = k_1 + 1 \sim k_2 \\
\sigma_{k,3}^2 = k_1\sigma_1^2 + (k_2 - k_1)\sigma_2^2 + (k - k_2)\sigma_3^2, & k = k_2 + 1 \sim k_3 \\
\quad \vdots \\
\sigma_{k,n}^2 + k_1\sigma_1^2 + (k_2 - k_1)\sigma_2^2 + (k_3 - k_2)\sigma_3^2 + \cdots + (k_{n-1} - k_{n-2})\sigma_{n-1}^2 + (k - k_{n-1})\sigma_n^2, \\
\hspace{6cm} k = k_{n-1} + 1 \sim k_n
\end{cases}
\tag{7.17}
$$

变异系数为

$$
\begin{cases}
\gamma_{k,1} = \dfrac{\sigma_{k,1}}{\mu_{k,1}} = \dfrac{\sqrt{k\sigma_1^2}}{k\mu_1}, & k = 1 \sim k_1 \\[4mm]
\gamma_{k,2} = \dfrac{\sigma_{k,2}}{\mu_{k,2}} = \dfrac{\sqrt{k_1\sigma_1^2 + (k - k_1)\sigma_2^2}}{k_1\mu_1 + (k - k_1)\mu_2}, & k = k_1 + 1 \sim k_2 \\[4mm]
\gamma_{k,3} = \dfrac{\sigma_{k,3}}{\mu_{k,3}} = \dfrac{\sqrt{k_1\sigma_1^2 + (k_2 - k_1)\sigma_2^2 + (k - k_2)\sigma_3^2}}{k_1\mu_1 + (k_2 - k_1)\mu_2 + (k - k_2)\mu_3}, & k = k_2 + 1 \sim k_3 \\[4mm]
\quad \vdots \\
\gamma_{k,n} = \dfrac{\sigma_{k,n}}{\mu_{k,n}} \\[3mm]
\quad = \dfrac{\sqrt{k_1\sigma_1^2 + (k_2 - k_1)\sigma_2^2 + (k_3 - k_2)\sigma_3^2 + \cdots + (k_{n-1} - k_{n-2})\sigma_{n-1}^2 + (k - k_{n-1})\sigma_n^2}}{k_1\mu_1 + (k_2 - k_1)\mu_2 + (k_3 - k_2)\mu_3 + \cdots + (k_{n-1} - k_{n-2})\mu_{n-1} + (k - k_{n-1})\mu_n}, \\
\hspace{6cm} k = k_{n-1} + 1 \sim k_n
\end{cases}
\tag{7.18}
$$

式中，$\gamma_{k,1}$，$\gamma_{k,2}$，$\cdots$，$\gamma_{k,n}$ 分别为 1，2，$\cdots$，n 飞行阶段的变异系数。

变任务混频下各阶段的数学期望、方差和变异系数的增量相对值（与各飞行段载荷库同类参数值之比）表达式见式（7.19）～式（7.21）。

数学期望相对增量为

$$
\begin{cases}
\overline{\Delta\mu}_{k,1} = \dfrac{\Delta\mu_{k,1}}{\mu_1} = k_1, & k = 1 \sim k_1 \\[2mm]
\overline{\Delta\mu}_{k,2} = \dfrac{\Delta\mu_{k,2}}{\mu_2} = k - k_1, & k = k_1 + 1 \sim k_2 \\[2mm]
\overline{\Delta\mu}_{k,3} = \dfrac{\Delta\mu_{k,3}}{\mu_3} = k - k_2, & k = k_2 + 1 \sim k_3 \\[2mm]
\qquad\qquad\vdots \\[2mm]
\overline{\Delta\mu}_{k,n} = \dfrac{\Delta\mu_{k,n}}{\mu_n} = k - k_{n-1}, & k = k_{n-1} + 1 \sim k_n
\end{cases}
\tag{7.19}
$$

方差相对增量为

$$
\begin{cases}
\overline{\Delta\sigma}_{k,1}^2 = \dfrac{\Delta\sigma_{k,1}^2}{\sigma_1^2} = k, & k = 1 \sim k_1 \\[2mm]
\overline{\Delta\sigma}_{k,2}^2 = \dfrac{\Delta\sigma_{k,2}^2}{\sigma_2^2} = k - k_1, & k = k_1 + 1 \sim k_2 \\[2mm]
\overline{\Delta\sigma}_{k,3}^2 = \dfrac{\Delta\sigma_{k,3}^2}{\sigma_3^2} = k - k_2, & k = k_2 + 1 \sim k_3 \\[2mm]
\qquad\qquad\vdots \\[2mm]
\overline{\Delta\sigma}_{k,n}^2 = \dfrac{\Delta\sigma_{k,n}^2}{\sigma_n^2} = k - k_{n-1}, & k = k_{n-1} + 1 \sim k_n
\end{cases}
\tag{7.20}
$$

变异系数相对增量为

$$
\begin{cases}
\overline{\Delta\gamma}_{k,1} = \dfrac{\Delta\sigma_{k,1}^2}{\Delta\mu_{k,1}} \Big/ \dfrac{\sigma_1}{\mu_1} = \dfrac{\sqrt{\overline{\Delta\sigma}_{k,1}^2}}{\overline{\Delta\mu}_{k,1}} = \dfrac{1}{\sqrt{k}}, & k = 1 \sim k_1 \\[3mm]
\overline{\Delta\gamma}_{k,2} = \dfrac{\Delta\sigma_{k,2}^2}{\Delta\mu_{k,2}} \Big/ \dfrac{\sigma_2}{\mu_2} = \dfrac{\sqrt{\overline{\Delta\sigma}_{k,2}^2}}{\overline{\Delta\mu}_{k,2}} = \dfrac{1}{\sqrt{k - k_1}}, & k = k_1 + 1 \sim k_2 \\[3mm]
\overline{\Delta\gamma}_{k,3} = \dfrac{\Delta\sigma_{k,3}^2}{\Delta\mu_{k,3}} \Big/ \dfrac{\sigma_3}{\mu_3} = \dfrac{\sqrt{\overline{\Delta\sigma}_{k,3}^2}}{\overline{\Delta\mu}_{k,3}} = \dfrac{1}{\sqrt{k - k_2}}, & k = k_2 + 1 \sim k_3 \\[3mm]
\qquad\qquad\vdots \\[3mm]
\overline{\Delta\gamma}_{k,n} = \dfrac{\Delta\sigma_{k,n}^2}{\Delta\mu_{k,n}} \Big/ \dfrac{\sigma_n}{\mu_n} = \dfrac{\sqrt{\overline{\Delta\sigma}_{k,n}^2}}{\overline{\Delta\mu}_{k,n}} = \dfrac{1}{\sqrt{k - k_{n-1}}}, & k = k_{n-1} + 1 \sim k_n
\end{cases}
\tag{7.21}
$$

7.6.2　变任务混频的寿命相关载荷累积量分布特性的飞行模拟

本节拟用数学试验的方法，模拟变任务混频的飞行过程。通过随机抽取飞行剖面，累积其寿命相关载荷的方法，以验证变任务混频下的寿命相关载荷累积量上述分布特性的合理性。

1.　随机抽样飞行剖面寿命相关载荷的累积过程

寿命相关载荷累积量是一个以飞行剖面累积为自变量的载荷累积函数。这里设计了三种任务混频的载荷谱，构成了三个任务载荷库 A、B、C（表 7.18～表 7.20）。统计载荷为各任务剖面的折合中间状态时间，该时间与剖面的持久寿命消耗直接相关。飞行模拟分三个阶段，按任务载荷库 A、B、C 依次进行。任务载荷库 1 模拟飞行 1500 次起落，任务载荷库 2 模拟飞行 800 次起落，任务载荷库 3 模拟飞行 1800 次起落。在各模拟阶段内，每次飞行任务抽样仅限于该阶段同一载荷库，而飞行任务的抽取方式是独立随机的。三个载荷库的均值和方差见表 7.21。

表 7.18　任务混频 A

剖面序号	A1	A2	A3	A4
折合中间状态时间/min	1	2	3	4
100 次起落频次	28	24	40	8

表 7.19　任务混频 B

剖面序号	B1	B2	B3	B4	B5	B6	B7
折合中间状态时间/min	2	3	4	5	6	7	11
100 次起落频次	10	8	30	11	13	8	20

表 7.20　任务混频 C

剖面序号	C1	C2	C3	C4	C5	C6	C7
折合中间状态时间/min	6	11	12	13	18	23	43
100 次起落频次	40	30	13	4	4	8	1

表 7.21　载荷库均值和方差

任务混频	A	B	C
均值 μ/min	2.2800	5.7300	10.7700
方差 σ^2/min^2	0.9309	8.7243	34.3001

2. 飞行模拟结果

一次典型的模拟飞行，取飞机子样为 1000，折合中间状态累积时间的均值、方差和变异系数的模拟结果与理论值的对比见图 7.17～图 7.19。图中，空心圆为模拟值，连线为理论计算值。某次典型模拟的部分模拟值和理论值对比见表 7.22。从图表中可以看出，变任务混频的理论值与模拟结果一致性很好。飞机子样的增大，会使模拟结果与理论值一致性更好。

图 7.20 为折合中间状态累积时间的概率分布对比图。概率分布对比图列出了总飞行剖面数为 100、1000、2000 和 3000 的四种典型情况，可以看出，在变任务混频的各个阶段，折合中间状态累积时间的概率分布都非常近似于正态分布。

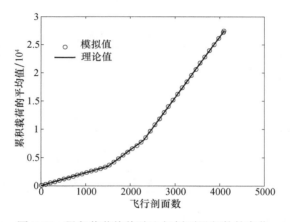

图 7.17　累积载荷均值随飞行剖面累积数的变化

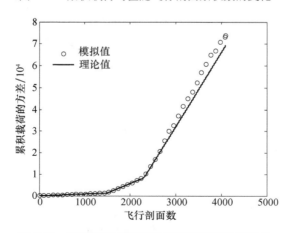

图 7.18　累积载荷方差随飞行剖面累积数的变化

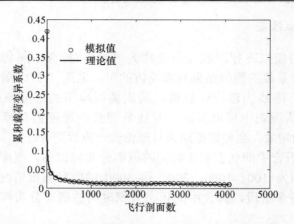

图 7.19 累积载荷变异系数随飞行剖面累积数的变化

表 7.22 模拟值和理论值对比

剖面累积数	累积载荷均值/min		累积载荷方差/min²		累积载荷变异系数	
	模拟	理论	模拟	理论	模拟	理论
1	2.33	2.28	0.88	0.93	0.4019	0.4232
81	184.56	184.68	88.62	75.40	0.0490	0.0470
401	915.48	914.28	368.54	373.29	0.0210	0.0211
1121	2559.08	2555.88	1052.86	1043.55	0.0127	0.0126
2301	8016.64	8014.77	8425.64	8410.14	0.0115	0.0114
3501	20932.14	20938.77	50819.81	49570.26	0.0108	0.0106
3901	25235.34	25246.77	64654.31	63290.3	0.0101	0.0100
4061	26958.67	26969.97	71689.40	68778.32	0.0099	0.0097

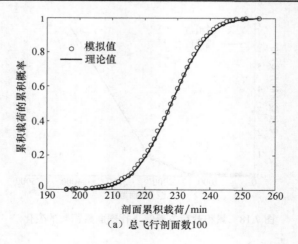

(a) 总飞行剖面数100

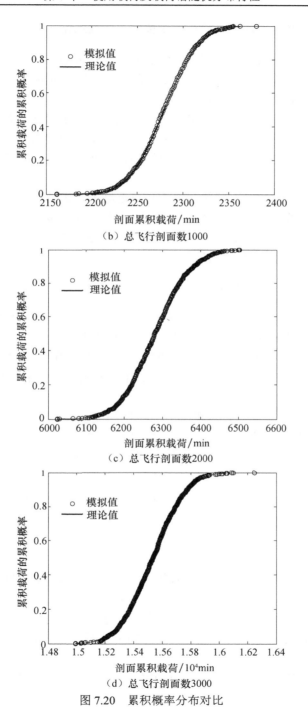

（b）总飞行剖面数1000

（c）总飞行剖面数2000

（d）总飞行剖面数3000

图 7.20　累积概率分布对比

7.6.3　变任务混频的寿命相关载荷累积量分布特性结论

理论分析和飞行模拟的良好一致性表明，变任务混频的理论分析是合理的。从理论分析公式（7.19）～（7.21）可以看出，变任务混频下，各飞行阶段的载荷参数飞行剖面累加值有如下特点：

（1）数学期望增量均正比于阶段载荷库的均值，是飞行剖面数的 1 次函数。

（2）方差增量均正比于阶段载荷库的方差，是飞行剖面数的 1 次函数。

（3）变异系数增量均正比于阶段载荷库的变异系数，是飞行剖面数的-1/2 次函数。

（4）上述三个参数随飞行阶段的变化是连续的，因此可以认为变任务混频和固定任务混频的载荷参数累加值的分布特性是类似的，也趋于正态分布。

在变任务混频下的寿命可靠性分析中，可用式（7.19）～式（7.21）对其相关载荷累积量分布参数进行估计。

7.6.4　发动机实际使用载荷算例

从 7.5 节和 7.6.1~7.6.3 节可以看到，随着发动机工作时间的增加，固定任务混频和变任务混频的载荷参数累加值的分布特性较为一致，即趋于正态概率分布，并从模拟载荷的算例中得到了验证。本节根据配装某型三代战斗机的某型涡轮风扇发动机的起动次数和大状态工作时间实际使用载荷的统计数据，验证该结论。

正如前文所述符合韦布尔概率分布的随机变量，当形状参数 $b=3\sim4$ 时，就认为接近正态概率密度函数。这一定义较为宽泛，严格意义上，韦布尔概率分布和正态概率分布不可能完全相同：前者有最小参数，并与横轴有交点，而后者的两端无限接近于横轴。因此，除了由形状参数判断外，还要看两者概率密度函数曲线的峰值大小（形状参数 $b>1$）和位置（两者的偏差）的区别。

1. 韦布尔分布密度函数峰值点偏移度及规律

由正态分布拟合和韦布尔分布拟合的数学期望，都应随着样本量的增加趋近于统计样本的均值。所以，对于形状参数 $b>1$ 的韦布尔分布密度函数，其峰值点对数学期望的偏移度，就是韦布尔分布与正态分布的函数峰值点的偏移度。

首先对三参数韦布尔概率密度函数（7.1）求导，并令其为零，即

$$\frac{\mathrm{d}f(x)}{\mathrm{d}x} = \frac{b}{(X_{\mathrm{a}}-X_0)^{2b}}\exp\left[-\left(\frac{x-X_0}{X_{\mathrm{a}}-X_0}\right)^b\right][(b-1)(x-X_0)^{b-2}(X_{\mathrm{a}}-X_0)^b - b(x-X_0)^{2b-2}]$$

$$\frac{\mathrm{d}f(x)}{\mathrm{d}x} = 0$$

得

$$x - X_0 = \left(\frac{b-1}{b}\right)^{1/b}(X_a - X_0)$$

此时的 x 值即峰值的位置点，记为 x_p，即

$$x_p - X_0 = \left(\frac{b-1}{b}\right)^{1/b}(X_a - X_0) \tag{7.22}$$

三参数韦布尔概率密度函数的数学期望为

$$\mu = E(X) = X_0 + (X_a - X_0)\Gamma\left(1 + \frac{1}{b}\right)$$

式中，$\Gamma(b) = \int_0^{+\infty} x^{b-1}\mathrm{e}^{-x}\mathrm{d}x$ 为伽马函数。

式（7.22）变为

$$x_p - X_0 = \frac{E(X) - X_0}{\Gamma\left(1 + \dfrac{1}{b}\right)}\left(\frac{b-1}{b}\right)^{1/b} \tag{7.23}$$

偏移度 d 定义为

$$d = \frac{E(X) - x_p}{E(X) - X_0}$$

可以化为

$$d = 1 - \frac{x_p - X_0}{E(X) - X_0}$$

代入式（7.23），得到只含有形状参数的峰值点偏移度为

$$d = 1 - \frac{1}{\Gamma\left(1 + \dfrac{1}{b}\right)}\left(\frac{b-1}{b}\right)^{1/b} \tag{7.24}$$

式（7.24）也适用于二参数韦布尔分布，其曲线见图 7.21。偏移度是形状参数 b 的一元函数。

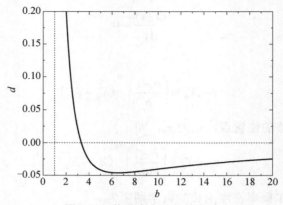

图 7.21　偏移度变化规律曲线

从图 7.21 中的曲线可以看出：

（1）当 $b=3.32$ 时，$d=0$，为无偏点，在这一点上韦布尔概率密度峰值点与样本均值点重合。

（2）当 $3.32>b\geqslant1$ 时，$d>0$，随 b 的增加，偏移度 d 下降。

（3）当 $b=6.27$ 时，$d=-0.0459$，偏移度取最低值。

（4）当 $b>6.27$ 后，随 b 的增加，偏移度 d 升高。

（5）当 $b\rightarrow+\infty$ 时，容易证明 $d\rightarrow0$，即趋向零。

（6）峰值点偏移度仅适用于形状参数 $b>1$ 的韦布尔概率密度分布。

对于形状参数 b 大于 1 的韦布尔分布，使用偏移度判定是否接近正态分布非常方便。可以认为当 $|d|\leqslant0.05$ 时用正态分布和韦布尔分布差别不大。

2. 起动次数变化累积量分布特性实例

本算例数据来自配装某三代战斗机的某涡轮风扇发动机实际使用数据。表 7.23 列出了 11 台发动机各时间段内的累积起动次数。

表 7.23　各工作时间累积起动次数的变化

发动机序号	累积工作时间/h										
	100	200	300	400	500	600	700	800	900	1000	1100
	累积起动次数										
1	76	144	213	283	354	426	498	572	646	721	797
2	85	155	226	299	374	450	527	606	686	768	852
3	81	157	233	309	384	459	533	608	681	755	828
4	69	140	212	287	364	443	524	607	692	779	869

续表

发动机序号	累积工作时间/h										
	100	200	300	400	500	600	700	800	900	1000	1100
	累积起动次数										
5	81	158	236	314	393	472	551	631	711	792	873
6	97	175	253	330	406	482	557	633	707	781	855
7	87	163	240	318	396	474	553	633	713	794	875
8	65	131	200	271	344	421	499	581	665	751	840
9	75	152	228	304	380	455	530	604	678	751	824
10	77	151	226	302	379	458	537	618	701	784	869
11	89	162	236	312	390	469	550	633	717	803	891

对以上不同时间段的起动次数进行三参数韦布尔概率拟合，为了精确地获得三个参数，采用相关系数优化法，即相关系数绝对值 $|r|$ 取最大。具体结果见表 7.24。

表 7.24　子样各时间段起动次数拟合及偏移度计算结果

时间段/h		100	200	300	400	500	600	700	800	900	1000	1100
样本参数估计	子样平均值	80.18	153.45	227.55	302.64	378.55	455.36	532.64	611.45	690.64	770.82	852.09
	子样方差	84.16	144.67	219.27	288.85	345.87	376.45	411.05	441.87	491.05	589.16	760.69
三参数韦布尔概率母体参数估计	最小参数 X_0	50	75	120	120	0	0	0	0	0	0	0
	特征参数 X_a	83.65	158.65	234.08	310.26	387.09	464.38	542.27	621.49	700.76	794.32	864.95
	形状参数 b	3.3995	6.9827	7.753	11.711	22.464	25.734	28.318	31.304	34.415	34.822	34.071
	相关系数 $|r|_{max}$	0.9926	0.9899	0.9845	0.9928	0.9948	0.9872	0.9703	0.9679	0.9930	0.9857	0.9910

续表

时间段/h		100	200	300	400	500	600	700	800	900	1000	1100
三参数韦布尔概率母体参数估计	数学期望 μ	80.23	153.23	227.19	301.90	377.78	454.26	531.59	610.15	688.82	781.46	850.07
	方差 σ^2	96.44	173.61	268.20	355.08	437.60	485.69	551.96	597.63	632.64	795.69	982.67
	变异系数 γ	0.1224	0.0860	0.0721	0.0624	0.0554	0.0485	0.0442	0.0400	0.0365	0.0361	0.0368
	偏移度 d	−0.0266	−0.0458	−0.0447	−0.0366	−0.0223	−0.0199	−0.0183	−0.0167	−0.0153	−0.0152	−0.0155

可以看到，随着工作时间的增加，其形状参数逐渐变大，而衡量正态分布和韦布尔分布的峰值偏移度绝对值越来越小。同样，数学期望增量、方差增量以及变异系数增量的变化规律也可以得到验证。

3. 大状态工作时间变化累积量分布特性实例

采用表 7.15 中的数据，为后续方便，对其进行预处理。表 7.25 列出了各时间段 11 台发动机的累积大状态工作时间，由于 10h、1100h 时间段的子样数较少，故舍去。

表 7.25　11 台发动机各时间段的累积大状态工作时间分布

发动机序号	累积工作时间/h									
	20	50	100	200	400	600	700	800	900	990
	累积大状态时间/min									
1	130.4	321	748	1528	3296	4776	5110	5456	6066	6286.5
2	88.8	188	326	752	1372	2424	3220	3992	4482	5266.8
3	86.0	239	377	962	1840	2922	3108	3392	3816	3999.6
4	258.4	480	860	1580	3324	4530	5369	5912	6696	7256.7
5	244.8	332	447	930	1892	3264	3983	4384	4977	5603.4
6		255	363	760	1384	2340	2681	3024	3204	3564.0
7	135.2	253	524	1314	2404	3708	4165	4880	5661	6534.0
8	227.4	498	924	1696	3448	4824	5089	5320	5508	5831.1
9	99.0	170	324	760	1492	2676	3269	3744	4185	4643.1
10	205.6	330	541	850	1696	3042	3717	4528	5391	5979.6
11	112.4	196	351	868	1712	2772	3248	4152	4743	5385.6

数据拟合方法与 7.6.4 节第二部分采用的三参数韦布尔概率拟合相同，具体结果见表 7.26，可以得出同样的结论：随着工作时间的延长，其形状参数逐渐变大，而衡量正态分布和韦布尔分布的峰值偏移度绝对值越来越小。

表 7.26　子样各时间段大状态时间拟合及偏移度计算结果

时间段/h		20	50	100	200	400	600	700	800	900	990
子样数量		10	11	11	11	11	11	11	11	11	11
样本参数估计	子样平均值	158.80	296.55	525.91	1091	2169	3389	3905	4435	4975	5486
	子样方差	4612	12205	48591	133026	662253	866144	854496	804906	1048056	1192308
三参数韦布尔概率母体参数估计	最小参数 X_0	85	158	320	750	1340	2245	2400	2000	1000	100
	特征参数 X_a	160.8	312.1	510.82	1052.35	2179.1	3503.06	4130.9	4748.5	5379.4	5946.7
	形状参数 b	0.6310	1.0797	0.6409	0.52475	0.7556	1.0348	1.5338	2.7607	4.0589	5.1436
	相关系数 $\lvert r \rvert_{max}$	0.9805	0.9891	0.9832	0.9734	0.9777	0.9897	0.9765	0.9980	0.9985	0.9915
三参数韦布尔概率母体参数估计	数学期望 μ	192.1	307.5	584.8	1304.6	2332.9	3485.7	3957.7	4445.7	4972.4	5476.4
	方差 σ^2	31350	19214	184570	1346500	1774800	1438000	1073700	916990	1209600	1440000
	变异系数 γ	0.9217	0.4508	0.7346	0.8895	0.5713	0.3441	0.2619	0.2154	0.2212	0.2191
	偏移度 d	—	0.9079	—	—	—	0.9618	0.4419	0.0453	−0.0281	−0.0426

7.7　使用中载荷分布特性的处理和发动机之间分散度的定量确定

7.7.1　实际使用中载荷分布特性的技术处理

由于在发动机零部件寿命评定中，只考虑了零部件材料性能、结构形式、加工工艺和尺寸等因素的随机分布特性，即内因，而外因即使用条件也时刻在影响着寿命的消耗。所以，在实际工程中，这个严重影响航空发动机可靠性和安全性的因素是不能被忽略的，一般情况下有以下三种技术措施严格控制使用载荷分散性，保证零部件的安全使用。

1. 不同装机对象给定寿命指标不相同

零部件寿命试验批准的安全寿命单位是标准循环，对于航空发动机，用户的使用寿命单位一般是工作小时、循环寿命。对于军用航空发动机常用循环寿命或飞行循环（也有的称为热循环）；民用航空发动机由于循环寿命计算较为简单而又与飞行次数相关，所以习惯称为飞行循环或起落次数。零部件的循环寿命指标一旦确定，在下次调整之前是不会更改的，寿命指标变化的只有工作小时。通常一型军用航空发动机配装多型飞机，使用载荷和环境复杂，在相同的工作时间内消耗的循环寿命差异较大，但是为了保证使用中关键零部件的寿命消耗不超过给定的寿命指标，一般情况下通过调整工作时间达到上述目的。不同的装机对象给定的寿命指标不同，甚至相同的装机对象由于飞行训练大纲变化或使用任务的变化，其寿命指标也会变化。这就是西方航空大国多种型号航空发动机没有统一总寿命的原因。

2. 加装历程记录仪

美国的军用飞机多采用这种方法，其优点是考虑了每架飞机不同的用法，因此无须考虑使用载荷的分布特性。

纵观国外航空发动机寿命监控技术，所有对关键件有循环寿命指标要求的航空发动机，均加装了主要用于监控循环寿命的历程记录仪，如 F101-GE-102（配装于 B-1B 飞机）、F110-GE-100（配装于 F-15、F-16 飞机）、F110-GE-400、F100（配装于 F15、F16 飞机）、F119、TF30-P-408（配装于 A-7C 飞机）、F404-GE-400（配装于 F/A-18 飞机）、F402-RR-406（配装于 AV-8B 飞机）、MK105（配装于 AV-8B 飞机）、T700 系列（配装于黑鹰、海鹰和阿帕齐等直升机）、ARRIEL、TURMO 系列等。有些型号的发动机配装的是单独的历程记录仪装置，有些将历程记录仪的功能嵌装在飞机中心综合测试系统或发动机监测系统处理机中，如 F101-GE-102 发动机的中心综合测试系统、F110-GE-100 发动机的发动机监测系统处理机，虽然将历程记录仪装在上述综合系统中，但以完成记录循环寿命为主要功能的寿命监控装置在硬件、软件上也是独立的。

3. 采用修正的综合换算率控制

文献[17]和[18]介绍了配装三种飞机的 MK202 发动机综合换算率：F4 鬼怪

式飞机、海盗式轰炸机、猎手式海上巡逻机。第一种飞机使用磁带式发动机监测系统记录发动机转速等有关参数，后两种飞机采用在飞行员大腿上固定记录板，由人工记录转速峰、谷值。在给出换算率的算术平均值的同时，也给出了各种修正，最后由发动机制造商和使用方协商给出多方均能接受的综合换算率。分析各种修正因素，有的是基于当时的技术条件限制不能得到精确数据，更多的是考虑了发动机各种载荷分布特性造成的发动机零部件寿命的分散性，以下列出了各种修正因素。

（1）不同使用地区的影响造成的飞机基地换算率修正。对换算率的修正考虑的因素主要有：发动机使用寿命期内所遇到的不同环境温度范围和起飞高度条件，以及冷、热起动对载荷的影响。表 7.27 为 1983 年 12 月以前不同地区配装发动机监测系统的发动机使用情况。

表 7.27　配装发动机监测系统的 4 架飞机的发动机在 1983 年 12 月以前的使用情况

飞机号	使用地区	飞行小时/h
XV406	Coningsby	540
XV461	Wattisham	359
XV462	Wildenrath	372
XT872	Leuchars	360

（2）测得的飞行剖面参数峰、谷值偏离实际值引起的误差修正。发动机监测系统的数据存储介质为磁带，各参数的采样频率仅为 2Hz。研究表明，对于 MK202 发动机，其转速采样频率在 5～10Hz 就可以满足工程要求。经研究，罗·罗公司对综合换算率由此造成误差采用的修正系数为高压转子+5%，低压转子+7%。某涡扇发动机参数采样率为 1Hz，采用的修正系数为高压转子+10%，低压转子+14%，具体结果和过程见第 6 章。

（3）最差发动机附加换算率修正。考虑了寿命消耗最大的发动机的换算率与平均换算率的偏差。

（4）任务混频换算率修正。由于在 MK202 发动机换算率研究中，所测试的典型飞行科目不能涵盖所有飞行科目，所以不同典型科目的换算率不同。

（5）飞行员差异换算率修正。不同的飞行员对同一架飞机的操纵是不同的，甚至同一飞行员操纵同一架飞机、训练同一科目，在不同的时间对发动机零部件的低循环疲劳损伤也是不同的。分析其原因，主要是发动机关键件对瞬态温度场的响应不同，进而造成的应力场也存在差异。

（6）装机换算率修正。装机对象的差异导致寿命消耗的区别很大，一般情况下，轰炸机、巡逻机以及运输机的换算率要低于飞行动作较多、飞行科目复杂的战斗机。

（7）地面试车换算率、检验试车换算率修正。分析认为，MK202 发动机监测系统没有监控发动机的地面维护开车。

以上使用载荷存在较大的随机性，一般情况下，航空发动机的综合换算率是与飞行训练、地面维护特点、使用环境等密切相关的，是一个变化量，需要经常调整，MK202 发动机的综合换算率就是典型例子。

7.7.2　国内某涡扇发动机载荷和换算率分散性

国内某歼击轰炸机的发动机是引进 MK202 发动机制造专利生产的国产化发动机，为有效监控某型发动机的消耗寿命情况，以便与 MK202 发动机寿命管理模式接轨，部分歼击轰炸机的发动机配装了机载 LCY-WS9-I 型发动机历程记录仪，本书抽取了 14 台历程记录仪相关数据进行载荷和换算率分散性的定量分析，具体数据见表 7.28。

表 7.28　抽取的 14 台历程记录仪相关数据

序号	号码	单位时间起动次数	单位时间低压循环	单位时间高压循环	单位时间军用工作时间/h	累积工作时间/h
1	1208001	0.9818	2.4481	1.0285	0.0618	27.5
2	1208002	0.9228	1.9376	0.8496	0.0287	212.4
3	1208009	0.8646	2.8448	0.9409	0.0704	175.8
4	1208010	0.8923	2.0151	0.8784	0.0363	168.1
5	1408016	1.2739	1.4281	0.8644	0.0234	47.1
6	1408023	1.1598	1.0540	0.7330	0.0129	38.8
7	1408024	1.1568	1.4033	0.7401	0.0206	38.9
8	1208043	0.9229	2.1229	0.9180	0.0332	138.7
9	208046	0.9023	2.2047	0.9421	0.0486	417.8
10	1201054	1.0087	1.8758	0.7745	0.0139	57.5
11	1201031	0.9643	1.3579	0.6677	0.0110	283.1
12	1201002	0.9510	2.1060	0.8358	0.0391	212.4
13	1201009	0.9415	1.6432	0.8004	0.0288	218.8
14	1201054	0.8854	2.9998	0.9672	0.0472	203.3
最大值 Max		1.2739	2.9998	1.0285	0.0618	
最小值 Min		0.8646	1.0540	0.7330	0.0110	
均值 μ		0.9877	1.9601	0.8529	0.0340	
方差 σ^2		0.0150	0.3152	0.0104	0.0003	

续表

序号	号码	单位时间起动次数	单位时间低压循环	单位时间高压循环	单位时间军用工作时间/h	累积工作时间/h
变异系数 γ		0.1240	0.2864	0.1196	0.5324	
按照工作时间加权平均的平均值		0.9370	2.056	0.8586	0.0365	

注：此型发动机限制军用状态（大状态）工作时间。

　　子样来源于两个使用单位，在设备研制时考虑了地面维护试车等各种因素，信号采样频率为 5Hz。数据中包含以下信息：发动机工作时间、起动次数、军用工作时间、低压循环数和高压循环数，其中起动次数和军用工作时间可以看成发动机使用载荷，低压循环数和高压循环数是各台发动机风扇压气机 3 级轮盘和高压压气机 1 级轮盘消耗的低循环疲劳寿命。其分布见图 7.22～图 7.25。

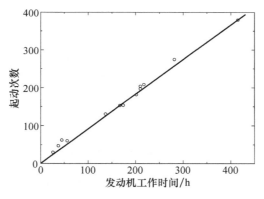

图 7.22　起动次数随时间分布

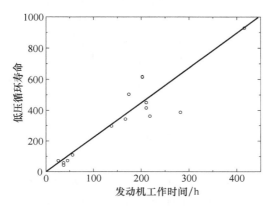

图 7.23　消耗的低压循环寿命随时间分布

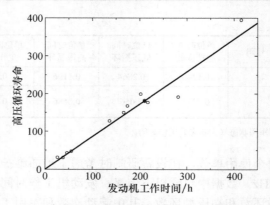

图 7.24　消耗的高压循环寿命随时间分布

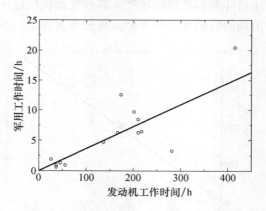

图 7.25　军用工作时间随时间分布

图 7.22～图 7.25 表示 14 台发动机不同工作时间内不同载荷（起动次数、军用工作时间）、消耗的循环数（高压循环数、低压循环数）的分布情况，其中直线表示不同参数根据各台发动机累积工作时间加权后单位时间内的平均值，从各参数的变异系数和图 7.22~7.25 可以看出，军用工作时间变异系数最大，起动次数的变异系数最小，这与前面章节的分析一致；低压转子的低循环疲劳寿命分散度比相应的高压转子的低循环疲劳寿命分散度大。

参 考 文 献

[1]　Ministry of Defence. Defence Standard 00-970-11. Design and Airworthiness Requirements for Service Aircraft Part 11-Engines. London: Ministry of Defence, 2006.

[2]　赵福星, 吕玉泽, 郑小梅, 等. 基于固定任务混频的寿命相关载荷分布特性研究. 航空动

力学报, 2013, 28(1): 32-37.

[3]　赵福星, 邱栋, 杨兴宇, 等. 变任务混频寿命相关载荷累积量分布特性. 航空动力学报, 2014, 29(11): 2722-2728.

[4]　赵福星, 杨兴宇. 关于三循环谱应用的若干问题. 第十二届全国航空发动机结构强度振动学术会, 成都, 2004: 394-397.

[5]　United States Air Force. MIL-STD-1783. Engine Structural Integrity Program (ENSIP). Reston: Aerospace Industries Association of America Inc., 1984.

[6]　杨兴宇, 赵福星. 用典型状态法进行蠕变/持久载荷谱压缩. 航空动力学报, 2003, 18(3): 407-410.

[7]　杨兴宇, 赵福星, 史海秋, 等. 某专用武装直升机发动机设计载荷谱及分散度研究. 北京: 北京航空工程技术研究中心课题研究报告, 2010.

[8]　杨兴宇, 宁向荣, 史海秋, 等. 涡轴发动机综合飞行载荷剖面研究. 机械强度, 2006, 28(6): 831-834.

[9]　宋迎东, 张勇, 温卫东, 等. 航空发动机多参数载荷谱编制软件设计. 第十届航空发动机结构强度与振动学术会议, 武夷山, 2000: 258-262.

[10]　宋迎东, 张勇, 温卫东, 等. 多参数载荷谱编制的概率分布研究. 航空动力学报, 2001, 16(4): 331-334.

[11]　孙志刚, 宋迎东, 高德平. 基于主成分分析的多参数随机相关载荷谱的仿真. 第十一届全国航空发动机结构强度振动学术讨论会, 威海, 2002: 331-333.

[12]　杨兴宇, 赵福星, 蔡向晖, 等. 某三代飞机 23 批发动机试车考核大纲研究. 北京: 北京航空工程技术研究中心课题研究报告, 2005.

[13]　杨兴宇, 赵福星, 史海秋, 等. 某三代飞机 23 批发动机单机载荷谱研究. 北京: 北京航空工程技术研究中心课题研究报告, 2006.

[14]　刘文珽, 王智, 隋福成, 等. 单机寿命监控技术指南. 北京: 国防工业出版社, 2010.

[15]　苏清友. 航空涡喷、涡扇发动机主要零部件定寿指南. 北京: 航空工业出版社, 2004.

[16]　高镇同, 熊峻江. 疲劳可靠性. 北京: 北京航空航天大学出版社, 2000.

[17]　沈阳发动机设计研究所. 航空涡轮发动机关键件定寿和延寿资料之一(内部资料). 沈阳: 沈阳发动机设计研究所, 2011.

[18]　沈阳发动机设计研究所. 航空涡轮发动机关键件定寿和延寿资料之二(内部资料). 沈阳: 沈阳发动机设计研究所, 2011.

第8章 修理中的零部件寿命控制技术

发动机寿命消耗监测和零部件管理系统的应用，对降低总寿命成本，制订发动机生产、维修等后勤供应计划有重要的促进作用，同时能保障或提升飞行安全。限于多种客观因素，目前的结构件寿命预测方法是很保守的。采用机载寿命消耗监测系统可以较为准确地获得关键件的寿命消耗信息（低循环疲劳和蠕变寿命），以便能更有效地使用关键件和发动机的剩余寿命，可以有效地制订发动机使用和零部件生产、维修计划，从而改善发动机管理决策。

鉴于发动机寿命消耗监测的重要性，在许多型号发动机的使用中非常重视零部件寿命管理工作，零部件寿命监控的结果将直接影响修理工作，如法国 ARRIEL 系列发动机，采用安全寿命方法控制发动机关键件的疲劳寿命，监测燃气发生器涡轮盘、甩油盘等 6 个关键件的疲劳寿命，其监控的寿命指标必须记录在发动机履历本上，如果发动机返厂修理时，发动机履历本中没有使用循环数的记录，则全部更换 6 个关键件；6 个关键件的剩余疲劳寿命必须满足下一翻修间隔的使用需求。

8.1 不同的维修方式及其主要影响因素

航空发动机整机和零部件寿命管理及维修方式有很多，需要制造厂、适航当局和使用方从众多维修方式中恰当选择。

航空发动机整机和零部件的维修方式主要受以下因素影响[1]：

（1）发动机研制的年代。

（2）配装发动机的飞机的复杂程度。

（3）操作的信息技术基础。

（4）发动机制造商的设计改进。

（5）操作者对飞机和发动机制造商的影响。

（6）发动机零部件的固有寿命。

对于发动机旋转断裂关键件，成功的寿命管理和维修方式必须满足以下三点：

（1）必须确保关键件及时替换以防止灾难性故障的发生，从而保证航空发动机的适航性。

（2）价格必须适中，从而保证航空发动机的经济性。

（3）发动机必须满足国家安全战略的战备需求。

当没有零部件故障造成灾难性事故时，第一条要求显然可以实现。第二个标准比较模糊，很难确定是否已经实现最低的维修成本。因为任何影响战备事故的发生，都将导致国库资金的消耗。当维修方式的费用过高时，战备甚至适航标准都要降低。

8.2　基于装机对象的发动机分类

8.2.1　民用和军用发动机

民用发动机的操作任务比军用发动机简单得多。例如，民用 PW2037 与军用 F117-PW-100 为相同版本的发动机。F117-PW-100 经历的主要循环包括起落循环、空投循环、反推或者转向循环。其每小时的累计循环数为 PW2037 的 2~3 倍。很明显，将民用发动机应用到军事领域需要改进设计，增加检验要求，并变更维修方式。例外的是，支线喷气运输机的发动机累计循环比远程军用飞机（如侦察机和海上巡逻机）发动机的循环累计速率快。

发动机的使用情况变化很大。领土较小国家的发动机倾向于有更严重的任务（巡航时间短、低高度飞行多）。因此，在比设计条件更加严酷的环境中服役，发动机的耐久性会降低，其维修频率也会提高。

8.2.2　军用发动机分类

发动机设计年代、设计水平、寿命监控技术、重量要求等技术条件决定了其采用的具体维修方式。

将军用发动机分为三大类：战斗机发动机、运输机发动机和直升机发动机。不同类别的发动机具有不同的操作需求和重量敏感性。通常，从寿命使用监控系统获得的收益越多，可能越难找到重量和体积的裕度。由于某些心理上的原因，有些时间人们的重量敏感性急剧增加，例如，当额外的重量以寿命监视系统的形式加上时。对于相同的飞机和发动机，由于使用者的不同以及维护策略的不同，具体的操作要求也不同，这种差异看似很小，实则巨大。例如，欧洲 Tornado 飞机，英国使用者在机群的部分样本上安装了参数记录系统；而德国监控了整个机群的数据；意大利原本没有监控，后来采用德国 OLMOS 进行了机群数据监控。

1. 战斗机发动机

由于需要战斗机发动机的推力快速变化，飞行员操纵油门杆的变化复杂，发动机状态变化多样，其零部件的应力变化也极其复杂，所以战斗机发动机的机载寿命消耗监测系统是必须装备的。现在战斗机发动机整个飞行状态的操作性发生了显著的改善。大多数飞机在飞行包线内的油门操作都不受限制。油门杆的运动导致了许多类型的循环。对于目前的许多发动机，使用寿命的监控是基于等效或参考循环的。一些现代发动机还通过调整推力来限制转速的突变，利用可变叶片、喷口直径和燃料流量以暂时保持恒定的转速。尽管如此，许多北约国家的旧发动机仍有油门操作限制。因此，这些发动机不会像现代发动机一样经历各种类型的循环。

目前，很多美国军用飞机均配装发动机监控系统，以记录与寿命相关的参数，包括循环和高温状态的工作时间。除了第 6 章介绍的各型发动机寿命监控的模型和系统外，经常使用总累计循环对发动机的寿命消耗进行跟踪，以便执行维修计划，总累计循环与油门杆的运动或转速相关，对于发动机大多数零部件，通过记录总累计循环来跟踪发动机的循环寿命消耗情况。

2. 运输机发动机

运输机可能配装涡轮螺旋桨、涡轮风扇或涡轮喷气发动机。一般情况下，发动机的设计、生产年代决定了发动机的维修方式。运输机往往比战斗机油门动作少得多，且飞行时间较长，因而发动机的机载寿命消耗监测系统不是必须装备的。然而，也并非总是如此，以下几种情况例外：

（1）当使用自动着陆系统时，可能产生大量的油门活动。

（2）执行空中加油科目。

（3）低空空投科目。

涡轮螺旋桨发动机通常被设计为视情维修或按固定翻修间隔进行维修。通常不在运输机上安装在线状态监测和寿命消耗测量设备，但是典型的例外。

3. 直升机发动机

多年以来，一直在直升机上安装涡轮轴发动机。20 世纪 60 年代开始在军用直升机上安装燃气涡轮发动机。同样，发动机的年代和设计要求决定了发动机的维修方式。

对于涡轮轴发动机的循环寿命限制零部件，按照固定的工作时间限制进行维修。许多旋转零部件的寿命由它们承受的与转子转速相关的应力来决定。涡轮轴发动机的动力涡轮由热循环限制其有效寿命，因为在慢车状态以上，它以恒定的转速工作。动力涡轮盘和轴在每个起落承受一个主 LCF 应力循环，其扭矩大小变化频繁。

从以上对各类发动机的介绍可以看出，发动机寿命消耗的监测方法和手段在维修中发挥着重要作用，特别是对维修经济成本方面影响更大。根据文献[1]，英国发动机监控 RETROFIT 工作组撰写了一个关于安装发动机历程记录仪效益的深入研究报告，得到了以下主要结论：

（1）对定寿方法进行了研究，认为将来应补充采用瞬态热分析方法来预测安全循环寿命。

（2）开展的成本效益研究表明，对 Hawk 机群的监控将大大节约零部件和人力成本。管理效益比较难以量化，但对最低许用服役寿命（minimum issue service life，MISL）的审查可能会进一步提升收益。

（3）基于安全角度考虑，在机群全部飞机上安装发动机历程记录仪是必要的。对 Harrier/Pegasus 的部分发动机数据统计分析表明，小样本监测具有不准确性。对 Hawk Adour 和 Tornado RB199 的数据统计表明，从小样本统计获得的平均换算率应用到整个机群上还需要相当多的其他数据支持。此外，对 Adour 和 RB199 的监测还表明小样本统计方法具有不确定性，这导致换算率存在 30%以上的误差。

8.3　基于低循环疲劳寿命监控的零部件修理技术

航空发动机由成千上万个零部件组成，还包含许多附件和装置，破坏模式多种多样，要求有相同的寿命不切实际。西方航空大国从实际情况出发，对数量不多、影响安全的发动机关键件，按安全寿命或损伤容限两种寿命控制方法进行管理；对大量的一般零部件、附件和装置，视情退役或按经济寿命进行管理，比较科学合理。

8.3.1　基于安全寿命和损伤容限的两种寿命控制方法

有的发动机学者将因故退役法归类到损伤容限法中。从基本原理上，两者的理论基础均为断裂力学，实施手段依赖于无损检测。唯一的区别就是寿命控制的时间点的差异，具体见本书第 2 章。基于以上观点，目前发动机关键件的寿命监控方法有以下两种：安全寿命法和损伤容限法。

1. 安全寿命法

安全寿命法基于估计的寿命历程和材料特性，通过计算或者试验来给定寿命。对材料性能和试验的寿命都定义一个安全系数，以保证对最低材料性能部件和操作极限的安全裕度。

采用的定寿程序根据零部件类型和损伤的类型而确定。现代的燃气涡轮发动机，轮盘和密封环通常按照低循环疲劳进行寿命设计，超转和蠕变会导致其破裂。在更先进的设计中，发动机的压比、压气机出口和燃烧室出口温度日益升高，其热端部件和冷端部件也根据低循环疲劳进行寿命设计。涡轮叶片和导向叶片通常按照蠕变、热机械疲劳、低循环疲劳和高周疲劳寿命等进行设计。

旋转部件，如压气机轮盘和涡轮盘，通常以 LCF 累积损伤来控制寿命。对这些零部件通常采用裂纹萌生的循环数来控制寿命。通过开展大量的模拟服役条件的试验，并采用统计学方法来确定其最小寿命，通常包括在旋转试验台上开展标准试样测试和零部件验证试验。统计学的最小值通常基于 1000 个部件中有 1 个出现可检测的裂纹（通常选择 0.8mm 长的裂纹）。

该方法的缺点是过于保守和轮盘比较昂贵，因为大量轮盘在报废时仍有很多剩余使用寿命。采用裂纹萌生循环来控制旋转部件寿命存在两个主要问题。首先，99.9%的零部件在未检测出任何裂纹之前，将被报废。这些零部件在出现 0.8mm 裂纹前可能还有很多循环寿命。其次，部件可以承受的裂纹尺寸可能比 0.8mm 大得多。0.8mm 裂纹反映了当前无损检测（non-destructive inspection, NDI）方法的灵敏性和可靠性，而不是零部件对裂纹的力学容限。

对于涡轮叶片和导向叶片，寿命限制可以由发动机设计者规定。特别地，涡轮叶片和导向叶片在航空发动机中很少规定寿命，很难准确预测叶片材料在复杂且变化剧烈的条件下的服役行为。此外，对于有涂层的叶片，目前还没有完全掌握涂层与机体的交互作用，这使得定寿更加困难。通常采用"视情寿命控制"方法，例如，通过测量蠕变伸长量和叶片扭转角度变化，当它们达到限制值时即退役。

2. 损伤容限法

损伤容限法适用于零部件具有较长裂纹扩展期（剩余寿命），即从发现可检缺陷到零部件破裂的时间。这个时间决定了零部件的检查周期，以确认零部件是否可以继续服役，或者存在缺陷需要退役。

损伤容限法的原始形式被称为视情寿命方法、因故退役方法，或者直接称为断裂力学定寿方法，其假设如下：

（1）零部件的断裂关键位置含有无损检测无法识别的裂纹扩展源。

（2）假设在零部件寿命的某个阶段裂纹可能已经形成，开始定期检查。

（3）裂纹的形成和扩展可由线弹性断裂力学或其他可接受的方法来预测。

（4）大于临界尺寸的所有裂纹将被检测和监控。

（5）当裂纹到达预定尺寸时，零部件退役。在某些情况下，预定的裂纹尺寸可以是裂纹的可检尺寸。

显然，损伤容限法的成功应用依赖于以下支撑技术：无损检测技术、试样和零部件的力学测试、结构分析、任务剖面分析和零部件的状态监控。为了应用基于确定性和概率断裂力学的寿命预测方法，必须精心设计并开展室温和高温材料性能试验，以获得裂纹扩展速率数据。

3. 无损检测

无损检测是指以不损伤其将来使用和使用可靠性的方式，对材料或零部件进行宏观缺陷检测，几何特性测量，化学成分、组织结构和力学性能变化的评定，并就材料或零部件对特定应用的适用性进行评价的综合学科[2]。20 世纪 70 年代后，基于断裂力学理论进行的损伤容限设计和对无损检测可靠性进行评定的要求几乎同时形成。

基于无损检测和可用零部件重复使用的寿命管理策略的主要内容是从众多无损检测方法中选择合适的检测方法。没有一种检测方法是普遍适用的。

涡流检测作为电学检测方法的一种，具有检测速度快、线圈与零部件不直接接触、不需要耦合剂等优点，在金属材料的无损检测中得到了广泛的应用。

着色和荧光等渗透法是另一种广泛应用的无损检测方法，可用于检测各种类型的裂纹、气孔、分层、缩孔、疏松、冷隔、折叠及其他开口于表面的缺陷，是最早应用的定性无损检测方法。

射线检测技术作为五种常规无损检测技术之一，其原理是被检测对象由于成分、密度、厚度等的差异，对射线产生不同的吸收或散射的特性，对被检测对象的质量、尺寸、特性等做出判断。主要有以下检测技术：X 射线照相检测技术、γ 射线照相检测技术、中子射线照相检测技术和 CT 检测技术等。

磁粉检测只能应用于铁磁性材料的检测，但其有灵敏度高、检测速度快、不受试件大小和形状的限制等优点。

超声波检测是利用超声波与试件之间产生的反射、透射和散射等传播特性反映出试件宏观缺陷、几何特性组织结构和力学性能等。该方法可以应用于金属材料、非金属材料和复合材料的检测。

无裂纹（故障）工作周期的确定可能是基于实际的初始缺陷分布（概率的），也可能是针对假定的缺陷分布（确定性的）。对于许多材料和工艺，缺陷分布特征是通过切取样本并用显微镜观察而获得的。

根据材料、工作环境和加载历程，对裂纹扩展规律进行预测。确定无损检测的时间间隔，此阶段允许漏检已存在的一条裂纹，这个时间通常为裂纹扩展寿命的一半。后续检查需要确定裂纹是否存在。如果不存在裂纹，零部件可以继续服役至另一个检查周期；如果检测发现裂纹，按照因故退役法将零部件退役。

任何检测方法都有发现裂纹的概率，同样也可能检测不到已存在的裂纹。需要量化检测概率（probability of detection，POD），以建立特定零部件关键区域的有效检测方法。关注的重点是可能被错过的最大裂纹，而不是可以检测到的最小裂纹。应该基于这一点来选择检测方法。

8.3.2　寿命控制和修理的成功案例

国内发动机的寿命管理与维修基本采用的是苏联管理模式，主要有大修和检修两种方式。大修是根据发动机的固定翻修间隔返厂后修理，无论具体技术状态如何，均要大拆大卸，可以达到零组件状态；检修是根据外场使用中由于故障或存在故障隐患提前返厂开展的具有针对性的修理。

英国军用航空发动机翻修通用要求，突出体现了长寿命发动机的管理特点，克服了苏联短寿命发动机的粗糙管理模式：翻修时大量换件、用总寿命报废整台发动机等一系列缺点。翻修分为大修、修理、调整、改装、专项修理和更改 6 类，每类有严格的工作内容。与苏联管理模式相比，英国的这种模式节省人力、物力和时间，避免浪费大量财富，充分发挥每个零部件的作用，值得研究和参考。本节简要介绍国内接触信息较多、认识较为深入的 MK202 发动机寿命管理和修理情况[3-5]。

军用 MK202 发动机是英国在民用斯贝发动机 MK511 和 MK512 基础上发展起来的，为满足军用飞机的需要，在结构和材料上作了较大的修改，以便适应大的飞行载荷和受力状态。MK202 发动机 1964 年初开始设计，1965 年 4 月首次运转，1966 年试飞，1968 年正式投入使用。最初批准的首翻修期寿命为 150h，在实际使用中的性能和可靠性比较好，延长到 300h，后又经过多次改进，1973 年提高到 600h，1975 年达到 850h，1980 年高达 1000h。

1. 零部件分类管理

MK202 发动机按零部件失效后造成影响的严重性将零部件分为 A 类、B 类和 C 类。A 类零部件一共有 27 个，其只有循环寿命指标，必须严格控制，使用到寿必须更换。表 8.1 列出了 1982 年英国给定的安全循环寿命，正式投入使用期间经过了多次的调整。

表 8.1　1982 年英方批准的安全循环寿命

序号	名称	零部件号	1982 年批准的循环寿命
1	低压压气机 1 级轮盘	EU 68688	15000 NF
2	低压压气机 2 级轮盘	EU 70475	12000 NF
3	低压压气机 3 级轮盘	EU 55329	7000 F
4	低压压气机 4 级轮盘	EU 39863	15000 NF
5	低压压气机 5 级轮盘	EU 77156	15000 NF
6	低压压气机后轴	EU 60841	17700 NF

续表

序号	名称	零部件号	1982 年批准的循环寿命
7	低压中间轴	EU 68498	18600 NF
8	低压涡轮轴	EU 58699A	17700 NF
9	低压一级涡轮盘	NJP 6630	10000 NF
10	低压二级涡轮盘	EU 51263	10000 NF
11	高压压气机 1 级轮盘	EU 57585	2250 F
12	高压压气机 2 级轮盘	JR 20865	6000 NF
13	高压压气机 3 级轮盘	JR 20866	8400 NF
14	高压压气机 4 级轮盘	JR 20867	6000 NF
15	高压压气机 5 级轮盘	JR 20868	8400 NF
16	高压压气机 6 级轮盘	JR 20869	6000 NF
17	高压压气机 7 级轮盘	JR 18374	8000 NF
18	高压压气机 8 级轮盘	JR 18375	8000 NF
19	高压压气机 9 级轮盘	JR 18376	8000 NF
20	高压压气机 10 级轮盘	JR 18377	8000 NF
21	高压压气机 11 级轮盘	JR 18378	8000 NF
22	高压压气机 12 级轮盘	EU 53316	4800 F
23	高压压气机后轴	EU 74947	8000 NF
24	高压涡轮轴	JR 18278A	8000 NF
25	高压一级涡轮盘	EU 62625	3000 NF
26	高压二级涡轮盘	JR 19994A	3000 NF
27	高压二级涡轮盘套筒	NPK 6866	6000 NF

　　注：F 代表不能延寿，不能延寿的零部件的寿命不可能再延长；NF 代表可以延寿，进一步延长的寿命取决于试验器试验的结果。

　　可以看出，上述零部件均是发动机的主要旋转零部件，直接影响飞行安全和飞机的适航性。

　　B 类零部件主要是对发动机性能很敏感的零部件，其分类的依据主要有两个因素：一个是故障后的影响广泛，可能产生较大的二次破坏；另一个是生产成本高。该类结构件没有最大寿命限制，一般情况下，按照不能接受的故障率对应的寿命作为控制指标。典型的 B 类零部件主要有：高压一、二级涡轮叶片，低压一、二级涡轮叶片，低压导流叶片等。

除了 A 类零部件和 B 类零部件以外的是 C 类零部件。

2. 寿命控制

MK202 发动机的寿命管理是用发动机翻修寿命和关键件允许寿命控制发动机的安全使用，没有总寿命和翻修次数限制。关键件允许寿命即 27 个 A 类零部件的安全循环寿命，寿命单位为低循环疲劳数；翻修寿命基本上取决于 B 类零部件的寿命，寿命单位为工作小时。可以看出，两类零部件的两种寿命指标是不可能同时达到的，因此如何对 A 类有循环寿命限制的零部件和 B 类有性能限制的零部件（通常是发动机的核心部件，包括压气机和涡轮等流道件，主要有工作小时寿命指标）的维修周期进行协调，是多方面重点考虑的关键技术，处理得好，可以获得良好的经济效益。当维修周期不能同步时，发动机需要进行频繁的拆卸，协调各寿命限制和性能限制零部件的维修时间，将获得很大的运营和支持成本下降空间。

由于 20 世纪 60～70 年代的寿命监控手段和方法的限制，MK202 发动机的寿命还处于综合换算率监控管理阶段，所以 A 类零部件的循环寿命统一按照高压转子和低压转子综合换算率折算（80 年代公布的高压转子和低压转子综合换算率分别为 1.86 和 4.3）成工作小时。为方便维修和修理，该型发动机按照大部件进行寿命控制，各大部件的寿命由 A 类和 B 类零部件中寿命最短的零部件确定。各个大部件的寿命分别为：低压压气机转子寿命为 1600h，高压压气机转子寿命为 1200h，高、低压涡轮寿命为 700h，高速齿轮箱和辅助齿轮箱寿命为 2000h，发动机机匣为 2000h。低压压气机转子寿命最短的是低压压气机 3 级轮盘，按照表 8.1，有 7000 次循环，经低压转子综合换算率折算 7000/4.3= 1628h，圆整后低压压气机转子定为 1600h；高压压气机转子寿命最短的是高压压气机 1 级轮盘，按照表 8.1，只有 2250 次循环，经低压转子综合换算率折算 2250/1.86=1209h，圆整后高压压气机转子定为 1200h。高压涡轮寿命最短的不是 A 类零部件，而是高压一、二级涡轮叶片。对于配装英国皇家空军鬼怪 F4 飞机的 MK202 发动机，采用的翻修寿命为 700h，主要考虑经济性因素，两级高压涡轮转子叶片到寿后必须更换新品，因为这两级叶片断裂后，造成的二次破坏比较严重，经济损失较大。根据统计，鬼怪 F4 飞机的 MK202 发动机高压二级涡轮叶片工作 700h 的失效率约为 1/1000h。而低压一、二级涡轮叶片破坏造成的经济损失不大，视情报废，没有寿命限制，使用寿命很大数量超过 2000h，有的高达 2400h。

3. 零部件维护和修理

MK202 发动机没有翻修次数限制，同时根据具体的需要，将该型发动机零部件修理区分为三类：调整修理、检修、翻修。

（1）调整修理。采用检查和调整的方法将发动机各个零部件恢复到可用状态，在取得用户同意后，可以通过一些小的修理，更换一些外部零件和附件，使发动机能继续用到已经给定寿命的剩余寿命。

（2）检修。通过拼装、换件或者局部修理，将各个零部件恢复到可用状态，使发动机能继续用到已经给定寿命的剩余寿命。

（3）翻修。按照翻修手册的规定，对发动机各个零部件进行分解、检查和修理，完成修理后重新给定发动机翻修间隔期。

罗•罗公司定义的发动机翻修与传统的翻修是有区别的。对于传统的翻修，无论发动机的技术状态、故障情况等如何，一律按统一的模式进行大拆、大卸，一直分解到可修理的零部件。而罗•罗公司定义的发动机翻修仅针对到寿的大部件进行，其余大部件仅进行检修。因此，在发动机翻修中，根据具体状态进行检查修理，既有检修，又有大分解修理、换新修理和改进性修理等。

4. 零部件寿命的监控与管理

对于长寿命发动机的零部件寿命监控与管理非常重要。特别是经过材料和结构改进的零部件，在发动机服役期内一个零部件可能有多个图号，而每个图号对应不同的寿命限制，因此罗•罗公司特别重视该方面的工作，它规定 MK202 发动机 27 个 A 类零部件必须有详细的寿命记录档案，同时寿命记录必须包括零部件报废的原因和总使用寿命情况，并且制定了一套标记和识别方法即寿命标记系统，一旦开始使用，在零部件的整个使用寿命期间，应该使用同一标记系统。

这里列出了罗•罗公司使用的两种图，其中图 8.1 是高压二级涡轮盘使用寿命监控图，图 8.2 是低压涡轮轴使用寿命分布图。

两种图每个关键件各有一张。MK202 发动机总共 27 个关键件，则各有 27 幅这种图。这种图随时间不断更新，不一定 27 个关键件同时更新。

关键件的安全寿命是指低循环疲劳寿命。低循环疲劳寿命是以标准循环为单位确定的，图中使用综合换算率将标准循环换算成飞行小时。

其他机型的关键件具体见表 8.2。

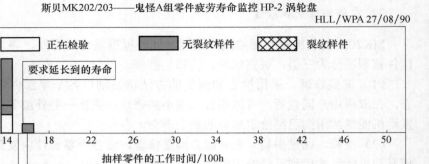

图 8.1　A 类零部件的使用寿命监控图举例

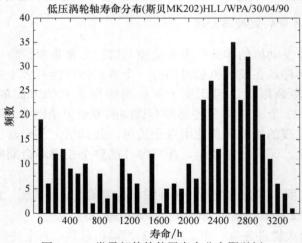

图 8.2　A 类零部件的使用寿命分布图举例

表 8.2　其他机型的关键件及数量

序号	机型	具体关键件	数量
1	CFM56 发动机	风扇转子：风扇盘、增压器转子、风扇轴 压气机转子：前轴、1~2 级转子轮盘、3 级轮盘、4~9 级转子轮盘、压气机后封严盘 高压涡轮转子：前轴、封严盘、盘和后轴 低压涡轮转子：一级轮盘、二级轮盘、三级轮盘、四级轮盘、低压涡轮轴、低压涡轮短轴和锥形支承	19

续表

序号	机型	具体关键件	数量
2	V2500 发动机	风扇 1 级轮盘、短轴、1.5～2.5 级轮盘、高压压气机 1～6 级轮盘、高压压气机 7～10 级轮盘、后轴、后旋转封严、一级涡轮毂、高压一级涡轮空气封严、高压二级涡轮空气封严、高压二级涡轮毂、高压二级涡轮叶片挡板、三级涡轮盘、四级涡轮盘、五级涡轮盘、六级涡轮盘、七级涡轮盘、三级涡轮空气封严、四级涡轮空气封严、五级涡轮空气封严、六级涡轮内空气封严、六级涡轮空气封严、七级涡轮空气封严和低压涡轮轴	24
3	JT8D-200 发动机	前压气机转子：压气机 1、1.5、2、3、4、5 和 6 级轮盘 后压气机转子：压气机 7、8、9、10、11、12 和 13 级轮盘 驱动后压气机涡轮转子：一级涡轮盘、驱动后压气机的涡轮轴 驱动前压气机涡轮转子：一级涡轮盘、二级涡轮盘、三级涡轮盘，驱动前压气机的涡轮轴和三级涡轮封严圈	21
4	PW4052/62（-3）发动机	低压压气机：前压气机毂、盘鼓转子（1.6、2、3 和 4 级）、1.6 级轮盘、2 级轮盘、3 级轮盘、4 级轮盘 低压压气机和低压涡轮连接：涡轮轴 高压压气机：前毂、1 级轮盘、盘鼓转子（2～8 级）、2～8 级轮盘，盘鼓转子（9、10 和 11 级和高压压气机驱动轴）、9、10、11 级轮盘，11 级轮毂，HPC 驱动轴，HPC 进口空气封严，扩压器空气封严 高压涡轮：涡轮前毂（一级）、涡轮中后毂（二级）、高压一级涡轮空气封严（外旋转封严）、高压二级涡轮叶片挡板、高压一级涡轮空气封严（内旋转封严）、高压二级涡轮空气封严（旋转）、高压涡轮一级空气封严环 低压涡轮：一级轮盘、二级轮盘、后涡轮三级毂、低压涡轮四级轮盘、低压涡轮一级空气封严、低压涡轮二级空气封严、低压涡轮三级空气封严、低压涡轮轴	40
5	阿赫耶 1C/1C1 发动机	轴流压气机叶片、离心压气机转子、甩油盘、燃气发生器一级涡轮盘、燃气发生器二级涡轮盘和自由涡轮盘	6
6	CF34-1A 发动机	风扇转子：风扇盘、风扇前盘、风扇驱动轴 压气机转子：1 级轮盘、前轴、2 级轮盘、前鼓筒、后鼓筒、后轴 CDP 封严圈、后轴、9 级轮盘 高压涡轮转子：平衡活塞封严环、高压涡轮轴、一级轮盘、二级轮盘、外扭矩连接器、内扭矩连接器 低压涡轮转子：轴、一级轮盘、一/二级封严环、二级轮盘、三级轮盘、三/四级封严环、四级轮盘、驱动锥壳、二/三级封严环	26
7	F100-PW220/220E 发动机	压气机 1 级轮盘和轮毂，压气机 2 级轮盘和轮毂，压气机 3 级轮盘，压气机 1 级空气封严，压气机进口空气封严，压气机 1 级后空气封严，压气机叶片挡板，压气机 2 级空气封严，压气机 4、5、6、7、8、9、10、11、12 级空气封严，压气机转子 13 级隔圈，压气机 4、5 级轮盘，压气机 6 级盘鼓，压气机 7～13 级轮盘，后压气机驱动轴，核心机扩散器组件，后压气机进口封严，燃烧室机匣，一级涡轮盘，二级涡轮叶片挡板，一级涡轮叶片前挡板，涡轮前毂，二级涡轮叶片后挡板，一级涡轮空气封严，二级涡轮后空气封严，三级涡轮盘，四级涡轮盘，四级涡轮空气封严，4 号轴承后空气封严，三级涡轮空气封严	44
8	АЛ-41Ф-1C 发动机	低压压气机转子组合件：低压压气机 1 级轮盘、2 级轮盘、3 级轮盘、4 级轮盘 高压压气机的 1～3 级转子组合件：高压压气机 1 级轮盘、2 级轮盘、3 级轮盘 高压压气机的 4～6 级转子组合件：高压压气机 4 级轮盘、5 级轮盘、6 级轮盘 高压压气机的 7 级转子盘、高压压气机的 8 级转子盘、高压压气机的 9 级转子盘、高压压气机封严篦齿盘 燃烧室外机匣、高压涡轮盘、低压涡轮盘	17

序号	机型	具体关键件	数量
9	АЛ-31ФН（三批）发动机	低压压气机转子组合件：低压压气机 1 级轮盘、2 级轮盘、3 级轮盘、4 级轮盘 高压压气机 1~3 级鼓筒：高压压气机 1 级轮盘、2 级轮盘、3 级轮盘 高压压气机 4~6 级鼓筒：高压压气机 4 级轮盘、5 级轮盘、6 级轮盘 高压压气机 7 级轮盘、高压压气机 8 级轮盘、高压压气机 9 级轮盘、高压压气机封严篦齿盘 主燃烧室机匣 高压涡轮工作叶片、高压涡轮盘、低压涡轮盘	18

8.4　典型的维修方式和程序

文献[1]收录了 12 个国家、多个型号发动机的维修方式和程序，按照配装的飞行平台分为喷气式飞机发动机、运输机/巡逻机发动机和直升机发动机等三类。

1. 加拿大

加拿大不同类型发动机的寿命监控方法和维修方式见表 8.3。

表 8.3　加拿大不同类型发动机的寿命监控方法和维修方式

发动机类型	寿命监控方法和维修方式
运输机	
T56（主要的运输机和巡逻机用发动机，A310 和 CF6-80 飞机按照民用规范进行维修）	所有加拿大军用 T56 发动机零部件的寿命控制是通过监测零部件的磨损是否达到限制值而确定的。制造商也为民品用户公布了 LCF 和蠕变的寿命限制。美国空军对 2000 年前后的寿命控制方法进行了补充改进。加拿大空军也重新评估了其寿命控制方法，并基于失效和破坏的零部件试验对二级涡轮隔圈补充执行了 23000h 的寿命限制。基于进一步的测试和制造商/美国空军的建议，该寿命值可能会下调
直升机	
PT6T	所有的零部件寿命都是基于制造商的安全寿命规范（LCF 限制值）。当前采用使用时间来控制寿命，在新型 Bell 416（Ch146）直升机上安装了主要记录 LCF 的历程记录仪，其具有健康和使用监控能力
T58	零部件寿命都是基于制造商的安全寿命规范。加拿大军用的 T58 发动机目前已经更新至 T58-100 版本，其寿命也相应地更新为新的数值
喷气式飞机	
J85-CAN40	零部件的寿命基于制造商的安全寿命极限以及与制造商协商后得到的加拿大空军的任务严酷度因子。2000 年前后，教练机安装了发动机转速监视器。这是为了更准确地跟踪循环数，并建立更真实的换算率和任务严酷度因子。加拿大军方也参与了制造商发起的零部件改进计划（CIP），对零部件寿命进行了更新。对一些零部件进行了损伤容限分析，并确定了安全检查间隔
NENE X	旧型号的 NENE X 发动机采用组合寿命方法进行控制。根据检验准则来决定压气机叶轮、涡轮盘和涡轮轴是否退役。此外，压气机叶轮安全寿命限制是基于低循环疲劳换算的使用时间。最近一次将低循环数换算为使用时间是在 20 世纪 70 年代早期完成的。2000 年前后，安装历程记录仪来跟踪所有零部件的实际使用情况并更新换算率，并考虑使用循环数而不是工作时间来进行寿命限制。对关键件开展了断裂失效分析，以便更好地描述零部件的服役情况。对某些零部件的损伤容限能力进行了分析，并确定了安全检查间隔

发动机类型	寿命监控方法和维修方式
F404	一型较新的加拿大军用发动机，具有一个综合监控系统，基于单元体理念进行维修。该监控系统基于制造商给定的低循环疲劳和热循环安全寿命限制来监控和跟踪单个零部件的循环寿命。计算管理系统对所有 26 个关键件以及其他 135 个零部件进行监控。加拿大军方也参与了 F404 发动机的部件改进计划，与制造商和其他用户一同致力于不断地改进寿命监控方法和限制值

2. 法国

法国不同类型发动机的寿命监控方法和维修方式见表 8.4。

表 8.4　法国不同类型发动机的寿命监控方式和维修方式

发动机类型	寿命监控方法和维修方式
	喷气式飞机
LARZAC（阿尔法）	零部件的寿命基于LCF数。发动机寿命消耗的监测是基于发动机飞行时间和公布的飞行剖面。根据不同的飞行剖面，对发动机的飞行时间和低循环疲劳次数之间的综合换算率进行了标定。为此，一些发动机配备了磁带式记录仪来监视飞行参数。使用地面寿命监测系统计算每次飞行的损伤。一旦达到了寿命极限，有寿命限制的零部件就报废了
ATAR 9K50（幻影 F1）	发动机的寿命是基于零部件的LCF数而确定的。发动机寿命消耗的监测基于发动机的飞行时间。采用飞参记录仪记录不同飞行剖面的飞行参数，进而对飞行时间与低循环疲劳数之间的综合换算率进行标定。检查频率是按飞行时间控制的。一旦达到了寿命极限，有寿命限制的零部件就报废了
M53-P2（幻影 2000）	发动机的寿命是基于零部件的LCF数而确定的。每个关键部件都设置了寿命限制。每台发动机都配装了机载寿命监测系统，用来计算 20 个关键部位的疲劳、蠕变损伤和剩余寿命。检查领先使用的飞机，以确定是否有其他可能的损伤机理，然后公布使用寿命。初始寿命、剩余寿命和检查频率均用相同的飞行损伤单位来表示。从机载寿命监测系统传回数据，在地面系统上计算剩余寿命和备件预测统计

3. 德国

德国不同类型发动机的寿命监控方法和维修方式见表 8.5。

表 8.5　德国不同类型发动机的寿命监控方法和维修方式

发动机类型	寿命监控方法和维修方式
	喷气式飞机
J79-17A（幻影飞机）	零部件的寿命基于LCF数。寿命消耗监控基于发动机飞行小时。综合换算率是由发动机制造商提供的，定义了固定飞行时间的发动机大修期限。大修过程中，检查零部件的裂纹、磨损、腐蚀、侵蚀、外物损伤以及涂层破坏情况。损坏的零部件或修理或退役。有足够的剩余寿命的零部件继续使用
RB199（狂风）	零部件的寿命基于LCF数，该循环数是通过试验的材料最低性能和计算分析获得的。通过采样抽检的方法逐步发布其寿命。对于具有高损伤容限能力的关键部位，寿命延长到裂纹扩展阶段。不断地进行技术寿命分析以检查寿命评估和假设的有效性。寿命消耗通过一个机载使用监控系统（OLMOS，历程记录仪）进行监控，其使用复杂的热-机械发动机模型来计算疲劳和蠕变寿命消耗。对有寿命限制的零部件进行检查，只有具有足够剩余寿命的零部件才继续使用

续表

发动机类型	寿命监控方法和维修方式
RD33 （米格-29）	零部件的寿命主要基于磨损、腐蚀和机械磨蚀，没有LCF寿命限制。寿命是在计算分析和加速任务试车的基础上获得的。寿命指标形式是发动机使用时间，试车时间与发动机使用时间的恰当比例因子最初是由制造商发布的。德国开展了RD33寿命延长计划（与发动机制造商合作）。根据使用载荷和温度的降低对德国的任务剖面进行评估以及视情监测和检查，以发动机使用时间形式发布的寿命可以显著延长
直升机	
250-C20B （BO-105，联邦德国MBB公司设计的双发直升机）	零部件的寿命限制基于发动机的使用时间或发动机的起动次数，以先达到者为准。发动机按照固定时间间隔进行大修。大修过程中，检查零部件的裂纹、磨损、腐蚀、机械磨蚀、外物损伤和涂层损坏情况。有足够剩余寿命的零部件继续使用
T64-7 （CH53海军陆战队双发直升机）	零部件的寿命基于LCF数，寿命消耗是以发动机飞行小时进行控制的。综合换算率是由发动机制造商提供的。根据记录的德国使用任务剖面，更新了综合换算率。按照固定的时间间隔开展发动机的大修。大修过程中，检查零部件的裂纹、磨损、腐蚀、侵蚀、外物损伤和涂层损坏情况。损坏的零部件或修理或退役，有足够剩余寿命的零部件将继续使用。当检测到的裂纹出现在比较特殊的位置，用户报告给制造商，制造商进行重新评估并修订发布的寿命
T-62T-27 （APU in CH53）	零部件的寿命以起动次数的形式进行限制。零部件的寿命最初由制造商给定，但随后在服役中寿命急剧减少，导致出现大量的超寿零部件。在一个国家级的研究计划中，根据辅助动力装置的实际使用情况更新了辅助动力装置的寿命极限
运输机	
Tyne MK22 （C160中型运输机）	零部件的寿命以LCF数的形式进行限制。制造商根据发动机寿命发展计划的结果增加了零部件的初始寿命。每次着陆计为1个循环，接地复飞计为1/2个循环，地面使用不计入发动机循环寿命消耗。基于这种计数方法和德国使用的飞行任务剖面，已建立了平均综合换算率。按固定的时间间隔进行发动机大修。在大修中，对零部件进行检查，并根据检查结果决定重新使用或报废。通常情况下，发动机重新组装后应具有足够的剩余寿命直至下次大修。在少数情况下，允许减少大修的时间间隔
Tyne MK21 （法国达索·布雷盖公司的"大西洋"海上巡逻反潜机）	与Tyne MK22相同，但综合换算率和检查周期不同

4. 希腊

希腊不同类型发动机的寿命监控方法见表8.6。

表 8.6　希腊不同类型发动机的寿命监控方法和维修方式

发动机类型	寿命监控方法和维修方式
运输机	
T56 （C-130中型运输机）	通过发动机使用时间来进行寿命限制。作为寿命监控的子样，部分飞机上安装了发动机历程记录仪
直升机	
T-53	很多发动机装有历程记录仪，根据统计结果计算出适用于所有发动机的综合换算率。寿命限制基于制造商的建议值

续表

发动机类型	寿命监控方法和维修方式
喷气式飞机	
J69	基于飞行时间确定有寿命限制零部件是否退役
J85-4/13	寿命基于制造商、美国海军和美国空军的使用建议。以 LCF 数控制寿命。统计了希腊空军两型发动机的任务严酷度因子。作为寿命监控的子样，部分飞机上安装了发动机历程记录仪
J79	零部件的寿命是基于制造商和美国空军（按照美国空军的使用条件）的建议，采用较保守的综合换算率。2000 年开展了确定加装历程记录仪的可行性研究
TF-41	采用飞行时间来跟踪发动机的零部件寿命消耗。寿命限制为美国海军提供的使用小时数
F110	寿命基于总累计循环。按照制造商的建议控制寿命。对单台发动机的寿命进行跟踪，当某零部件达到指定的寿命限制后，即退役。对其他零部件进行检查和清理，以确定新的使用循环数

5. 意大利

过去，意大利按照制造商的建议控制涡轮螺旋桨发动机、直升机的发动机和喷气发动机的寿命，因为发动机是按照许可协议进行制造和组装的。20 世纪末，意大利空军（IAF）对零部件寿命控制方法进行了改进。首先对一个用于数据记录、监视和跟踪的维修记录仪（历程记录仪的一种）的复杂算法进行了改进。这使得跟踪单个零部件循环数和剩余寿命分析成为可能。这可通过在领先使用的飞机上安装历程记录仪，也可通过在整个机群上安装历程记录仪实现。意大利不同类型发动机的寿命监控方法和维修方式见表 8.7。

表 8.7　意大利不同类型发动机的寿命监控方法和维修方式

发动机类型	寿命监控方法和维修方式
运输机（涡轮螺旋桨）	
T64（Aeritalia G222）T56（C130H）Tyne	所有意大利空军的运输机发动机（T64、T56 和 Tyne）属于老一代的发动机，对限寿件按照规定的使用时间进行磨损检查。这种做法已经被发动机制造商给出的"固定"算法所取代，该算法将使用时间转换为 LCF 数。进一步的改进是采用"可变"算法。可从制造商提供的表格中读取换算率。在给定的时间内，对所有飞行任务剖面进行记录和分析，以获得平均寿命分布消耗修正因子（每栏具有不同的因子）。获得的因子将被应用到循环与使用时间的换算中，该因子也将进一步定期更新。意大利空军和 R&O 发动机公司也参与了 T64 部件的改进项目，在该项目中发动机制造商将为用户提供更新的寿命数据，发动机按照固定的时间间隔进行"大修"。根据以上程序，零部件重新使用
直升机	
T700-T6E	配装在 NH90 直升机上的发动机零部件寿命确定是基于发动机制造商的寿命安全规范（LCF）。循环寿命消耗通过电子维修助理记录，电子维修助理是发动机控制系统单元的一个部件。基于电子维修助理记录的监控结果，开展维修工作

续表

发动机类型	寿命监控方法和维修方式
喷气式飞机	
J79	该发动机属于老一代发动机，限寿零部件按固定的 LCF 数进行检查。对于 J79 CIP 发动机，制造商最初提供了一个固定的算法来将使用时间换算为 LCF 数。随后，制造商又发布了"可变"算法，用于计算平均寿命分布消耗校正因子。这些因子将定期更新，并应用到使用时间与 LCF 数的转换算法中。发动机按照固定的时间间隔进行大修。根据以上程序，零部件重新使用
SPEY MK807	目前，SPEY 发动机按照固定的时间间隔进行检修。检修项目中，为了依据意大利空军任务严酷度因子计算零部件的 LCF，在两架飞机上安装了飞行测试仪表和机载数据记录单元，这两架飞机已经按照预定的飞行剖面完成了所有需求科目。发动机制造商提供了一个全面的、可追溯的算法，可适用于全体机群
RB199 MK101/103	RB199 单元体发动机是在专门的系统（MA.RE，维修记录仪）支持下开展维修工作的，维修记录仪记录所有关键件和主要件（超过 100 个零部件）的功能参数（发动机油门杆的运动、时间、温度、转子转速和热循环）。该系统已经安装在意大利空军的所有 RB199 发动机上，包括机载数据记录单元和地面站系统。将记录的所有飞行数据下载到地面站，地面站系统保存发动机的飞行数据，对发动机零部件的寿命消耗进行计算，并显示零部件的剩余循环数。地面站中包含的算法和安全寿命极限是由发动机制造商提供的。从系统中获得的信息也被用于寿命方案的改进
Pegasus（飞马）	鉴于该发动机的特殊性（垂直/短距起落、悬停）和机载历程记录仪的不可用性，意大利海军 Pegasus 发动机按照固定时间间隔开展大修。根据制造商的建议，确定了零部件的寿命。大修时，对零部件进行检查、更换或修复，如果零部件仍有足够的寿命则可继续使用
EJ200	EJ200 发动机与 RB199 发动机相似，根据其单元体设计的特点开展维修工作。然而，当部署到远离地面系统的区域时，以前的系统不能运行，将导致这些 LCF 数的缺失。因此，开发了改进的系统，并应用到整个 EF2000 机群。发动机停车后，该系统通过机载处理单元能接近实时地显示和更新数据。这可以避免数据丢失以及地面站无法计算分析

6. 荷兰

荷兰不同类型发动机的寿命监控方法和维修方式见表 8.8。

表 8.8　荷兰不同类型发动机的寿命监控方法和维修方式

发动机类型	寿命监控方法和维修方式
喷气式飞机	
P&WA F100-200/220	安装在荷兰皇家空军 F-16A/C 上的 P&WA F100-200/220 发动机的零部件基于制造商提供的损伤容限（因故退役）方法进行定寿。维修和更换计划基于包含任务严酷度因子的发动机 LCF 数。应用了一个单独的载荷和使用监控程序，对高压转子速度 n_2、油门杆角度（PLA）以及相关飞机和飞行参数进行监控。监控的数据被传送给制造商，制造商可以使用这些数据更新维修计划
直升机	
Rolls-Royce Gem42	安装在荷兰皇家海军（RNLN）WHL Lynx 直升机上的 Gem42 发动机采用固定时间间隔维修方法，其基础是循环数控制寿命。自 1991 以来，荷兰皇家海军在样本监测的基础上开展了循环寿命控制，在一个有 22 架直升机的飞行中队中，安装了 4 台历程记录仪以监测发动机旋转零部件的使用参数。2000 年荷兰皇家海军决定对整个机群开展单台发动机的循环寿命控制。为此，荷兰皇家海军开发、制造了一个新的全自动数据采集系统。该系统将发动机使用监测与结构载荷和使用监测结合到一起。到 2000 年为止，荷兰皇家海军是唯一使用罗·罗公司设计的循环寿命监控系统的 Gem 用户

7. 挪威

挪威不同类型发动机的寿命监控方法和维修方式见表 8.9。

表 8.9　挪威不同类型发动机的寿命监控方法和维修方式

发动机类型	寿命监控方法和维修方式
喷气式飞机	
J85-GE-13	零部件寿命基于挪威空军任务严酷度因子确定。任务严酷度因子是根据制造商的建议、美国空军的安全寿命极限和与制造商/国际发动机管理程序协商获得的
F100	寿命控制基于总累计循环。采用了制造商和美国空军的寿命控制建议，对单台发动机进行跟踪，一些发动机旋转部件到寿后即退役。对其他部件进行检查和清理，以进入新的服役期
直升机	
PT6T-3B	所有零部件的寿命基于制造商的安全寿命规范（LCF 限制值）
GNOME HI400	零部件寿命的确定是基于制造商的建议。采用综合换算率将 LCF 数转换为使用时间进行寿命控制。该综合换算率的最后一次审查是由挪威皇家空军于 1995 年完成
Gem 42	对所有零部件都进行视情定寿。旋转零部件/组件的寿命是基于制造商的建议，以循环数或者小时数给出。挪威皇家空军采用小时来控制寿命
运输机（涡轮螺旋桨）	
RRI RRI/Allison T56	发动机零部件报废基于例行检查中发现的问题，没有制定低循环疲劳寿命的限制。然而，制造商为商用发动机制定了低循环疲劳和蠕变极限，因此评估了美国空军和美国海军在这方面的做法，并根据评估结果决定是否采用美国空军和美国海军的做法，以及是否根据挪威皇家空军的使用情况进行调整。挪威皇家空军的 C-130 和 P-3 飞机都使用这型发动机，针对这两型飞机分别建立了 5500 飞行小时和 6000 飞行小时的大修间隔时间
P&WC PT6A-20	所有零部件寿命的确定都是基于制造商的建议。对于旋转部件，同时监控工作时间和 LCF 数
运输机（涡轮风扇）	
TFE731	有 3 架 Dassault Falcon DA-20 飞机在挪威皇家空军服役。这些飞机在 2000 年前后换装了 TFE731-5BR 发动机。所有零部件的寿命都是基于制造商的建议而确定的。通过"Jetcare"程序来监控发动机性能和健康状况。利用该程序对发动机基本参数进行记录和分析

8. 葡萄牙

葡萄牙不同类型发动机的寿命监控方法和维修方式见表 8.10。

表 8.10　葡萄牙不同类型发动机的寿命监控方法和维修方式

发动机类型	寿命监控方法和维修方式
喷气式飞机	
Larzac （Alpha Jet）	Larzac 是单元体发动机。单元体的寿命取决于制造商（Turbomeca）的安全寿命极限和任务剖面。通过 LCF 数和飞行小时来控制寿命。服役于葡萄牙的这些发动机具有一套与技术实验室共同开发的健康监测系统

续表

发动机类型	寿命监控方法和维修方式
TF30 （A-7P-Corsair）	TF30 发动机的零部件寿命基于制造商的安全寿命极限。葡萄牙空军开发了一个程序来跟踪旋转部件的寿命消耗，并执行高压涡轮 900h 返厂、高压压气机和低压涡轮 1500h 返厂修理的程序
F100 （F-16）	F100 是一型单元体发动机。发动机状态由发动机监控系统进行监控，EMS 整合了"先进紧凑的发动机监视系统"
TFE731 （Falcon 50）	TFE731 发动机的零部件寿命是基于制造商的建议。状态由"发动机监视系统"进行控制。维修理念与民用法规一致
运输机（涡轮螺旋桨）	
T56 （C130-Hercules） （P3-Orion）	所有 T56 发动机的寿命限制为磨损极限。对于一些发动机的特定零部件进行了研究，以确定它们经过重修后是否能继续服役
TPE331-251C （Casa212）	葡萄牙空军遵循制造商推荐的循环数和飞行小时来控制零部件寿命。热端部件需要通过寿命试验来确定其大修时间是缩短还是延长
直升机	
ARTOUSTE （AL Ⅲ-helicopter）	对于这型旧的发动机，零部件的退役基于检验准则
MAKILA （SA 330-PUMA Helicopter）	MAKILA 是一型单元体发动机。单元体寿命是基于制造商（Turbomeca）建立的安全寿命极限确定的

9. 西班牙

西班牙不同类型发动机的寿命监控方法和维修方式见表 8.11。

表 8.11　西班牙不同类型发动机的寿命监控方法和维修方式

发动机类型	寿命监控方法和维修方式
喷气式飞机	
J79	根据美国空军 T.O.2J79-83 和 T.O.2J79-86 维修手册以及通用电气的 TIGERS 技术组对手册进行了更新，开展该发动机的维修。TIGERS 技术组推荐了一个"零部件更换计划"，包括在大修中对 23 个零部件进行系统的更换。在这些零部件中，外燃烧室机匣（OCCS）进行了更换，燃烧室机匣是非常关键的部件，因为该零部件的失效已经在其他国家造成了一些飞机损失。出于安全方面的考虑，其他关键件也将被替换
F404	GE 公司的 F404 是一型单元体发动机。按照视情维修理念，其零部件可实现完全互换。视情维修的主要根据 LCF 限寿件的热应力、压力、旋转和工作时间引起的 LCF 来开展。GE 公司的寿命研究组确定了零部件的疲劳极限。根据每个零部件的失效概率及危害性，确定其低循环疲劳极限 　　在制造商（GE）的研究基础上，通过有限元分析、耐久性试验等方法，确定了零部件的失效形式、裂纹的萌生和扩展速率以及零部件的失效后果。有了这些信息，所有关键件的寿命（累积疲劳）都可以被监控。在第一次飞行中，系统自动记录应力计算所需的参数。这些都是通过自动数据处理系统完成，并记录每个零部件的累计循环。该算法由 GE 公司提供，它使用每种机型的平均任务混频 　　西班牙空军已经为每个任务和零部件制定了相应的算法，以优化寿命计算。西班牙空军已经完成了这种新算法的模拟计算，证明相比于其他机群采用的系统，西班牙空军将节省平均 7%的寿命消耗

续表

发动机类型	寿命监控方法和维修方式
F404	根据经验，退役零部件的分析、新的工程研究、压力失效研究、具体试验和寿命验证程序等，对部件寿命限制进行定期检查和修订。由于各零部件寿命不一致，造成在发动机寿命期内拆卸发动机次数较多 　西班牙空军基于经济性和可操作性的理念，建立了低循环疲劳寿命边界内的"窗口"分组概念，以避免不必要发动机分解拆卸，并最大限度地降低成本。这要求具备精密的综合后勤支持以适应不断的寿命极限修改。支持系统与下列因素密切相关：机群的使用需求、人力资源的可用性、零部件、设施、经济、统计、差异维修水平能力、行业响应时间 　西班牙空军完成了模拟验证，表明该方法能够以最有效的方式帮助实现设计目标。这些模拟考虑了未来机群的演变，这样就可以对必要的资源提前进行规划，并预测和避免可能遇到的问题
运输机（涡轮螺旋桨）	
T56	① T56-A-14 维修程序： 　根据 NAVAIR 01-75PAA、02B-5DD 手册和 OPNAVINST 4790.2 一般性说明，开展视情维修 　NA01-75PAA-6 手册的内容大致如下：每 4800h 检修喷嘴；在 7500h 更换涡轮转子（一些型号为 35000h）；在 35000h 涡轮静子退役（一些型号为 7500h） 　②发动机检查周期如下： 　28d——飞机和发动机专项检查 　112d——飞机专项检查：主要是发动机腐蚀 　224d——飞机专项检查：发动机腐蚀、润滑、控制和清洁 　150h——专项检查：发动机效率 　300h——飞机分阶段检查：发动机的深度检查、视情检查等 　② T56-A-15 发动机维修计划： 　根据 USAF 2J-T-56-53、2J-T-56-56 手册、O.T.E.-2J-T-.56-2 和 O.T.E.-2J-T-.56-3 制造商（Allison）手册，开展发动机的维修
J85-GE13	J85-GE13 发动机的维修按照美国空军的 XX2F-SA-6WC-4 工作卡和程序进行。工作卡指定的维修时间为 300h，所以每一次发动机累积到该工作时间，就必须经过工厂大修。维修活动包括检测、修理或更换整个部件。随着检查或修理工作深度的增加，发动机拆卸程度也逐渐提高，直至达到 2400h，发动机完全拆解。在此之后，开始一个新的维修周期 　大多数发动机零部件按照视情维修理念开展维修工作。按照美国空军发布的规定，根据零部件自身情况，决定其更换或修理。检查之后，一些可互换的零部件，如发动机火花塞，将被更换 　一些零部件有低循环疲劳寿命限制。如果可能，其更换工作被安排到预定的维修计划中，只有压气机和涡轮转子（盘和隔圈）例外 　飞行任务严酷度可通过工作时间计数器记录，发动机工作时间可换算为疲劳循环数，超寿零部件的更换在最接近寿命期限的检修工作中完成

10. 土耳其

　　土耳其空军按照原发动机设计和制造商的建议进行寿命管理。旋转部件的主要定寿方法是安全寿命法。但是，也有一些例外。土耳其空军通过武器系统的管理方法监控发动机。在这种管理方法中，不指定详细的定寿方法，而是向武器系统（发动机）的管理者提供广泛的指导方针，管理者负责最终审批结构件的寿命。

表8.12提供了每型发动机的特定信息。发动机被分四类：涡轮风扇发动机、涡轮喷气发动机、涡轮螺旋桨发动机、涡轮轴发动机。

表 8.12　土耳其不同类型发动机的寿命监控方法和维修方式

发动机类型	寿命监控方法和维修方式
涡轮风扇发动机	
F110-GE-100/129	按《发动机结构完整性大纲》开展维修。与《发动机结构完整性大纲》检查间隔相关的零部件，应按期检查和清理，方可继续进入下一使用周期。当达到寿命极限时，一些旋转部件就退役 零部件的寿命基于总累计循环，总累计循环是发动机低循环疲劳部分循环和全循环的组合。对于零部件寿命，采用制造商的建议进行控制
涡轮喷气发动机	
J69	根据往年的检查结果，土耳其空军开展了一项研究来定义一种新的维修理念和关键件的寿命限制 给定了固定发动机的大修时间间隔（1000 EFH）。大修过程中，对零部件进行如下检查：外物损伤（foreign object damage, FOD）、磨损、涂层的损坏、侵蚀和腐蚀。损坏的零部件将被更换或修理 采用发动机飞行小时来控制限寿零部件的使用寿命
J79	给定了固定的发动机大修时间间隔（1200 EFH）。美国空军技术规程采用出动架次来定义大修的间隔。开展了相关性研究，确定了发动机的飞行时间限制。大修过程中，对零部件进行如下检查：外物损伤情况、磨损、涂层的损坏、侵蚀和腐蚀。损坏的零部件进行更换或修理 参考了美国空军和制造商对限寿件的寿命极限值建议。但根据无损检测结果，寿命极限值可能会发生变化 土耳其空军也参与了 J79 TIGERS 组织，不断与制造商（GE）和其他用户合作共同提供寿命数据更新、提高寿命极限
J85	按照固定的时间间隔进行发动机大修。土耳其空军按照其使用经验来定义大修间隔和范围。这个方法称为"扩展的基地级维修"，按照该方法，基层的责任被最小化，该方法还包含单元体的可维修性理念。大修期间对零部件检查外物损伤、磨损、涂层的损坏、侵蚀和腐蚀。对损坏的零部件进行更换或修理 零部件的寿命基于美国空军的建议。在很多发动机上安装了历程记录仪用以计算和比较不同飞机和基地的任务严酷度因子。限寿零部件通过发动机飞行小时来跟踪寿命消耗，寿命极限值完全由过去的无损检测结果决定。制造商提供的技术支撑也被用于无损检测结果的分析和风险评估分析
涡轮螺旋桨发动机	
T56	以固定的时间间隔（EFH）进行发动机大修。大修期间，对零部件进行如下检查：外物损伤、磨损、涂层的损坏、侵蚀和腐蚀情况。基于检查结果，对损坏的零部件进行修复后重新使用或者直接更换。零部件寿命是基于对磨损极限的检查，这是制造商推荐的方法 土耳其空军也参与了 T56 发动机部件改进计划，不断与制造商（Allison 发动机公司）以及其他用户共同合作，致力于寿命数据更新，提高寿命极限
Tyne MK22	按照固定的时间间隔进行发动机大修。虽然制造商推荐了基于循环数记录的寿命限制，但是土耳其空军通过统计研究将其换算为飞行小时。大修期间，对零部件进行如下检查：外物损伤、磨损、涂层的损坏、侵蚀和腐蚀情况。基于检查结果，对损坏的零部件进行修复后重新使用或者直接更换 制造商定义了 A 组零部件及其循环寿命。零部件的寿命基于制造商的安全寿命限制和建议。根据制造商的指导，对发动机零部件寿命消耗进行记录和更换 土耳其空军参与了技术支持计划，与德国 MTU 公司和其他用户共同合作更新和提高寿命极限

续表

发动机类型	寿命监控方法和维修方式
CT7	采用一种基于状态的单元体发动机维修概念。这型发动机的零部件寿命基于发动机制造商的安全寿命规范。循环消耗通过发动机电子控制系统跟踪
涡轮轴发动机	
T700	采用一种基于状态的单元体发动机维修理念。发动机零部件的寿命基于发动机制造商的安全寿命规范。通过发动机电子控制系统跟踪循环消耗

11. 英国

英国皇家空军发动机的单元体和附件寿命是由相关的工程局根据制造商和国防部的建议确定并控制的，通过国防部驻工厂的当地技术委员会（Local Technical Committee, LTC）发布。除了辅助设备，这些寿命指标发布在 AP 100E-01B 中。辅助设备的寿命发布在飞机的主要维修单上。采用了许多方式来决定零部件的授权寿命，最常见的是基于疲劳准则的安全寿命方法。在一些情况下，也采用损伤容限方法。英国不同类型发动机的寿命监控方法和维修方式见表 8.13。

表 8.13　英国不同类型发动机的寿命监控方法和维修方式

发动机类型	寿命监控方法和维修方式
喷气式飞机	
RB199（所有型号）（Tornado——所有型号）	RB199 单元体发动机具有 22 个 A 组零部件。零部件按照基于制造商的准则和基于三个国家联合发布的 T U 346 文件规定的安全寿命极限进行控制。通过一系列旋转试验来验证零部件的低循环疲劳性能，从而决定零部件的寿命限制是否增加或者下降。通过对一系列剖面的发动机样本进行统计分析，计算出发动机的循环换算率 通过一个计算管理系统跟踪 A 组零部件的寿命，该系统能够基于以前的使用情况重新计算总寿命。此外，对于 A 组损伤容限关键部件，采用特定的零部件和机群风险管理作为短期的管理工具。这允许零部件的使用寿命包含裂纹扩展阶段
Adour MK15101（Hawk——所有型号）	A 组的所有零部件是按照寿命管理计划给定的循环寿命。对一些 A 组零部件进行服役期间的某种形式的定期检查；其他零部件在服役寿命期内不被检查
Adour MK15102	按照 MK15101 的方法执行。根据飞行任务特点，对 A 组零部件的寿命和综合换算率进行了修正
Adour MK10401（Jaguar GR1，GR1A，T2——低空、对地攻击和侦查）	按照 MK15101 的方法执行。然而，由于飞机的任务不同和发动机具有加力燃烧室的使用特点，采用修正的综合换算率。此外，鉴于一些 GR1/1A 飞机发动机执行外区域任务的特征，对其综合换算率进行修正，并定期检查热端部件
Pegasus（Harrier）	Pegasus 发动机具有 36 个 A 组零部件。根据制造商的算法和安全寿命极限确定了每个零部件的寿命。发动机的零部件寿命采用疲劳计数、蠕变计数和热疲劳计数的组合形式表示

续表

发动机类型	寿命监控方法和维修方式
侦察机	
CFM56-2（Sentry AEW MKL a/c）	A 组零部件的寿命采用飞行循环数表示。目前的寿命控制方法严格与 CFM 的规定一致。但发动机制造商认为英国皇家空军过度记录了寿命，从而浪费了发动机寿命。已经与制造商讨论恢复以前过度记录的循环寿命的可能性，期望能够通过手动记录的方式，使降低的循环数得到一定的补偿
Spey MK250/251（Nimrod）	发动机/单元体具有发动机制造商规定的检修寿命。此外，所有 A 组零部件的寿命都是基于制造商的寿命安全规范（LCF 限制）。采用使用时间进行寿命跟踪，再通过换算率将其换算为消耗的循环数，并定期进行综合换算率的验证/改进
Avon（Canberra）	Avon 是非单元体发动机。发动机和零部件的寿命是由罗·罗公司的当地技术委员会确定的，经英国皇家空军许可并发布在 LTC 记录和 AP 100E-1 手册上。但是，英国皇家空军的维修方式最终是由工程局决定。通过飞行小时控制发动机寿命，并具有发动机日历期限寿命。通过飞行小时控制发动机部分零部件的寿命。其他零部件采用视情维修。通过监控循环换算率以确认其准确性
运输机	
ALF502R-5（BAe 146）	ALF502 发动机 A 组零部件是按低循环疲劳寿命进行管理的。DERA 和 Allied-Signal 对零部件的寿命限制进行了审查，并讨论了制造商发布的循环寿命。采用视情维修方式
Conway MK301（VC10——所有型号）	发动机按制造商规定的寿命进行检修。此外，所有 A 组零部件的寿命基于制造商的安全寿命规范（LCF 限制）。寿命是通过跟踪使用时间进行控制，并利用循环换算率转换为使用循环数。已经对现有的循环换算率进行了验证/修改
RB211-524B4（Tristar）	RB211 发动机寿命由 A 组零部件寿命进行控制。零部件寿命由制造商计算并发布在寿命手册中。制造商根据服役结果重新评估循环寿命限制
T56-A-15（C-130 Hercules）	发动机及附件的寿命文件由 Huntings Airmotive 与埃里森发动机公司在 LTC 会议上协商后推荐，并发布在 LTC 记录上。工程局最终批准了空军的维修方式，并发表在 AP 100E-01 手册中。发动机和零部件的寿命按照飞行小时进行控制，同时还具有日历寿命。对其他零部件进行视情寿命控制
TFE731-3R（BAe 125）	发动机寿命由 A 组零部件的寿命控制。发动机零部件的循环寿命由制造商公布，监控由用户的 FRA Serco 进行
教练机	
TPE331-12B（Tucano）	按照制造商推荐的使用时间进行发动机的大修。在半寿命期，对"热端部件"进行检查
Viper MK301（Dominie）	大修寿命是由制造商推荐的，按照工作时间进行控制
Allison 250-B17C（Islander）（Augusta 109）	大修寿命是由制造商推荐的，按照工作时间和起动次数进行控制。在半寿命期，需要进行相关工作
直升机	
T55-L-712F/714A（Chinook）	发动机零部件寿命是基于制造商的安全寿命建议。制造商和 DEAR Pyestock 研究了 T55-L-712E 的零部件寿命。DERA 以前颁布了零部件寿命，但被认为非常保守。从发动机全权限数字电子控制系统收集的信息已被用于支持 DERA 的研究和发动机内部零部件的寿命评估，其结果在 1998 年 1 月发布

续表

发动机类型	寿命监控方法和维修方式
Turmo III C4 （Puma）	发动机寿命由制造商推荐，按照使用时间进行控制
Gem 10001 （Lynx）	翻修寿命由制造商建议，按照使用时间进行控制
Gnome 122/3/4/5 （Sea King）	翻修寿命是由制造商推荐的，按工作时间进行控制，在半寿命阶段因零部件到寿需返厂
Artouste MK2C （Alouette）	翻修寿命是由制造商推荐的，按使用时间进行控制
Astazou（all MKs） （Gazelle） （Jetstream）	翻修寿命是由制造商推荐的，按使用时间进行控制

12. 美国

美国不同类型发动机的寿命监控方法和维修方法见表 8.14。

表 8.14　美国不同类型发动机的寿命监控方法和维修方式

发动机类型	寿命监控方法和维修方式
	战斗机
F402	F402 发动机有 36 个关键件。分别采用低循环疲劳进行寿命控制，这是基于原制造商的设计和能够表征 Harriers 使用情况的综合任务剖面。装有机载发动机历程记录仪，记录 8 个参数，但零部件仍是按照飞行时间限制退役。由飞行-408 科目的 24 架飞机配备的飞行记录器定义当前的任务剖面文件。当新的任务剖面被定义后，再通过基于热瞬态分析的零部件换算率计算得到新的寿命极限。对机场管理计划进行修订，以保持 Harriers 飞机的完好率。此外，将机群风险管理应用于允许使用裂纹扩展寿命的损伤容限零部件。当零部件使用率增加和寿命储备不足时，使用零部件的裂纹扩展寿命可以降低零部件寿命减少的影响。F402 按照热端部件检查间隔进行管理
F404	F404 发动机有 25 个 LCF 限寿关键件，采用低循环疲劳数进行寿命控制。由机载发动机状态监控系统记录整个任务以及温度、速度、压力循环等参数。各旋转部件的等效低循环疲劳是发动机参数的函数。1997 年开展了一个全面的寿命管理计划来更新 F404-400 和 402 发动机的寿命。分别在 1992 年和 1997 年对任务剖面进行了更新，并于 1993 年和 1997 年完成了零部件寿命的重新分析。F404 是一个单元体发动机，按照可靠性为中心的理念开展维修
F405	F405 发动机有 10 个关键件，按照低循环疲劳进行寿命控制，寿命限制是基于原厂设计和代表 T45 使用的复合任务剖面制定的。当开展新的旋转试验或材料测试后，寿命限制可以视情增加或减少。在 7 个飞行中队的飞机上安装了自动数据记录系统（ADR），由此可更新任务剖面。当定义了新的任务后，基于热瞬态分析的零部件换算率将产生新的寿命极限。针对该发动机，开展了全面的寿命管理计划。装配这型发动机的所有飞机都配备了自动数据记录系统，以记录 8 个参数用于跟踪寿命消耗情况。发动机按照可靠性为中心的理念进行维修

续表

发动机类型	寿命监控方法和维修方式
F414	F414 涡扇发动机有 20 个 LCF 和损伤容限控制的关键件。设计任务包括 14 个飞行剖面、2 个环境温度条件和 2 个级别的发动机性能恶化指标。对于每种组合条件，开展寿命分析，并采用加权平均方法进行综合，最终获得整体的寿命预测。工程与制造研发阶段完成时进行 4000h 的等效循环飞行，并在此时完成电涡流检查。采用固定的周期进行电涡流检查，直至达到 LCF 寿命极限。制订了飞行任务分析计划。F414 是一型单元体发动机，按照可靠性为中心的理念进行维修
F110	F110 加力涡扇发动机具有 22 个关键件，使用美国空军的总累计循环进行寿命控制和跟踪。在 20 世纪 90 年代初，通过配装的飞行记录器对任务剖面进行了更新。在 1993 年和 1997 年之间，基于有限元模拟及传热分析，对所有零部件的寿命极限进行了重新分析。开展的另一个分析是评估新增加任务剖面和要求对寿命的影响。F110 是一个单元体发动机，按照可靠性为中心的理念进行维修
TF34	TF34 涡扇发动机具有 32 个关键件，按照–3σ 标准差的寿命极限（以小时数表示）进行控制。所有的关键件都会采用更新的任务剖面和增强的分析模型进行寿命再分析。1994 年开始更新寿命极限。1995 年采用飞行数据记录器对任务剖面进行了更新，2000 年进行了审查。按照可靠性为中心的理念进行维修，热端部件按期检查
J85	美国海军有两个版本的 J85 涡喷发动机，目前已经停产。J85-2 型有 9 级压气机，J85-4 型有 8 级压气机。前者配装在 F-5 飞机上，后者用于 T-2 初级喷气教练机。所有关键件按照循环数定寿，按照飞行小时进行控制。寿命管理计划从 1995 年起就没有补充完善，自 1990 年以来也没有开展任务分析。随着机群寿命的减少，机队将会面临后勤方面的问题。2000 年前后，美国海军计划考虑评估延长飞机使用寿命的可行性，并开展寿命管理计划
直升机	
T58	美国海军有两个版本的 T58 涡轴发动机，T58-402 型用于 H-3 和 H-46 直升机，T58-16 型用于 H-46E 直升机。海军目前正更新零部件寿命，零部件寿命按照飞行小时控制。零部件维修基于热件检查和翻修。使用飞行数据记录器来更新任务剖面。对低循环疲劳寿命严重下降的零部件制定现场管理计划。在关注机群风险和飞行安全的基础上，使用这些零部件的裂纹扩展寿命，以降低零部件寿命下降的影响
T700	T700 涡轮轴发动机有 17 个关键件，循环寿命的确定基于制造商的设计准则和 H-60 直升机的 10 个任务剖面。所有发动机都配备有发动机历程记录仪，跟踪四个参数（LCF1、LCF2、时间温度指数和发动机工作时间），但发动机寿命仍按飞行小时进行控制。1993 年开始寿命更新，并在 3~5 年内完成。使用飞行数据记录器来更新飞行任务剖面。T700 是一个单元体发动机，按照可靠性为中心的理念开展维修
T64	T64 涡轮轴发动机有五型：T64-413、T64-415、T64-416、T64-416A 和 T64-419 配装在各种版本的 H-53 直升机上。T64-416 型发动机关键件的寿命更新已经完成。除一个关键件外，不同版本的发动机具有相同的寿命。零部件寿命按飞行时间控制，发动机的维修是基于热端部件检查和翻修。在未来的几年里，海军将更新材料测试、任务记录和发动机测试
T406	基于商用发动机的维修经验，T406 涡轴发动机按照 "power-by-the-hour" 概念进行寿命管理。该发动机有 21 个关键件，分别按照 LCF 定寿，并按照 V-22 Osprey 飞机的任务剖面转换为飞行小时。除了 21 个飞行关键件外，还有 8 型叶片为限寿件，限寿因素为应力断裂或热腐蚀。此外，还跟踪了其他 15 个零部件的工作时间。V-22 飞机配备机载记录和监测系统，用以采集发动机的使用和任务剖面。发动机投入使用之后，收集并验证其使用和任务剖面。分析使用情况和剖面文件将有助于建立新的寿命极限
运输机	
T56	T56 涡轮螺旋桨发动机有 7 个关键旋转限寿件。发动机有两种版本，分别配装在四种不同的海军飞机上：P-3、C-130、E-2C/C +和 C-2A，目前均已停产。规定了这些零部件的低循环疲劳和基于损伤容限的裂纹扩展寿命。基于制造商提供的循环寿命，采用飞行小时进行寿命控制。所有四个平台的任务分析自 1990 年起就没有更新了。记录了 E-2C+的数据，可用来更新任务循环数与飞行小时的换算率。自 1990 年以来，没有制订任何寿命管理计划。2000 年前后进行了一项新的寿命管理计划，根据新的制造商材料数据和寿命限制减少建议，对涡轮隔圈的寿命限制进行审查

参 考 文 献

［1］ Davenport O. Maintenance policies and procedures. Recommended Practices for Monitoring Gas Turbine Engine Life Consumption. RTO Technical Report, 2000.

［2］ 李家伟, 陈积懋. 无损检测手册. 北京: 机械工业出版社, 2002.

［3］ 高瑾, 吴卫华. 某型发动机寿命控制研究. 中国航空学会第三届航空发动机可靠性学术交流会, 宜昌, 2005: 155-160.

［4］ 沈阳发动机设计研究所. 航空涡轮发动机关键件定寿和延寿资料之一(内部资料). 沈阳: 沈阳发动机设计研究所, 2011.

［5］ 沈阳发动机设计研究所. 航空涡轮发动机关键件定寿和延寿资料之二(内部资料). 沈阳: 沈阳发动机设计研究所, 2011.

第9章 整机寿命和翻修寿命

前面章节主要介绍了影响发动机零部件寿命的主要因素，在目前的技术条件下，分析了各种影响因素对寿命消耗的机理，有的因素可以量化测量，有的只能定性分析，并重点介绍了国内外典型发动机使用的寿命监控手段和方法。这些均为基于零部件载荷历程和寿命消耗的记录而实施的定数（工作时间和循环寿命）寿命控制，但是在工程实践中，很大数量的发动机是由以下偶发或不定因素造成整台发动机返厂修理的：叶片掉块打伤、腐蚀、磨损、烧蚀、振动大、超温、超转、磨损、性能下降、外来物打伤等。特别是长寿命发动机或不成熟发动机，因为非监控载荷和偶发因素引起的损伤而提前返厂较为常见，所以监控零部件在服役期内不超寿使用是监控系统的主要目标。因此，发动机的整机寿命控制也是非常重要的技术问题。

20 世纪 60 年代以前，航空发动机整机寿命和翻修寿命指标都是依赖发动机整机的台架试车和领先使用来确定的，试车采用 1:1 的持久试车大纲。英国、美国、法国、苏联和我国早期的多个仿制机型均采用这种定寿方法，而延寿则采用持久试车和领先使用的方法。发动机设计依赖经验和静强度理论，没有疲劳寿命的概念，显然这种设计和强度计算方法过于简单粗糙，由此确定的发动机寿命也偏于保守，总寿命偏短，存在着一定的盲目性和危险性。

20 世纪 60 年代以后，采用了安全寿命设计和损伤容限寿命设计方法，不明确限制发动机整机寿命，而是用关键件安全寿命与重要件经济寿命相结合的方法对发动机零部件进行寿命管理。

本章主要针对以下内容进行阐述：整机寿命和翻修寿命、整机持久试车、外场领先使用，以及涡轮轴发动机任务化模拟试车大纲编制等。

9.1 整机翻修寿命和总寿命

9.1.1 发动机翻修寿命和总寿命的决定因素

1. 翻修寿命

翻修寿命是在规定条件下，航空发动机两次翻修之间的工作时间，从生产或修复后投入使用时算起。按照时间顺序可以分为首次翻修寿命和翻修寿命，又称首翻期和翻修间隔，首次翻修寿命是指发动机从开始使用到首次翻修的工作时间。

具体工程实际中，翻修寿命有两种控制形式。

（1）定时翻修寿命。广义地讲，定时是指固定的工作小时、低循环疲劳、大状态工作时间和热端系数等寿命参数。发动机从生产或翻修投入使用后到达上述固定的寿命参数，只要不是由于故障或其他因素提前返厂，无论技术状态如何一律返厂翻修。这种寿命管理和维修方式在 20 世纪 50～60 年代第 1、2 代航空发动机中经常采用，其前提条件是：技术较为成熟的发动机、故障模式较为常见、有关的地面与机载检测和监控手段有较强的针对性。

（2）视情寿命控制。不规定或者给出较长的翻修寿命，而是根据发动机具体的技术状态确定是否返厂修理。当然，视情修理的寿命管理方式是以保证关键件的安全使用为前提的，也就是说关键件的安全寿命不能采用该管理方法。采用视情寿命控制的发动机，在使用中地面、机载检测和监控以及适时的工厂检查非常重要，性能趋势监测、寿命监测、故障监测、突发性故障监测等必须全面贯穿于服役过程中。

V2500 发动机就是按视情维修设计的发动机，没有固定的翻修寿命，但是要按批准的用户维修计划中的检查计划，拆下发动机或单元体返厂检查，依据美国联邦航空管理局（FAA）批准的重新安装程序，在重新安装到飞机之前完成预防性维修。MK202 发动机除燃油流量调节器、加力燃油调节器、高压燃油泵、单向溢流活门、压比调节器和防喘调节器等 6 种附件有批准的翻修寿命外，其他 44 种附件采用视情寿命控制。

决定发动机翻修寿命有以下主要因素[1,2]：

（1）配装飞机类型。同一型号的发动机装在不同型号的飞机上，由于工作载荷不同，总寿命和翻修寿命有所不同。

（2）零部件的使用寿命。零部件的使用寿命是决定翻修周期的重要因素。配装英国鬼怪式飞机的 MK202 发动机，由于高压一、二级涡轮叶片的可靠性决定了首次翻修寿命为 700h，而第二次翻修寿命只有 500h，高压压气机 1 级轮盘低循环疲劳寿命不足是决定第二次翻修寿命只有 500h 的最主要因素。

（3）不同用户。用户的使用条件、使用习惯等都可能严重影响发动机的工作载荷，从而影响翻修寿命。所以，同一型号发动机，用户不同，寿命可以不同；用户相同，使用条件不同，寿命也可以不同。

（4）可以接受的风险，指适航性安全合格标准。在按给定方法确定的翻修寿命期内，发生"重大发动机影响"失效的概率不大于"很少可能的"，发生"危险性发动机影响"失效的概率不大于"极少可能的"，统计的失效率中不应该包括关键件。关键件的失效问题在发动机取证时已经过仔细研究。考虑翻修寿命时，应该分析"重大和危险性发动机影响"的失效率是否与翻修寿命有关，这是影响飞行安全的因素，发动机设计时应该考虑尽量减小翻修寿命与重大和危险性发动机影响失效的联系。按适航性法规研制的发动机，"重大和危险性发动机影响"的失效率在研制阶段已经有所考虑，一般不应该成为限制翻修寿命的主要因素。

（5）允许发动机性能恶化的程度。取决于用户的使用要求，与用户协商确定，一般以不影响用户使用为原则，没有统一标准。如果将性能恶化视为故障，则按照发动机的使用可靠性进行评估。

（6）发动机的使用可靠性。整机的可靠性指标一般有提前换发率、空中停车率和平均故障间隔时间（mean time between failure，MTBF）。提前换发率是指所有发动机每 1000 飞行小时中，未到翻修寿命而更换的发动机台数。提前换发率又分总的提前换发率、基本的提前换发率和基本非计划的提前换发率：总的提前换发率是指各种原因引起的提前换发率；基本的提前换发率是指由于直接与发动机有关的原因引起的提前换发率；基本非计划的是指发动机原因引起的、不能制定换发计划、必须立即进行的换发，这种情况对使用用户影响最大，如叶片断裂、齿轮断裂等。空中停车率是指所有发动机每 1000 飞行小时空中停车的次数，也分为总的空中停车率和基本的空中停车率。提前换发率和空中停车率应按规定时间统计。可靠性指标应该有各年的数据，当年应该有各月的数据，以便看出发动机可靠性随时间的变化，及时发现制造和使用维护方面可能出现的问题。基本的提前换发率或空中停车率太高或呈上升趋势，说明翻修寿命定得太长或不应再延长。平均故障间隔时间是指发动机平均两次故障之间的工作时间，影响发动机使用的故障有专门的定义和界定，一般情况下，具体型号发动机有最低门限值和成熟期的要求，如 F404 发动机门限值是 72h，成熟期达到 175h。

（7）经济性，即翻修成本。如果翻修时要报废大量高成本的零部件，则不如缩短翻修寿命，在零部件损坏的初期阶段进行修理，以换取较好的经济性。

以上总结了影响发动机翻修寿命的 7 个主要因素，从另一角度，可以归结出以下三个方面：一是使用安全性，二是经济性，三是采用的先进技术。

（1）使用安全性。关键件的安全寿命、裂纹扩展速率、整机的使用可靠性共同决定整机寿命和翻修寿命，关键件直接影响使用安全性。配装英国鬼怪式飞机的 MK202 发动机第二次翻修时必须更换高压压气机 1 级轮盘，原因就是其低循环疲劳寿命不足（只有 2250 个标准循环）。

（2）经济性。发动机的使用经济成本是制约整机寿命和翻修寿命的另一重要因素，而经济性又与外场使用可靠性密切相关。配装鬼怪式飞机的 MK202 发动机首次翻修寿命定为 700h，翻修时更换高压一、二级涡轮转子叶片，主要考虑的就是经济性，因为这两级叶片断裂后，造成的二次破坏比较严重，经济损失较大。同样是涡轮转子叶片，低压一、二级涡轮转子叶片就没有使用寿命限制，从英国购回的退役发动机的低压一、二级涡轮转子叶片，使用寿命有的达到 2400h。

（3）采用的先进技术。军用 MK202 发动机从最初批准的翻修寿命为 150h，经过十几年、多达几千项的改进和更改，1980 年达到了 1000h。针对美国研制的高性能 F100 发动机，苏联留利卡设计局于 1973 年开始研制 АЛ-31Ф 发动机，并于 1976 年 8 月对第一台原型机开始试验。该发动机于 1980 年投入批量生产，首次翻修寿命为 100h；于 1985 年通过国家鉴定试验，期间解决了 685 个超重、效率低、涡轮叶片裂纹等技术问题，发动机的翻修寿命和总寿命分别达到 300h（Б 状态 100h、УБ 状态 200h）和 900h；之后，将影响使用寿命的高压涡轮工作叶片的涂层材料进行了更换（由 СДП-2 改为 ВСДП-11 涂层），并将制造工艺由涂敷改为结合力更强的渗层，大大提高了工作可靠性，发动机的翻修寿命和总寿命也分别提高到 500h 和 1500h。

2. 总寿命

总寿命是指在规定条件下，航空发动机从开始使用到规定报废的工作时间。该寿命指标是苏联发动机的重要参数。一般情况下，一个机群具有相同的总寿命。

发动机总寿命与主要结构件的疲劳或持久/蠕变寿命相关。但是，考虑到发动机的结构装配特点：在最高级别的修理中绝大部分结构件是可以分解、更换的，因此主要结构件的寿命不是限制发动机总寿命和翻修寿命的唯一因素。

西方发动机强国，包括美国和欧洲，对于较新型号的发动机均采用关键件的安全寿命和发动机、单元体的翻修寿命管理发动机。发动机没有总寿命限制，翻修成本达到新发动机的 75%时，不再翻修，有剩余寿命的零件可以串装，用于修理其他发动机。

可以看到，发动机总寿命和翻修寿命控制的历史发展，本质上是对发动机寿命决定因素认识的深化过程，也与发动机监测和无损检查手段等技术的进步密切相关。

9.1.2　发动机两种寿命管理体系

目前，航空发动机寿命管理体系和维修方式主要分为两种[3,4]：总翻修寿命与定时翻修寿命体系、单元体视情翻修体系。苏联的发动机均采用第一种寿命管理体系，欧美国家的发动机采用第二种寿命管理体系。我国现役航空发动机型号众多，包括活塞、涡喷、涡扇、涡桨、涡轴的多个系列多个型号，由于历史延续等各种原因，大多是苏联产品的引进型和仿制型。

总体而言，总翻修寿命与定时翻修寿命、单元体视情翻修的两种寿命管理体系具有较大的差异。

总翻修寿命与定时翻修寿命体系主要有以下特征：

（1）机群有统一的总寿命限制，主要有总工作小时寿命或日历寿命，整个机群无论数量多少，服役区域多大，使用维护情况如何，均采用统一的总寿命控制。如无特殊说明，本书提到的发动机总寿命是指个体的总使用寿命，与机群的总寿命有区别。

（2）控制发动机的总使用寿命，对于提高发动机的可靠性并不总是有效，例如，对于减少非结构失效所导致的停车、偶发故障和振动断裂故障等难以奏效。

（3）整机定时翻修，排除故障提前返厂因素，无论发动机技术状态如何均要定时一律返厂进行修理，经济成本非常高。

（4）总寿命和翻修寿命均较短。

单元体视情翻修是指整台发动机不进行定时翻修，而是根据检查和记录的发动机具体情况决定是否进行翻修和如何翻修。单元体视情翻修体系主要有以下特征：

（1）没有总寿命和翻修次数的限制。根据机群个体材料、工艺和使用载荷存在的分散性，每台发动机报废的总寿命不尽相同。一般情况下，将翻修的经济成本寿命作为发动机总寿命的终结点。

（2）寿命指标主要有工作小时寿命和循环寿命。其工作小时寿命作为对高温持久/蠕变损伤较大的热端部件（燃烧室、涡轮工作叶片、涡轮导向叶片和加力燃烧室等）的寿命表征，循环寿命作为旋转部件和应力-应变循环变化的机匣类零部件的低循环疲劳寿命表征。

（3）通过管理计算或测量获得的涡轮温度边界进行视情维修。

（4）经济性好。有剩余寿命的零部件可以串装，具有互换性，用于修理其他发动机，每台发动机和关键件发挥了最大的寿命潜力，其经济性较好。

9.2　定寿、延寿常用的关键技术

航空发动机定寿和延寿是发动机寿命研究中经常使用的概念。定寿是指在设计定型阶段，按其上报的技术状态，通过零部件试验、整机试车、外场试用进行综合分析和评估，确定发动机首翻期的工作。延寿是指发动机达到给定的翻修期或暂定的总寿命后，继续延长使用期限，重新给定翻修期或总寿命。在发动机定寿和延寿中除了前面章节介绍的载荷谱研究、材料试验、零部件试验以及寿命监控工作等常用的关键技术外，还经常采用台架持久试车和外场领先使用的关键技术。

9.2.1　几种台架持久试车

1940 年以来，美国燃气涡轮发动机的设计方法、寿命预测方法、使用寿命监控和控制系统都有了巨大的进步。1969 年以前，早期结构的评估基于发动机持久试车，1946 年试车时间为 25h，1952 年增加到 150h（军用合格鉴定试车（military quality test，MQT））。150h 试车曲线如图 9.1 所示，试车循环非常简单，但是，它并没有揭示出与服役相关的强度和寿命等问题。1969 年之前，发动机规范在以下几方面严重不足：寿命需求、任务循环、分析和非基于任务的测试。图 9.1 中的试车剖面包含Ⅰ类循环（0—中等/最大功率—0）25 个、Ⅱ类循环（慢车—中等/最大功率—慢车）300 个，而根据统计，美军的一架战斗机在 150h 的服役期内，对应的Ⅰ类循环和Ⅱ类循环分别为 145 个和 1500 个，可见相差非常悬殊。相同的历史时期，苏联设计的 АЛ-31Ф 发动机试车大纲也有相同的情况，300h 试车时间内 Б 状态和 УБ 状态的Ⅰ类循环均为 20 个，而外场相同的服役期内 Б 状态和 УБ 状态的Ⅰ类循环的平均值分别为 60 个和 225 个。

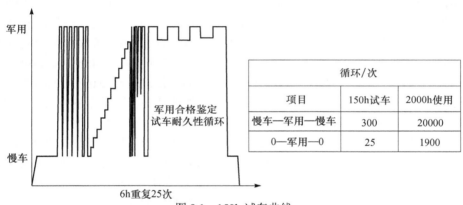

图 9.1　150h 试车曲线

鉴于 150h 的军用合格鉴定试车存在的弊端，1974 年美国海军提出了 1:1 模拟实际飞行条件的模拟任务持久试车（simulated mission endurance testing，SMET）技术。1976 年在 TF30-P-412A 发动机上进行了 750h 的模拟任务持久试车，1977 年又在 TF30-P-414 发动机上进行了 1000h 的模拟任务持久试车。显然，模拟任务持久试车一定程度上克服了军用合格鉴定试车的缺点，充分考虑了外场使用条件下各种循环较多的特点，但是依然存在以下两个方面的不足：

（1）由于采用了 1:1 的试车，其周期很长，需要消耗大量的燃油和试车台资源。

（2）无法考核由于机动动作造成的零部件损伤，如轴和机匣等。

于是，1976 年提出了加速任务试车（accelerated mission testing，AMT）方案，去掉对发动机没有损伤或损伤较小的工作时间和循环，保留了主要的低循环疲劳和蠕变/持久损伤，一般情况下，可以加速 2～10 倍左右。但是该方法存在的缺陷也是很明显的，除了无法考核轴和机匣等，还无法考核轴承和齿轮等零部件的损伤和工作状态。

从整机台架试车的发展过程可以看出发动机寿命研究的基本过程，这些也在英国、美国等国家军标的发展历程中得到体现。

从 20 世纪 50 年代开始，英国相关军标提供了燃气涡轮发展方面的需求和指导，英国也逐渐开始参考美国的一些做法。DEF STAN 00-971[5]规定的发动机持久试车包括：原型机飞行许可（primal flight certification，PFC）持久试车和150h 持久试车。原型机飞行许可持久试车要求试验 $n+1$ 台发动机（这里 n 是指符合原型机飞行要求的专门制造标准的发动机台数），每台发动机试验 24h（双发旋翼机用发动机约为 28h），分 4 个循环，每个循环 6h 的试车程序共有 7种，适用于不同用途的发动机。150h 持久试车根据不同的用途，共有 7 种试车程序，除程序 D 外，其他程序都是 25 个阶段，每个阶段 6h，共150h。程序 D是高性能飞机用矢量、推力换向发动机的 150h 试车程序，由 20 个阶段的 A 循环、5 个阶段的 B 循环和 25 个阶段的 C 循环组成，每个阶段持续 3h。DEF STAN 00-970[6]则将原型机飞行许可持久试车改为 8 个循环共48h，将 150h 持久试车改为加速任务持久试车（accelerated mission endurance testing，AMET），加速任务持久试车由典型剖面和任务混频得到，加速任务持久试车的持续时间是发动机型号规范规定的热端部件寿命除以加速系数。

1966 年，美军标 MIL-E-5007C 便提出了发动机的可靠性和耐久性需求：要求发动机在两次失去动力之间能可靠工作 500h，并要求发动机能够在特定环境下可靠地工作 5000h，并要求依据 MIL-E-5900 规范开展 150h 的验证试验。

MIL-E-5007D 规范的有关整机持久试车只有两个要求：

（1）飞行前评定试验（preliminary flight rating test，PFRT）的持久试车，1台发动机，10 个阶段，每个阶段 6h，共60h。

（2）合格鉴定试验（quality test，QT），2 台发动机，每台都完成 2 段，每段 150h，共300h，每段有 25 个阶段，每阶段 6h。

1983 年，MIL-E-5007E 规范发行并替代 MIL-E-5007D 规范，前者被美国海军广泛使用。MIL-E-5007E 规范要求在关键件上实行安全寿命方法，对于整机试车寿命考核方面主要有以下两点要求：

（1）飞行前评定（preliminary flight rating，PFR）的持久试车，至少 60h，前、后各加 5h 的递进/主体试车，共70h。

（2）生产许可的持久试车，发动机应进行两类耐久性试车：

① 耐久性验证试车，要求 1 台发动机，至少加速模拟飞行任务持久试车（accelerated simulated mission endurance testing，ASMET）工作300h，前、后各有 25h 递进/主体试车，共350h。

② 加速模拟飞行任务持久试车，要求 1 台发动机，与加速任务有关的工作循环至少试车 1000h。

MIL-E-5007F 规范中关于发动机持久试车的要求与 MIL-E-5007E 规范相同。

1984 年，《发动机结构完整性大纲》[7]对于整机耐久性强调了发动机必须进行全任务剖面试车或加速任务试车验证的规定，试车曲线见图 9.2。

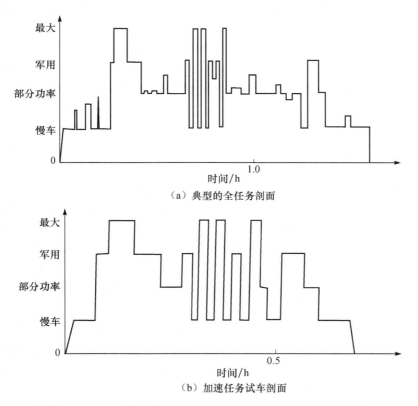

（a）典型的全任务剖面

（b）加速任务试车剖面

图 9.2　ENSIP 规定的典型的全任务试车和加速任务试车曲线

JSGS-87231A[8]和 JSSG-2007[9]关于持久试车的规定更为详细和明确，发动机研制过程细分为四个阶段：初始飞行许可阶段、完全飞行许可阶段、初始使用许可阶段、工作能力许可阶段。

（1）任务化持久试车，适用于涡喷、涡扇、涡轴和涡桨发动机，为加速损伤的影响，要求在高于平均温度的工作温度下进行持久试车。

（2）加速任务试车，适用于涡喷和涡扇发动机，为评定寿命、性能保持和可操纵性要求，需进行加速任务试车。每个阶段试车前、后，都应按有关规定的高周疲劳试车程序进行阶梯试车，上述研制过程的四个不同阶段要求不同。

（3）循环耐久性试车，适用于涡轴和涡桨发动机，涡轮温度为最高工作温度或限温器温度，研制过程的四个不同阶段要求不同。

任务化持久试车、加速任务试车和循环耐久性试车使用的数据均来自服役发动机，很大程度上模拟了发动机的使用载荷和寿命消耗情况，特别是长寿命的发动机如涡桨和涡轴发动机，采用压缩后的加速任务试车其经济效益是非常明显的。因此，该三种试车在整机试验、确定翻修寿命、定寿、延长翻修寿命、延长总寿命等多种情况下使用。在采取任务化持久试车、循环耐久性试车和加速任务试车等技术之前，上述功能主要由1:1的持久试车解决。

需要说明的是，前文提到的加速模拟飞行任务持久试车、加速任务持久试车和加速任务试车实际内容相同，只不过是不同的年代称谓不同而已。

用发动机持久试车、模拟任务持久试车或加速任务试车几种发动机的台架持久试车确定或延长发动机的翻修寿命，有以下几方面的技术缺陷：

（1）子样数量有限，一般持久试车的发动机最多 2~3 台，不能代表所有发动机的情况。

（2）持久试车不能完全代表外场发动机的实际使用条件和载荷情况。美国空军研究表明，飞机在以 3.5rad/s 的角速度做转弯机动动作时，可使轴承载荷增加15 倍，作用在转子叶片上的哥氏惯性力是相应气动力的 3 倍。相关研究表明，机动飞行载荷对轴承和转子叶片寿命的影响不可忽略。另外，对于军用飞机发动机，除转速载荷外，地面台架试车的主轴扭矩和机匣压力等重要载荷，都达不到外场使用的最大值（为最大值的 70%~80%），也说明发动机台架持久试车很难完全模拟外场使用载荷情况。

（3）试车人员和飞行员对发动机的操作由于燃油调节系统响应的不同，会对热端部件寿命产生重要影响。例如，美国 F100 发动机的历程记录仪要求记录涡轮1.5s、6.0s、31s、120s 的"B 超温"和"C 超温"[10]，说明瞬间超温对热端部件寿命有不可忽略的影响。

一般情况下，在以寿命考核为主要目的的台架持久试车中，特别强调以下因素对发动机损伤的影响：

（1）低循环疲劳，更加侧重于难以在地面试验器上模拟的零部件的低循环疲劳。

（2）高周疲劳，由于发动机转速是零部件重要的振动激励源，一般情况下使用转速循环的台阶试车考核谱。之前需要对相关零部件进行振动模态分析和动应力测量，根据具体结果编制台阶试车考核谱，同时还要考虑不同翻修期零部件由于腐蚀、机械磨蚀、磨损和擦伤等偶发因素导致零部件振动模态的变化；一定程度上，逼喘试验可以认为是对发动机流道零部件高周疲劳的考核。

（3）持久/蠕变损伤，考虑发动机最大连续、起飞、加力或军用等大状态连续工作的时间。

（4）冷、热起动比例的分配，主要考虑瞬态温度场对零部件疲劳损伤的影响。

（5）加、减速性能的考核，在考核发动机控制系统响应的同时，也是模拟使用中瞬态温度场的影响。

（6）大气温度、压力等环境的影响。

（7）加力次数，除了对加力燃油和喷口控制系统进行考核，重点体现了低循环疲劳和持久/蠕变损伤的影响。

综上所述，发动机台架持久试车是发动机定寿和延寿必不可少的重要手段，特别是对于热端零部件（有些文献将涡轮盘定义为冷端部件）的寿命考核，由于冷端零部件的受力情况可以由地面试验器很好地模拟，而热端零部件由于受热应力（尤其是瞬态温度场）影响较大，其受力很难在试验器上模拟。可以看到，以上强调的因素中除了高周疲劳外均是为了更好地模拟实际使用中的瞬态温度场，因此台架持久试车尤为重要。

当然，台架持久试车也不可能全面模拟外场实际使用情况，实际使用后的结果才是最真实的试验结果，具有权威代表性，因此出现了外场领先使用的技术手段和途径。

9.2.2　外场领先使用

外场领先使用是在发动机零部件和整机寿命研究以及延寿中经常使用的一种技术手段，是由于很难全面真实掌握发动机服役中的使用载荷情况，同时又有振动、腐蚀、磨损、残余应力等不确定因素产生的损伤，产生的设计信心不足而采取的技术措施。

零部件定寿的传统安全寿命法中，通过疲劳试验确定零部件安全寿命的主要流程之一是确定预定安全循环寿命（Pr）和使用寿命，在试验批准的各关键部位的安全寿命中，取寿命最短的作为零部件的预定安全循环寿命。正常情况下，为了保证安全，推荐的使用寿命是分阶段逐步延长的，采用领先使用的方法，最后达到预定的安全循环寿命 Pr。通常做法是，第一个阶段先领先使用到 Pr/2，从使用的机群中抽样检查或继续进行低循环疲劳试验；如无异常，再领先使用到 3Pr/4，从使用的机群中抽样检查或继续进行低循环疲劳试验；如无异常，可以宣布预定安全循环寿命 Pr 指标或进行适当的修正。

下面介绍如何确定抽样检验子样的数量。

假设零部件母体的对数安全寿命 $x = \lg N$ 符合正态分布

$$f(x) = \frac{1}{\sigma\sqrt{2\pi}} \exp\left[-\frac{(x-\mu)^2}{2\sigma^2}\right]$$

可靠度（存活率）为 P 的母体"百分位值" x_P 由下式定义：

$$P = \int_{x_P}^{\infty} f(x)\mathrm{d}x = \int_{x_P}^{\infty} \frac{1}{\sigma\sqrt{2\pi}} \exp\left[-\frac{(x-\mu)^2}{2\sigma^2}\right]\mathrm{d}x$$

该值表示母体中有 $100 \times P\%$ 的个体大于 x_P，在一定存活率 P 下对应的百分位值为

$$x_P = \mu + u_P \times \sigma$$

式中，u_P 是可靠度为 P 的标准正态偏量

$$P = \int_{-\infty}^{u_P} \frac{1}{\sqrt{2\pi}} \exp\left(-\frac{u^2}{2}\right)\mathrm{d}u$$

可以确定在对数寿命 x 服从正态分布 $N(\mu, \sigma^2)$ 的参数区间估计[11]。

n 个子样的试验疲劳对数寿命分别为 $x_1, x_2, \cdots, x_n$，子样均值为 $\bar{x}$，根据统计学理论，当母体 x 服从正态分布 $N(\mu, \sigma^2)$ 时，子样的均值 $\bar{x}$ 也服从正态分布，且 $\bar{x}$ 的均值和方差分别为 μ、σ^2/n 时，即统计量 $\dfrac{\bar{x}-\mu}{\sigma/\sqrt{n}}$ 服从标准正态分布。对于给定的置信度 γ，平均值 $\bar{x}$ 的单侧置信上限为

$$P\left(-\infty \leqslant \frac{\bar{x}-\mu}{\sigma/\sqrt{n}} \leqslant u_\gamma\right) = P\left(-\infty \leqslant \bar{x} \leqslant \mu + u_\gamma \frac{\sigma}{\sqrt{n}}\right) = \gamma$$

因此，可以得到 $\bar{x}$ 置信区间的上限，从而得到置信度为 γ 的最好试件的寿命

$$N_{\max} = 10^{\mu + u_\gamma \frac{\sigma}{\sqrt{n}}} \tag{9.1}$$

那么，可靠度 P 对应的安全寿命是最差试件的寿命

$$N_{\min} = 10^{\mu - u_P \sigma} \tag{9.2}$$

DEF STAN 00-971 推荐的对数疲劳寿命正态分布的标准差 $\sigma=0.13$、可靠度 $P=99.87\%$ 时，$u_P=3$，置信度 $\gamma=95\%$，则 $u_\gamma=1.645$。从 $+3\sigma$ 到 -3σ 满带宽，寿命散度系数 $K=N_{\max}/N_{\min}=6$，应力散度系数 $\alpha=S_{\max}/S_{\min}=1.4$。

将外场领先使用认定为最符合实际载荷的疲劳试验，假设抽取的子样是疲劳试验中最好的子样，其寿命值可用式（9.1）表达，而最差的子样（以式（9.2）表示）恰恰没有抽取到，关键件的预定安全循环寿命 Pr，抽取的不同寿命时机为 $m \times \mathrm{Pr}(0 < m \leqslant 1)$，则寿命散度为 $mK = mN_{\max}/N_{\min} = 6m$：

$$6m = N_{\max}/N_{\min} = 10^{\mu + u_\gamma \frac{\sigma}{\sqrt{n}}}/10^{\mu - u_R \sigma} = 10^{\left(\frac{u_\gamma}{\sqrt{n}} + u_R\right)\sigma} \tag{9.3}$$

根据式（9.3）可以得到不同时间段抽取的子样数。若 m 取 $1/2$，则抽取的子样数量是 6，m 取不同值时抽取的子样数量见表 9.1。

表 9.1　领先使用不同寿命抽取的子样数量

m	2/6	3/6	4/6	5/6	6/6
对应的子样数量	5.78	6.02	1.02	0.48	0.303

可以看到，如果领先使用在 2Pr/3 预定安全循环寿命抽取子样，只要 1 台发动机即可满足要求，超过该值再抽取检验已经没有实际的工程意义。

使用后的抽样检验是军用发动机关键件的主要定寿和延寿方法，抽样数量一般为 6 件。机群的总数量少，抽样检验的子样数量可适当减少。

除关键件之外，发动机整机、其他零部件和附件也经常使用领先使用的办法定寿和延寿，这是英国罗·罗公司使用的成熟技术手段，这时要达到的目标寿命类似于安全循环寿命 Pr。从该公司的记录看，虽然给出的零部件寿命长达数千小时，但是使用后的第一次检验时间普遍是 300h。

某涡扇发动机是按照英国 MK202 发动机制造专利生产的国产化发动机，当年引进时合同上给出了翻修寿命为 850h/8 年（先到为准），该指标是英国应中国要求，假设国产化机型的使用情况与维修情况和配装在"鬼怪式"飞机相同的情况下给出的。但是，国产化发动机毕竟是采用的国内材料、生产工艺和装配工艺，特别是装机对象和使用方式与英国完全不同，国内还需摸索确定翻修寿命。目前某涡扇发动机采取的具体的做法是：从首批使用到 200h 的发动机中选取 1～2 台发动机返厂检修，通过检修后给出 400h 的使用寿命；同样，经过第 2 次检修的发动机给出 600h 的寿命，目前根据领先使用的思想，该型发动机的首翻寿命给定为 650h。

9.3　某涡轮轴发动机任务化持久试车大纲

任务化持久试车是适用于涡喷、涡扇、涡轴和涡桨发动机在研制的四个阶段要求考核的重要内容，目的是加速损伤，要求在高于平均温度的工作温度下进行持久试车。

按照 JSGS-87231A 规范和 JSSG-2007 指南，提出了具体要求。

（1）数量和技术状态要求：研制的四个阶段各 1 台发动机。

（2）试车时间和循环要求：按照使用部门确定的小时数和相关表格规定的任务化循环。

（3）状态和涡轮温度要求：在中间额定功率状态/最大连续状态的推力/功率设定状态、高于中间额定功率状态/最大连续状态的推力/功率设定状态下进行试验、涡轮温度等于规定的最高允许温度下进行试验。

本节介绍以研制的某涡轮轴发动机为例编制任务化持久试车大纲的基本过程[12]。

9.3.1　某涡轴发动机设计载荷谱

以本书第 7 章的表 7.2 的设计任务及任务混频为依据，根据某涡轴发动机的台架性能（H=0、Ma=0、ISA）、载机主减限制功率、安装损失、平飞需用功率曲线等，编制发动机的飞行任务剖面，进而得到发动机设计载荷谱。设计任务（10 项任务）及任务混频给定了三种使用环境，同样设计载荷谱也按照三种环境给出，具体的环境混频见表 9.2。

表 9.2　三种环境混频

环境序号	海拔/m	大气温度/℃	比例/%
1	0	ISA	45
2	0	ISA+20	51
3	1220	ISA+28	4

某涡轴发动机设计载荷谱共有 10 项任务三种环境的 30 个剖面的参数循环和参数分配矩阵。

9.3.2　两种温度条件下的地面试车剖面处理

为了编制地面试车的任务化持久大纲，需要重新组合编制海平面任务模拟载荷谱。30 个剖面的参数循环和参数分配矩阵按照地面温度可分为 15℃和 35℃两类。前者是海平面 15℃单一地面气象条件下的参数矩阵；后者是海平面 35℃和海拔 1220m 35℃两种地面气象条件下的参数矩阵之和。前者称为常温参数矩阵，后者称为高温参数矩阵。两种参数矩阵的地面试车载荷剖面采用不同的编制方法，形成两大类地面试车载荷剖面：常温地面试车载荷剖面和高温地面试车载荷剖面。

常温地面试车载荷剖面，以海平面 15℃地面条件的轴功率循环矩阵和功率分配矩阵为依据进行编制，其试车大气温度限制在≥15℃。高温地面试车载荷剖面，以海平面 35℃和海拔 1220m 35℃两种地面气象条件下的燃气发生器涡轮后温度 $T_{4.5}$ 循环矩阵和 $T_{4.5}$ 分配矩阵为依据进行编制，其试车大气温度限制在≤35℃。这种分类编制方法可以保证最终形成地面试车剖面载荷强度不低于飞行剖面载荷强度。

把循环矩阵分解为各元素与主循环元素成正比的子矩阵，是编制试车载荷剖面的基础。分解必须保证主要次循环的准确性，不太重要的次循环允许近似处理。此外，为方便台架试车实施，停车、地面慢车、空载、飞行慢车四个循环谷值，在分解的子矩阵和试车载荷剖面中，以状态名"停车"、"地慢"、"空载"、"飞慢"出现，而不以功率值和温度值出现。试车中，按状态定义实施。

表 9.3 为海平面 15℃输出轴功率循环矩阵（圆整后）。表 9.3 分解为表 9.4～表 9.6。

表 9.3　海平面 15℃输出轴功率循环（单位：次/1000h）

峰值/kW	谷值/kW					
	0	10（空载）	49（地慢）	61（飞慢）	463	772
1220	356	230	0	129	90	121
1103～1129	0	156	239	1838	30	0
691	0	0	356	0	0	0

表 9.4　海平面 15℃输出轴功率循环矩阵分解结果 1

峰值/kW	谷值/kW					
	0	10（空载）	49（地慢）	61（飞慢）	463	772
1220	230	230	0	0	0	0
1103～1129	0	0	230	1840	0	0
691	0	0	230	0	0	0

表 9.5　海平面 15℃输出轴功率循环矩阵分解结果 2

峰值/kW	谷值/kW					
	0	10（空载）	49（地慢）	61（飞慢）	463	772
1220	121	0	0	121	0	121
1103～1129	0	121	0	0	0	0
691	0	0	121	0	0	0

表 9.6　海平面 15℃输出轴功率循环矩阵分解结果 3

峰值/kW	谷值/kW					
	0	10（空载）	49（地慢）	61（飞慢）	463	772
1220	5	0	0	10	90	0
1103～1129	0	35	10	0	30	0
691	0	0	5	0	0	0

表 9.7 为海平面 35℃+海拔 1220m 35℃的 $T_{4.5}$ 循环矩阵（圆整后）。将表 9.7 分解为表 9.8～表 9.10。

表 9.7 海平面 35℃+海拔 1220m 35℃燃气发生器涡轮后温度 $T_{4.5}$ 循环（单位：次/1000h）

峰值/℃	谷值/℃						
	15~35	496~554（地慢）	560~602（空载）	615~624（飞慢）	722~743	811~813	821~856
920	436	41	236	162	111	137	11
862~863	0	5	0	13	0	0	0
850~856	0	454	236	2023	37	0	0
820~836	0	32	0	0	0	0	0
769~787	0	404	0	0	0	0	0

表 9.8 海平面 35℃+海拔 1220m 35℃燃气发生器涡轮后温度 $T_{4.5}$ 循环分解结果 1

峰值/℃	谷值/℃						
	35	496（地慢）（490~550）	560（空载）（511~610）	615（飞慢）（611~700）	722（701~760）	812（811~813）	836（821~840）
920	404	0	0	0	0	0	0
863（861~870）	0	0	0	0	0	0	0
856（856~860）	0	404	0	2020	0	0	0
836（821~840）	0	0	0	0	0	0	0
787（761~790）	0	404	0	0	0	0	0

表 9.9 海平面 35℃+海拔 1220m 35℃燃气发生器涡轮后温度 $T_{4.5}$ 循环分解结果 2

峰值/℃	谷值/℃						
	35	496（地慢）（490~550）	560（空载）（511~610）	615（飞慢）（611~700）	722（701~760）	812（811~813）	836（821~840）
920	28	28	224	140	112	140	0
863（861~870）	0	0	0	0	0	0	0
856（856~860）	0	28	224	0	28	0	0
836（821~840）	0	28	0	0	0	0	0
787（761~790）	0	0	0	0	0	0	0

表 9.10　海平面 35℃+海拔 1220m 35℃燃气发生器涡轮后温度 $T_{4.5}$ 循环分解结果 3

峰值/℃	谷值/℃						
	35	496（地慢）（490~550）	560（空载）（511~610）	615（飞慢）（611~700）	722（701~760）	812（811~813）	836（821~840）
920	4	12	12	24	0	0	12
863（861~870）	0	4	0	12	0	0	0
856（856~860）	0	24	12	4	8	0	0
836（821~840）	0	4	0	0	0	0	0
787（761~790）	0	0	0	0	0	0	0

表 9.11 为海平面 15℃输出轴功率分配矩阵。表 9.12 为其分解矩阵。

表 9.11　海平面 15℃功率分配矩阵

功率/kW	10	49~101	309~465	676~695	696~772	801~880	976~1075	1101~1130	1220
时间（min/1000h）	506	4046	1078	13296	603	183	173	6238	887

表 9.12　功率分配的分解

	功率/kW	10	59	101	463	691	772	880	1075	1129	1220
剖面时间/min	1 剖面 230 个	345	1380	1480	0	8740	0	0	0	5275	460
	2 剖面 121 个	121	544.5	229.9	968	4356	605	181.5	169.4	968	363
	3 剖面 5 个	40	37.5	14	120	200	0	0	0	83	64
	合计	506	1962	1723.9	1088	13296	605	181.5	169.4	6326	887
	差异/%	0	-8.9	0.9	0	0.3	-0.8	-2.0	1.4	0

表 9.13 为海平面 35℃+海拔 1220m 35℃的 $T_{4.5}$ 分配矩阵。表 9.14 为其分解矩阵。

表 9.13　海平面 35℃+海拔 1220m 35℃的 $T_{4.5}$ 分配矩阵

$T_{4.5}$/℃	490~550	551~580	581~610	611~640	641~670	671~700	701~730	731~760	761~790	791~820	821~840	841~855	856~860	861~870	920
时间/（min/1000h）	2433	224	579	2327	0	951	340	27	1419	3086	11544	54	8059	885	1085

注：在谷值中，496~554℃为地面慢车+空载慢车+飞行慢车，560~602℃为空载慢车+飞行慢车，615~624℃为飞行慢车。

表 9.14　海平面 35℃+海拔 1220m 35℃的 $T_{4.5}$ 分配矩阵的分解

$T_{4.5}$/℃		496 (490~ 550)	560 (551~ 610)	615 (611~ 640)	700 (671~ 700)	722 (701~ 730)	750 (731~ 760)	787 (761~ 790)	820 (791~ 820)	836 (821~ 840)	856 (856~ 860)	863 (861~ 870)	920
剖面时间/min	1 剖面 404 个	2222	0	2020	969.6	0	0	1212	3030	11312	7676	0	202
	2 剖面 28 个	182	770	280	0	280	28	196	56	126	322	812	812
	3 剖面 4 个	32	36	28	0	60	0	8	0	160	60	72	72
	合计	2436	806	2328	970	340	28	1416	3086	11598	8058	884	1086
	差值	+3	+3	+1	+19	0	+1	−3	0	+1	−1	−1	+1

下面介绍编制两种温度环境下的任务化持久试车谱的过程，为表述方便，本书只给出海平面标准大气条件下的结果，海平面高温条件下的类似。

9.3.3　海平面标准大气条件下的任务化持久试车谱

此类剖面的大功率状态受直升机主减限制。

试车条件：台架标高 $H \geqslant 0$m；大气温度 $T_0 \geqslant 15$℃。

状态控制：“停车”、“地慢”、“空载”、“飞慢”按状态定义实施，其余状态按流程功率值控制。

1. 海平面标准大气第 1 种剖面

本剖面时间为 78min，每千小时 230 次。剖面功率循环和剖面功率分配分别见表 9.15 和表 9.16，剖面流程曲线见图 9.3，剖面流程见表 9.17。

表 9.15　海平面标准大气第 1 种剖面功率循环

峰值/kW	谷值/kW					
	0	空载	地慢	飞慢	463	772
1220	1	1	0	0	0	0
1103~1129	0	0	1	8	0	0
691	0	0	1	0	0	0

表 9.16　海平面标准大气第 1 种剖面功率分配

状态/kW	10（空载）	59（地慢）	101（飞慢）	691	1129	1220
剖面时间/min	1.5	6	8	38	22.5	2

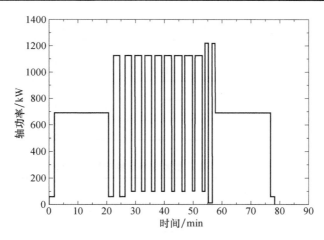

图 9.3　海平面标准大气第 1 种剖面流程曲线

表 9.17　海平面标准大气第 1 种剖面流程

序号	状态名称	持续时间/min	轴功率/kW	序号	状态名称	持续时间/min	轴功率/kW
1	起动	0	0	15	最大连续	2.5	1129
2	地慢	1.5	59	16	飞慢	1	101
3	691 巡航	19	691	17	最大连续	2.5	1129
4	地慢	1.5	59	18	飞慢	1	101
5	最大连续	2.5	1129	19	最大连续	2.5	1129
6	地慢	1.5	59	20	飞慢	1	101
7	最大连续	2.5	1129	21	最大连续	2.5	1129
8	飞慢	1	101	22	飞慢	1	101
9	最大连续	2.5	1129	23	中间	1	1220
10	飞慢	1	101	24	空载	1.5	10
11	最大连续	2.5	1129	25	中间	1	1220
12	飞慢	1	101	26	691 巡航	19	691
13	最大连续	2.5	1129	27	地慢	1.5	59
14	飞慢	1	101	28	停车	0	0

2. 海平面标准大气第 2 种剖面

本剖面时间 70.3min，每千小时 121 次。剖面功率循环和剖面功率分配见表 9.18 和表 9.19，剖面流程曲线见图 9.4，剖面流程见表 9.20。

表 9.18　海平面标准大气第 2 种剖面功率循环

峰值/kW	谷值/kW					
	0	空载	地慢	飞慢	463	772
1220	1	0	0	1	0	1
1103～1129	0	1	0	0	0	0
691	0	0	1	0	0	0

表 9.19　海平面标准大气第 2 种剖面功率分配

状态/kW	10（空载）	59（地慢）	101（飞慢）	463	691	772	880	1075	1129	1220
剖面时间/min	1	4.5	1.9	8	36	5	1.5	1.4	8	3

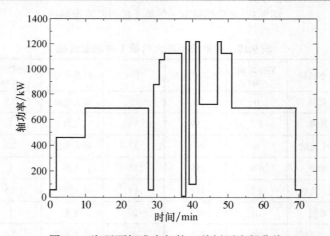

图 9.4　海平面标准大气第 2 种剖面流程曲线

表 9.20　海平面标准大气第 2 种剖面流程

序号	状态名称	持续时间/min	轴功率/kW	序号	状态名称	持续时间/min	轴功率/kW
1	起动	0	0	5	地慢	1.5	59
2	地慢	1.5	59	6	880kW	1.5	880
3	463kW	8	463	7	1075kW	1.4	1075
4	691 巡航	18	691	8	最大连续	5	1129

续表

序号	状态名称	持续时间/min	轴功率/kW	序号	状态名称	持续时间/min	轴功率/kW
9	空载	1	10	14	中间	1	1220
10	中间	1	1220	15	最大连续	3	1129
11	飞慢	1.9	101	16	691kW	18	691
12	中间	1	1220	17	地慢	1.5	59
13	772kW	5	772	18	停车	0	0

3. 海平面标准大气第 3 种剖面

本剖面时间 111.7min，每千小时 5 次。剖面功率循环和剖面功率分配见表 9.21 和表 9.22，剖面流程曲线见图 9.5，剖面流程见表 9.23。

表 9.21 海平面标准大气第 3 种剖面功率循环

峰值/kW	谷值/kW					
	0	空载	地慢	飞慢	463	772
1220	1	0	0	2	18	0
1103~1129	0	7	2	0	6	0
691	0	0	1	0	0	0

表 9.22 海平面标准大气第 3 种剖面功率分配

状态/kW	10（空载）	59（地慢）	101（飞慢）	463	691	772	880	1075	1129	1220
剖面时间/min	8	7.5	2.8	24	40	0	0	0	16.6	12.8

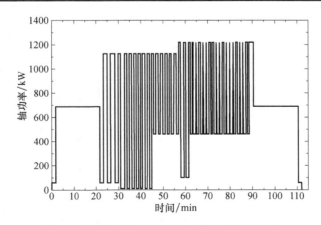

图 9.5 海平面标准大气第 3 种剖面流程曲线

表 9.23　海平面标准大气第 3 种剖面流程

序号	状态名称	持续时间/min	轴功率/kW	序号	状态名称	持续时间/min	轴功率/kW
1	起动	0	0	32	463kW	1	463
2	地慢	1.5	59	33	最大连续	1	1129
3	691 巡航	20	691	34	463kW	1	463
4	地慢	1.5	59	35	中间	1	1220
5	最大连续	1.8	1129	36	飞慢	1.4	101
6	地慢	1.5	59	37	中间	1	1220
7	最大连续	1.8	1129	38	飞慢	1.4	101
8	地慢	1.5	59	39	中间	0.5	1220
9	最大连续	1	1129	40	463kW	1	463
10	空载	2	10	41	中间	0.5	1220
11	最大连续	1	1129	42	463kW	1	463
12	空载	1	10	43	中间	0.5	1220
13	最大连续	1	1129	44	463kW	1	463
14	空载	1	10	45	中间	0.5	1220
15	最大连续	1	1129	46	463kW	1	463
16	空载	1	10	47	中间	0.5	1220
17	最大连续	1	1129	48	463kW	1	463
18	空载	1	10	49	中间	0.5	1220
19	最大连续	1	1129	50	463kW	1	463
20	空载	1	10	51	中间	0.5	1220
21	最大连续	1	1129	52	463kW	1	463
22	空载	1	10	53	中间	0.5	1220
23	最大连续	1	1129	54	463kW	1	463
24	463kW	1	463	55	中间	0.5	1220
25	最大连续	1	1129	56	463kW	1	463
26	463kW	1	463	57	中间	0.5	1220
27	最大连续	1	1129	58	463kW	1	463
28	463kW	1	463	59	中间	0.5	1220
29	最大连续	1	1129	60	463kW	1	463
30	463kW	1	463	61	中间	0.5	1220
31	最大连续	1	1129	62	463kW	1	463

续表

序号	状态名称	持续时间/min	轴功率/kW	序号	状态名称	持续时间/min	轴功率/kW
63	中间	0.5	1220	71	中间	0.5	1220
64	463kW	1	463	72	463kW	1	463
65	中间	0.5	1220	73	中间	0.5	1220
66	463kW	1	463	74	463kW	1	463
67	中间	0.5	1220	75	中间	1.8	1220
68	463kW	1	463	76	691kW	20	691
69	中间	0.5	1220	77	地慢	1.5	59
70	463kW	1	463	78	停车	0	0

海平面高温条件下的大功率状态受 $T_{4.5}$ 限制。试车条件为：台架标高 $H \geqslant$ 0m；大气温度 $T_0 \leqslant 35℃$。

参 考 文 献

[1] 沈阳发动机设计研究所. 航空涡轮发动机关键件定寿和延寿资料之一(内部资料). 沈阳: 沈阳发动机设计研究所, 2011.

[2] 沈阳发动机设计研究所. 航空涡轮发动机关键件定寿和延寿资料之二(内部资料). 沈阳: 沈阳发动机设计研究所, 2011.

[3] 杨兴宇, 朱锐锋, 郑小梅, 等. 航空燃气涡轮发动机寿命消耗监测技术及应用. 中国航空学会航空装备维修技术及应用研讨会, 烟台, 2015: 475-478.

[4] 李冬炜, 吕玉泽, 杨兴宇, 等. 国内军用航空发动机寿命研究现状及存在的主要问题. 中国航空学会第七届航空发动机可靠性学术交流会, 南昌, 2013: 1-6.

[5] Ministry of Defence. Defence Standard 00-971. General Specification for Aircraft Gas Turbine Engines. London: Ministry of Defence, 1987.

[6] Ministry of Defence. Defence Standard 00-970-11. Design and Airworthiness Requirements for Service Aircraft Part 11—Engines. London: Ministry of Defence, 2006.

[7] United States Air Force. MIL-STD-1783. Engine Structural Integrity Program (ENSIP). Reston:Aerospace Industries Association of America Inc., 1984.

[8] United States Department of Defence. JSGS-87231A. The Joint Services Guide Specification of Engines Aircraft Turbine. Washington: United States Department of Defence, 1995.

[9] United States Department of Defence. JSSG-2007. Department of Defense Joint Service Specification Guide, Engines Aircraft Turbine. Washington: United States Department of

Defence, 1998.

[10] 航空航天工业部第六〇六研究所. 航空燃气涡轮发动机寿命消耗监测和零件管理指南. 航空发动机信息, 1994, 9: 1-35.

[11] 董红联, 李承彬. 可靠性指标的验证与安全寿命的确定. 中国航空学会第二届航空发动机可靠性学术交流会, 北海, 2003: 248-252.

[12] 杨兴宇, 赵福星, 史海秋, 等. 某涡轮轴发动机设计载荷谱研究. 北京: 北京航空工程技术研究中心课题研究报告, 2014.

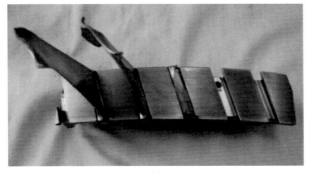

(a)

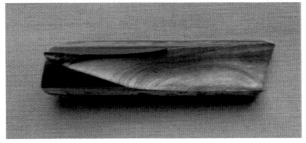

(b)

图 2.8 某涡喷发动机高压压气机 1 级叶片榫头断裂故障件

图 5.13 某型发动机的压气机 1 级轮盘榫槽断裂故障实物

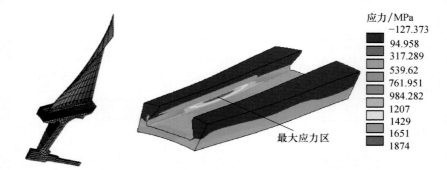

应力/MPa
-127.373
94.958
317.289
539.62
761.951
984.282
1207
1429
1651
1874

最大应力区

图 5.14　压气机 1 级轮盘-叶片结构模型及榫槽线弹性径向应力计算结果

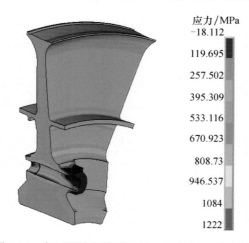

应力/MPa
-18.112
119.695
257.502
395.309
533.116
670.923
808.73
946.537
1084
1222

图 5.24　高压涡轮盘模型及第一主应力 S_1 分布云图

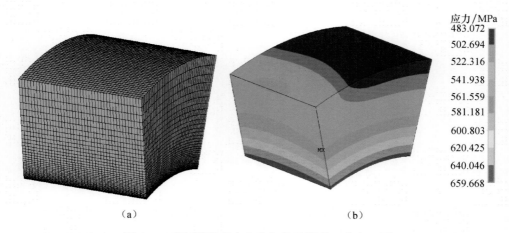

应力/MPa
483.072
502.694
522.316
541.938
561.559
581.181
600.803
620.425
640.046
659.668

（a）　　　　　　　　　　　　　（b）

图 5.25　高压涡轮盘中心孔部分子模型 S_1 分布云图

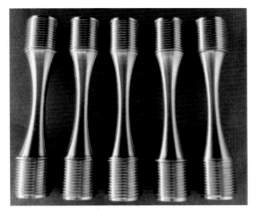

（a）中心孔模拟件试验前

（b）中心孔模拟件试验后

图 5.29　试验前、后中心孔模拟件

图 5.31　第一个轮盘破坏照片

应力/MPa

-12.944
121.891
256.727
391.563
526.398
661.234
796.069
930.905
1066
1201

图 5.33   螺栓孔模拟件的 S_1 应力分布云图

(a) 试验前   (b) 试验后

图 5.35   螺栓孔模拟件

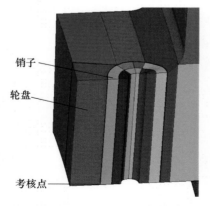

销子

轮盘

考核点

图 5.46   涡喷-某发动机涡轮盘销子附近

（a）环向切割云纹栅5

（b）环向切割云纹栅8

（c）环向切割云纹栅6

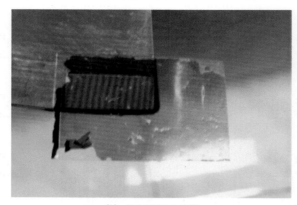

（d）径向切割云纹栅

图 5.53　云纹栅测试图

图 5.54　断裂的主连杆实物照片

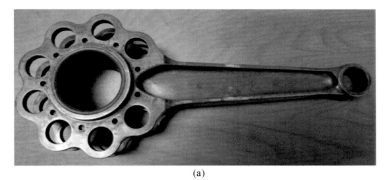

(a)

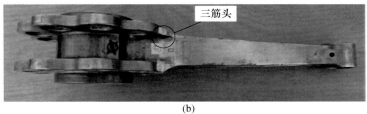

三筋头

(b)

图 5.55　活塞六甲发动机主连杆及断裂位置示意图

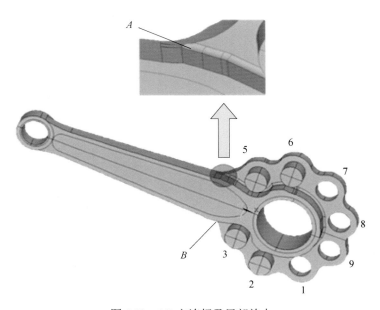

图 5.59　1/2 主连杆及局部放大

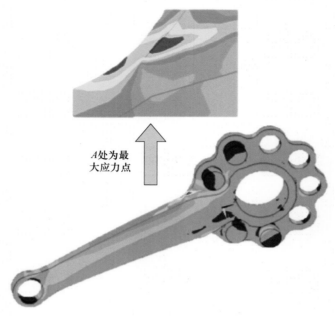

图 5.60　起飞 1 状态 2 号汽缸点火时的最大主应力分布云图

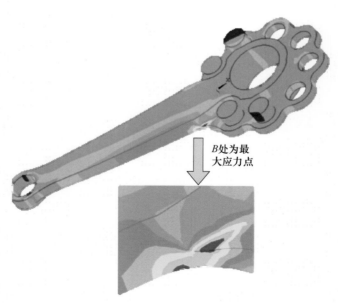

图 5.61　起飞 1 状态 6 号汽缸点火时的最大主应力分布云图